이제 **오르비**가
학원을 재발명합니다

전화 : 02-522-0207   문자 전용 : 010-9124-0207   주소: 강남구 삼성로 61길 15 (은마사거리 도보 3분)

Orbi.kr

오르비학원은

모든 시스템이 수험생 중심으로 더 강화됩니다.

모든 시설이 최고의 결과가 나올 수 있도록 설계됩니다.

집중을 위해 오르비학원이 수험생 옆으로 다가갑니다.

오르비학원과 시작하면

원하는 대학문이 가장 빠르게 열립니다.

전화 : 02-522-0207 문자 전용 : 010-9124-0207 주소 : 강남구 삼성로 61길 15 (은마사거리 도보 3분)

출발의 습관은 수능날까지 계속됩니다.
형식적인 상담이나
관리하고 있다는 모습만 보이거나
학습에 전혀 도움이 되지 않는
보여주기식의 모든 것을 배척합니다.

쓸모없는 강좌와 할 수 없는 계획을 강요하거나
무모한 혹은 무리한 스케줄로
1년의 출발을 무의미하게 하지 않습니다.
형식은 모방해도 내용은 모방할 수 없습니다.

smart is sexy
Orbi.kr

개인의 능력을 극대화 시킬 모든 계획이 오르비학원에 있습니다.

기출의 파급효과

수학 영역

수학 I

수학 I
기출의 파급효과

수학 I

저자의 말

안녕하세요. 오르비 파급효과입니다. 집필한 지 7년째네요. EBS 선별, 기출의 파급효과 시리즈를 통해 큰 사랑을 받았습니다. 여기까지 오는데 너무 과분한 사랑을 주신 분들 너무 감사합니다. 이제 본격적으로 교재 소개를 해보겠습니다.

저는 다음과 같은 교재를 만들었습니다.

1. 기출의 파급효과에는 수학Ⅰ 기출을 푸는 데 정말 필요한 태도와 도구만을 모두 정리했습니다.

각 Chapter를 나누는 기준이 교과서 목차가 아닌 기출을 푸는 데 정말 필요한 태도와 도구입니다. 기존 개념서들보다 훨씬 얇습니다. 빠르게 실전 개념을 정리할 수 있습니다. 예제 해설까지 꼼꼼히 읽는다면 준킬러, 킬러 문제에서 생각의 틀이 확실히 잡힐 것입니다. 각 Chapter를 '순서대로' 학습하신다면 더욱 큰 학습효과를 기대할 수 있습니다.

2. 최중요 준킬러 이상급의 기출을 기출의 파급효과 칼럼 예제로 들어 칼럼에서 배운 태도와 도구를 바로 활용할 수 있도록 하였습니다.

수학Ⅰ 기출 중 킬러는 물론 오답률이 높은 문제들을 예제로 들었습니다. 본문 속 태도와 도구가 킬러, 준킬러에서 어떻게 보편적으로 이용되는지 직접 확인한다면 태도와 도구들이 더욱 와닿을 것입니다. 어떠한 한 문제에만 적용되는 특수한 스킬 같은 것이 아닙니다.

예제로 든 평가원 기출을 태도와 도구뿐만 아니라 진화 단계별로도 배치했습니다. 예제들을 '순서대로' 풀다보면 자연스럽게 기출의 진화과정을 느낄 수 있습니다. 기출의 진화과정을 느낀다면 자연스럽게 기출에 대한 태도와 도구들이 정리됩니다. 태도와 도구 정리가 완성되면 최종 진화 형태인 후반부의 최신 기출문제는 혼자 clear 할 수 있고 이에 대한 보람을 느끼실 겁니다.

예전 킬러 문제에 쓰였던 아이디어 2개 이상이 현재의 준킬러, 킬러에 쓰입니다. 수능 때 킬러를 풀 생각이 없어 과거의 킬러를 제대로 학습하지 않는 우를 범한다면 준킬러도 못 풀거나 빨리 풀기 힘듭니다. 따라서 태도와 도구를 기반으로 한 기출의 킬러 학습은 필수입니다.

3. 평가원 문항뿐만 아니라 교육청, 사관학교 문항도 중요한 기출들입니다.

교육청 및 사관학교 문제가 진화한 형태가 평가원에 출제되고 있습니다. 따라서 기존 평가원 기출만을 푸는 것만으로 매년 빠르게 발전하는 수능을 대비하기에는 부족합니다. 하지만 교육청 및 사관학교 문제들까지 모두 풀자니 양이 너무 많습니다.

이를 해결하기 위해 핵심적인 평가원, 교육청, 사관학교 문제를 필요한 만큼만 선별했습니다.
기출의 파급효과에는 평가원, 교육청, 사관학교 기출 중 가장 핵심이 되는 153문제를 담았습니다.

4. 예제 해설과 유제 해설은 문제를 푸는데에 있어 필요한 생각의 흐름을 매우 자세하게 담았습니다.

예제 해설과 유제 해설은 단계별로 분리되어 있어 이해가 더욱 쉽습니다. 문제에서 필요한 태도와 도구들을 어떻게 쓰는지 과외처럼 매우 자세히 알려줍니다.

5. 더 많은 좋은 기출을 풀어보고 싶은 학생들을 위하여 기출의 파급효과 워크북 전자책을 준비하였습니다.

기출의 파급효과 워크북은 기출에 대한 태도와 도구를 체화하기 시키기 위해 예제보다는 다소 쉬운 유제 275문제로 구성되어 있습니다. 워크북의 유제는 연도순으로 배치되어있습니다.

본권과의 호환성을 위하여 워크북에 담긴 기출 역시 본권의 목차를 따릅니다. **본권 학습을 하면서 워크북도 병행한다면 효과도 배가 될 것입니다.** 본권을 잘 학습하셨다면 워크북에 담긴 기출도 무리 없이 풀릴 겁니다.

본권을 학습하고 더 이상의 기출보단 n제로 학습하길 희망하는 학생들은 n제로 넘어가셔도 좋습니다.
본권만으로도 정말 중요한 기출을 거의 다 본 것이나 마찬가지이기 때문입니다.

짧거나 쉬운 Chapter는 2~3일을 잡으시고 길거나 어려운 Chapter는 6~7일 정도를 잡으시면 됩니다.
이를 따른다면 교재를 빠르면 한 달 내로 늦어도 두 달 내로 완료할 수 있을 것입니다.

개념을 한 번 떼고 쉬운 3~4점 n제(쎈 등등)를 완료한 후 혼자 힘으로 할 수 있는 만큼 기출을 한 번 정도 열심히 풀고 기출의 파급효과를 시작하면 효과가 좋을 것입니다.

9월 평가원을 응시하기 전에 본권과 워크북을 '제대로' 1회독을 완료하기만 해도 실력이 부쩍 늘어나 있을 것입니다. 9월 평가원 이후 수능 전까지는 기출의 파급효과에서 잘 안 풀렸던 기출 위주로 다시 풀며 끊임없이 실전 모의고사로 실전 연습을 한다면 수능 때도 분명 좋은 결과가 있을 것입니다.

수학 1등급, 아직 늦지 않았습니다. 마지막으로 한 번쯤 봐야 할 기출, 기출의 파급효과와 함께 합시다.

간단한 교재 이용법

원활한 교재 이용을 위해 대단원, 중단원, 중소단원, 소단원 구분법을 소개하겠습니다.

대단원 제목입니다.

대단원에 속한 중단원 제목입니다.

▌거듭제곱근

중단원에 속한 중소단원 제목입니다.

1. 거듭제곱근의 정의

중소단원에 속한 소단원 제목입니다.

(1) 0 또는 음의 정수인 지수의 정의

위를 참고하여 학습하신다면 Chapter 내용이 더욱 유기적으로 연결될 것입니다. 헷갈린다면 Chapter를 순서대로 읽어나가셔도 전혀 문제가 없습니다.

원활한 교재 이용을 위해 예제, 예제 해설 구분법을 소개하겠습니다.

본문과 함께 소개되는 예제입니다. 칼럼을 읽다 보면 중간중간에 예제들이 등장합니다.

예제(1) 19년 3월 교육청 나형 15번

자연수 n에 대하여 $n(n-4)$의 세제곱근 중 실수인 것의 개수를 $f(n)$이라 하고, $n(n-4)$의 네제곱근 중 실수인 것의 개수를 $g(n)$이라 하자. $f(n) > g(n)$을 만족시키는 모든 n의 값의 합은? [4점]

① 4　　　　② 5　　　　③ 6　　　　④ 7　　　　⑤ 8

본문과 함께 소개되는 예제 해설입니다. 자세하고 본문에서 배운 도구와 태도를 일관적으로 적용합니다.

실수의 세제곱근 중 실수인 것의 개수는 항상 1이므로 $f(n) = 1$이다.

반면 $g(n)$은 $n(n-4)$의 네제곱근이므로 $n(n-4)$**의 값에 따라 네제곱근 중 실수인 것의 개수가 달라진다.**

$$g(n) = \begin{cases} 2 & (n(n-4) > 0) \\ 1 & (n(n-4) = 0) \\ 0 & (n(n-4) < 0) \end{cases}$$

$f(n) > g(n)$을 만족시키려면 $g(n) = 0$이어야 하므로 $n(n-4) < 0$　　∴ $0 < n < 4$
따라서 가능한 모든 자연수 n의 값의 합은 $1 + 2 + 3 = 6$이다.

답은 ③!!

해설 활용법

1. 문제를 완벽하게 풀었다고 생각하더라도 해설을 읽어보세요. 특히, 예제는 해설까지 본문의 연장선이라 생각하시면 됩니다. 본문에서 설명한 일관된 태도와 도구를 적용하면서도 다양한 관점으로 접근하므로 본인의 풀이와 비교하면서 꼼꼼히 읽어보시길 바랍니다.

2. 해설 사이사이에 색을 추가한 글씨로 태도를 적어놨습니다. 실전에서는 사소한 태도에서 등급이 갈리므로 태도도 매우 중요합니다.

3. 문제 해결에 있어서 가장 중요한 것은 조건의 우선순위입니다. 즉, 먼저 적용해야 할 조건이 출제 의도로서 존재하고, 이러한 우선순위는 단계적 풀이와 연결됩니다.

   수학을 잘하는 사람일수록 풀이과정이 깔끔한 이유도 명확한 단계를 밟아나가기 때문입니다. 예제 해설을 보면서 어떤 조건을 우선적으로 적용하는지, 어떠한 단계를 밟아가는지에 주목하세요.

4. 해설은 대부분 학생이 스스로 이해할 수 있도록 친절하면서도, 필연적이고 일관된 논리를 통해 전개됩니다. 어려운 문항일수록 어떠한 필연성과 일관성을 통해 풀어나가는지 기대하고 해설을 보면 좋을 것 같습니다.

파급의 기출효과

cafe.naver.com/spreadeffect
파급의 기출효과 NAVER 카페

기출의 파급효과 시리즈는 기출 분석서입니다. 기출의 파급효과 시리즈는 국어, 수학, 영어, 물리학 1, 화학 1, 생명과학 1, 지구과학 1, 사회·문화가 예정되어 있습니다.

준킬러 이상 기출에서 얻어갈 수 있는 '꼭 필요한 도구와 태도'를 정리합니다.
'꼭 필요한 도구와 태도' 체화를 위해 관련도가 높은 준킬러 이상 기출을 바로바로 보여주며 체화 속도를 높입니다. 단시간 내에 점수를 극대화할 수 있도록 교재가 설계되었습니다.

학습하시다 질문이 생기신다면 '파급의 기출효과' 카페에서 질문을 할 수 있습니다.
교재 인증을 하시면 질문 게시판을 이용하실 수 있습니다.

기출의 파급효과 팀 소속 오르비 저자분들이 올리시는 학습자료를 받아보실 수 있습니다.
위 저자 분들의 컨텐츠 질문 답변도 교재 인증 시 가능합니다.

더 궁금하시다면 https://cafe.naver.com/spreadeffect/15에서 확인하시면 됩니다.

모킹버드

mockingbird.co.kr
수능 대비 온라인 문제은행

모킹버드는 수능 대비에 초점을 맞춘 문제은행 서비스입니다. AI 문항 추천 알고리즘을 통해 이용자의 학습에 최적화된 맞춤형 모의고사를 제공하여 효율적인 수능 성적향상을 목표로 합니다. **수학, 과탐을 서비스 중입니다.**

문항 제작과 검수에 기출의 파급효과 팀뿐만 아니라 지인선 님을 포함한 시대/강대/메가 컨텐츠 팀에서 근무하였고 여러 문항 공모전에서 수상한 이력이 있는 여러 문항 제작자들이 함께 하였습니다.
웹 개발과 알고리즘 개발에는 서울대 컴공, 카이스트 전산학부 출신 개발자들이 참여하였습니다.

모킹버드를 통해 싸고 맛좋은 실모를 온라인으로 뽑아 풀어보고,
AI 문항 추천 알고리즘 기술의 도움을 받아 학습 효율을 극대화해보세요.
가입만 해도 기출은 무제한 무료 이용 가능하고, 자작 실모 1회도 무료로 제공됩니다.

Chapter
01

지수와 로그

지수와 로그 파트는 세 가지만 알면 된다.

정의, 성질, 태도

그렇다면 지수와 로그의 제한 조건은? **대부분 학생이 제한 조건을 단순히 머리에 집어넣으려 하지만** 지수와 로그의 제한 조건은 지수와 로그의 정의로부터 파생되는 것이기에 정의를 바탕으로 제한 조건은 **자연스레 이해**할 수 있어야 한다.

이번 챕터에 지수와 로그의 정의, 제한 조건, 성질, 문제 풀이를 위한 태도를 모두 이해하기 쉽도록 정리해놓았다. 앞으로 문제를 풀 때마다 개념을 찾아볼 필요가 없도록 이 책을 마지막으로 지수와 로그를 정복하자.

▌거듭제곱근

1. 거듭제곱근의 정의

실수 a와 2 이상의 자연수 n에 대하여 n제곱하여 a가 되는 수, 즉 방정식 $x^n = a$를 만족시키는 근 x를 a의 n제곱근이라고 정의한다. 이때, a의 제곱근, 세제곱근, 네제곱근, …을 통틀어 a의 거듭제곱근이라 한다.

2. 실수 a의 n제곱근의 실수 판정

실수 a의 n제곱근 중 실수인 것은 기호 $\sqrt[n]{a}$을 이용하여 다음과 같이 나타낸다.

	$a > 0$일 때	$a = 0$일 때	$a < 0$일 때
n이 홀수	$\sqrt[n]{a}$	0	$\sqrt[n]{a}$
n이 짝수	$\pm \sqrt[n]{a}$	0	없음

이때, $\sqrt[n]{}$ 을 '근호'라고 부른다.

한편, 이전 페이지의 표를 그대로 외우기보다 **그래프를 통해 이해하는 편이 좋다.** 거듭제곱근의 정의에서 a의 n제곱근을 방정식 $x^n = a$의 근이라 했다. 이때, 방정식의 '실근'만 관찰한다면 **방정식 $x^n = a$의 실근은 함수 $y = x^n$의 그래프와 직선 $y = a$의 교점의 x좌표와 같다.** 따라서 2 이상의 자연수 n의 짝수, 홀수 여부에 따른 방정식 $x^n = a$의 실근은 아래의 그림과 같다.

〈n이 짝수일 때〉 〈n이 홀수일 때〉

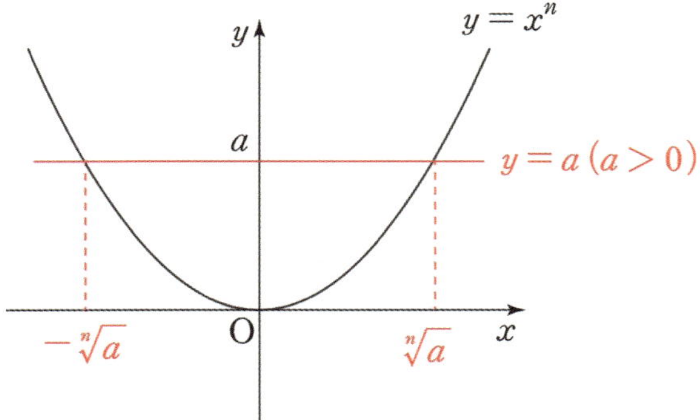

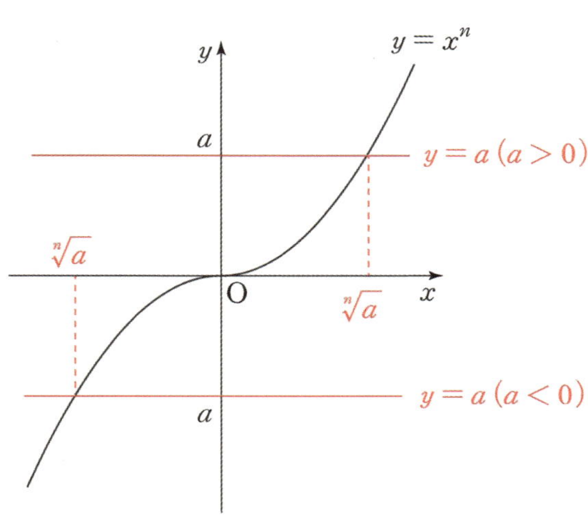

의문 : "중학교, 고등학교 하위과정에서 배운 바로는, $\sqrt{a}$ 에서 a는 음수일 수 없지 않나요?"

맞다. $\sqrt{-2}$ 는 실수가 아닌 허수이다. 하지만 이제부터는 중학교, 고등학교 하위과정에서 배운 $\sqrt{}$ 는 머릿속에서 지워버리고, $\sqrt{}$ 또한 〈실수 a의 n제곱근의 실수 판정〉으로 포함하자.

$\sqrt{a}$ 는 $\sqrt[2]{a}$ 를 간단히 표현한 것으로 $\sqrt{a} = \sqrt[2]{a}$ 이다. 위에서 살펴본 대로 n이 짝수이고 $a < 0$일 때 실수 a의 n제곱근 중 실수인 것은 존재하지 않는다. 반면, n이 홀수이고 $a < 0$일 때 실수 a의 n제곱근 중 실수인 것은 존재한다.

예를 들어, $\sqrt[2]{-2}$ 는 실수 범위에서 존재하지 않지만 $\sqrt[3]{-2}$ 는 실수 범위에서 존재한다.

주의 : $\sqrt[4]{16} = 2$ $\sqrt[4]{16} \neq \pm 2$

간혹가다 거듭제곱근의 정의를 확장해서 적용한 나머지 $\sqrt[n]{}$ (n은 2 이상의 자연수) 자체를 거듭제곱근으로 오해하는데, 그 경우 $\sqrt[4]{16} = \pm 2$로 잘못된 계산을 저지를 수 있다. $\sqrt[n]{a}$ 는 그 자체로 '하나의 숫자'이다. $\sqrt[4]{16}$ 은 **2와 동일한 숫자**이고, $\sqrt[3]{-8}$ 은 -2와 **동일한 숫자**이다.

명명은 다음과 같다.

(16의 네제곱근)$= \pm \sqrt[4]{16} = \pm 2$
(네제곱근 16) $= \sqrt[4]{16} = 2$

자연수 n에 대하여 $n(n-4)$의 세제곱근 중 실수인 것의 개수를 $f(n)$이라 하고, $n(n-4)$의 네제곱근 중 실수인 것의 개수를 $g(n)$이라 하자. $f(n) > g(n)$을 만족시키는 모든 n의 값의 합은?

[4점]

① 4   ② 5   ③ 6   ④ 7   ⑤ 8

실수의 세제곱근 중 실수인 것의 개수는 항상 1이므로 $f(n) = 1$이다.

반면 $g(n)$은 $n(n-4)$의 네제곱근이므로 $n(n-4)$의 값에 따라 네제곱근 중 실수인 것의 개수가 달라진다.

$$g(n) = \begin{cases} 2 & (n(n-4) > 0) \\ 1 & (n(n-4) = 0) \\ 0 & (n(n-4) < 0) \end{cases}$$

$f(n) > g(n)$을 만족시키려면 $g(n) = 0$이어야 하므로 $n(n-4) < 0$ $\quad \therefore 0 < n < 4$
따라서 가능한 모든 자연수 n의 값의 합은 $1 + 2 + 3 = 6$이다.

답은 ③!!

다음 조건을 만족시키는 최고차항의 계수가 1인 이차함수 $f(x)$가 존재하도록 하는 모든 자연수 n의 값의 합을 구하시오. [4점]

> (가) x에 대한 방정식 $(x^n - 64)f(x) = 0$은 서로 다른 두 실근을 갖고, 각각의 실근은 중근이다.
> (나) 함수 $f(x)$의 최솟값은 음의 정수이다.

1. 조건 (나)에서 이차함수 $f(x)$의 최솟값이 음의 정수이므로 **방정식 $f(x) = 0$은 서로 다른 두 실근을 갖는다.**

조건 (가)에서 방정식 $(x^n - 64)f(x) = 0$이 서로 다른 두 실근을 갖고, 각각의 실근이 중근이므로 **방정식 $f(x) = 0$, 방정식 $x^n - 64 = 0$이 모두 서로 다른 두 실근을 가져야 하며 두 실근은 서로 같아야 한다.**

만약 n이 홀수이면 $y = x^n$은 증가함수이므로 방정식 $x^n = 64$의 실근은 하나뿐이다. **따라서 n은 짝수이고, 이때 $px^n - 64$는 y축에 대하여 대칭인 함수이므로 함수 $f(x)$도 y축에 대하여 대칭인 함수이다.**

방정식 $x^n - 64 = 0$의 두 실근 $\pm\alpha\,(\alpha \neq 0)$에 대해 방정식 $f(x) = 0$도 두 실근 $\pm\alpha$를 가져야 하기 때문이다.

2. $f(x) = (x - \alpha)(x + \alpha)\,(\alpha > 0)$라 하자.

$f(x)$의 최솟값인 $f(0) = -\alpha^2$이 음의 정수이므로 α^2은 자연수이다.

이때, $\alpha^n = 64 = 2^6$이므로 $\alpha^2 = 2^{\frac{12}{n}}$이다. 따라서 n은 짝수인 동시에 12의 약수이므로 $n = 2,\ 4,\ 6,\ 12$이고, 모든 자연수 n의 값의 합은 $2 + 4 + 6 + 12 = 24$이다.

답은 24!!

comment

거듭제곱근과 방정식을 엮은 well-made 문항이다. 해설은 간단하지만, 실전에서 마주치면 다소 까다로울 수도 있는 문항이다. 사고가 복잡해지면 풀이도 복잡해지므로 조건의 우선순위를 잘 파악하고 깔끔하게 풀어내야 한다. 특히 이런 '모든 경우'를 구하는 문제의 경우 더욱 그러하다. 풀이가 명료하면 빠짐없이 모든 경우를 제대로 구할 수 있다.

$a > 0$, $b > 0$이고 m, n이 2 이상의 자연수일 때

① $\sqrt[n]{a}\,\sqrt[n]{b} = \sqrt[n]{ab}$

② $\dfrac{\sqrt[n]{a}}{\sqrt[n]{b}} = \sqrt[n]{\dfrac{a}{b}}$

③ $\left(\sqrt[n]{a}\right)^m = \sqrt[n]{a^m}$

④ $\sqrt[m]{\sqrt[n]{a}} = \sqrt[mn]{a}$

※ $\sqrt[m]{a}\,\sqrt[n]{a} \neq \sqrt[mn]{a}$ 임에 주의하자. $\sqrt[m]{a}\,\sqrt[n]{a} = a^{\frac{1}{m}} \times a^{\frac{1}{n}} = a^{\frac{1}{m}+\frac{1}{n}} = a^{\frac{m+n}{mn}}$ 이다.

(1) 제한 조건

(i) $a > 0$, $b > 0$: 주의해야 한다. $a \leq 0$ 또는 $b \leq 0$인 경우 말도 안 되는 계산법이 등장한다.

    $a \leq 0$ 또는 $b \leq 0$인 경우에도 거듭제곱근의 성질을 그대로 적용해버린다면
$\sqrt[4]{-8} \times \sqrt[4]{-2} = \sqrt[4]{(-8)(-2)} = \sqrt[4]{16} = 2$와 같이 거듭제곱근의 정의를 완전히 무시해버리는 계산이 가능해진다. 애초에 n이 짝수이고 a가 음수일 때 실수 범위에서 $\sqrt[n]{a}$는 존재하지 않는다.

(ii) m, n이 2 이상의 자연수 : 어렵지 않다. 거듭제곱근의 정의상 $\sqrt[m]{a}$, $\sqrt[n]{a}$에서 m, n은 당연히 2 이상의 자연수여야 한다.

(2) 거듭제곱근에서 근호 속에 음수가 존재하는 경우

우선, 2 이상의 자연수 n에 대하여 $\sqrt[n]{a}$에서 $a < 0$인 경우, n은 홀수로 줄 것이다.
n이 짝수인 경우 $\sqrt[n]{a}$는 허수가 되는데, 허수 계산이 수능에서 등장할 확률은 낮기 때문이다.

$\sqrt[n]{a}$에서 n은 홀수이고 $a < 0$인 경우, 거듭제곱근의 성질을 적용하면 안 되고 그 자체를 하나의 숫자로 본 다음 계산하면 된다.

$\sqrt[3]{-8} \times \sqrt[5]{32}$ 를 계산해보자. $\sqrt[3]{-8} = -2$, $\sqrt[5]{32} = 2$이므로 $\sqrt[3]{-8} \times \sqrt[5]{32} = -4$
$\sqrt[3]{-9} \times \sqrt[5]{32}$ 를 계산해보자. $\sqrt[3]{-9}$ 는 무리수, $\sqrt[5]{32} = 2$이므로 $\sqrt[3]{-9} \times \sqrt[5]{32} = 2\sqrt[3]{-9}$

▎지수

(1) 0 또는 음의 정수인 지수의 정의

$a^0 = 1$, $a^{-n} = \dfrac{1}{a^n}$ (단, n은 자연수이고 $a \neq 0$)

(2) 유리수인 지수의 정의

$a > 0$이고 m은 정수, n은 2 이상의 자연수일 때, $\left(\sqrt[n]{a}\right)^m = \sqrt[n]{a^m} = a^{\frac{m}{n}}$

특히, $\sqrt[n]{a} = a^{\frac{1}{n}}$ 이고 $\sqrt{a} = \sqrt[2]{a} = a^{\frac{1}{2}}$ 이다.

유리수인 지수의 제한 조건을 살펴보자.

① $a > 0$: 지수가 유리수일 때 밑이 양수임에 주의하자. $\sqrt[3]{-8} = -2$이지만, $(-8)^{\frac{1}{3}}$ 은 정의하지 않는다.

② m은 정수, n은 2 이상의 자연수 : 어렵지 않다. 거듭제곱근의 정의상 $\sqrt[n]{a}$ 에서 n은 당연히 2 이상의 자연수여야 한다. 또한, $\dfrac{m}{n}$ 이 유리수이므로 m은 정수이다.

※ 실수 중에서 '정수'와 '두 정수의 비(단, 분모 $\neq 0$)로 표현된 분수'를 합쳐서 '유리수'라고 한다. 유리수와 무리수를 합쳐서 실수라고 한다.

지수법칙 ($a \neq 0$, $b \neq 0$, m, n이 **정수**일 때)

① $a^m a^n = a^{m+n}$
② $a^m \div a^n = a^{m-n}$
③ $\left(a^m\right)^n = a^{mn}$
④ $(ab)^n = a^n b^n$

지수법칙 ($a > 0$, $b > 0$, m, n이 **실수**일 때)

① $a^m a^n = a^{m+n}$
② $a^m \div a^n = a^{m-n}$
③ $\left(a^m\right)^n = a^{mn}$
④ $(ab)^n = a^n b^n$

※ ③과 관련하여, $\left(a^m\right)^n = a^{m^n}$이 아님을 주의하자. 예를 들어, $\left(2^3\right)^2 = 2^6$이지만 $2^{3^2} = 2^9$이다.

(1) 기준은 지수가 실수일 때

지수가 유리수일 때는 지수가 실수일 때의 지수법칙과 같다.
즉, 지수가 정수일 때는 밑이 0만 아니면 되고, 지수가 유리수 또는 실수일 때는 밑이 양수여야 한다.

밑이 양수일 때는 지수법칙을 적용해도 문제없지만, 밑이 음수일 때는 지수가 정수인지 확인해야 한다.

지수가 정수일 때와 실수일 때를 나누기 번거로우므로 **밑을 양수로 만들어줄 수 있다면 밑을 양수로 만들어준 다음 편안하게 지수법칙을 적용하는 것을 추천한다.**

※ 사실 기출 문제를 풀어보면 밑을 음수로 주는 경우는 거의 없긴 하다.

(2) 지수법칙의 핵심

$\left(a^m\right)^n = a^{mn}$을 제외한 지수법칙을 적용하려면 **밑이 같거나 지수가 같아야 한다.**
특히 밑이 같을 때의 지수법칙인 $a^m a^n = a^{m+n}$, $a^m \div a^n = a^{m-n}$가 매우 중요하다.

지수 관련 문제에서는 항상 **'밑을 통일할 수 있는지'** 또는 **'지수를 통일할 수 있는지'** 주목하자.

지금까지 거듭제곱근과 지수에 관해 배워봤는데, **유리수인 지수의 정의**를 이용하면 거듭제곱근을 지수 꼴로 변환해서 문제를 풀 수 있다.

$a > 0$이고 m은 정수, n은 2 이상의 자연수일 때,

거듭제곱근 꼴인 $\left(\sqrt[n]{a}\right)^m$이 주어진다면 이를 지수 꼴인 $a^{\frac{m}{n}}$으로 변형해서 볼 수 있다.

거듭제곱근의 성질과 지수법칙 모두 정확하게 알고 있어야 하지만 거듭제곱근과 지수에 관한 문제가 나올 때마다 거듭제곱근은 거듭제곱근의 성질을 이용하고, 지수는 지수법칙을 이용하면 번거롭다. 따라서 지수 꼴로 바꿔줄 수 있다면 지수 꼴로 통일한 다음 문제를 푸는 것을 추천한다.

설령 거듭제곱근 꼴만 등장하는 문제더라도, 거듭제곱근 형태로는 계산이 까다로울 수 있으므로 지수 꼴로 변형한 다음 지수법칙을 이용하여 계산하는 것이 편한 경우가 많다.

예제(3) 13학년도 9월 평가원 나형 6번

$\left(\sqrt{2\sqrt[3]{4}}\right)^3$보다 큰 자연수 중 가장 작은 것은? [3점]

① 4 ② 6 ③ 8 ④ 10 ⑤ 12

---

1. 거듭제곱근 꼴로 계산하기는 까다롭다. **지수 꼴로 바꿔서 계산**하자.

$$\left(\sqrt{2\sqrt[3]{4}}\right)^3 = \left(\sqrt{2 \times 2^{\frac{2}{3}}}\right)^3 = \left(\sqrt{2^{\frac{5}{3}}}\right)^3 = \left(2^{\frac{5}{6}}\right)^3 = 2^{\frac{5}{2}}$$

2. 자연수 a, b에 대해 $a < 2^{\frac{5}{2}} < b$라 할 때 $a^2 < 2^5 < b^2$, $a^2 < 32 < b^2$이므로 $a = 5$, $b = 6$이다.

   따라서 $5 < \left(\sqrt{2\sqrt[3]{4}}\right)^3 < 6$이므로 $\left(\sqrt{2\sqrt[3]{4}}\right)^3$보다 큰 자연수 중 가장 작은 것은 6이다.

   답은 ②!!

x에 대한 이차방정식 $x^2 - \sqrt[3]{81}\,x + a = 0$의 두 근이 $\sqrt[3]{3}$ 과 b일 때, ab의 값은? (단, a, b는 상수이다.) [4점]

① 6 ② $3\sqrt[3]{9}$ ③ $6\sqrt[3]{3}$ ④ 12 ⑤ $6\sqrt[3]{9}$

1. 이차방정식의 **근과 계수의 관계**에 의해 $\sqrt[3]{3} + b = \sqrt[3]{81}$, $b\sqrt[3]{3} = a$이다.

   지수 꼴로 바꾸면 $3^{\frac{1}{3}} + b = 3^{\frac{4}{3}}$, $b \times 3^{\frac{1}{3}} = a$이다.

2. $b = 3^{\frac{4}{3}} - 3^{\frac{1}{3}} = 3^{\frac{1}{3}}(3 - 1) = 2 \times 3^{\frac{1}{3}}$

   $b \times 3^{\frac{1}{3}} = 2 \times 3^{\frac{1}{3}} \times 3^{\frac{1}{3}} = 2 \times 3^{\frac{2}{3}} = a$

   $\therefore ab = 2 \times 3^{\frac{2}{3}} \times 2 \times 3^{\frac{1}{3}} = 4 \times 3 = 12$

답은 ④!!

comment

예제(3), (4) 모두 거듭제곱근 꼴로 풀어도 무리 없이 풀 수 있기는 하지만, 지수 꼴로 통일해서 푸는 쪽이 일관되고 편하기는 하다.

거듭제곱근 꼴은 항상 **지수 꼴로 변형**하자.

자연수 a, 2 이상의 자연수 m, 0 이상의 정수 n에 대해 $\left(\sqrt[m]{a}\right)^n = a^{\frac{n}{m}}$ 이 자연수가 될 조건은 다음과 같다.

(거듭제곱수는 2 이상의 자연수 n에 대하여 어떤 자연수를 n번 거듭제곱하여 얻을 수 있는 수라 하자.)

(i) a가 거듭제곱수가 아닌 자연수일 때 $\left(\sqrt[m]{a}\right)^n = a^{\frac{n}{m}}$ 이 자연수가 되려면 $\dfrac{n}{m}$**이 정수**가 되어야 하므로

$n = mp\,(p = 0, 1, 2, \cdots)$ 이어야 한다. $a^0 = 1$이므로 $n = 0$일 때도 $\left(\sqrt[m]{a}\right)^n = a^{\frac{n}{m}}$ 이 자연수가 될 수 있다는 점을 주의하자.

(ii) $\dfrac{n}{m}$이 정수가 아닌 유리수일 때 $\left(\sqrt[m]{a}\right)^n = a^{\frac{n}{m}}$ 이 자연수가 되려면 a**는 거듭제곱수**이어야 한다.

예를 들어,

$\left(\sqrt[3]{2}\right)^n = 2^{\frac{n}{3}}$ 이 자연수가 되려면 $n = 3p\,(p = 0, 1, 2, \cdots)$이어야 한다.

$\left(\sqrt[3]{12}\right)^n = 12^{\frac{n}{3}}$ 이 자연수가 되려면 $n = 3p\,(p = 0, 1, 2, \cdots)$이어야 한다.

자연수 a에 대해 $\left(\sqrt[8]{a}\right)^2 = a^{\frac{2}{8}} = a^{\frac{1}{4}}$ 이 자연수가 되려면 $a = 1^4, 2^4, 3^4, \cdots$이어야 한다.

예제(5) 18학년도 사관 나형 28번

2 이상의 자연수 n에 대하여 $n^{\frac{4}{k}}$의 값이 자연수가 되도록 하는 자연수 k의 개수를 $f(n)$이라 하자. 예를 들어 $f(6) = 3$이다. $f(n) = 8$을 만족시키는 n의 최솟값을 구하시오. [4점]

1. n이 **거듭제곱수가 아닌 자연수**일 경우 $n^{\frac{4}{k}}$의 값이 자연수가 되려면 k가 **4의 약수**여야 하므로 가능한 k의 값은 $1, 2, 4$이고, $f(n) = 3$이다.

   따라서 $f(n) = 8$이 되려면 n이 거듭제곱수이어야 한다.

   예를 들어서, $n = 2^2$인 경우 $n^{\frac{4}{k}} = \left(2^2\right)^{\frac{4}{k}} = 2^{\frac{8}{k}}$의 값이 자연수가 되려면 k가 8의 약수여야 하므로 가능한 k의 값은 $1, 2, 4, 8$이고 $f(n) = 4$이다.

---

2. 거듭제곱수를 하나하나 대입하여 $f(n) = 8$을 찾는 것이 출제 의도일 리는 없다.
   m이 거듭제곱수가 아닌 자연수일 때, $n = m^2, m^3, m^4, \cdots$를 차례대로 따져보자.

   (i) $n = m^2$인 경우

   $n^{\frac{4}{k}} = \left(m^2\right)^{\frac{4}{k}} = m^{\frac{8}{k}}$의 값이 자연수가 되려면 k가 8의 양의 약수여야 한다. $8 = 2^3$이므로 8의 양의 약수의 개수는 $3 + 1 = 4$이고, $f(n) = 4$이다.

   (ii) $n = m^3$인 경우

   $n^{\frac{4}{k}} = \left(m^3\right)^{\frac{4}{k}} = m^{\frac{12}{k}}$의 값이 자연수가 되려면 k가 12의 양의 약수여야 한다.
   $12 = 2^2 \times 3$이므로 12의 양의 약수의 개수는 $3 \times 2 = 6$이고, $f(n) = 6$이다.

   $\vdots$

   $(l-1)$ $n = m^l$인 경우 (l은 2 이상의 자연수)

   $n^{\frac{4}{k}} = \left(m^l\right)^{\frac{4}{k}} = m^{\frac{4l}{k}}$의 값이 자연수가 되려면 k가 $4l$의 양의 약수여야 한다.

   즉, $4l$의 양의 약수의 개수가 8이 되는 l의 최솟값을 찾자.

   $16 = 2^4$이므로 16의 양의 약수의 개수는 $4 + 1 = 5$이다.
   $20 = 2^2 \times 5$이므로 20의 양의 약수의 개수는 $3 \times 2 = 6$이다.
   $24 = 2^3 \times 3$이므로 24의 양의 약수의 개수는 $4 \times 2 = 8$이다.

   $4l$의 양의 약수의 개수가 8이 되는 l의 최솟값은 6이고, 이때 $n = m^6$이다.
   거듭제곱수가 아닌 자연수 m의 최솟값은 2이다.

   따라서 조건을 만족시키는 n의 최솟값은 $m^6 = 2^6 = 64$이다.

   답은 64!!

5. 지수계산의 도구

기본적으로 지수계산은 지수법칙을 이용하므로 **지수법칙을 자유자재로** 활용할 수 있어야 한다.
특히 밑이 서로 같은 숫자들에 집중해야 한다. 그 외의 추가적 도구는 다음과 같다.

(1) 공통부분

공통부분이 있으면 집어넣는다. 아래의 예시를 보자.

예시 15년 3월 교육청 A형 7번

두 실수 a, b에 대하여 $2^a = 3$, $3^b = \sqrt{2}$ 가 성립할 때, ab의 값은? [3점]

① $\dfrac{1}{6}$　　　　② $\dfrac{1}{4}$　　　　③ $\dfrac{1}{3}$　　　　④ $\dfrac{1}{2}$　　　　⑤ 1

$3 = 2^a$를 $3^b = \sqrt{2}$ 에 대입하면 $(2^a)^b = \sqrt{2}$, $2^{ab} = 2^{\frac{1}{2}}$ 이다. $ab = \dfrac{1}{2}$ 이므로 **답은 ④!!**

※ $2^a = 3$의 양변을 b제곱하는 것도 좋다. $2^{ab} = 3^b = \sqrt{2} = 2^{\frac{1}{2}}$ 이므로 $ab = \dfrac{1}{2}$ 이다.

예시 19년 4월 교육청 나형 16번

두 실수 a, b에 대하여 $2^a = 3$, $6^b = 5$일 때, 2^{ab+a+b}의 값은? [4점]

① 15　　　　② 18　　　　③ 21　　　　④ 24　　　　⑤ 27

$6^b = 2^b \times 3^b = 5$이다. $3 = 2^a$을 **대입**하면 $2^b \times 2^{ab} = 2^{b+ab} = 5$
구하고자 하는 것은 2^{ab+a+b}이므로 $2^{ab+a+b} = 2^{b+ab} \times 2^a = 5 \times 3 = 15$

답은 ①!!

(2) 지수에 존재하는 문자 : 지수 vs 독립적인 숫자 (로그)

지수에 존재하는 문자는 '지수'에 그대로 둔 채 계산할 수도 있고,
'로그'를 이용하여 독립적인 값으로 만든 다음 계산할 수도 있다.

다음 문제를 보자.

예시 09년 3월 교육청 나형 27번

실수 a, b에 대하여 $3^a = 12^b = 6$이 성립할 때, $\dfrac{1}{a} + \dfrac{1}{b}$의 값은? [3점]

① 2   ② $\dfrac{5}{3}$ ③ $\dfrac{4}{3}$ ④ 1   ⑤ $\dfrac{2}{3}$

（ⅰ） 구하고자 하는 $\dfrac{1}{a} + \dfrac{1}{b}$를 지수로 바라본다면 다음과 같이 풀 수 있다.

$3^a = 6$의 양변을 $\dfrac{1}{a}$ 제곱하면 $3 = 6^{\frac{1}{a}}$

$12^b = 6$의 양변을 $\dfrac{1}{b}$ 제곱하면 $12 = 6^{\frac{1}{b}}$

$$6^{\frac{1}{a} + \frac{1}{b}} = 6^{\frac{1}{a}} \times 6^{\frac{1}{b}} = 3 \times 12 = 36 = 6^2 \quad \therefore \dfrac{1}{a} + \dfrac{1}{b} = 2 \text{ 답은 ①!!}$$

이처럼 문자를 지수로 바라볼 때는 **구하고자 하는 값 또한 지수의 범주에서 바라봐야 한다.** 위의 문제에서도 $\dfrac{1}{a} + \dfrac{1}{b}$의 값을 독립적으로 구하지 않고 $6^{\frac{1}{a} + \frac{1}{b}}$의 지수로서의 $\dfrac{1}{a} + \dfrac{1}{b}$의 값을 구했다.

（ⅱ） 반면, $\dfrac{1}{a} + \dfrac{1}{b}$의 값 자체를 **독립적으로** 구할 수 있다.
이때는 **로그를 이용**하여 지수에 존재하는 a, b를 밖으로 꺼내줘야 한다.

$3^a = 6$에서 로그의 정의에 의해 $\log_3 6 = a$
$12^b = 6$에서 로그의 정의에 의해 $\log_{12} 6 = b$

※ 양변에 로그를 취해서 a, b를 구해도 좋다. $3^a = 6$의 양변에 $\log_3$을 취해주면 $a = \log_3 6$이고 $12^b = 6$의 양변에 $\log_{12}$를 취해주면 $b = \log_{12} 6$이다.

$\dfrac{1}{a} + \dfrac{1}{b} = \dfrac{1}{\log_3 6} + \dfrac{1}{\log_{12} 6}$에서 **로그의 밑 변환 공식을 이용하여 밑을 6으로 통일**하면,

$$\dfrac{1}{\log_3 6} + \dfrac{1}{\log_{12} 6} = \log_6 3 + \log_6 12 = \log_6 36 = 2 \text{ 답은 ①!!}$$

세 양수 a, b, c 가 $a^x = b^{2y} = c^{3z} = 7$, $abc = 49$ 를 만족할 때, $\dfrac{6}{x} + \dfrac{3}{y} + \dfrac{2}{z}$ 의 값은? [3점]

① 8　　　　② 10　　　　③ 12　　　　④ 14　　　　⑤ 16

1. $\dfrac{6}{x} + \dfrac{3}{y} + \dfrac{2}{z}$ 를 지수로 보는 풀이

$a^x = 7$의 양변을 $\dfrac{6}{x}$ 제곱하면 $a^6 = 7^{\frac{6}{x}}$

$b^{2y} = 7$의 양변을 $\dfrac{3}{y}$ 제곱하면 $b^6 = 7^{\frac{3}{y}}$

$c^{3z} = 7$의 양변을 $\dfrac{2}{z}$ 제곱하면 $c^6 = 7^{\frac{2}{z}}$

$$7^{\frac{6}{x} + \frac{3}{y} + \frac{2}{z}} = 7^{\frac{6}{x}} \times 7^{\frac{3}{y}} \times 7^{\frac{2}{z}} = a^6 \times b^6 \times c^6 = (abc)^6 = 49^6 = 7^{12}$$

따라서 $\dfrac{6}{x} + \dfrac{3}{y} + \dfrac{2}{z} = 12$이므로 **답은 ③!!**

2. $\dfrac{6}{x} + \dfrac{3}{y} + \dfrac{2}{z}$ 를 독립적인 값으로 보는 풀이

$a^x = b^{2y} = c^{3z} = 7$에서 밑을 a, b, c로 하는 로그를 적절히 취해주면

$x = \log_a 7$, $2y = \log_b 7$, $3z = \log_c 7$이다.

$$\dfrac{6}{x} = \dfrac{6}{\log_a 7} = 6\log_7 a, \quad \dfrac{3}{y} = \dfrac{3}{\dfrac{1}{2}\log_b 7} = 6\log_7 b, \quad \dfrac{2}{z} = \dfrac{2}{\dfrac{1}{3}\log_z 7} = 6\log_7 z \text{ (로그의 밑 변환 공식)}$$

$$\therefore \dfrac{6}{x} + \dfrac{3}{y} + \dfrac{2}{z} = 6(\log_7 a + \log_7 b + \log_7 c) = 6\log_7 abc = 6\log_7 49 = 6 \times 2 = 12$$

(3) $P = k$ 설정

지수 꼴의 수를 포함한 등식이 제시된 경우 새로운 미지수 k를 도입하여 '**등식$= k$**'로 놓을 수 있다.

문제 속에 존재하는 미지수의 값도 찾기 힘든데, 새로운 미지수 k를 새로 도입하는 것에서 의문이 들 수 있다. 일반적인 등식이라면 새로운 미지수를 도입하는 게 별 도움이 안 될 수 있지만, **지수 꼴의 수를 포함한 등식의 경우 문제 속 문자들을 미지수에 관해 정리하여** 계산이 편해질 수 있다.

예를 들어 실수 a, b에 대해 $2^a = 3^b$가 있다고 해보자. 이를 그대로 두면 꽤 불편하다. 양변을 $\dfrac{1}{a}$ 제곱한

$2 = 3^{\frac{b}{a}}$ 나 양변을 $\dfrac{1}{b}$ 제곱한 $2^{\frac{a}{b}} = 3$이나 그렇게 깔끔해 보이지는 않는다. 로그를 관찰해도 마찬가지다. $\log_2 3^b = a$ 또는 $\log_3 2^a = b$ 모두 그렇게 깔끔한 것 같지는 않다.

이때, $2^a = 3^b = k$**와 같이** $= k$를 도입하면 꽤 깔끔한 식을 얻을 수 있다.

$2^a = k$의 양변을 $\dfrac{1}{a}$ 제곱하면 $2 = k^{\frac{1}{a}}$ 이 도출되고,

$3^b = k$의 양변을 $\dfrac{1}{b}$ 제곱하면 $3 = k^{\frac{1}{b}}$ 가 도출된다.

로그를 관찰하면 $a = \log_2 k$, $b = \log_3 k$를 얻을 수 있다.

이처럼 $= k$를 도입하면 $2, 3$을 k를 밑으로 하는 지수 꼴로 표현할 수 있거나 로그를 이용하여 a, b를 새로 도입한 k에 관한 식으로 표현할 수 있다. 문제 속 나머지 조건과 연결하여 k의 값을 얻으면 a, b의 값도 얻을 수 있다.

그러나 $= k$를 도입하지 않는다고 해서 못 푸는 문제는 없고, $= k$를 도입했을 때 오히려 계산이 더 복잡해지는 문제도 존재하므로 시행착오를 겪어가면서 체화하도록 하자.

예제(7) 20학년도 9월 평가원 나형 28번

네 양수 a, b, c, k가 다음 조건을 만족시킬 때, k^2의 값을 구하시오. [4점]

> (가) $3^a = 5^b = k^c$
> (나) $\log c = \log(2ab) - \log(2a + b)$

1. (나) 조건부터 살펴보자. 로그의 성질을 이용하면

$$\log c = \log \frac{2ab}{2a+b}$$ 이므로 $c = \frac{2ab}{2a+b}$ 이다.

여기서 약간의 발상이 필요한데,

$c = \frac{2ab}{2a+b}$ 의 양변의 역수를 취하면 $\frac{1}{c} = \frac{2a+b}{2ab} = \frac{1}{b} + \frac{1}{2a}$ 이다.

2. 지수계산의 두 번째 도구에서 배운 대로

$\frac{1}{c} = \frac{1}{b} + \frac{1}{2a}$ 을 지수의 범주에서 해석할 수도 있고

로그를 이용하여 그 자체의 독립적인 숫자로 해석할 수도 있다. 하나씩 살펴보자.

지수의 범주에서 해석하면 다음과 같이 풀 수 있다.

(가)에서 $3^a = 5^b = k^c = p\,(p > 1)$로 놓으면

$3 = p^{\frac{1}{a}}$, $5 = p^{\frac{1}{b}}$, $k = p^{\frac{1}{c}}$ 이다.

$\frac{1}{c} = \frac{1}{b} + \frac{1}{2a}$, $p^{\frac{1}{c}} = p^{\frac{1}{b} + \frac{1}{2a}}$,

$p^{\frac{1}{c}} = p^{\frac{1}{b}} \times p^{\frac{1}{2a}}$, $k = 5 \times 3^{\frac{1}{2}} = 5\sqrt{3}$

$\therefore k^2 = \left(5\sqrt{3}\right)^2 = 75$

답은 75!!

3. $\frac{1}{c} = \frac{1}{b} + \frac{1}{2a}$ 를 로그를 이용하여 독립적인 숫자로 해석하면 다음과 같이 풀 수 있다.

(가)에서 $3^a = 5^b = k^c = p\,(p > 1)$로 놓고 $\log$를 이용하여 a, b, c를 나타내자.

$a = \log_3 p$, $b = \log_5 p$, $c = \log_k p$이므로

$\frac{1}{c} = \frac{1}{b} + \frac{1}{2a}$, $\frac{1}{\log_k p} = \frac{1}{\log_5 p} + \frac{1}{2\log_3 p}$

$\log_p k = \log_p 5 + \frac{1}{2}\log_p 3$,

$\log_p k = \log_p\left(5 \times 3^{\frac{1}{2}}\right) = \log_p 5\sqrt{3}$

$k = 5\sqrt{3}$ 이므로 $k^2 = \left(5\sqrt{3}\right)^2 = 75$이다.

답은 75!!

4. **(가)에서 '$= p$'를 도입하지 않는다**고 해서 못 풀 건 없다.

$\dfrac{1}{c} = \dfrac{1}{b} + \dfrac{1}{2a}$ 의 양변에 c를 곱하면 $1 = \dfrac{c}{b} + \dfrac{c}{2a}$ 이다.

$3^a = 5^b = k^c$에서 $5^b = k^c$의 양변을 $\dfrac{1}{b}$ 제곱하면 $5 = k^{\frac{c}{b}}$ 이고, $3^a = k^c$의 양변을

$\dfrac{1}{2a}$ 제곱하면 $3^{\frac{1}{2}} = k^{\frac{c}{2a}}$ 이다.

$1 = \dfrac{c}{b} + \dfrac{c}{2a}$, $k^1 = k^{\frac{c}{b} + \frac{c}{2a}}$, $k = k^{\frac{c}{b}} \times k^{\frac{c}{2a}}$, $k = 5 \times 3^{\frac{1}{2}} = 5\sqrt{3}$

$\therefore k^2 = \left(5\sqrt{3}\right)^2 = 75$ 이다.

답은 75!!

※ 그런데 $\dfrac{1}{c} = \dfrac{1}{b} + \dfrac{1}{2a}$ 을 도출하지 않는다면 어떻게 풀 수 있을까? 고민해보고 다음 페이지를 보자.

---

5. $\dfrac{1}{c} = \dfrac{1}{b} + \dfrac{1}{2a}$ 을 이용하지 않는다면 $3^a = 5^b = k^c = p \, (p > 1)$로 놓고

a, b, c를 $\log$로 나타낸 다음 이를 $c = \dfrac{2ab}{2a + b}$ 에 대입하여 풀 수 있다.

$a = \log_3 p$, $b = \log_5 p$, $c = \log_k p$이므로 $\log_k p = \dfrac{2 \times \log_3 p \times \log_5 p}{2\log_3 p + \log_5 p}$

로그의 밑 변환 공식을 이용하면 $\dfrac{\log p}{\log k} = \dfrac{2 \times \dfrac{\log p}{\log 3} \times \dfrac{\log p}{\log 5}}{\dfrac{2\log p}{\log 3} + \dfrac{\log p}{\log 5}}$ 이다.

우변의 분모, 분자에 $\log 3 \times \log 5$를 곱하면

$\dfrac{\log p}{\log k} = \dfrac{2(\log p)^2}{2\log p \times \log 5 + \log 3 \times \log p} = \dfrac{2\log p}{2\log 5 + \log 3}$ 이다.

따라서 $2\log k = 2\log 5 + \log 3$이므로 $k^2 = 5^2 \times 3 = 75$ 이다.

답은 75!!

네 가지 풀이 모두 소화하자. 특히, '$= p$를 도입하는 풀이와 도입하지 않는 풀이', '지수로 해석하는 풀이와 지수로 해석하지 않는 풀이'로 분류해서 공부하면 좋다.

(1) 거듭제곱

양수 a, b의 대소 관계를 알고 싶을 때 a, b의 거듭제곱을 비교할 수 있다.

양수 a, b에 대해
p가 양수일 때 $a^p < b^p$이면 $a < b$이다. (역인 '$a < b$이면 $a^p < b^p$이다.'도 성립한다.)
p가 음수일 때 $a^p < b^p$이면 $a > b$이다. (역인 '$a < b$이면 $a^p > b^p$이다.'도 성립한다.)

a, b 자체만으로 대소 관계를 파악하기 힘들므로 적절한 실수 p에 대해 a^p, b^p의 대소를 관찰하는 방법이다.
$y = a^x$의 그래프와 $y = b^x$의 그래프를 그린 다음 p의 부호에 따른 a^p, b^p의 값을 비교해보면 쉽게 이해할 수 있다. (지수함수 그래프는 Chapter 2에서 자세히 배운다.)

$\sqrt{\sqrt{7}}$ 과 $\sqrt{3}$의 대소 관계를 따져보자.
두 수를 지수 꼴로 바꿔주면 $7^{\frac{1}{4}}$, $3^{\frac{1}{2}}$이고 두 수를 각각 네제곱하면 $7, 3^2$이므로 $7 < 9$이다.
즉, $\left(\sqrt{\sqrt{7}}\right)^4 < \left(\sqrt{3}\right)^4$이고 $4 > 0$이므로 $\sqrt{\sqrt{7}} < \sqrt{3}$ 이다.

(2) 나누기

양수 a, b의 대소 관계를 알고 싶을 때 a, b의 비와 1을 비교할 수 있다.

양수 a, b에 대해 $\dfrac{a}{b} > 1$이면 $a > b$이고, $\dfrac{a}{b} < 1$이면 $a < b$이다. (각각의 역도 성립한다.)

부등식의 양변을 양수로 곱하거나 나눠도 부등호가 유지되는 부등식의 성질을 이용하는 것이다.

복잡한 지수를 포함한 수들의 대소 관계를 판정할 때,
밑이 같은 경우 나누기를 이용하면 지수법칙 중 $a^m \div a^n = a^{m-n}$을 이용할 수 있으므로,
지수끼리 뺀 값을 관찰할 수 있다.

부등식 $1 < m^{n-5} < n^{m-8}$ 을 만족시키는 자연수 $m,\ n$ 에 대하여

$$A = m^{\frac{1}{m-8}} \cdot n^{\frac{1}{n-5}}$$

$$B = m^{-\frac{1}{m-8}} \cdot n^{\frac{1}{n-5}}$$

$$C = m^{\frac{1}{m-8}} \cdot n^{-\frac{1}{n-5}}$$

이라고 할 때, $A,\ B,\ C$의 대소 관계로 옳은 것은? [4점]

① $A > B > C$ ② $A > C > B$ ③ $B > A > C$ ④ $B > C > A$ ⑤ $C > A > B$

앞서 배운 **두 가지의 방법**으로 풀 수 있다. **거듭제곱**으로 푼 다음, **나누기**로 풀어보자.

〈거듭제곱 풀이〉

1. m, n의 범위부터 따져주자. 자연수 m, n에 대하여 $1 < m^{n-5} < n^{m-8}$이므로 $m > 8$, $n > 5$ 이다. $n - 5 \leq 0$, $m - 8 \leq 0$이면 $m^{n-5} \leq 1$, $n^{m-5} \leq 1$이기 때문이다.

   A, B, C를 모두 $(m-8)(n-5)$제곱한 값을 비교하자.

   $$A^{(m-8)(n-5)} = m^{n-5} \cdot n^{m-8}$$
   $$B^{(m-8)(n-5)} = m^{-(n-5)} \cdot n^{m-8}$$
   $$C^{(m-8)(n-5)} = m^{n-5} \cdot n^{-(m-8)}$$

   이해하기 쉽도록 $m^{n-5} = p$, $n^{m-8} = q$로 **치환**하면 $1 < p < q$이고,

   $$A^{(m-8)(n-5)} = pq$$
   $$B^{(m-8)(n-5)} = p^{-1} \cdot q = \frac{q}{p}$$
   $$C^{(m-8)(n-5)} = p \cdot q^{-1} = \frac{p}{q}$$

2. 따라서 $1 < p < q$인 p, q에 대하여 pq, $\dfrac{q}{p}$, $\dfrac{p}{q}$의 **대소 관계를 비교**하면 된다. 세 개 중 두 개의 값을 선정하여 나누기 또는 빼기를 해서 대소를 비교할 수도 있지만, $1 < p < q$을 **이용하면 한 번에 대소 관계를 확정할 수 있다.**

   양수 p, q에 대하여 $p < q$이므로 $\dfrac{p}{q} < 1$, $\dfrac{q}{p} > 1$이고, $p > 1$, $q > 1$이므로 $pq > 1$ 이다.

   따라서 1보다 큰 두 수 pq와 $\dfrac{q}{p}$의 대소 관계만 비교하면 된다.

   p, q는 모두 1보다 크므로 $pq > \dfrac{q}{p}$이다.

   ※ 나누기를 이용하여 '$\dfrac{pq}{\frac{q}{p}} = p^2 > 1$이므로 $pq > \dfrac{q}{p}$이다.'로 판정해도 좋다.

   혹은 빼기를 이용하여 '$pq - \dfrac{q}{p} = q\left(p - \dfrac{1}{p}\right) > 0$이므로 $pq > \dfrac{q}{p}$이다.'로 판정해도 좋다.

   따라서 $pq > \dfrac{q}{p} > \dfrac{p}{q}$이므로 $A^{(m-8)(n-5)} > B^{(m-8)(n-5)} > C^{(m-8)(n-5)}$이다.

   A, B, C, $(m-8)(n-5)$는 모두 양수이므로 $A > B > C$이다.

   답은 ①!!

<나누기 풀이>

1. 자연수 m, n에 대하여 $1 < m^{n-5} < n^{m-8}$이므로 $m > 8, \ n > 5$이다.

A, B, C 중에서 두 개씩 선정한 다음 비를 파악하여 대소를 비교하자.

$$A = m^{\frac{1}{m-8}} \cdot n^{\frac{1}{n-5}}, \ B = m^{-\frac{1}{m-8}} \cdot n^{\frac{1}{n-5}}, \ C = m^{\frac{1}{m-8}} \cdot n^{-\frac{1}{n-5}}$$

먼저 A, B를 비교하자.

$$\frac{A}{B} = \frac{m^{\frac{1}{m-8}} \times n^{\frac{1}{n-5}}}{m^{-\frac{1}{m-8}} \times n^{\frac{1}{n-5}}} = m^{\frac{2}{m-8}}$$

(밑이 서로 같고, $m, n > 0$이므로 실수인 지수에 대해 지수법칙을 적용할 수 있다.)

$m^{\frac{2}{m-8}}$ **이 1보다 큰지 작은지 확인**하면 된다.

부등식 $1 < m^{n-5} < n^{m-8}$에서 $1 < m^{n-5}$의 양변을 $\dfrac{2}{(n-5)(m-8)}$ 제곱하자.

이때, $\dfrac{2}{(n-5)(m-8)}$ **의 부호를 확인**해야 한다.

$\dfrac{2}{(n-5)(m-8)}$ 가 양수이면 부등호 방향은 바뀌지 않지만,

$\dfrac{2}{(n-5)(m-8)}$ 가 음수이면 부등호 방향이 바뀌기 때문이다.

$n - 5 > 0, \ m - 8 > 0$이므로 $\dfrac{2}{(n-5)(m-8)} > 0$이다.

따라서 $1 < m^{n-5}$의 양변을 $\dfrac{2}{(n-5)(m-8)}$ 제곱하면 부등호 방향은 바뀌지 않으므로

$1 < m^{\frac{2}{m-8}}$ 이다.

따라서 **양수 A, B**에 대하여 $\dfrac{A}{B} = m^{\frac{2}{m-8}} > 1$이므로 $A > B$

2. **다음으로 B, C를 비교**하자.

$$\frac{B}{C} = \frac{m^{-\frac{1}{m-8}} \times n^{\frac{1}{n-5}}}{m^{\frac{1}{m-8}} \times n^{-\frac{1}{n-5}}} = m^{-\frac{2}{m-8}} \times n^{\frac{2}{n-5}} = \frac{n^{\frac{2}{n-5}}}{m^{\frac{2}{m-8}}}$$

$n^{\frac{2}{n-5}}$ **와** $m^{\frac{2}{m-8}}$ **의 대소를 비교**하면 된다. 부등식 $1 < m^{n-5} < n^{m-8}$을 이용하자.

부등식의 모든 변을 $\dfrac{2}{(n-5)(m-8)}$ 제곱하면 부등호 방향은 유지되므로

$1 < m^{\frac{2}{m-8}} < n^{\frac{2}{n-5}}$ 이다.

따라서 **양수** B, C에 대하여 $\dfrac{B}{C} = \dfrac{n^{\frac{2}{n-5}}}{m^{\frac{2}{m-8}}} > 1$ 이므로 $B > C$

따라서 $A > B$이고 $B > C$이므로 $A > B > C$이다.

답은 ①!!

1. 두 풀이 모두 소화하자.

2. 만약 이런 문제를 시험장에서 만났을 때, **위의 풀이가 떠오르지 않는다면 최후의 수단으로 '끼워 맞추기'라도 해야 한다.** 즉, m, n에 적당한 자연수를 대입해서라도 풀 수 있어야 한다.

예로 $m = 10$, $n = 6$을 대입하면 $1 < m^{n-5} < n^{m-8}$을 만족시키고, A, B, C의 대소 관계를 알아낼 수 있다.

로그

1. 로그의 정의

$a > 0, a \neq 1, b > 0$일 때 $a^x = b$를 만족시키는 실수 x를 $\log_a b$로 나타낸다.

$$a^x = b \iff x = \log_a b$$

$\log_a b$에서 a를 밑, b를 진수라 하고 $\log_a b$를 a를 밑으로 하는 b의 로그라고 한다.

$a > 0, a \neq 1, b > 0$이면 $a^x = b$를 만족시키는 실수 x는 오직 하나 존재한다. 지수함수가 실수 전체의 집합에서 양의 실수 전체의 집합으로의 일대일 함수라는 점과도 연결된다. (로그함수는 양의 실수 전체의 집합에서 실수 전체의 집합으로의 일대일 함수이다. 지수, 로그함수는 Chapter 2에서 자세히 배운다.)

특히 **로그가 정의될 조건인 $a > 0$, $a \neq 1$, $b > 0$이 매우 중요**하다. $\log_a b$를 볼 때마다 반사적으로 $a > 0, a \neq 1, b > 0$을 따질 수 있도록 습관을 들이자. 개수 세기 문항에서 로그가 정의될 조건을 놓쳐 실수하는 경우가 많다. 또한, $b \neq 1$로 실수할 수도 있으므로 주의하자.

> **예제(9) 17년 4월 교육청 나형 13번**
>
> 모든 실수 x에 대하여 $\log_a(x^2 + 2ax + 5a)$가 정의되기 위한 모든 정수 a의 값의 합은? [3점]
>
> ① 9 ② 11 ③ 13 ④ 15 ⑤ 17

모든 실수 x에 대하여 $\log_a(x^2 + 2ax + 5a)$가 정의되려면 $a > 0, a \neq 1$, 모든 실수 x에 대해 $x^2 + 2ax + 5a > 0$이어야 한다.

모든 실수 x에 대해 $x^2 + 2ax + 5a > 0$이 되려면 이차방정식 $x^2 + 2ax + 5a = 0$의 판별식 $\frac{D}{4} = a^2 - 5a = a(a-5) < 0$이어야 한다.

따라서 a의 범위를 종합하면 $0 < a < 5$, $a \neq 1$이므로 가능한 모든 정수 a의 값의 합은 $2 + 3 + 4 = 9$이다.

답은 ①!!

$\log_2(-x^2+ax+4)$ 의 값이 자연수가 되도록 하는 실수 x 의 개수가 6 일 때, 모든 자연수 a 의 값의 곱을 구하시오. [4점]

1. 로그가 정의된다는 말이 없어도 **로그 기호를 보자마자 로그가 정의될 조건을 따져주자.**

   $\log_2(-x^2+ax+4)$ 에서 밑은 로그 조건을 만족시키므로 진수가 $-x^2+ax+4>0$ 이어야 한다.

   자연수 n 에 대하여 $\log_2(-x^2+ax+4)=n$ 이라 할 때, 로그의 정의에 의하여
   $2^n=-x^2+ax+4$ 이다. 이때, $\log_2(-x^2+ax+4)$ 의 값이 자연수가 되도록 하는 실수 x 의 개수가 6 이므로 **서로 다른 6 개의 실수 x 에 대해 방정식** $2^n=-x^2+ax+4$ 가 성립한다.

2. 방정식 $2^n=-x^2+ax+4$ 를 인수분해하기는 힘들므로
   직선 $y=2^n$ 과 $y=-x^2+ax+4$ 의 그래프의 교점을 따지자. 직선과 그래프가 **6개의 교점**을 형성하면 된다.

   ※ 방정식은 기본적으로 인수분해 또는 그래프로 해결한다.

   이차함수 $y=-x^2+ax+4$ 의 그래프를 그리기 위해 완전제곱식 꼴로 바꿔주면

   $$y=-x^2+ax+4=-\left(x-\frac{a}{2}\right)^2+\frac{a^2}{4}+4$$

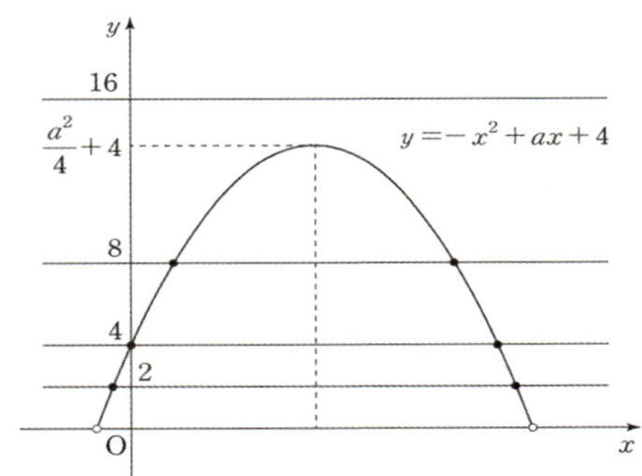

   직선 $y=2^n$ 과 $y=-x^2+ax+4$ 의 그래프가 6개의 교점을 형성하기 위한 조건은
   $8<\dfrac{a^2}{4}+4<16$ 이다. $4<\dfrac{a^2}{4}<12$, $16<a^2<48$ 이므로 가능한 자연수 a 의 값의 곱은
   $5\times6=30$ 이다.

   답은 30!!

2 이상의 자연수 x 에 대하여

$$\log_x n \ (n \text{은 } 1 \le n \le 300 \text{인 자연수})$$

가 자연수인 n 의 개수를 $A(x)$ 라 하자. 예를 들어, $A(2) = 8$, $A(3) = 5$ 이다.
집합 $P = \{2, 3, 4, 5, 6, 7, 8\}$ 의 공집합이 아닌 부분집합 X 에 대하여 집합 X 에서 집합 X 로의 대응 f 를

$$f(x) = A(x) \ (x \in X)$$

로 정의하면 어떤 대응 f 는 함수가 된다. 함수 f 가 일대일 대응이 되도록 하는 집합 X 의 개수를 구하시오. [4점]

1. $A(2) = 8$, $A(3) = 5$ 이다. $1 \le n \le 300$ 인 자연수 n에 대하여

$\log_4 n$ 이 자연수가 되기 위한 n의 값은 $4^1, 4^2, 4^3, 4^4$이므로 $A(4) = 4$

$\log_5 n$ 이 자연수가 되기 위한 n의 값은 $5^1, 5^2, 5^3$ 이므로 $A(5) = 3$

$\log_6 n$ 이 자연수가 되기 위한 n의 값은 $6^1, 6^2, 6^3$ 이므로 $A(6) = 3$

$\log_7 n$ 이 자연수가 되기 위한 n의 값은 $7^1, 7^2$ 이므로 $A(7) = 2$

$\log_8 n$ 이 자연수가 되기 위한 n의 값은 $8^1, 8^2$이므로 $A(8) = 2$

2. 함수 $f : X \to Y$에서 정의역 X의 임의의 원소 x_1, x_2에 대하여 공역과 치역이 같고, $x_1 \ne x_2$이면 $f(x_1) \ne f(x_2)$일 때 함수 f는 일대일 대응이다.

이 문제에서 **f의 정의역, 치역, 공역은 모두 $P = \{2,\ 3,\ 4,\ 5,\ 6,\ 7,\ 8\}$ 의 공집합이 아닌 부분집합 X** 이다.

(ⅰ) **X가 2나 8 중 하나를 원소로 포함한다면 다른 하나도 원소로 포함**해야 한다.
$f(2) = 8$, $f(8) = 2$이므로 정의역과 공역에 $2, 8$이 모두 존재해야 하기 때문이다.

X가 3이나 5 중 하나를 원소로 포함한다면 다른 하나도 원소로 포함해야 한다.
$f(3) = 5$, $f(5) = 3$이므로 정의역과 공역에 $3, 5$가 모두 존재해야 하기 때문이다.

(ⅱ) $f(4) = 4$이므로 **X는 4를 원소로 포함해도 되고, 포함하지 않아도 상관없다.**

(ⅲ) **X가 7을 원소로 포함한다면 2도 포함해야 한다.** $f(7) = 2$이기 때문이다.
그러나 $f(a) = 7$이 되는 a가 없으므로
공역에는 7이 존재하면서 치역에는 7이 존재하지 않게 된다.

X가 6을 원소로 포함한다면 3도 포함해야 한다. $f(6) = 3$이기 때문이다.
그러나 $f(b) = 6$이 되는 b가 없으므로
공역에는 6이 존재하면서 치역에는 6이 존재하지 않게 된다.

정리하자면 집합 X는 $2, 8$을 모두 포함하거나 포함하지 않거나,
$3, 5$를 모두 포함하거나 포함하지 않거나
4를 포함하거나 포함하지 않을 수 있다.

집합 X는 공집합이 아니므로 가능한 집합 X의 개수는 $2^3 - 1 = 7$이다. **답은 7!!**

comment

로그 예제로 넣긴 했지만, 해석력이 중요한 문항이다. 일대일 대응의 의미를 알고, 문제 속 함수 f의 의미를 빠르게 이해한 다음 가능한 집합 X의 개수를 찾아야 했다. 확률과 통계의 경우의 수와도 연결할 수 있다.

(1) 기본 성질

$a > 0, a \neq 1, x > 0, y > 0$일 때

① $\log_a 1 = 0, \log_a a = 1$

② $\log_a xy = \log_a x + \log_a y$

③ $\log_a \dfrac{x}{y} = \log_a x - \log_a y$

④ $\log_a x^k = k \log_a x$ (단, k는 실수)

(2) 로그의 밑의 변환

$a > 0, a \neq 1, b > 0$일 때

$$\log_a b = \frac{\log_c b}{\log_c a} \quad (단, \ c > 0, c \neq 1)$$

여기서 c는 1이 아닌 임의의 양수이다. 특히, $c = 10$일 때 c를 생략한 상용로그인 $\log_a b = \dfrac{\log b}{\log a}$로 표현하는 경우도 많다.

(3) 로그의 밑의 변환과 관련된 공식

$a > 0, a \neq 1, b > 0$일 때

① $\log_a b = \dfrac{1}{\log_b a}$ (단, $b \neq 1$)

② $\log_{a^m} b^n = \dfrac{n}{m} \log_a b$ (단, m, n은 실수이고 $m \neq 0$)

③ $a^{\log_b c} = c^{\log_b a}$ (단, $b \neq 1, \ c > 0$)

증명은 모두 생략한다. 각 공식의 **괄호 속의 제한 조건**은 로그가 정의될 조건을 고려하면 쉽게 이해할 수 있다. 로그의 밑에 존재하는 문자는 1이 아닌 양수이어야 하고, 진수에 존재하는 문자는 양수이어야 한다. (지수와 로그의 서두에서 얘기한 것처럼 제한 조건은 항상 정의에서 파생되는 것이다.)

로그의 기본 성질 ②, ③은 로그의 밑이 서로 같아야 한다는 점에서 지수법칙과 유사하다. 특히 로그의 밑의 변환을 이용하면 서로 다른 로그의 밑을 같게 만들 수 있으므로 로그의 기본 성질을 적용할 수 있다.

로그의 기본 성질 ②는 수열의 합과 연결하여 로그의 진수끼리 곱하도록 출제할 수도 있다.

예를 들어, $\displaystyle\sum_{k=1}^{10} \log_2 k = \log_2 1 + \log_2 2 + \cdots + \log_2 9 + \log_2 10 = \log_2 (1 \times 2 \times \cdots \times 9 \times 10)$

첫째항이 3이고 공비가 $r\,(r>1)$인 등비수열 $\{a_n\}$에 대하여 수열 $\{b_n\}$의 각 항이

$$b_1 = \log_{a_1} a_2$$

$$b_2 = \left(\log_{a_1} a_2\right) \times \left(\log_{a_2} a_3\right)$$

$$b_3 = \left(\log_{a_1} a_2\right) \times \left(\log_{a_2} a_3\right) \times \left(\log_{a_3} a_4\right)$$

$$\vdots$$

$$b_n = \left(\log_{a_1} a_2\right) \times \left(\log_{a_2} a_3\right) \times \left(\log_{a_3} a_4\right) \times \cdots \times \left(\log_{a_n} a_{n+1}\right)$$

$$\vdots$$

일 때, $\displaystyle\sum_{k=1}^{10} b_k = 120$이다. $\log_3 r$의 값은? [4점]

① $\dfrac{1}{2}$ ② 1 ③ $\dfrac{3}{2}$ ④ 2 ⑤ $\dfrac{5}{2}$

---

1. 항상 **관찰이 먼저**다. 나열된 b_n의 형태를 관찰해보자. 서로 곱해진 항들에서 **하나의 항에 존재하는 진수가 바로 다음 항의 밑에도 존재**한다. 따라서 **밑 변환 공식**을 이용하면

$$b_n = \left(\log_{a_1} a_2\right) \times \left(\log_{a_2} a_3\right) \times \left(\log_{a_3} a_4\right) \times \cdots \times \left(\log_{a_n} a_{n+1}\right)$$

$$= \frac{\log a_2}{\log a_1} \times \frac{\log a_3}{\log a_2} \times \frac{\log a_4}{\log a_3} \times \cdots \times \frac{\log a_n}{\log a_{n-1}} \times \frac{\log a_{n+1}}{\log a_n} = \frac{\log a_{n+1}}{\log a_1}$$

$a_n = 3r^{n-1}\ (r>1)$이므로 $b_n = \dfrac{\log a_{n+1}}{\log a_1} = \dfrac{\log\left(3r^n\right)}{\log 3} = \log_3 3r^n = 1 + n\log_3 r$

---

2. $\displaystyle\sum_{k=1}^{10} b_k = \sum_{k=1}^{10}\left(1 + k\log_3 r\right) = 10 + \log_3 r \sum_{k=1}^{10} k = 10 + \log_3 r \times \frac{10 \times 11}{2}$

$$= 10 + 55\log_3 r = 120$$

$$\therefore\ \log_3 r = \frac{110}{55} = 2$$

답은 ④!!

100 이하의 자연수 전체의 집합을 S 라 할 때, $n \in S$ 에 대하여 집합

$$\{\, k \mid k \in S \text{이고 } \log_2 n - \log_2 k \text{ 는 정수} \,\}$$

의 원소의 개수를 $f(n)$ 이라 하자. 예를 들어, $f(10)=5$ 이고 $f(99)=1$ 이다. 이때, $f(n)=1$ 인 n 의 개수를 구하시오. [4점]

1. 문제에서 제시한 함수와 집합의 의미를 빠르게 흡수하자. $\log_2 n - \log_2 k = \log_2 \dfrac{n}{k}$ 이 정수가 되도록

하는 100 이하의 자연수 k 의 개수가 $f(n)$ 이다. $\log_2 \dfrac{n}{k}$ 이 **자연수가 아닌 정수인 k 의 개수**이므로,

$\dfrac{n}{k}=2, 2^2, 2^3, \cdots$ 뿐만 아니라 $\dfrac{n}{k}=1, \dfrac{1}{2^1}, \dfrac{1}{2^2}, \dfrac{1}{2^3}, \cdots$ 일 때도 가능하다는 점이 핵심이다.

예시를 살펴보자.

$n=10$ 일 때 $\log_2 \dfrac{10}{k}$ 이 정수여야 하고,

100 이하의 자연수 k 에 대해 이를 만족시키는 k 의 값은 $5, 10, 20, 40, 80$ 이다.

$n=99$ 일 때 $\log_2 \dfrac{99}{k}$ 가 정수여야 하고,

100 이하의 자연수 k 에 대해 이를 만족시키는 k 의 값은 99 뿐이다.

2. n의 값과 상관없이 $k = n$일 때 $\log_2 \dfrac{n}{k} = \log_2 1 = 0$이 되어 **조건을 만족시키므로** $f(n) = 1$이 되려면 k는 n 이외의 값을 가질 수 없다. 그런데 위에서 살펴봤듯이 $k = 2n, 4n, 8n, \cdots$일 때도 $\log_2 \dfrac{n}{k}$는 정수가 된다.

(i) $1 \leq k \leq 100$이므로

$1 \leq n \leq 50$일 때 조건을 만족시키는 k의 값은 $2n$도 포함할 수밖에 없어 $f(n) \geq 2$가 된다.

예를 들어 $n = 49$일 때 $\log_2 \dfrac{49}{k}$가 정수가 되게 하는 k의 값은 $49, 98$이다.

따라서 $51 \leq n \leq 100$이다. $1 \leq k \leq 100$이므로 $51 \leq n \leq 100$일 때

$k = 2n, 4n, 8n, \cdots$**일 수 없지만,** $k = \dfrac{n}{2^1}, \dfrac{n}{2^2}, \dfrac{n}{2^3}, \cdots$**일 가능성이 존재**한다.

(ii) 만약 $51 \leq n \leq 100$인 n이 짝수이면 조건을 만족시키는 k의 값은 $\dfrac{n}{2}$도 포함할 수밖에 없어 $f(n) \geq 2$가 된다.

(iii) 반면 $51 \leq n \leq 100$인 n이 홀수일 때는 $k = \dfrac{n}{2^1}, \dfrac{n}{2^2}, \dfrac{n}{2^3}, \cdots$일 수 없다.

$\dfrac{n}{2^1}, \dfrac{n}{2^2}, \dfrac{n}{2^3}, \cdots$이 모두 자연수가 아닌 유리수가 되기 때문이다.

즉, 가능한 k의 값은 n뿐이고 $f(n) = 1$이다.

따라서 (i) ~ (iii)에 의하여 $f(n) = 1$인 n은 51 이상 100 이하의 홀수이다.

$51 = 2 \times 25 + 1$, $99 = 2 \times 49 + 1$이므로 개수는 $49 - 25 + 1 = 25$이다.

답은 25!!

결론을 알고 나면 51 이상 100 이하의 홀수의 개수를 묻는 단순한 문항이지만 평가원은 이런 식으로 꼬아서 출제했다. **낯설게 정의된 함수나 집합**이 제시된 경우 **그 의미를 빠르게 해석, 흡수**하는 게 중요하다. 평소에 **예시를 통해 능동적으로 이해하는 습관**이 잘 잡혀있어야 수능 날에도 낯선 함수, 집합을 빠르게 해석, 흡수할 수 있다.

지수와 로그는 떼려야 뗄 수 없는 관계이므로 로그 관련 문제를 풀 때도 지수계산의 세 가지 도구를 생각해야 한다. 그 외에 추가적인 도구는 다음과 같다.

(1) $\log_a a = 1$, $\log_a 1 = 0$ (단, $a \neq 1$)

$\log_a a = 1$, $\log_a 1 = 0$는 **문제의 조건과 관계없이 쓸 수 있는 정보**이다. 특히, 나타내기 유형에서 많이 활용된다.

나타내기 유형의 풀이 태도는 다음과 같다. c를 a, b로 나타내야 할 때,

a, b를 통해 c를 만들려고 하지 말고, c를 a, b로 분해하자.

사소하지만 굉장히 중요한 태도다. 이 태도와 위의 정보를 의식하면서 아래 문제를 풀어보자.

예제(14) 18학년도 사관 나형 8번

$\log 6 = a$, $\log 15 = b$라 할 때, 다음 중 $\log 2$를 a, b로 나타낸 것은? [3점]

① $\dfrac{2a - 2b + 1}{3}$ 　② $\dfrac{2a - b + 1}{3}$ 　③ $\dfrac{a + b - 1}{3}$ 　④ $\dfrac{a - b + 1}{2}$ 　⑤ $\dfrac{a + 2b - 1}{2}$

---

1. $\log 6$과 $\log 15$를 통해 $\log 2$를 만들려고 하면 복잡하다. $\log 2$를 $\log 6$과 $\log 15$로 분해하자.

   우선, **$\log 6$를 요소로 포함하여 $\log 2$를 분해**하면 $\log 2 = \log \dfrac{6}{3} = \log 6 - \log 3 = a - \log 3$이다.

   다음으로, **$\log 15$를 요소로 포함하여 $\log 3$을 분해**하면 $\log 3 = \log \dfrac{15}{5} = b - \log 5$이다.

2. 정리하면 $\log 2 = a - b + \log 5$이다. 여기서 $\log 5$에 관한 조건이 없다고 생각하면 안 된다.

   $\log 10 = 1$이므로 $\log 5 = \log \dfrac{10}{2} = \log 10 - \log 2 = 1 - \log 2$이다.

   즉, $\log 2 = a - b + 1 - \log 2$이므로 $2\log 2 = a - b + 1$ $\therefore \log 2 = \dfrac{a - b + 1}{2}$

   답은 ④!!

(2) 밑 통일

로그 계산에서 가장 중요한 것 중 하나가 **'밑 통일'**이다.

밑이 서로 같은 로그들이 있다면 로그의 성질을 이용하여 **하나의 로그로 합치고,**
밑이 서로 다른 로그들이 있다면 밑 변환 공식과 그 관련 공식을 통해 **밑을 서로 같게 만드는 것을 고려**해보자.

특히, 로그의 진수에 미지수가 있는 경우 밑을 서로 같게 만든 다음 로그의 진수끼리 비교하는 것이 출제 의도인 경우가 많다.

(3) 치환

로그를 포함한 방정식에서 **서로 같은 로그가 두 개 이상 존재하는 경우 하나의 문자(A)로 치환하는 것을 생각해보자.**
지수 또한 마찬가지이다.

단, 지수에서는 $a > 0$, $a \neq 1$인 a에 대해 $a^x > 0$이므로 $a^x = A$로 치환한 다음 $A > 0$을 써주는 것을 잊지 말자. 지수·로그의 치환 관련 태도는 Chapter 2의 지수·로그 방정식, 부등식에서 자세히 다룬다.

한편, 로그에서 **밑과 진수가 완전히 똑같지 않더라도 치환할 수 있는 경우가 존재**하므로 주의하자.
예를 들어 $\log_a 2$와 $\log_a 8$를 포함한 방정식이 있다고 할 때, $\log_a 8 = 3\log_a 2$이므로
$\log_a 2 = X$로 치환하면 $\log_a 8 = 3X$이다.
지수에서도 2^x, 8^x를 포함한 방정식이 있다고 할 때,
$8^x = \left(2^x\right)^3$이므로 $2^x = A$로 치환하면 $8^x = A^3$이다. 단, $A > 0$이다!

예제(15) 11년 4월 교육청 나형 28번

연립방정식

$$\begin{cases} \log_2 x + \log_3 y = 5 \\ \log_3 x \cdot \log_2 y = 6 \end{cases}$$

의 해를 $x = \alpha$, $y = \beta$라 할 때, $\beta - \alpha$의 최댓값을 구하시오. [4점]

---

1. 문제를 보자마자 진수 조건부터 따지자. $x > 0$, $y > 0$이다.

다음으로 **밑 변환 공식**을 이용하여 진수가 x인 로그는 밑을 2로 하고,
진수가 y인 로그는 밑을 3으로 통일하자.

$$\begin{cases} \log_2 x + \log_3 y = 5 \\ \log_3 x \cdot \log_2 y = 6 \end{cases} \rightarrow \begin{cases} \log_2 x + \log_3 y = 5 \\ \dfrac{\log_2 x}{\log_2 3} \cdot \dfrac{\log_3 y}{\log_3 2} = 6 \end{cases} \rightarrow \begin{cases} \log_2 x + \log_3 y = 5 \\ \log_2 x \times \log_3 y = 6 \end{cases}$$

$\log_2 x = A$, $\log_3 y = B$로 **치환**하자.

$$\begin{cases} A + B = 5 \\ AB = 6 \end{cases}$$

$A = 5 - B$를 $AB = 6$에 대입하면 $(5 - B)B = 6$, $B^2 - 5B + 6 = 0$, $(B-2)(B-3) = 0$
$B = 2$ 또는 $B = 3$
$\therefore \begin{cases} A = 3 \\ B = 2 \end{cases}$ 또는 $\begin{cases} A = 2 \\ B = 3 \end{cases}$

2. **치환을 풀어주면** $\begin{cases} \log_2 x = 3 \\ \log_3 y = 2 \end{cases}$ 또는 $\begin{cases} \log_2 x = 2 \\ \log_3 y = 3 \end{cases}$

$\begin{cases} x = 8 \\ y = 9 \end{cases}$ 또는 $\begin{cases} x = 4 \\ y = 27 \end{cases}$ 에서 $\beta - \alpha$ 의 최댓값은 $27 - 4 = 23$이다.

답은 23!!

1. 연립방정식 $\begin{cases} \log_2 x + \log_3 y = 5 \\ \log_3 x \cdot \log_2 y = 6 \end{cases}$ 에서 로그의 밑을 모두 2 또는 3으로 통일해도 상관없다.

2. 로그의 밑을 1이 아닌 임의의 양수 c로 통일해서 풀 수도 있다. 주어진 연립방정식을 다음과 같이 고치자.

$$\begin{cases} \dfrac{\log_c x}{\log_c 2} + \dfrac{\log_c y}{\log_c 3} = 5 \\ \dfrac{\log_c x}{\log_c 3} \times \dfrac{\log_c y}{\log_c 2} = \dfrac{\log_c x}{\log_c 2} \times \dfrac{\log_c y}{\log_c 3} = 6 \end{cases}$$

이때, $\dfrac{\log_c x}{\log_c 2} = A$, $\dfrac{\log_c y}{\log_c 3} = B$로 치환하면 주어진 연립방정식은 $\begin{cases} A + B = 5 \\ AB = 6 \end{cases}$ 가 되고,
이후 풀이는 본 풀이와 같이 풀면 된다.

4. 상용로그 : 정수 부분과 소수 부분

밑을 10으로 하는 로그를 상용로그라고 하고, 보통 $\log_{10} N$에서 밑을 생략한 형태인 $\log N$으로 나타낸다.

$$\log_{10} N = \log N \ (단, \ N > 0)$$

$\log x$의 정수 부분과 소수 부분을 각각 $f(x),\ g(x)$로 하는 기출문제를 종종 볼 수 있다.
하지만 이와 관련된 문제는 평가원, 수능에서 출제되기 어렵다.

07 교육과정에서는 $\log x$의 정수 부분을 '지표', 소수 부분을 '가수'로 소개하였지만,
**저번 교육과정인 09 교육과정에서부터 로그의 지표, 가수 부분이 아예 빠졌고 $\log x$의 '지표'를 '정수 부분'으로,
'가수'를 '소수 부분'으로 용어를 바꾸어 출제하지도 않았다.**
따라서 이번 교육과정인 15 개정 교육과정에서도 로그의 정수 부분, 소수 부분 관련 문제가 출제될 가능성은 매우
희박하다.

하지만 수학적 사고력, 로그의 이해, 정수 조건을 다루는 연습을 위해 교재에는 문제들을 넣어두었다.
특히 예전 킬러 문제에서 정수 부분, 소수 부분 개념이 포함된 것들이 꽤 있어 그냥 넘어가자니 아깝기도 하다.
넘어가도 좋지만 공부해도 해가 될 건 없고, 정수 부분, 소수 부분 문제는 패턴이 일정해서 익숙해지면 전혀
어렵지 않다.

양수 N에 대하여 $\log N$을

$$\log N = n + \alpha \ (단, \ n은 \ 정수, \ 0 \leq \alpha < 1)$$

로 나타낼 때, n을 $\log N$의 정수 부분, α를 $\log N$의 소수 부분이라 한다.
모든 상용로그는 '(정수 부분)+(소수 부분)'으로 나타낼 수 있다.

(1) 소수 부분이 음수가 아님에 주의

$\dfrac{1}{100} < a < \dfrac{1}{10}$인 a에 대해 $\log a$의 소수 부분은 무엇일까?

부등식의 모든 변에 상용로그를 취해주면 $\log \dfrac{1}{100} < \log a < \log \dfrac{1}{10}$, $-2 < \log a < -1$이므로
$\log a = -1. \cdots$ 이다.

이때, **$\log a$의 정수 부분**은 -1이 아니라 -2이고, **$\log a$의 소수 부분은 $\log a - (-2)$**이다.

(2) 정수 부분 구하기

정수 p에 대해 $10^p \leq a < 10^{p+1}$이면 $\log a$의 정수 부분은 p이다.

증명은 다음과 같다. $10^p \leq a < 10^{p+1}$의 모든 변에 상용로그를 취해주면 $\log 10^p \leq \log a < \log 10^{p+1}$, $p \leq \log a < p+1$이다. 따라서 $\log a$의 정수 부분은 p이다. 당연히 p가 음수일 때도 성립한다.

예를 들어,
① $10 \leq a < 100$인 a에 대해 $\log a$의 소수 부분을 $f(a)$라 하면 $\log a = 1 + f(a)\,(0 \leq f(a) < 1)$이다.
② $\dfrac{1}{1000} \leq a < \dfrac{1}{100}$인 a에 대해 $\log a$의 소수 부분을 $g(a)$라 하면 $\log a = -3 + g(a)\,(0 \leq g(a) < 1)$이다.

　　※ 소수 부분을 쓸 때는 실수를 방지하기 위해 범위도 같이 써주자.

(3) 소수 부분이 같을 때, 소수 부분을 더하면 1이 될 때

양수 a, b에 대해,
① $\log a$와 $\log b$의 소수 부분이 같다면 $\log a - \log b$는 정수이다.
② $\log a$와 $\log b$의 소수 부분을 더한 값이 1이라면 $\log a + \log b$는 정수이다.
　　단, $\log a$와 $\log b$의 소수 부분은 모두 0이 아니어야 한다.
　　둘 중 하나의 소수 부분이 0이라면 다른 하나의 소수 부분은 1이 되어야 하는데,
　　소수 부분은 정의상 1이 될 수 없기 때문이다.

(4) 정수 부분, 소수 부분의 핵심 태도

정수 부분, 소수 부분 문제의 핵심은 정수 부분이다.
$\log a$의 소수 부분은 소수 부분 그 자체가 아닌 '$\log a - $(정수 부분)'으로 인식하자.

정수 부분을 정확히 알 수 있는 경우라면 $\log a = $(정수 부분) + (소수 부분)으로 나타내고,
정수 부분을 정확히 알 수 없는 경우라면 정수 부분의 값을 기준으로 CASE를 분류하자.

예를 들어,
① $10 \leq a < 100$일 때 $\log a$의 소수 부분을 $f(a)$라 하면
　　$\log a = 1 + f(a)\,(0 \leq f(a) < 1)$를 써둔 다음 문제를 풀자.

② $1 \leq a < 100$일 때 $\log a$의 정수 부분을 $g(a)$, 소수 부분을 $h(a)$라 하면 다음과 같이 CASE를 분류하자.

　　　(i) $1 \leq a < 10$일 때 : $\log a = h(a)\,(0 \leq h(a) < 1)$
　　　(ii) $10 \leq a < 100$일 때 : $\log a = 1 + h(a)\,(0 \leq h(a) < 1)$

두 자리의 자연수 N에 대하여 $\log N$의 소수 부분이 α일 때,

$$\frac{1}{2}+\log N=\alpha+\log_4\frac{N}{8}$$

을 만족시키는 N의 값을 구하시오. [4점]

정수 부분, 소수 부분 문제의 핵심은 정수 부분이다. $\frac{1}{2}+\log N=\alpha+\log_4\dfrac{N}{8}$에서 α를 이항하면 $\log N-\alpha$이 나오고, **$\log N-\alpha$는 $\log N$의 정수 부분**이다. 이때, N은 두 자리의 자연수이므로 **$\log N-\alpha=1$** 이다.

$$\frac{1}{2}+\log N-\alpha=\frac{3}{2}=\log_4\frac{N}{8} \text{에서 } 4^{\frac{3}{2}}=\frac{N}{8}\text{이다.}$$

$4^{\frac{3}{2}}=2^3=8$이므로 $N=64$이다.

답은 64!!

100 보다 작은 두 자연수 $a, b\ (a < b)$ 에 대하여 $\log a$ 의 소수 부분과 $\log b$ 의 소수 부분의 합이 1 이 되는 순서쌍 (a, b) 의 개수는? [4점]

① 2 　　　② 4 　　　③ 6 　　　④ 8 　　　⑤ 10

1. $\log a$ 의 소수 부분과 $\log b$ 의 소수 부분의 합이 1 이므로 $\log a + \log b = \log ab$는 정수이다. 단, $\log a$와 $\log b$의 소수 부분은 모두 0이 아니어야 한다. 둘 중 하나의 소수 부분이 0이면 다른 하나의 소수 부분은 1이 되는데, 소수 부분은 1보다 작기 때문이다.

따라서 100 보다 작은 두 자연수 $a, b\ (a < b)$ 에 대하여 $\log ab$가 정수인 순서쌍 (a, b)의 개수를 구하되, $\log a$와 $\log b$의 소수 부분 중 적어도 하나가 0인 경우는 빼야 한다.

$\log 1 = 0$이므로 $a \neq 1$, $b \neq 1$이다. 이를 의식하면서 순서쌍을 헤아리자.

2. a, b는 1보다 크고 100보다 작은 자연수이므로 $\log ab$가 정수가 될 수 있는 경우는 $ab = 10, 10^2, 10^3$이다. 각각의 경우를 관찰하자.

(i) $ab = 10$
$a \neq 1$, $b \neq 1$, $a < b$이므로 이를 만족시키는 순서쌍 (a, b)는 $(2, 5)$이다.

(ii) $ab = 100$
$a \neq 1$, $b \neq 1$, $a < b$이므로 이를 만족시키는 순서쌍 (a, b)는 $(2, 50)$, $(4, 25)$, $(5, 20)$이다.

(iii) $ab = 1000$
$a \neq 1$, $b \neq 1$, $a < b$이므로 이를 만족시키는 순서쌍 (a, b)는 $(20, 50)$, $(25, 40)$이다.

따라서 (i) ~ (iii)에 의하여 조건을 만족시키는 순서쌍 (a, b)의 개수는 6이다.

답은 ③!!

comment

정수 부분과 소수 부분을 차치하더라도 섬세한 판단을 요구하는 매우 좋은 문항이다.

양의 실수 x에 대하여 $\log x$의 소수 부분을 $f(x)$라 하자. 다음 조건을 만족시키는 a와 n에 대하여 모든 자연수 n의 값의 합을 구하시오. [4점]

(가) $f(a) = f(a^{2n})$

(나) $(n+1)\log a = 3n^2 - 4n + 4$

1. (가)에서 $f(a) = f(a^{2n})$이므로 $\log a$와 $\log a^{2n} = 2n \log a$의 소수 부분이 서로 같다.
따라서 $2n \log a - \log a = (2n-1)\log a$는 정수이다. (가)에서 뽑아낼 수 있는 정보는 이것뿐이다.

(나)에서 $(n+1)\log a = 3n^2 - 4n + 4$ 의 양변에 $\dfrac{2n-1}{n+1}$을 곱하여

$(2n-1)\log a$를 만들어주자. $(2n-1)\log a = \dfrac{2n-1}{n+1}(3n^2 - 4n + 4)$이므로

$\dfrac{2n-1}{n+1}(3n^2 - 4n + 4)$가 정수가 되게 하는 자연수 n의 값을 구하자.

---

2. $\dfrac{2n-1}{n+1}(3n^2 - 4n + 4) = \dfrac{(2n-1)(3n^2 - 4n + 4)}{n+1}$

$$= \dfrac{6n^3 - 11n^2 + 12n - 4}{n+1}$$

$6n^3 - 11n^2 + 12n - 4$를 $n+1$로 나눈 나머지를 구하자. 다항식의 나눗셈을 이용하면 된다.

$$
\begin{array}{r}
6n^2 - 17n + 29 \\
n+1 \overline{)\,6n^3 - 11n^2 + 12n - 4} \\
\underline{6n^3 + 6n^2 } \\
-17n^2 + 12n - 4 \\
\underline{-17n^2 - 17n } \\
29n - 4 \\
\underline{29n + 29} \\
-33
\end{array}
$$

$6n^3 - 11n^2 + 12n - 4 = (n+1)(6n^2 - 17n + 29) - 33$이므로

$$\dfrac{2n-1}{n+1}(3n^2 - 4n + 4) = \dfrac{(n+1)(6n^2 - 17n + 29) - 33}{n+1}$$

$$= 6n^2 - 17n + 29 - \dfrac{33}{n+1}$$

$6n^2 - 17n + 29$가 정수이므로 $\dfrac{33}{n+1}$이 정수이면 $(2n-1)\log a$가 정수이다.

$33 = 3 \times 11$이고, $n+1 \geq 2$이므로 $n+1 = 3, 11, 33$이 가능하다.
즉, 가능한 모든 n의 값의 합은 $2 + 10 + 32 = 44$이다.

답은 44!!

정수 부분, 소수 부분과 다항식의 나머지를 엮은 좋은 문항이다.

'소수 부분이 같은 로그의 차는 정수'라는 점과 '$\dfrac{2n-1}{n+1}(3n^2 - 4n + 4)$가 정수가 될 조건을 파악하기 위해 다항식의 나눗셈을 이용하여 나머지를 파악하는 것'이 핵심이다.

Chapter
02
지수함수와 로그함수

02 지수함수와 로그함수

Chapter 2 앞부분에서 다룰 내용은 교과서에도 있는 지수함수, 로그함수에 관한 기본적인 내용이다. 지수함수, 로그함수에 그리 큰 어려움을 겪지 않는다면 Chapter 2 앞부분은 내용만 훑고 관련 예제들만 풀고 지나가도 문제없다. Chapter 2 뒷부분에서부터는 함수, 역함수, ㄱㄴㄷ 조건 처리 관련 심화 내용을 다룬다.

▌지수함수

$y = a^x$ 꼴이고 **밑인 a가 $a > 0, a \neq 1$를 만족시킬 때** 정의된다. $a = 1$일 때는 $y = 1$인 상수함수이다. a의 범위에 따른 $y = a^x$의 그래프 개형은 아래와 같다.

(1) $a > 1$일 때

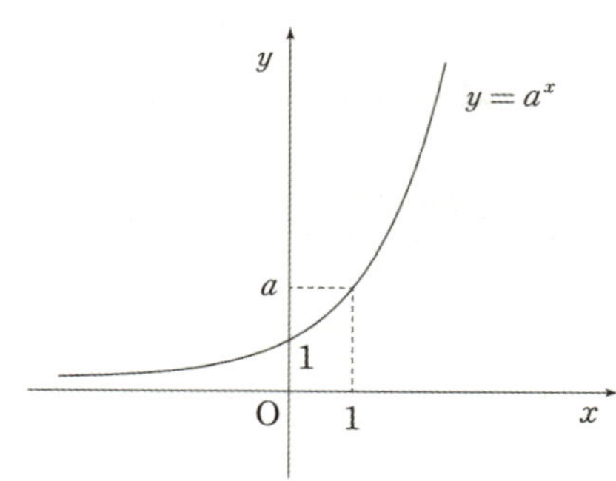

정의역은 실수 전제의 집합이고, **치역은 양의 실수 전체의 집합**이다.
x의 값이 증가하면 y의 값도 증가하므로 증가함수이다.
x축(직선 $y = 0$)을 점근선으로 가지며 a의 값에 관계없이 점 $(0,\ 1)$을 지난다.
그래프 개형을 파악할 때, 점 $(0,\ 1)$과 점 $(1,\ a)$을 지난다는 사실을 이용하면 좋다.

$b > a > 1$일 때, $y = a^x$와 $y = b^x$ 그래프 개형을 살펴보자. $a = 2$, $b = 3$일 때를 예시로 들겠다.

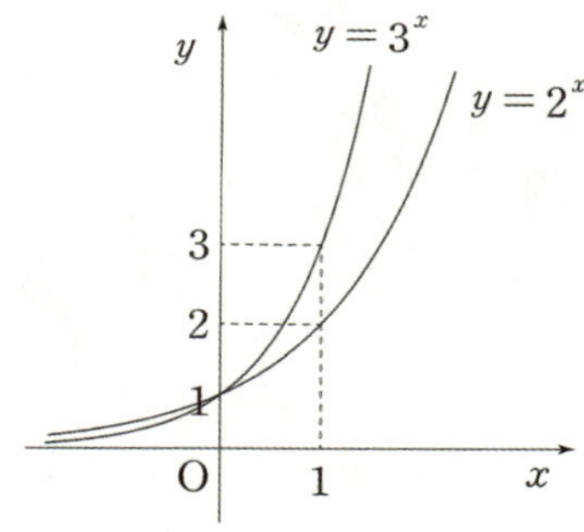

$x > 0$에서 $y = 3^x$의 그래프가 $y = 2^x$의 그래프 위에 있고,
$x < 0$에서 $y = 2^x$의 그래프가 $y = 3^x$의 그래프 위에 있다.
2개 이상의 지수함수 그래프를 그릴 때 이 점에 유의하자.

(2) $0 < a < 1$일 때

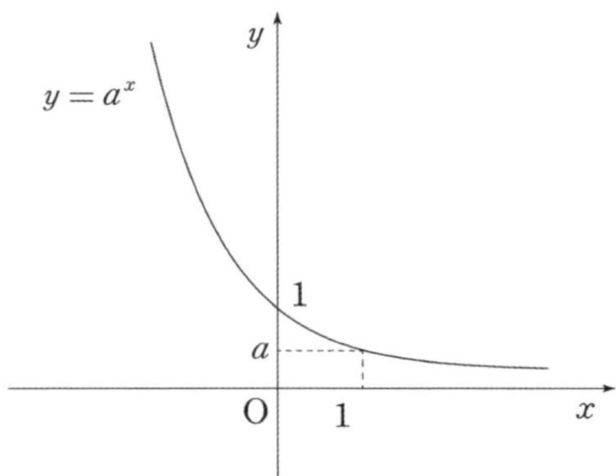

정의역은 실수 전제의 집합이고, **치역은 양의 실수 전체의 집합**이다.
x의 값이 증가하면 y의 값은 감소하므로 **감소함수**이다.

x축(직선 $y = 0$)을 점근선으로 가지며 a의 값에 관계없이 점 $(0,\ 1)$을 지난다.
그래프 개형을 파악할 때, 점 $(0,\ 1)$과 점 $(1,\ a)$을 지난다는 사실을 이용하면 좋다.

$0 < a < b < 1$일 때, $y = a^x$와 $y = b^x$ 그래프 개형을 살펴보자. $a = \dfrac{1}{3}$, $b = \dfrac{1}{2}$일 때를 예시로 들겠다.

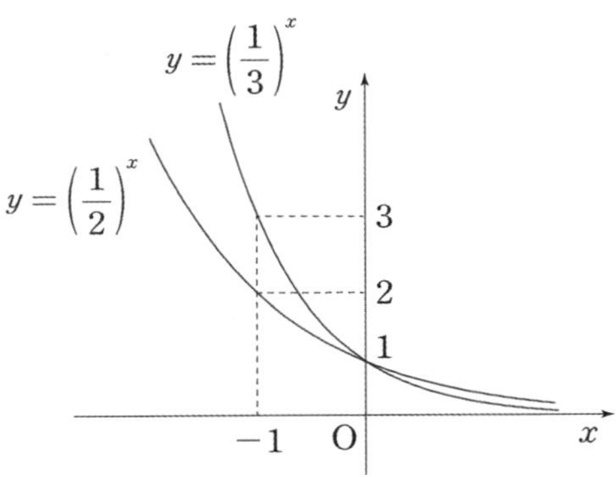

$x > 0$에서 $y = \left(\dfrac{1}{2}\right)^x$의 그래프가 $y = \left(\dfrac{1}{3}\right)^x$의 그래프 위에 있고,

$x < 0$에서 $y = \left(\dfrac{1}{3}\right)^x$의 그래프가 $y = \left(\dfrac{1}{2}\right)^x$의 그래프 위에 있다.

2개 이상의 지수함수 그래프를 그릴 때 이 점에 유의하자.

$y = a^x$ 위의 점들의 x좌표 $x_1,\ x_2,\ x_3,\ \cdots$가 등차수열을 이루면 y좌표 $y_1,\ y_2,\ y_3,\ \cdots$가 등비수열을 이룬다. 이를 이용해 좀 더 편하게 좌표를 설정할 수도 있다. 다만, 그렇게 중요한 도구는 아니다. 이를 이용하지 않더라도 비슷한 시간 내에 관련 문제를 풀어낼 수 있다.

지수함수 평행이동, 대칭이동

$y = a^x \, (a > 0, \ a \neq 1)$의 그래프를 x축의 방향으로 b만큼, y축의 방향으로 c만큼 평행이동한 그래프는 $y = a^{x-b} + c$이다. $y = a^{x-b} + c$의 점근선은 $y = c$이며 점 $(b, \ 1+c)$를 지난다.

$y = a^x$를 평행이동 시켜 $y = m \times a^x \, (a > 0, \ a \neq 1, \ m > 0)$를 만들 수 있을까? 얼핏 보면 불가능해 보인다. 하지만 가능하다! 밑 변환 공식을 이용하면 $m = a^{\log_a m}$이다. **따라서 $y = m \times a^x = a^{x + \log_a m}$ 이고,** $y = a^{x + \log_a m}$**는** $y = a^x$**를** x**축의 방향으로** $-\log_a m$**만큼 이동한 그래프이다.**

지수함수, 로그함수, 유리함수 등을 논할 때 **점근선은 매우 중요**하다.
$y = a^{x-b} + c \, (a > 0, \ a \neq 1, \ b$와 c는 상수$)$의 점근선은 $y = c$이다.

뭐 당연한 사실이지만 가끔 $y = \left| \dfrac{1}{x-1} - 5 \right|$의 그래프를 그릴 때 **점근선 $y = 5$를 깜빡하고 안 그려** 문제가 잘 안 풀릴 때가 있다. **어떤 그래프를 그리든 점근선 존재 여부는 매우 중요**하므로 꼭 확인하고 그려주자!

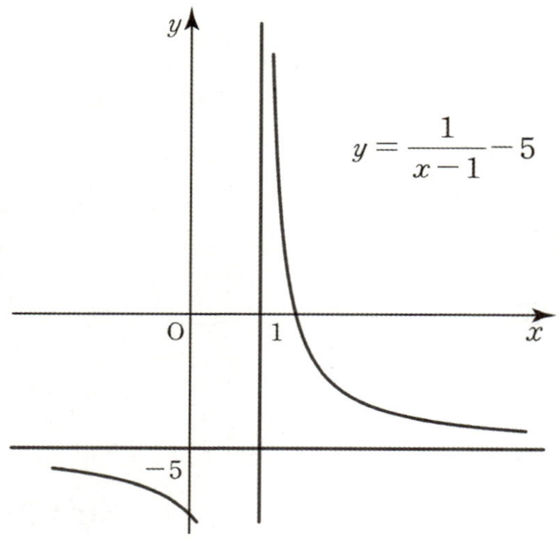

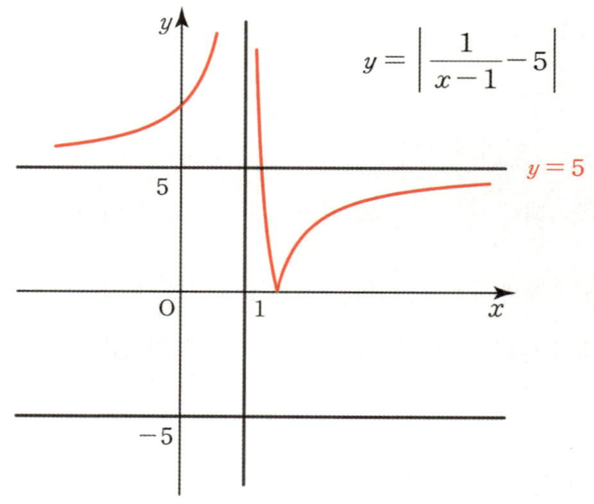

함수

$$f(x) = \begin{cases} 2^x & (x < 3) \\ \left(\dfrac{1}{4}\right)^{x+a} - \left(\dfrac{1}{4}\right)^{3+a} + 8 & (x \geq 3) \end{cases}$$

에 대하여 곡선 $y = f(x)$ 위의 점 중에서 y 좌표가 정수인 점의 개수가 23 일 때, 정수 a 의 값은?

[4점]

① -7 ② -6 ③ -5 ④ -4 ⑤ -3

1. 함수 $f(x)$ 는 구간에 따라 다르게 정의된 함수이다. $f(3) = 8$ 이고,

   $x < 3$ 에서의 점근선의 방정식은 $y = 0$,

   $x \geq 3$ 에서의 점근선의 방정식은 $y = 8 - \left(\dfrac{1}{4}\right)^{3+a}$ 이므로

   함수 $f(x)$ 의 그래프 개형은 다음과 같다.

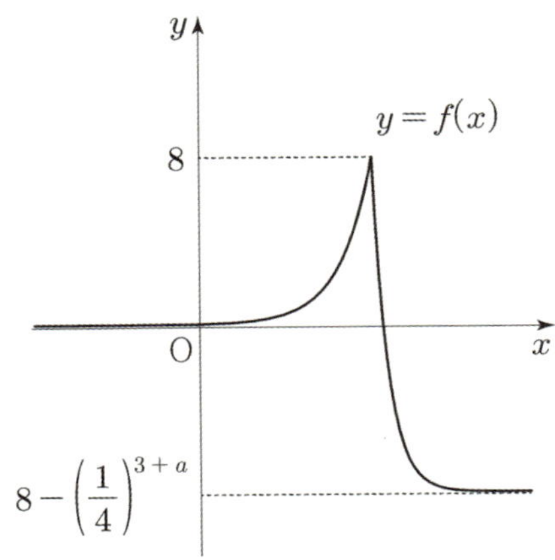

2. y 좌표가 정수인 점의 개수를 살펴보자.

   (1) $y = 8$ 인 점의 개수는 1 이다.

   (2) $1 \leq y \leq 7$ 인 점의 개수는 $2 \times 7 = 14$ 이다.

   (3) $8 - \left(\dfrac{1}{4}\right)^{3+a} \leq y \leq 0$ 인 점의 개수는 $23 - (1 + 14) = 8$ 이다.

   (3)에서 y 좌표가 정수인 점의 개수가 8 이 되게 하는 점근선의 y 좌표의 범위는

   $-8 \leq 8 - \left(\dfrac{1}{4}\right)^{3+a} < -7$ 이므로 $15 < \left(\dfrac{1}{4}\right)^{3+a} \leq 16$ 에서 정수 a 의 값은 -5 이다.

   답은 ③!!

두 자연수 a, b에 대하여 함수

$$f(x)= \begin{cases} 2^{x+a}+b & (x \leq -8) \\ -3^{x-3}+8 & (x > -8) \end{cases}$$

이 다음 조건을 만족시킬 때, $a+b$의 값은? [4점]

> 집합 $\{f(x)|x \leq k\}$의 원소 중 정수인 것의 개수가 2가 되도록 하는 모든 실수 k의 값의 범위는 $3 \leq k < 4$이다.

① 11   ② 13   ③ 15   ④ 17   ⑤ 19

1. 함수 $f(x)$는 $x = -8$에서 불연속인 함수이고, 직선 $x = -8$을 기준으로 함수의 그래프의 개형을 통하여 주어진 조건을 해석하는 것이 바람직하다.

$x > -8$에서 함수 $f(x)$는 감소하는 함수이고,

$\lim\limits_{x \to -8+} f(x) = -3^{-11}+8$ 이므로 주어진 조건이 $f(x)$의 치역의 원소 중 정수인 것에 집중하고 있음에 착안하여 $\lim\limits_{x \to -8+} f(x)$의 값이 8보다 작은 값인 것만 해석하고 넘어가자.

$x \leq k$에서 $f(x)$의 값 중 정수인 것의 개수가 2가 되도록 하는 k의 범위가 주어져 있는데, 범위의 양 끝값이 주어져 있으므로 양 끝값을 기준으로 관찰하는 것이 합리적이다.

$f(3) = -3^{3-3}+8 = 7$ 이므로 7은 반드시 주어진 집합의 원소이고,

$f(4) = -3^{4-3}+8 = 5$ 이므로 5는 주어진 집합의 원소가 아니다.

따라서 $3 \leq k < 4$인 임의의 실수 k에 대하여 7 또는 5가 아닌 하나의 정수가 주어진 집합의 원소가 되도록 하는 자연수 a, b의 값을 결정해주어야 한다.

2. 함수 $y = 2^{x+a} + b$ 의 그래프는 함수 $y = 2^{x+a}$ 의 그래프를 y 축의 양의 방향으로 b 만큼 평행이동시킨 것이므로, 함수 $y = 2^{x+a} + b$ 의 그래프의 점근선은 직선 $y = b$ 이다.

$x \leq -8$ 에서 함수 $f(x)$ 가 증가함수인 것과

$-3^{x-3} + 8 = 6 \Rightarrow 3 < x = \log_3 2 + 3 < 4$ 임에 착안하면

$3 \leq x < \log_3 2 + 3$ 에서 $f(x)\,(x > -8)$ 의 값 중 정수인 것은 7 뿐이고, $\cdots$ (①)

$\log_3 2 + 3 \leq x < 4$ 에서 $f(x)\,(x > -8)$ 의 값 중 정수인 것은 7 과 6 이다.

이를 통하여 $3 \leq k < 4$ 인 임의의 실수 k 에 대하여 주어진 집합의 원소 중 정수인 것은 7 과 6 임을 알 수 있다.

(①)에서 $3 \leq k < \log_3 2 + 3$ 인 k 에 대하여 $f(x)\,(x \leq k)$ 의 값 중 $p6$ 이 반드시 존재하여야 함 $\cdots$ (②)을 알 수 있으므로 $b \leq 5$ 이다.

그런데 $b \leq 4$ 이면 $b+1$ 은 주어진 집합의 원소에 반드시 포함되므로,

6 보다 작은 자연수가 주어진 집합의 원소가 된다. 따라서 $b = 5$ 이다.

---

3. 중요한 것은, 주어진 조건을 만족시키는 k 의 최솟값이 3 이라는 것에 있다.

만약 $7 \leq 2^{a-8} + 5 < 8$ 이면, 주어진 조건을 만족시키는 3 보다 작은 k 의 값이 존재하므로 모순임을 캐치할 수 있어야 한다. ($2^{a-8} + 5 \geq 8$ 인 경우는 주어진 집합의 원소 중 정수인 것의 개수가 3 이상이 되므로 고려하지 않는다.)

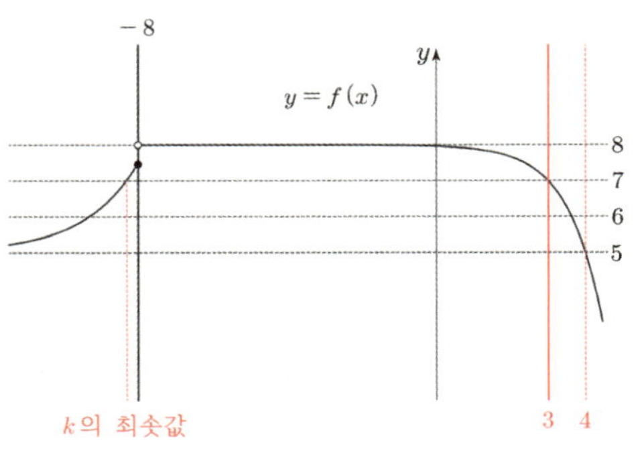

$2^{a-8} + 5 < 7 \Rightarrow a < 9$ 이고,

(②)에 의하여 x 에 대한 방정식 $2^{x+a} + 5 = 6\,(x \leq -8)$ 의 실근이 반드시 존재하므로

$2^{a-8} + 5 \geq 6 \Rightarrow a \geq 8$ 이다. 따라서 자연수 a 로 가능한 값은 8 뿐이므로,

$a + b = 8 + 5 = 13$ 이다.

답은 ②!!

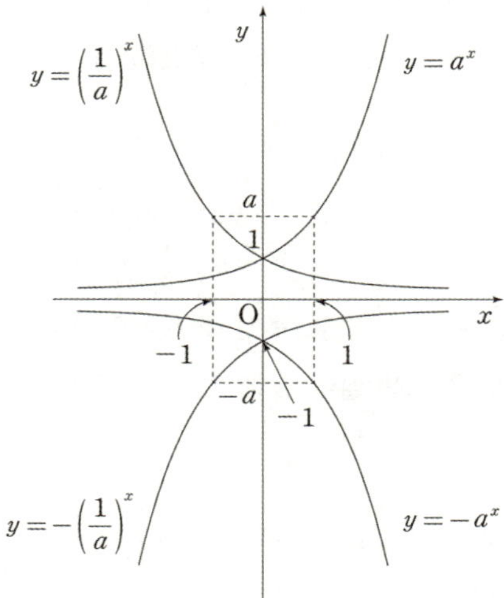

$y = a^x \, (a > 1)$를 살펴보자.

$y = a^x$를 x축에 대해 대칭 시키면 $y = -a^x$이다.

$y = a^x$를 y축에 대해 대칭 시키면 $y = a^{-x} = \left(\dfrac{1}{a}\right)^x$이다.

$y = a^x$를 원점에 대해 대칭 시키면 $y = -a^{-x} = -\left(\dfrac{1}{a}\right)^x$이다.

$y = -a^{-bx+c} + d$는 $y = a^{bx}$를 대칭이동, 평행이동하여 만든 그래프이다. 어떻게 대칭이동, 평행이동시켰을까?
$y = a^{bx}$를 원점대칭 시키면 $y = -a^{-bx}$이다.

이후에 $y = -a^{-bx}$를 x축으로 $\dfrac{c}{b}$만큼, y축으로 d만큼 평행이 동한 것이다.

※ $y = -a^{-bx+c}$는 $y = -a^{-bx}$의 그래프를 x축으로 $\dfrac{c}{b}$만큼이 아닌 $-c$만큼 평행이동한 것이라고 착각하는

경우가 많다. 하지만 그렇지 않다. $y = -a^{-bx+c}$를 $y = -a^{-b\left(x - \frac{c}{b}\right)}$로 바꾸어 보면 금방 이해할 수 있다.

함수 $f(x) = -2^{4-3x} + k$ 의 그래프가 제2사분면을 지나지 않도록 하는 자연수 k 의 최댓값은?

[3점]

① 10   ② 12   ③ 14   ④ 16   ⑤ 18

1. 함수 $f(x)$의 그래프의 개형을 생각해보자. **위로 볼록하고 증가하며 점근선은** $y = k$**이다.**

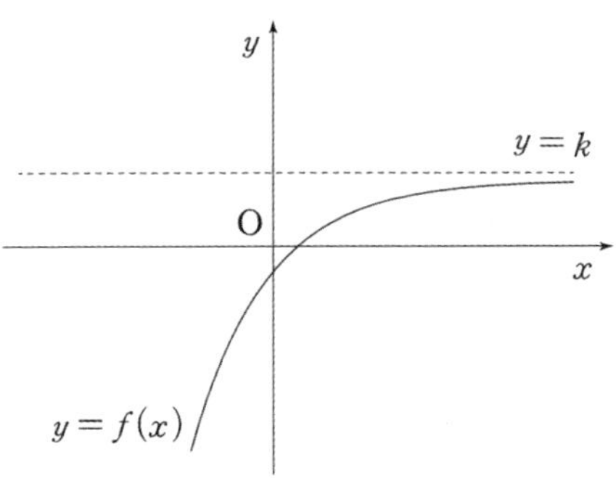

이 그래프가 제2사분면을 지나지 않도록 하려면 $f(0) \leq 0$**이어야 한다.**

2. $f(0) = -2^4 + k$, $f(0) \leq 0$이므로 $k \leq 16$이다. 따라서 자연수 k의 최댓값은 16이다.

답은 ④!!

그림과 같이 함수 $y=2^x$의 그래프 위의 한 점 A를 지나고 x축에 평행한 직선이 함수 $y=15\cdot2^{-x}$의 그래프와 만나는 점을 B라 하자. 점 A의 x좌표를 a라 할 때, $1<\overline{AB}<100$을 만족시키는 2 이상의 자연수 a의 개수는? [4점]

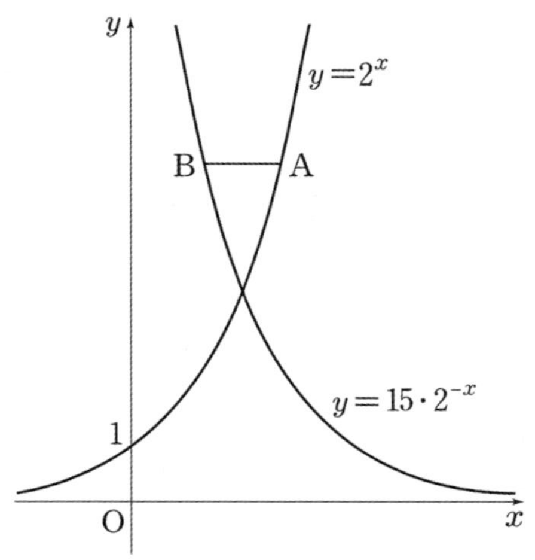

① 40　　　② 43　　　③ 46　　　④ 49　　　⑤ 52

---

1. $15\cdot2^{-x}=2^{-x+\log_2 15}$이다. 점 $A\left(a,\,2^a\right)$이므로 점 $B\left(\log_2 15-a,\,2^a\right)$이다.

2. $\overline{AB}=2a-\log_2 15$이므로 $1<2a-\log_2 15<100$에서 $\dfrac{1}{2}+\dfrac{\log_2 15}{2}<a<50+\dfrac{\log_2 15}{2}$이다.

   $3<\log_2 15<4$이므로 $\dfrac{3}{2}<\dfrac{\log_2 15}{2}<2$이다. a는 자연수이므로 a의 자연수 범위는

   $3\le a\le 51$이다. 따라서 자연수 a의 개수는 $51-3+1=49$이다.

   답은 ④!!

지수함수 최대와 최소, 지수방정식과 지수부등식

1. 지수함수 최대와 최소

정의역이 $\{x \mid m \leq x \leq n\}$ $(m \leq n)$일 때, $y = a^x$ $(a > 0,\ a \neq 1)$의 최댓값과 최솟값을 알아보자.

$a > 1$이면 $y = a^x$는 **증가함수이므로** $x = m$에서 최솟값 a^m, $x = n$에서 최댓값 a^n을 갖는다.

$0 < a < 1$이면 $y = a^x$는 **감소함수이므로** $x = m$에서 최댓값 a^m, $x = n$에서 최솟값 a^n을 갖는다.

2. 지수방정식

$y = a^x$ $(a > 0,\ a \neq 1)$는 실수 전체의 집합에서 양의 실수 전체의 집합으로의 **일대일대응 함수**이므로 $a^{x_1} = a^{x_2} \Leftrightarrow x_1 = x_2$이 성립한다. 따라서 $a^{f(x)} = b$ $(b > 0)$를 만족하는 x는 방정식 $f(x) = \log_a b$의 해이고, $a^{f(x)} = a^{g(x)}$를 만족하는 x는 방정식 $f(x) = g(x)$의 해이다.

방정식 $a^{f(x)} = b^{g(x)}$의 해는 어떻게 구할까? 간단하다.

밑변환 공식을 이용하면 $b = a^{\log_a b}$이므로 $a^{f(x)} = b^{g(x)}$는 곧 $a^{f(x)} = a^{\log_a b \times g(x)}$이다.

따라서 $a^{f(x)} = b^{g(x)}$를 만족하는 x는 방정식 $f(x) = \log_a b \times g(x)$의 해이다.

방정식 $f(a^x) = 0$의 해는 어떻게 구할까? $f(x) = x^2 - 2x - 3$, $a = 3$일 때를 예로 들어보겠다.

$3^{2x} - 2 \times 3^x - 3 = 0$에서 $3^x = t$로 치환하면 $t^2 - 2t - 3 = 0$이다.

방정식 $t^2 - 2t - 3 = 0$의 해는 $t = 3$ 또는 $t = -1$이다. 이는 곧 $3^x = 3$ 또는 $3^x = -1$를 만족하는 x이다.

$3^x = 3$에서 $x = 1$이고, 모든 실수 x에 대하여 $3^x > 0$이기에 $3^x = -1$를 만족하는 x는 없다.

따라서 방정식 $f(a^x) = 0$에서 $a^x = t$로 치환할 때 꼭 $t > 0$임을 표시하자.

$t > 0$임을 표시하지 않으면 지수방정식 관련 문제에서 실수가 많이 발생할 것이다.

3. 지수부등식

$y = a^x$의 밑 조건은 지수함수의 증감 때문에 매우 중요하다.

$a^{x_1} > a^{x_2}$ (a는 $a > 0, a \neq 1$인 상수)일 때, x_1, x_2 크기를 비교해보자.

밑을 꼭 확인해야 한다. $1 < a$일 때와 $0 < a < 1$일 때로 case를 꼭 나눈다.

$1 < a$일 때는 $x_1 > x_2$이다. $y = a^x$, $y = \log_a x$는 증가함수이기 때문에 $a^{x_1} > a^{x_2}$의 양변에 $\log_a$를 씌운 후 **부등호의 방향을 바꿀 필요가 없다.**

하지만 **$0 < a < 1$일 때는 $x_1 < x_2$이다. $y = a^x$, $y = \log_a x$는 감소함수**이기 때문에 $a^{x_1} > a^{x_2}$의 양변에 $\log_a$를 씌운 후 **부등호의 방향을 꼭 바꿔야 한다.**

이차함수 $y = f(x)$의 그래프와 일차함수 $y = g(x)$의 그래프가 그림과 같을 때, 부등식

$$\left(\frac{1}{2}\right)^{f(x)g(x)} \geq \left(\frac{1}{8}\right)^{g(x)}$$

을 만족시키는 모든 자연수 x의 값의 합은? [4점]

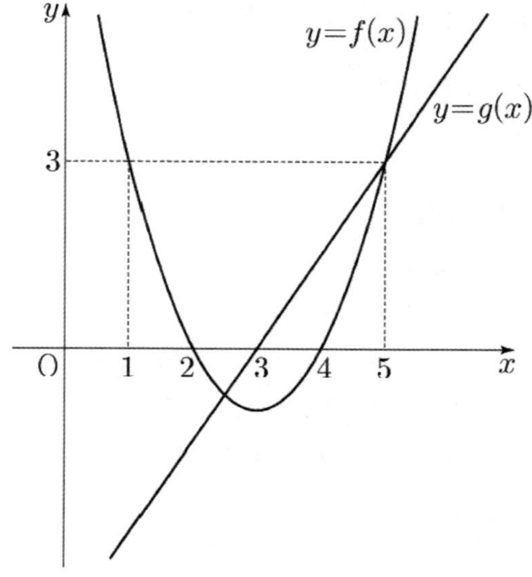

① 7　　　② 9　　　③ 11　　　④ 13　　　⑤ 15

1. 먼저 $\left(\dfrac{1}{2}\right)^{f(x)g(x)} \geq \left(\dfrac{1}{8}\right)^{g(x)}$ 의 밑을 맞춰주면 $\left(\dfrac{1}{2}\right)^{f(x)g(x)} \geq \left(\dfrac{1}{2}\right)^{3g(x)}$ 이다.

   밑이 1보다 작으므로 $f(x)g(x) \leq 3g(x)$ 이다.

   여기서 흥분해서 함부로 부등호 양변을 $g(x)$로 나눠버리지 마라. $g(x)$가 음이냐 양이냐에 따라 부등호 방향도 바뀔 수 있고, $g(x)=0$일 때 특히 더 주의해야 한다.

   따라서 $g(x)\{f(x)-3\} \leq 0$로 정리한다.

---

2. $g(x)\{f(x)-3\} \leq 0$에서 $g(x)\{f(x)-3\}=0$는 **따로 분리**해서 따져준다.

   먼저 $g(x)\{f(x)-3\}<0$일 때를 따져보자.
   (1) $g(x)<0$, $f(x)>3$일 때 $x<1$이다.
   (2) $g(x)>0$, $f(x)<3$일 때 $3<x<5$

   다음으로 $g(x)\{f(x)-3\}=0$일 때를 따져보자.
   (1) $g(x)=0$, $f(x)\neq 3$이면 $x=3$이다.
   (2) $g(x)\neq 0$, $f(x)=3$이면 $x=1$ 또는 $x=5$이다.
   (3) $g(x)=0$, $f(x)=3$를 만족하는 x는 존재하지 않는다.

   따라서 조건을 만족시키는 자연수 x는 1, 3, 4, 5로 이들의 합은 13이다.

   답은 ④!!

'$g(x) \leq 0$, $f(x) \geq 3$인 경우, $g(x) \geq 0$, $f(x) \leq 3$인 경우로 나누어 푸는 게 더 쉽지 않나?' 라는 생각이 당연히 들 것이다. 내가 굳이 case를 이렇게 나눈 까닭은 좀 더 조심해서 실수를 줄이기 위함 이다.

$g(x)\{f(x)-3\}<0$의 경우, $g(x)$의 조건에 따른 $f(x)$의 조건도 같이 고려해 줘야 한다.

하지만 $g(x)\{f(x)-3\}=0$일 경우 그럴 필요가 없다.
$g(x)=0$이면 $f(x)$에 관계없이 $g(x)\{f(x)-3\} \leq 0$을 만족시킬 것이다.
또는 $f(x)=3$이면 $g(x)$에 관계없이 $g(x)\{f(x)-3\} \leq 0$을 만족시킬 것이다.
다만, $g(x)=0$, $f(x)=3$을 동시에 만족시키는 x가 존재할 땐 좀 조심해야겠지만 이 문제에서는 그런 x가 존재하지 않는다.

모든 실수 x에 대하여 지수부등식 $5^{2x} \geq k \cdot 5^x - 2k - 5$가 항상 성립하도록 하는 실수 k의 값의 범위는 $\alpha \leq k \leq \beta$이다. $|\alpha\beta|$의 값을 구하시오. [4점]

1. $5^x = t > 0$으로 치환하자. $t > 0$도 꼭 적어주자.

$t > 0$에서 $t^2 - kt + 2k + 5 \geq 0$이 항상 성립하도록 하는 실수 k의 값의 범위를 구하자.

(1) $D \leq 0$

$D \leq 0$이면 $t^2 - kt + 2k + 5 \geq 0$이 항상 성립한다.

$k^2 - 8k - 20 = (k - 10)(k + 2) \leq 0$이므로 $-2 \leq k \leq 10$이다.

(2) $D > 0$

$D > 0$인 경우를 간과하여 틀리는 경우가 있을 것이다.

우리는 '모든 t에 대해서'가 아닌 $t > 0$에서만 **$t^2 - kt + 2k + 5 \geq 0$가 성립하면 되기에 $D > 0$이 될 수도 있다.**

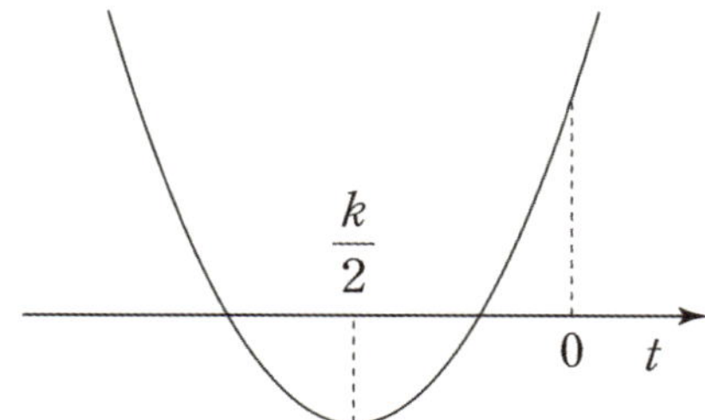

$f(t) = t^2 - kt + 2k + 5$로 두자.

$D > 0$, $\dfrac{k}{2} < 0$, $f(0) \geq 0$을 동시에 만족하면

$t > 0$에서 $t^2 - kt + 2k + 5 \geq 0$이 항상 성립한다.

$D > 0$에서 $k < -2$ 또는 $k > 10$이다. $\dfrac{k}{2} < 0$에서 $k < 0$이다. $f(0) \geq 0$에서 $2k + 5 \geq 0$이다.

따라서 $D > 0$, $\dfrac{k}{2} < 0$, $f(0) \geq 0$을 동시에 만족하는 k의 값의 범위는 $-\dfrac{5}{2} \leq k < -2$이다.

2. (1), (2)에 의하여 k의 값의 범위는 $-\dfrac{5}{2} \leq k \leq 10$이므로 $\alpha = -\dfrac{5}{2}$, $\beta = 10$이다.

따라서 $|\alpha\beta| = 25$이다.

답은 25!!

▌로그함수

실수 전체의 집합에서 양의 실수 전체의 집합으로의 **일대일대응 함수인** $y = a^x \, (a > 0, \ a \neq 1)$는 역함수를 갖는다.
$y = a^x$의 역함수는 $y = \log_a x \, (a > 0, \ a \neq 1)$이다.

$y = \log_a x$는 **밑인 a가 $a > 0, a \neq 1$를 만족하고 진수인 x가 $x > 0$을 만족할 때** 정의된다.
지수함수도 밑 조건이 중요하지만, **로그함수일 때는 밑 조건분만 아니라 진수 조건도 중요**하다.
로그함수가 나오면 문제에서 뭘 물어보든 **일단 멈추고 밑, 진수 조건을 써준다.**

a의 범위에 따른 $y = \log_a x$의 그래프 개형은 아래와 같다.
$y = \log_a x$와 $y = a^x$는 서로 역함수이므로 $y = x$ 대칭임을 이용하자.

(1) $a > 1$일 때

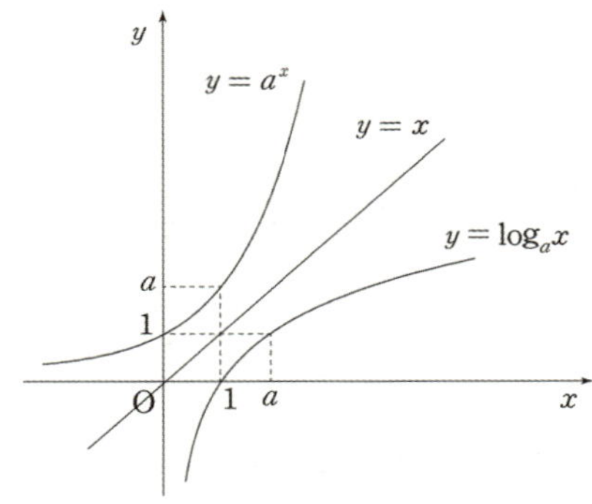

정의역은 양의 실수 전체의 집합이고, 치역은 실수 전체의 집합이다.
x의 값이 증가하면 y의 값도 증가하므로 **증가함수**이다.

y축(직선 $x = 0$)을 점근선으로 가지며 a의 값에 관계없이 점 $(1, \ 0)$을 지난다.
그래프 개형을 파악할 때, 점 $(1, \ 0)$과 점 $(a, \ 1)$을 지난다는 사실을 이용하면 좋다.

$b > a > 1$일 때, $y = \log_a x$와 $y = \log_b x$ 그래프 개형을 살펴보자. $a = 2, \ b = 3$일 때를 예시로 들겠다.

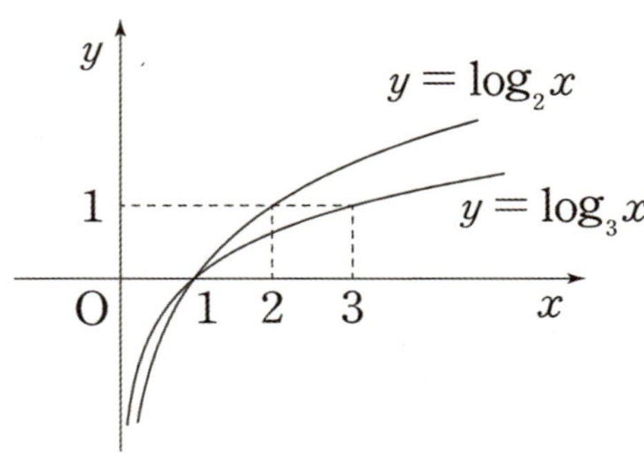

$x > 1$에서 $y = \log_2 x$의 그래프가 $y = \log_3 x$의 그래프 위에 있고,
$x < 1$에서 $y = \log_3 x$의 그래프가 $y = \log_2 x$의 그래프 위에 있다.
2개 이상의 로그함수 그래프를 그릴 때 이 점에 유의하자.

(2) $0 < a < 1$일 때

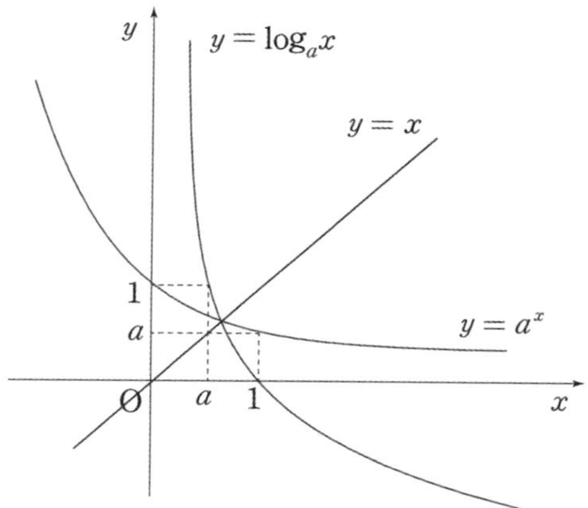

정의역은 양의 실수 전체의 집합이고, 치역은 실수 전체의 집합이다.
x의 값이 증가하면 y의 값은 감소하므로 **감소함수**이다.

y축(직선 $x = 0$)을 점근선으로 가지며 a의 값에 관계없이 점 $(1,\ 0)$을 지난다.
그래프 개형을 파악할 때, 점 $(1,\ 0)$과 점 $(a,\ 1)$을 지난다는 사실을 이용하면 좋다.

$0 < a < b < 1$일 때, $y = \log_a x$와 $y = \log_b x$ 그래프 개형을 살펴보자. $a = \dfrac{1}{3}$, $b = \dfrac{1}{2}$일 때를 예시로 들겠다.

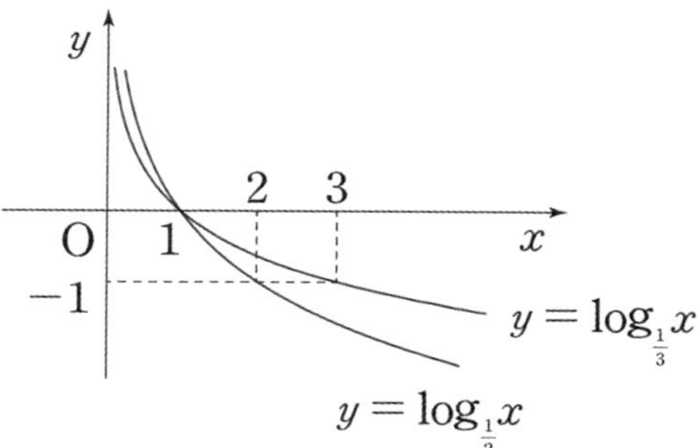

$x > 1$에서 $y = \log_{\frac{1}{3}} x$의 그래프가 $y = \log_{\frac{1}{2}} x$의 그래프 위에 있고,

$x < 1$에서 $y = \log_{\frac{1}{2}} x$의 그래프가 $y = \log_{\frac{1}{3}} x$의 그래프 위에 있다.

2개 이상의 로그함수 그래프를 그릴 때 이 점에 유의하자.

$y = \log_a x$ 위의 점들의 x좌표 $x_1,\ x_2,\ x_3,\ \cdots$가 등비수열을 이루면 y좌표 $y_1,\ y_2,\ y_3,\ \cdots$가 등차수열을 이룬다. 이를 이용해 좀 더 편하게 좌표를 설정할 수도 있다. 다만, 그렇게 중요한 도구는 아니다.
이를 이용하지 않더라도 비슷한 시간 내에 관련 문제를 풀어낼 수 있다.

연립부등식

$$\begin{cases} \log_3 |x-3| < 4 \\ \log_2 x + \log_2 (x-2) \geq 3 \end{cases}$$

을 만족시키는 정수 x 의 개수를 구하시오. [3점]

1. $\log_3 |x-3| < 4$에서 **일단 진수 조건부터 쓴다.** 진수 조건은 $x \neq 3$ 이다.

   $|x-3| < 81$을 만족해야 하므로 $-78 < x < 84$, $x \neq 3$이다.

2. $\log_2 x + \log_2 (x-2) \geq 3$에서 **일단 진수 조건부터 쓴다:** 진수 조건은 $x > 2$ 이다.

   $x(x-2) \geq 8$에서 $x^2 - 2x - 8 = (x+2)(x-4) \geq 0$이므로 $x \geq 4$이다.

   따라서 $4 \leq x < 84$이므로 정수 x의 개수는 $84 - 4 = 80$이다.

   답은 80!!

로그함수 평행이동, 대칭이동

1. 평행이동

$y = \log_a x \, (a > 0, \ a \neq 1)$의 그래프를 x축의 방향으로 b만큼, y축의 방향으로 c만큼 평행이동한 그래프는 $y = \log_a (x - b) + c$이다. $y = \log_a (x - b) + c$의 점근선은 $x = b$이며 점 $(b+1, \ c)$를 지난다.

로그함수 역시 **점근선이 매우 중요**하다. $a > 0, a \neq 1$일 때, $y = \log_a (-x + b) + c$의 **진수 조건**은 $x < b$이고 **점근선**은 $x = b$이다. 어떤 그래프를 그리든 점근선 존재 여부는 매우 중요하므로 꼭 확인하고 그려주자!

$y = \log_a x$를 평행이동 시켜 $y = \log_a bx \, (a > 0, \ a \neq 1, \ b > 0)$를 만들 수 있을까?
얼핏 보면 불가능해 보인다. 하지만 가능하다! $\log_a bx = \log_a x + \log_a b$이다.
따라서 $y = \log_a bx = \log_a x + \log_a b$**이고**,
$y = \log_a bx$**는** $y = \log_a x$**를** y**축의 방향으로** $\log_a b$**만큼 이동한 그래프이다.**

2. 대칭이동

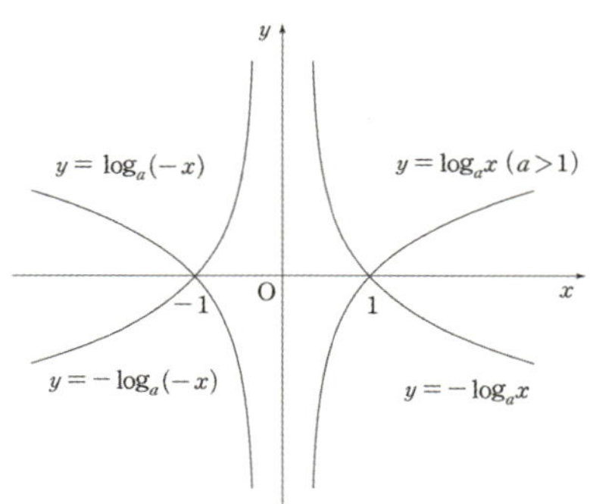

$y = \log_a x \, (a > 1)$일 때를 살펴보자.
$y = \log_a x$를 x축에 대해 대칭 시키면 $y = -\log_a x$ 이다. **정의역은 양의 실수 전체 집합이다.**
$y = \log_a x$를 y축에 대해 대칭 시키면 $y = \log_a (-x)$ 이다. **정의역은 음의 실수 전체 집합이다.**
$y = \log_a x$를 원점에 대해 대칭 시키면 $y = -\log_a (-x)$ 이다. **정의역은 음의 실수 전체 집합이다.**

$y = -\log_a (-bx + c) + d$는 $y = \log_a x$를 대칭이동, 평행이동하여 만든 그래프이다. 어떻게 대칭이동, 평행이동시켰을까? 먼저, $y = \log_a x$를 y축의 방향으로 $\log_a b$만큼 이동하면 $y = \log_a bx$이다.
$y = \log_a bx$**를 원점대칭 시키면** $y = -\log_a (-bx)$ **이다.**

이후에 $y = -\log_a (-bx)$ **를** x**축으로** $\dfrac{c}{b}$**만큼,** y**축으로** d**만큼 평행이동한 것이다.**

※ $y = -\log_a (-bx + c)$는 $y = -\log_a (-bx)$의 그래프를 x축으로 $\dfrac{c}{b}$만큼이 아닌 $-c$만큼 평행이동한 것이라고 착각하는 경우가 많다. 하지만 그렇지 않다.

$y = -\log_a (-bx + c)$를 $y = -\log_a \left(-b \left(x - \dfrac{c}{b} \right) \right)$로 바꾸어 보면 금방 이해할 수 있다.

※ $y = \log_a |x|$, $y = \log_a x^{2n}$, $y = \log_a x^{2n-1}$의 그래프 개형

로그함수가 나오면 모든 것을 멈추고 밑, 진수 조건을 따져야 한다.
예를 들어 $\log_a f(x)$를 보면 $f(x) > 0$임을 꼭 적어주자. $(a > 0, \ a \neq 1)$

$y = \log_a |x|$의 그래프를 그려보자. $y = \log_a |x|$은 $x \neq 0$에서 정의되는 함수이다.

$$y = \log_a |x| = \begin{cases} \log_a x & (x > 0) \\ \log_a (-x) & (x < 0) \end{cases}$$ 이다. 따라서 $a > 1$일 때, $y = \log_a |x|$의 그래프는 아래와 같다.

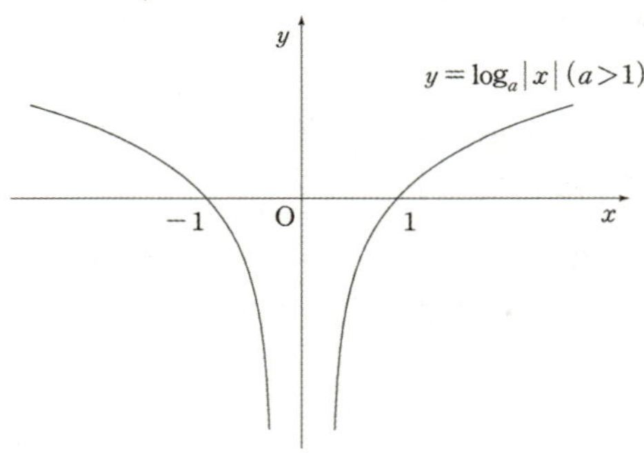

n이 자연수일 때, $\log_a x^{2n} \neq 2n \log_a x$이다. $\log_a x^{2n}$는 $x \neq 0$에서 정의되는 함수이고 $2n \log_a x$는 $x > 0$에서 정의되는 함수이기 때문이다. $x > 0$에서만 $\log_a x^{2n} = 2n \log_a x$이다.

따라서 $a > 1$일 때, $y = \log_a x^2$, $y = 2\log_a x$의 그래프는 아래와 같다.

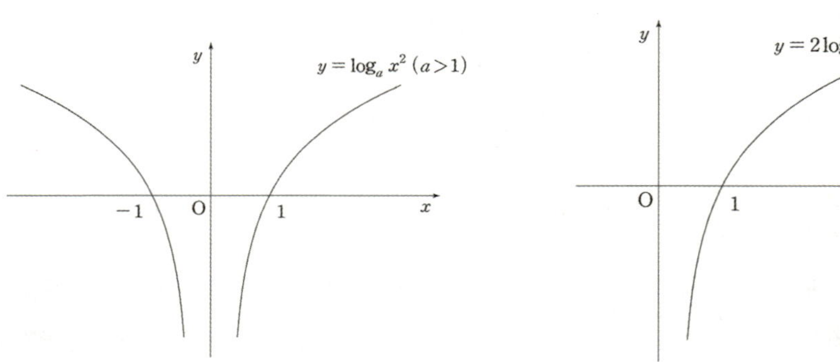

n이 자연수일 때, $\log_a x^{2n-1} = (2n-1)\log_a x$이다. $\log_a x^{2n-1}$, $(2n-1)\log_a x$은 **모두 $x > 0$일 때만 정의**
되기 때문이다. 따라서 $a > 1$일 때, $y = \log_a x^3$, $y = 3\log_a x$의 그래프는 아래와 같다.

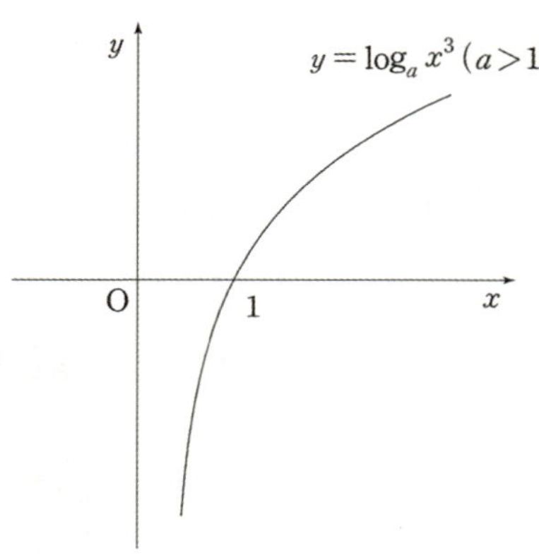

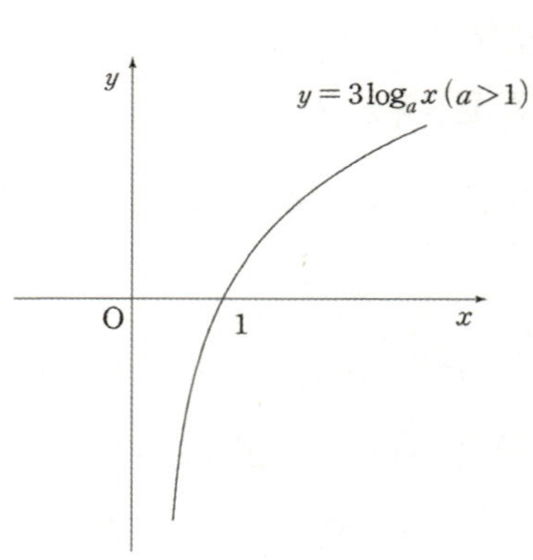

직선 $x = k$가 두 곡선 $y = \log_2 x$, $y = -\log_2(8-x)$와 만나는 점을 각각 A, B 라 하자. $\overline{AB} = 2$ 가 되도록 하는 모든 실수 k의 값의 곱은? (단, $0 < k < 8$) [4점]

① $\dfrac{1}{2}$ 　　　② 1 　　　③ $\dfrac{3}{2}$ 　　　④ 2 　　　⑤ $\dfrac{5}{2}$

---

1. 로그함수가 나오면 모든 것을 멈추고 밑, 진수 조건부터 고려하자.

x의 범위는 $0 < x < 8$이다.

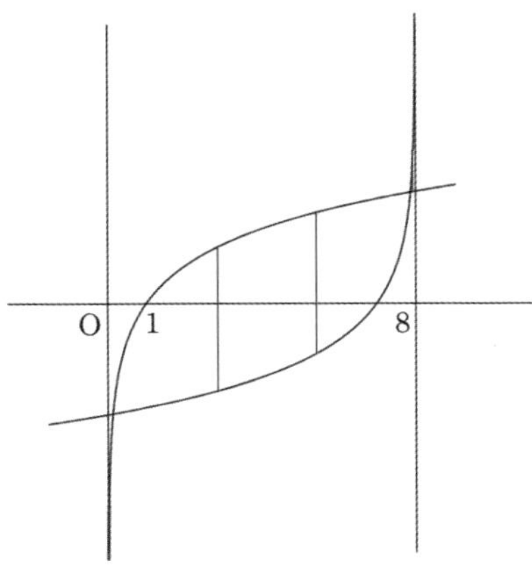

이제 $y = \log_2 x$의 그래프와 $y = \log_2(8-x)$의 그래프의 위치관계에 주의하자.
당장 눈에 보이는 $\log_2 k > -\log_2(8-k)$일 때만 고려하는 것이 아니라
$\log_2 k < -\log_2(8-k)$**일 때도 고려해줘야 한다.**

---

2. (1) $\log_2 k > -\log_2(8-k)$

$\log_2 k(8-k) = 2$에서 $k(8-k) = 4$이므로 $k^2 - 8k + 4 = 0$이다.
근과 계수의 관계에 의하여 두 근의 곱은 4이다.

(2) $\log_2 k < -\log_2(8-k)$

$-\log_2 k(8-k) = 2$에서 $\dfrac{1}{k(8-k)} = 4$이므로 $k^2 - 8k + \dfrac{1}{4} = 0$이다.

근과 계수의 관계에 의하여 두 근의 곱은 $\dfrac{1}{4}$이다.

---

3. 모든 실근 k의 값의 곱은 $4 \times \dfrac{1}{4} = 1$이다.

답은 ②!!

$a > 1$일 때, <보기>에서 항상 옳은 것을 모두 고른 것은? [4점]

<보 기>

ㄱ. 함수 $y = a^{x-1}$의 그래프와 함수 $y = 1 + \log_a x$ 의 그래프는 직선 $y = x$ 에 대하여 대칭이다.

ㄴ. 함수 $y = -a^x$ 의 그래프와 함수 $y = \log_{\frac{1}{a}} x$ 의 그래프는 만난다.

ㄷ. 함수 $y = ka^x$ 의 그래프와 함수 $y = \log_a x$ 의 그래프가 만나도록 하는 양의 실수 k 가 존재한다.

① ㄱ　　　　② ㄱ, ㄴ　　　　③ ㄱ, ㄷ　　　　④ ㄴ, ㄷ　　　　⑤ ㄱ, ㄴ, ㄷ

1. 함수 $y = a^{x-1}$의 역함수는 $y = \log_a x + 1$이므로 직선 $y = x$에 대하여 대칭이다.

선지 (ㄱ)은 참.

2. $a = 2$일 때, $y = 2^x$, $y = \log_2 x$는 만나지 않는다.

따라서 $y = 2^x$를 x축에 대해 대칭시킨 $y = -2^x$와 $y = \log_2 x$를 x축에 대해 대칭시킨 $y = -\log_2 x = \log_{\frac{1}{2}} x$ 역시 만나지 않는다.

선지 (ㄴ)은 거짓.

3. $ka^x = a^{x + \log_a k}$이다.

따라서 $y = ka^x$는 $y = a^x$를 x방향으로 $-\log_a k$만큼 평행이동한 그래프이다.

k값을 잘 조정하여 평행이동을 잘하면 $y = ka^x = a^{x + \log_a k}$와 의 그래프와 $y = \log_a x$의 그래프가 만날 수 있다.

선지 (ㄷ)은 참.

답은 ③!!

자연수 n에 대하여 함수 $f(x)$를

$$f(x)=\begin{cases} |3^{x+2}-n| & (x<0) \\ |\log_2(x+4)-n| & (x\geq 0) \end{cases}$$

이라 하자. 실수 t에 대하여 x에 대한 방정식 $f(x)=t$의 서로 다른 실근의 개수를 $g(t)$라 할 때, 함수 $g(t)$의 최댓값이 4가 되도록 하는 모든 자연수 n의 값의 합을 구하시오. [4점]

1. 자연수 n 의 값에 따라 함수 $f(x)$ 의 그래프의 개형을 그려보면서 함수 $g(t)$ 의 최댓값이 4 가 될 때를 찾아야 한다.

$y = |3^{x+2} - n|$, $y = |\log_2(x+4) - n|$ 모두 절댓값을 포함하고 있으므로
정의역 구간을 나누어 절댓값을 풀어줄 생각을 해야 한다.

함수 $f(x)$ 가 $x = 0$ 을 기준으로 나누어져 있으므로
$x = 0$ 과 비교했을 때, 함수 $f(x)$ 의 x절편의 위치를 기준으로 경우를 나누어야 한다.

$y = |3^{x+2} - n|$ 의 x절편은 $x = \log_3 n - 2$ 이고,
$y = |\log_2(x+4) - n|$ 의 x절편은 $x = 2^n - 4$ 이다.
따라서 $\log_3 n - 2$, $2^n - 4$ 의 부호가 바뀌는 $n = 2$, $n = 9$ 를 기준으로 하는 것이 합리적이다.

---

2. $n = 1$ 일 때의 함수 $f(x)$ 의 그래프는 다음과 같다.

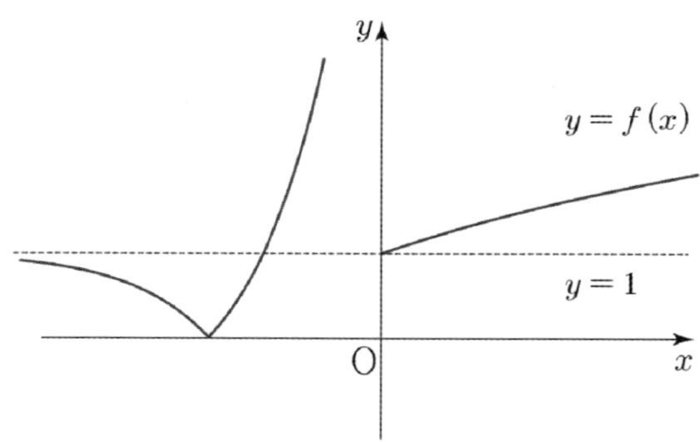

이때 함수 $g(t)$ 의 최댓값은 2 이다.

$n = 2$ 일 때의 함수 $f(x)$ 의 그래프는 다음과 같다.

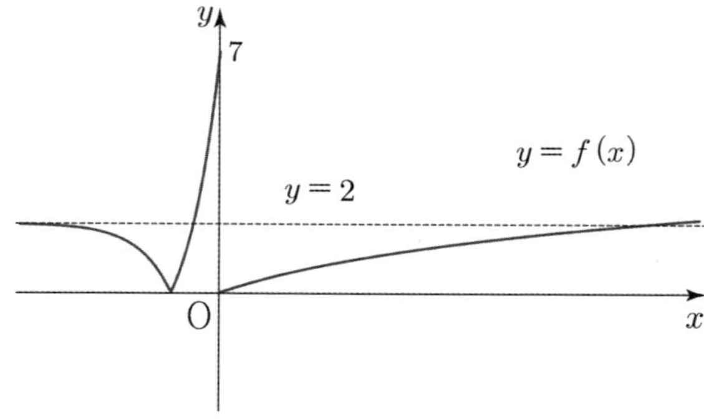

이때 함수 $g(t)$ 의 최댓값은 3 이다.

3. $3 \leq n \leq 8$ 일 때의 함수 $f(x)$ 의 그래프의 개형은 다음과 같다.

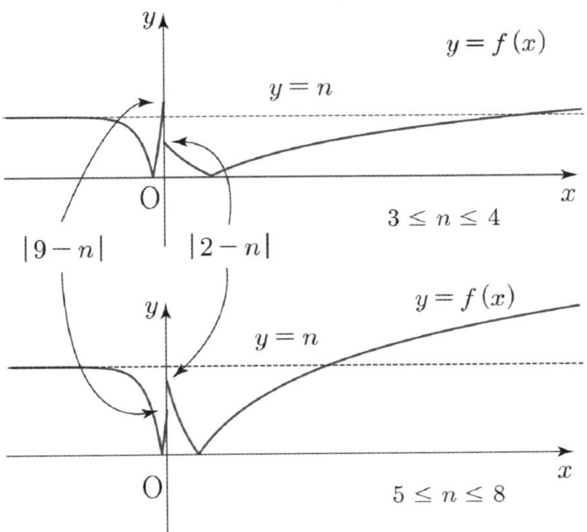

이때 함수 $g(t)$ 의 최댓값은 4 이다.

4. $n \geq 9$ 일 때의 함수 $f(x)$ 의 그래프의 개형은 다음과 같다.

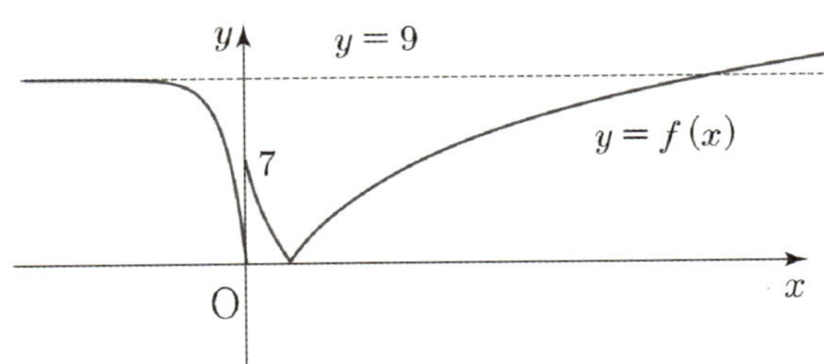

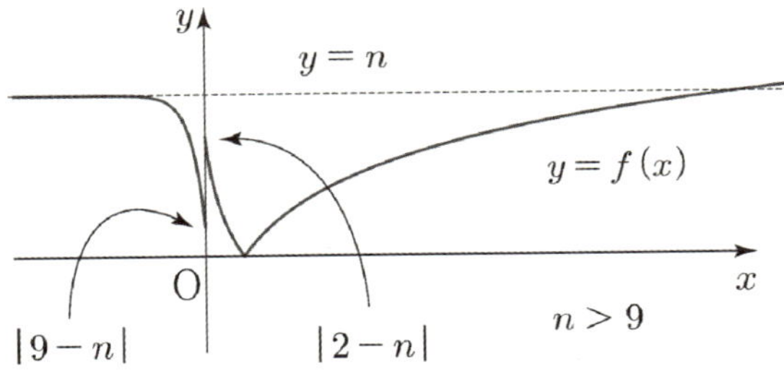

이때 함수 $g(t)$ 의 최댓값은 3 이다.
따라서 함수 $g(t)$ 의 최댓값이 4 가 되도록 하는 모든 자연수 n 의 값의 합은
3 부터 8 까지의 모든 자연수의 합인 33 이다.

답은 33!!

$y = |3^{x+2} - n|$ 를 그릴 때, 점근선에 유의하여 그래프 개형을 그려주자. 해당 문항을 풀 때는 점근선을 신경 안 써도 문제가 잘 풀렸으나 다른 기출에서는 **절댓값을 씌운 지수함수의 점근선**을 소재로 조건이 주어지기도 한다. **절댓값을 씌운 지수함수의 점근선은 깜빡하기 쉬우므로 꼭 인지하자.**

두 자연수 a, b에 대하여 함수 $f(x)$는

$$f(x)=\begin{cases} \dfrac{4}{x-3}+a & (x<2) \\[2mm] |\,5\log_2 x-b\,| & (x\geq 2) \end{cases}$$

이다. 실수 t에 대하여 x에 대한 방정식 $f(x)=t$의 서로 다른 실근의 개수를 $g(t)$라 하자. 함수 $g(t)$가 다음 조건을 만족시킬 때, $a+b$의 최솟값을 구하시오. [4점]

(가) 함수 $g(t)$의 치역은 $\{0,\,1,\,2\}$이다.
(나) $g(t)=2$인 자연수 t의 개수는 6이다.

1. 함수 $y = \dfrac{4}{x-3} + a\,(x < 2)$ 는 직선 $y = a$ 를 점근선으로 하고 구간 $(-\infty, 2)$ 에서 감소한다.

함수 $y = \left|5\log_2 x - b\right|\,(x \geq 2)$ 의 그래프의 개형을 b 의 범위에 따라 그린 것은 다음과 같다.

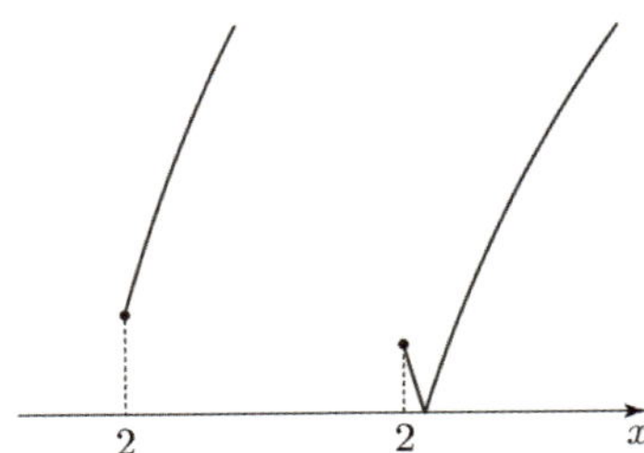

2. 실수 t 에 대하여 함수 $y = \dfrac{4}{x-3} + a\,(x < 2)$ 의 그래프와 직선 $y = t$ 의 교점의 개수를 $g_1(t)$,

함수 $y = \left|5\log_2 x - b\right|\,(x \geq 2)$ 의 그래프와 직선 $y = t$ 의 교점의 개수를 $g_2(t)$ 라 하면
$g(t) = g_1(t) + g_2(t)$

자연수 a 의 값에 관계없이

$$g_1(t) = \begin{cases} 0 & (t \leq a-4 \text{ 또는 } t \geq a) \\ 1 & (a-4 < t < a) \end{cases}$$

3. $5 - b \geq 0$ 이면

$$g_2(t) = \begin{cases} 0 & (t < 5-b) \\ 1 & (t \geq 5-b) \end{cases}$$

$a-3 \leq 5-b \leq a-1$ 이면 조건 (가)를 만족시키나,
$g(t) = 2$ 가 되도록 하는 자연수 t 의 개수의 최댓값이 3 이므로 조건 (나)를 만족시키지 않는다.

$5 - b < 0$ 이면

$$g_2(t) = \begin{cases} 0 & (t < 0) \\ 1 & (t = 0 \text{ 또는 } t > b-5) \\ 2 & (0 < t \leq b-5) \end{cases}$$

이때 조건 (가)를 만족시키기 위해서는 $3 \not\in$ 함수 $g(t)$ 의 치역이어야 하므로
$$a-4 \geq b-5,\ a-b \geq -1$$

조건 (나)를 만족시키는 자연수 t 의 범위는 $1 \leq t \leq b-5,\ a-3 \leq t \leq a-1$
따라서 조건 (나)를 만족시키는 자연수 t 의 개수는 $(b-5)+3 = b-2$
이 값이 6 이므로 $b = 8$, $a \geq 7$ 이고 $a+b$ 의 최솟값은 15

답은 15!!

▌로그함수 최대와 최소, 로그방정식과 로그부등식

1. 로그함수 최대와 최소

정의역이 $\{x \mid m \le x \le n\}$ $(0 < m \le n)$일 때, $y = \log_a x \, (a > 0, \ a \ne 1)$의 최댓값과 최솟값을 알아보자.
$a > 1$**이면** $y = \log_a x$ **는 증가함수이므로** $x = m$에서 최솟값 $\log_a m$, $x = n$에서 최댓값 $\log_a n$을 갖는다.
$0 < a < 1$**이면** $y = \log_a x$ **는 감소함수이므로** $x = m$에서 최댓값 $\log_a m$, $x = n$에서 최솟값 $\log_a n$을 갖는다.

2. 로그방정식

지수함수도 밑 조건이 중요하지만 **로그함수일 때 밑, 진수 조건이 특히 더 중요**하다.
로그함수가 나오면 문제에서 뭘 물어보든 **일단 멈추고 밑, 진수 조건을 써준다.**

$y = \log_a x \, (a > 0, \ a \ne 1)$는 실수 전체의 집합에서 양의 실수 전체의 집합으로의 **일대일대응 함수**이므로
$\log_a x_1 = \log_a x_2 \Leftrightarrow x_1 = x_2$이 성립한다.

따라서 방정식 $\log_a f(x) = b$를 만족하는 x는 방정식 $f(x) = a^b$와 $f(x) > 0$를 동시에 만족시키는 해이고,
방정식 $\log_a f(x) = \log_a g(x)$를 만족하는 x는 방정식 $f(x) = g(x)$와 $f(x) > 0, \, g(x) > 0$를 동시에 만족
시키는 해이다.

방정식 $f(\log_a x) = 0$의 해는 어떻게 구할까? $f(x) = x^2 - 2x - 3$, $a = 3$일 때를 예로 들어보겠다.
$(\log_3 x)^2 - 2 \times (\log_3 x) - 3 = 0$에서 $\log_3 x = t$로 치환하면 $t^2 - 2t - 3 = 0$이다.
방정식 $t^2 - 2t - 3 = 0$의 해는 $t = 3$ 또는 $t = -1$이다. 이는 곧 $\log_3 x = 3$ 또는 $\log_3 x = -1$를 만족하는
x이다. $\log_3 x = 3$에서 $x = 3^3$이고, $\log_3 x = -1$에서 $x = 3^{-1}$이다.

따라서 **방정식** $f(a^x) = 0$**에서** $a^x = t$**로 치환할 때 꼭** $t > 0$**임을 표시했던 것과 달리**
방정식 $f(\log_a x) = 0$에서 $\log_a x = t$를 치환할 때, t**는 임의의 실수이다.**
다만, 로그함수가 나오면 문제에서 뭘 물어보든 **일단 멈추고 밑, 진수 조건을 써줘야 한다.**

방정식 $x^{\log x} = \dfrac{x^3}{100}$의 해는 어떻게 구할까? 밑과 지수에 모두 **먼저 진수 조건에 의해** $x > 0$**에서만 정의됨을**

꼭 적자. $x^{\log x} = \dfrac{x^3}{100}$**의 양변에** $\log$**를 씌워주면** $(\log x)^2 = 3\log x - 2$**이다.**

$\log x = t$로 치환하면 $t^2 - 3t + 2 = 0$이다. 방정식 $t^2 - 3t + 2 = 0$의 해는 $t = 1$ 또는 $t = 2$이다.
이는 곧 $\log x = 1$ 또는 $\log x = 2$를 만족하는 x이다. $\log x = 1$에서 $x = 10$이고, $\log x = 2$에서 $x = 100$이다.

지수함수도 밑 조건이 중요하지만 **로그함수일 때 밑, 진수 조건이 특히 더 중요**하다.
로그함수가 나오면 문제에서 뭘 물어보든 **일단 멈추고 밑, 진수 조건을 써준다.**

$\log_a x_1 > \log_a x_2$(a는 $a > 0, a \neq 1$인 상수, $x_1 > 0$, $x_2 > 0$)일 때, x_1, x_2 크기를 비교해보자.
밑을 $0 < a < 1$일 때와 $a > 1$일 때로 case를 꼭 나눈다.

$1 < a$일 때는 $x_1 > x_2$이다. $y = \log_a x$, $y = a^x$ 는 증가함수이기 때문에
$\log_a x_1 > \log_a x_2$를 $a^{\log_a x_1} > a^{\log_a x_2}$로 바꿀 때 **부등호의 방향을 바꿀 필요가 없다.**

하지만 $0 < a < 1$일 때는 $x_1 < x_2$이다. $y = \log_a x$, $y = a^x$ 는 감소함수이기 때문에
$\log_a x_1 > \log_a x_2$를 $a^{\log_a x_1} < a^{\log_a x_2}$로 바꿀 때 **부등호의 방향을 꼭 바꿔야 한다.**

마지막 tip으로는 로그함수의 성질을 최대한 잘 이용하자.
예를 들어 $y = \log(2x)$**는** $\log 2 + \log x$**로 습관적으로 바꾸자.** 그래프 그릴 때 수월하다.

※ 미적분을 응시하는 학생들은 $y = \log_2 x$를 $y = \dfrac{\ln x}{\ln 2}$로 습관적으로 바꾸는 것이 좋다.
  그래프 그릴 때뿐만 아니라 미분할 때도 훨씬 수월하다.

이차함수 $y = f(x)$의 그래프와 직선 $y = x - 1$이 그림과 같을 때, 부등식

$$\log_3 f(x) + \log_{\frac{1}{3}}(x-1) \leq 0$$

을 만족시키는 모든 자연수 x의 값의 합을 구하시오. (단, $f(0) = f(7) = 0$, $f(4) = 3$) [3점]

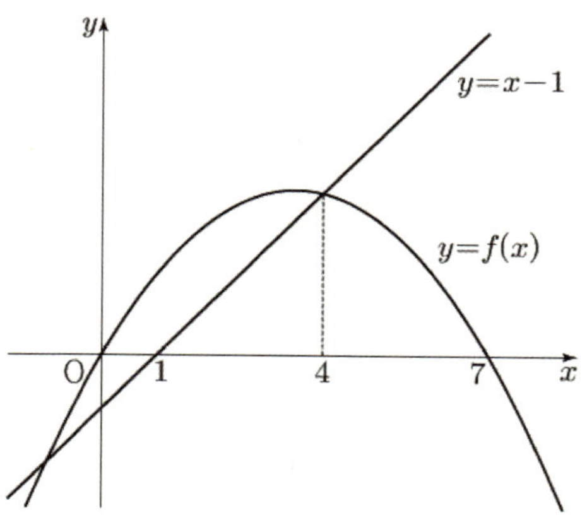

1. **19학년도 수능 가형 14번과 꼭 닮은 문제이다.** 다만, 주관식으로 나왔으니 좀 긴장해야 한다.

$\log_3 f(x) + \log_{\frac{1}{3}}(x-1) \leq 0$를 보면 **일단 진수 조건부터 쓴다.**

진수 조건은 $f(x) > 0$, $x > 1$이므로 $1 < x < 7$이다.

이제 $\log_3 f(x) + \log_{\frac{1}{3}}(x-1)$를 $1 < x < 7$에서 자유롭게 다룰 수 있다.

2. 로그 성질을 이용하여 $\log_3 f(x) - \log_3 (x-1) \leq 0$로 바꿔준다.

$\log_3 f(x) \leq \log_3(x-1)$이고 $y = \log_3 x$는 **증가함수**이므로 $f(x) \leq x - 1$이다.

$1 < x < 7$에서 $f(x) \leq x - 1$를 만족시키는 x의 범위는 $4 \leq x < 7$이다.

따라서 자연수 x로 4, 5, 6이 가능하고 그 합은 15이다.

답은 15!!

$\dfrac{1}{3} \le x \le 3$에서 정의된 함수 $f(x) = 9x^{-2+\log_3 x}$의 최댓값을 M, 최솟값을 m이라 할 때, $M+m$의 값을 구하시오. [4점]

1. 밑과 지수에 모두 x가 있어 계산하기 불편하다. 양변에 $\log_3$을 씌우자.

   $\log_3 f(x) = \log_3 9 + (-2 + \log_3 x)\log_3 x$이다.

   ※ $f(x) = 9x^{-2+\log_3 x}$에서 진수 조건을 고려하면 $x > 0$이므로 $f(x) > 0$이다.

2. $\log_3 x = t$로 치환하자. $\dfrac{1}{3} \le x \le 3$이므로 $-1 \le t \le 1$이다.

   따라서 $\log_3 f(x) = t^2 - 2t + 2 = (t-1)^2 + 1$이므로

   $t = 1$에서 $\log_3 m = 1$, $t = -1$에서 $\log_3 M = 5$를 갖는다.

   따라서 $m = 3^1$, $M = 3^5$이므로 $M+m = 3^5 + 3 = 243 + 3 = 246$이다.

   답은 246!!

액체의 끓는 온도 $T\,(\mathrm{°C}\,)$와 증기압력 $P\,(\mathrm{mmHg}\,)$ 사이에

$$\log P = a + \frac{b}{c+T} \quad (a,\,b,\,c \text{ 는 상수이고 } T > -c\,)$$

인 관계가 성립한다. 표는 어떤 액체의 끓는 온도에 대한 증기압력을 나타낸 것이다.

끓는 온도($\mathrm{°C}$)	0	5	10
증기압력(mmHg)	4.8	6.6	8.8

이 표를 이용하여 옳은 것만을 <보기>에서 있는 대로 고른 것은? (단, $\log 2 = 0.301$ 로 계산한다.) [4점]

<보 기>

ㄱ. $0.602 < a + \dfrac{b}{c} < 0.699$

ㄴ. $b < 0$

ㄷ. $P < 10^{a}$

① ㄱ   ② ㄱ, ㄴ   ③ ㄱ, ㄷ   ④ ㄴ, ㄷ   ⑤ ㄱ, ㄴ, ㄷ

1. $0.602 = 2\log2 = \log4$, $0.699 = 1 - \log2 = \log5$이다.

$T = 0$일 때 $\log P = a + \dfrac{b}{c} = \log4.8$이므로 $\log4 < \log4.8 < \log5$이다. 선지 (ㄱ)은 참.

2. b의 부호에 따른 $y = a + \dfrac{b}{c + T}$의 그래프 개형을 그려보자. ($a,\, b,\, c$ 는 상수이고 $T > -c$)

(1) $b > 0$

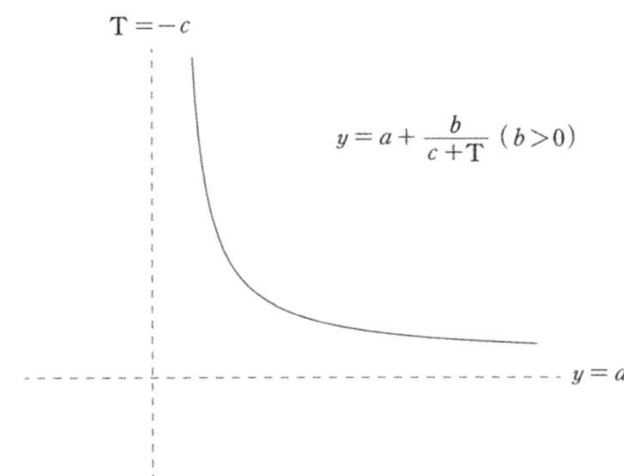

$b > 0$일 때, T가 커질수록 $\log P$가 작아지므로 문제의 조건과 모순이다.

(2) $b < 0$

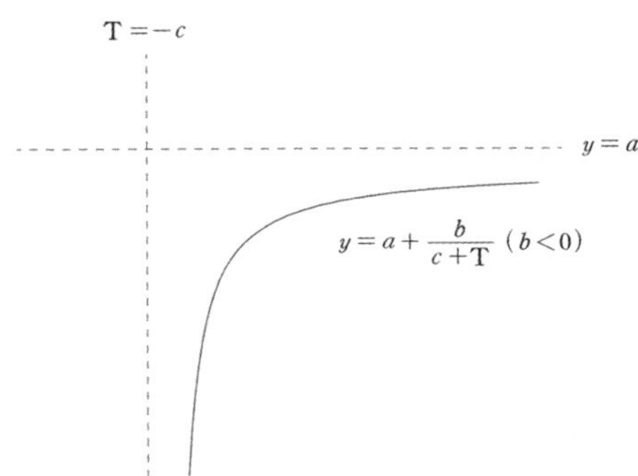

$b < 0$일 때, T가 커질수록 $\log P$가 커지므로 문제의 조건과 부합한다. 선지 (ㄴ)은 참.

※ $b = 0$일 때 $y = a + \dfrac{b}{c + T} = a$가 상수함수이므로 표와 모순된다.

3. $\dfrac{b}{c + T} < 0$이므로 $P = 10^{a + \frac{b}{c + T}} < 10^{a}$이다. 선지 (ㄷ)은 참.

답은 ⑤!!

평행이동과 넓이

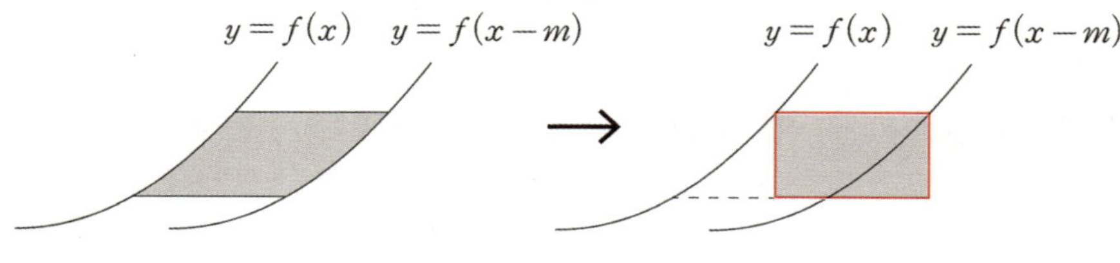

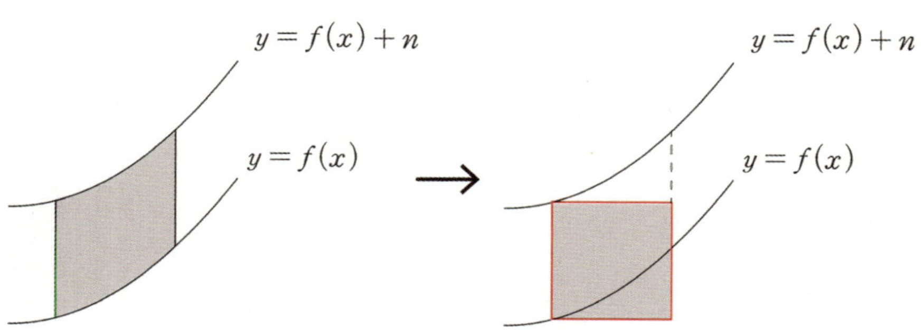

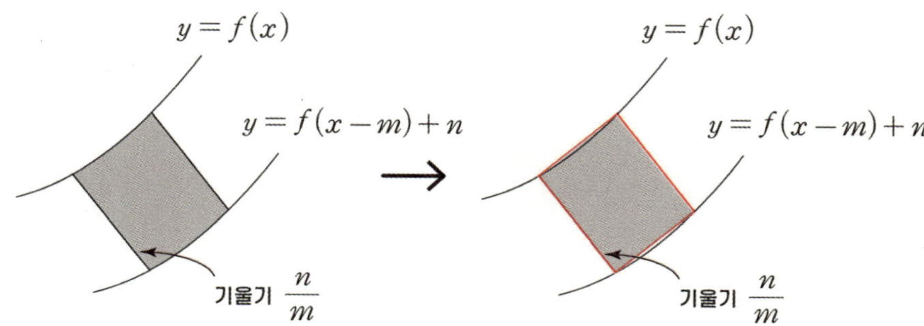

곡선 $y=f(x)$, $y=f(x)$를 평행이동한 곡선과 평행한 두 직선으로 둘러싸인 부분의 넓이는 위와 같이 평행사변형을 활용할 것이다. 퍼즐 맞추듯이 관련 문제를 풀다 보면 이런 의문이 생긴다.

이 도형과 저 도형이 합동으로 맞아떨어져서 평행사변형 또는 직사각형을 완성할 것 같은데 정말 가능할까?

**"$y=f(x)$, $y=g(x)$의 교점을 점 $A(p,q)$라 하면
$y=f(x-m)+n$, $y=g(x-m)+n$의 교점은 점 $B(p+m,q+n)$이다."**
(단, m, n, p, q는 상수)

이를 이용하면 의문이 깔끔히 해소될 것이다.

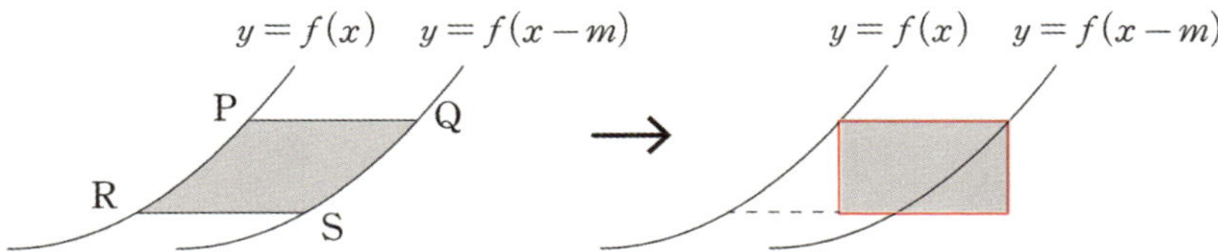

$y = f(p)$와 $y = f(x)$의 교점을 점 P$(p, f(p))$라고 하자. (m, n, p는 상수)

$y = f(p)$를 x축의 방향으로 m만큼 평행이동하면 그대로 $y = f(p)$이다.

$y = f(x)$를 x축의 방향으로 m만큼 평행이동하면 $y = f(x - m)$이다.

점 P$(p, f(p))$를 x축의 방향으로 m만큼 평행이동하면 $(p + m, f(p))$이다.

따라서 $y = f(p)$, $y = f(x - m)$의 교점은 점 Q$(p + m, f(p))$이다.

$y = f(r)$와 $y = f(x)$의 교점을 점 R$(r, f(r))$라고 하자. (r은 상수)

$y = f(r)$을 x축의 방향으로 m만큼 평행이동하면 그대로 $y = f(r)$이다.

$y = f(x)$를 x축의 방향으로 m만큼 평행이동하면 $y = f(x - m)$이다.

점 R$(r, f(r))$을 x축의 방향으로 m만큼 평행이동하면 $(r + m, f(r))$이다.

따라서 $y = f(r)$, $y = f(x - m)$의 교점은 점 S$(r + m, f(r))$이다.

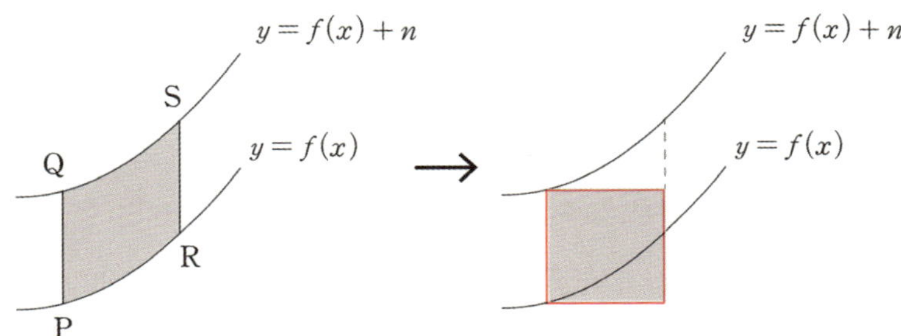

$x = p$와 $y = f(x)$의 교점을 점 P$(p, f(p))$라고 하자. (m, n, p는 상수)

$x = p$를 y축의 방향으로 n만큼 평행이동하면 그대로 $x = p$이다.

$y = f(x)$를 y축의 방향으로 n만큼 평행이동하면 $y = f(x) + n$이다.

점 P$(p, f(p))$를 y축의 방향으로 n만큼 평행이동하면 $(p, f(p) + n)$이다.

따라서 $x = p$, $y = f(x) + n$의 교점은 점 Q$(p, f(p) + n)$이다.

$x = r$와 $y = f(x)$의 교점을 점 R$(r, f(r))$라고 하자. (r은 상수)

$x = r$를 y축의 방향으로 n만큼 평행이동하면 그대로 $x = r$이다.

$y = f(x)$를 y축의 방향으로 n만큼 평행이동하면 $y = f(x) + n$이다.

점 R$(r, f(r))$를 y축의 방향으로 n만큼 평행이동하면 $(r, f(r) + n)$이다.

따라서 $x = r$, $y = f(x) + n$의 교점은 점 S$(r, f(r) + n)$이다.

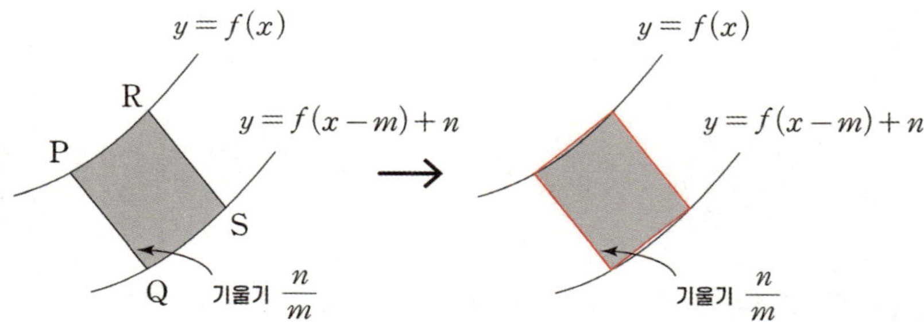

기울기가 $\dfrac{n}{m}$인 직선 $y = \dfrac{n}{m}x + k$와 $y = f(x)$의 교점을 점 $P(p, f(p))$라고 하자. (m, n, k, p는 상수)

$y = \dfrac{n}{m}x + k$를 x축의 방향으로 m만큼, y축의 방향으로 n만큼 평행이동하면 그대로 $y = \dfrac{n}{m}x + k$이다.

$y = f(x)$를 x축의 방향으로 m만큼, y축의 방향으로 n만큼 평행이동하면 $y = f(x-m)+n$이다.

점 $P(p, f(p))$를 x축의 방향으로 m만큼, y축의 방향으로 n만큼 평행이동하면 $(p+m, f(p)+n)$이다.

따라서 $y = \dfrac{n}{m}x + k$, $y = f(x-m)+n$의 교점은 점 $Q(p+m, f(p)+n)$이다.

기울기가 $\dfrac{n}{m}$인 직선 $y = \dfrac{n}{m}x + k$와 $y = f(x)$의 교점을 점 $R(r, f(r))$라고 하자. (m, n, k, r은 상수)

$y = \dfrac{n}{m}x + k$를 x축의 방향으로 m만큼, y축의 방향으로 n만큼 평행이동하면 그대로 $y = \dfrac{n}{m}x + k$이다.

$y = f(x)$를 x축의 방향으로 m만큼, y축의 방향으로 n만큼 평행이동하면 $y = f(x-m)+n$이다.

점 $R(r, f(r))$을 x축의 방향으로 m만큼, y축의 방향으로 n만큼 평행이동하면 $(r+m, f(r)+n)$이다.

따라서 $y = \dfrac{n}{m}x + k$, $y = f(x-m)+n$의 교점은 점 $S(r+m, f(r)+n)$이다.

※ $y = \dfrac{n}{m}x + k$를 x축의 방향으로 m만큼, y축의 방향으로 n만큼 평행이동하면 $y = \dfrac{n}{m}(x-m)+n+k$이므로

정리하면 그대로 $y = \dfrac{n}{m}x + k$이다.

이로써 합동으로 평행사변형 또는 직사각형을 완성할 때 의문점을 해소할 수 있을 것이다.

그림과 같이 제1사분면에서 직선 $y=2x-4$가 두 곡선 $y=\log_2 x$, $y=\log_2(16x-32)$와 만나는 점을 각각 A, B라 하고, 직선 $y=2x-8$이 두 곡선 $y=\log_2 x$, $y=\log_2(16x-32)$와 만나는 점을 각각 C, D라 하자. 두 선분 AB, CD와 두 곡선 $y=\log_2 x$, $y=\log_2(16x-32)$로 둘러싸인 색칠된 부분의 넓이는?

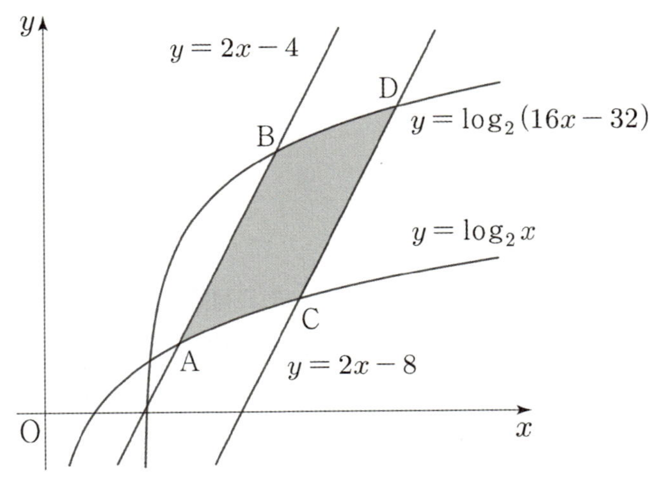

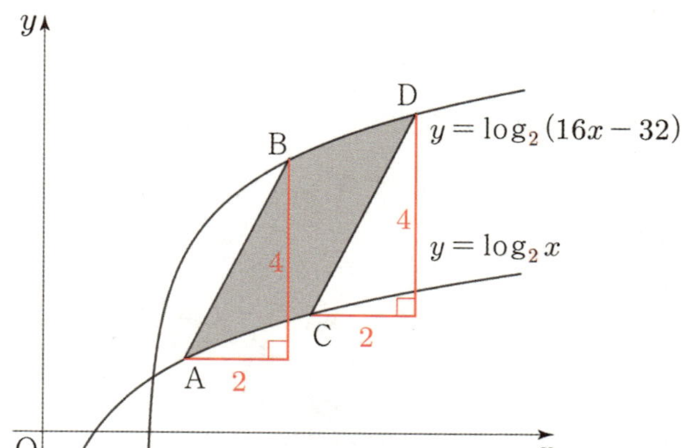

1. **기울기가 2인 직선** $y = 2x - 4$**와** $y = \log_2 x$**의 교점은 점** $A\left(a, \log_2 a\right)$**라고 하자.**

$y = 2x - 4$를 x축의 방향으로 2만큼, y축의 방향으로 4만큼 평행이동하면 그대로 $y = 2x - 4$이다.

$y = \log_2 x$를 x축의 방향으로 2만큼, y축의 방향으로 4만큼 평행이동하면 $y = \log_2(16x - 32)$이다.

점 $A\left(a, \log_2 a\right)$를 x축의 방향으로 2만큼, y축의 방향으로 4만큼 평행이동하면

$\left(a + 2, \log_2 a + 4\right)$이다.

따라서 $y = 2x - 4$, $y = \log_2(16x - 32)$**의 교점은 점** $B\left(a + 2, \log_2 a + 4\right)$**이다.**

기울기가 2인 직선 $y = 2x - 8$**와** $y = \log_2 x$**의 교점은 점** $C\left(c, \log_2 c\right)$**라고 하자.**

$y = 2x - 8$를 x축의 방향으로 2만큼, y축의 방향으로 4만큼 평행이동하면 그대로 $y = 2x - 8$이다.

$y = \log_2 x$를 x축의 방향으로 2만큼, y축의 방향으로 4만큼 평행이동하면 $y = \log_2(16x - 32)$이다.

점 $C\left(c, \log_2 c\right)$를 x축의 방향으로 2만큼, y축의 방향으로 4만큼 평행이동하면 $\left(c + 2, \log_2 c + 4\right)$

이다. **따라서** $y = 2x - 4$, $y = \log_2(16x - 32)$**의 교점은 점** $D\left(c + 2, \log_2 c + 4\right)$**이다.**

따라서 색칠된 부분의 넓이는 평행사변형 $ACDB$**의 넓이와 같다.**

2. 평행사변형 $ACDB$의 넓이를 구해보자. $\overline{AB} = \sqrt{2^2 + 4^2} = 2\sqrt{5}$ 이고,

두 직선 $y = 2x - 4$와 $y = 2x - 8$사이의 거리는 $\dfrac{4}{\sqrt{5}}$이므로 색칠된 부분의 넓이는

$2\sqrt{5} \times \dfrac{4}{\sqrt{5}} = 8$이다.

답은 8!!

※ 두 직선 $y = 2x - 4$와 $y = 2x - 8$사이의 거리는 어떻게 구할까?

두 직선 $y = 2x - 4$와 $y = 2x - 8$는 평행하므로 두 직선 $y = 2x - 4$와 $y = 2x - 8$사이의 거리는

$y = 2x - 4$ 위의 점 $(2, 0)$과 $y = 2x - 8$ 사이의 거리와 동일하다.

따라서 점과 직선 사이의 거리 공식을 사용하면 $\dfrac{4}{\sqrt{5}}$이다.

그림과 같이 곡선 $y = 2^x$ 을 y 축에 대하여 대칭이동한 후, x 축의 방향으로 $\dfrac{1}{4}$ 만큼,

y 축의 방향으로 $\dfrac{1}{4}$ 만큼 평행이동한 곡선을 $y = f(x)$ 라 하자. 곡선 $y = f(x)$ 와 직선 $y = x + 1$ 이

만나는 점 A 와 점 B$(0,\, 1)$ 사이의 거리를 k 라 할 때, $\dfrac{1}{k^2}$ 의 값을 구하시오. [4점]

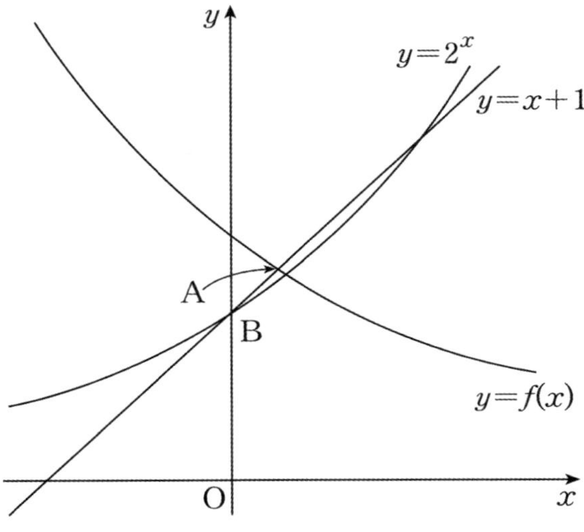

1. 곡선 $y = 2^x$을 y축에 대하여 대칭이동하면 $y = 2^{-x}$이다. 이 곡선을 x축의 방향으로 $\dfrac{1}{4}$만큼,

y축의 방향으로 $\dfrac{1}{4}$만큼 평행이동하면 $f(x) = 2^{-\left(x - \frac{1}{4}\right)} + \dfrac{1}{4} = 2^{-x + \frac{1}{4}} + \dfrac{1}{4}$이다.

2. **기울기가 1인 직선 $y = x + m$과 곡선 $y = 2^{-x}$의 교점을 점 $\mathrm{P}\left(p,\, 2^{-p}\right)$라고 하자.**

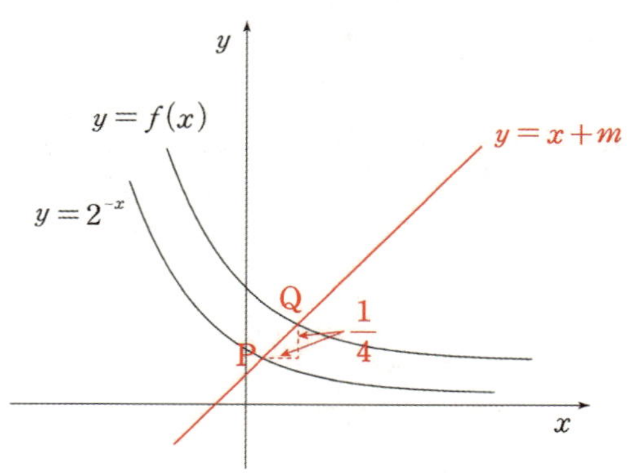

$y = x + m$를 x축의 방향으로 $\dfrac{1}{4}$만큼, y축의 방향으로 $\dfrac{1}{4}$만큼 평행이동하면 그대로 $y = x + m$이다.

$y = 2^{-x}$를 x축의 방향으로 $\dfrac{1}{4}$만큼, y축의 방향으로 $\dfrac{1}{4}$만큼 평행이동하면 $y = f(x)$이다.

점 $\mathrm{P}\left(p,\, 2^{-p}\right)$를 x축의 방향으로 $\dfrac{1}{4}$만큼, y축의 방향으로 $\dfrac{1}{4}$만큼 평행이동하면

$\left(p + \dfrac{1}{4},\, f\left(p + \dfrac{1}{4}\right)\right)$이다.

따라서 $y = x + m$, $y = f(x)$의 교점은 점 $\mathrm{Q}\left(p + \dfrac{1}{4},\, f\left(p + \dfrac{1}{4}\right)\right)$이다.

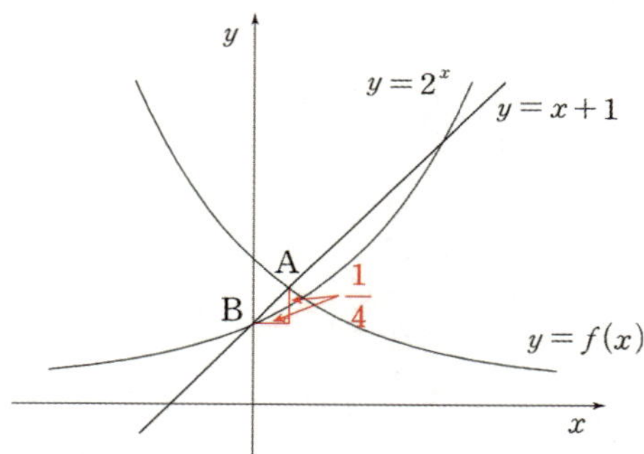

이와 같은 논리로

직선 $y = x + 1$와 곡선 $y = 2^{-x}$의 교점은 점 $\mathrm{B}(0,\, 1)$이므로

직선 $y = x + 1$와 곡선 $y = f(x)$의 교점은 점 $\mathrm{A}\left(\dfrac{1}{4},\, \dfrac{5}{4}\right)$이다.

따라서 $\overline{\mathrm{AB}} = \sqrt{\left(\dfrac{1}{4}\right)^2 + \left(\dfrac{5}{4} - 1\right)^2} = \dfrac{\sqrt{2}}{4} = k$이므로 $\dfrac{1}{k^2} = 8$이다.

답은 8!!

로그함수와 지수함수의 $y = x$ 대칭

지수함수와 로그함수의 '밑'이 같으면 역함수 관계인지 확인해보자.
역함수 관계에 있는 로그함수, 지수함수의 경우 $y = x$를 그려 조건을 더욱 쉽게 파악할 수 있기 때문이다.

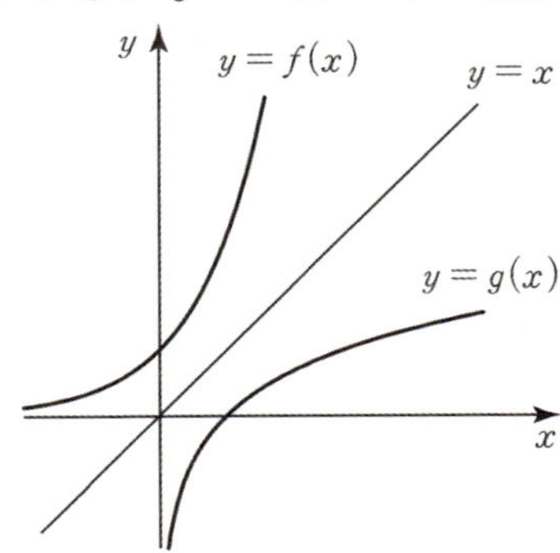

위 그림에서 $f(x) = 10^x$, $g(x) = \log x$이다.
$y = x$를 그려주면 대칭성을 이용해 필요한 좌표나 길이를 더욱 간단하게 표현할 수 있다.

로그함수와 지수함수가 섞인 방정식을 푸는 것은 힘들다. **이를 피하려면 지수함수나 로그함수 중 하나로만 방정식을 표현해야 한다. 좌표를 잡을 때 로그보다 지수 형태로 잡는 것이 유리**하다.
로그함수는 밑, 진수 조건을 고려해야 하기에 더 까다롭기 때문이다.

예제(17) 수능특강 변형

함수 $f(x) = \left(\dfrac{1}{a}\right)^{x-4} + b \, (a > 0, a \neq 1)$의 역함수를 $g(x)$라 하자. 곡선 $y = g(x)$가 점 $(8, 3)$을 지나고 점근선이 직선 $x = 3$일 때, $a^2 + b^2$의 값을 구하시오. (단, a, b는 상수이다.)

---

1. 곡선 $y = g(x)$가 점 $(8, 3)$을 지나므로 **곡선 $y = f(x)$는 점 $(3, 8)$을 지난다.**
   따라서 $f(3) = 8$에서 $a + b = 8$이다.

2. $f(x)$, $g(x)$가 $y = x$ 대칭이므로 $f(x)$의 점근선과 $g(x)$의 점근선 역시 $y = x$ 대칭이다.
   곡선 $y = g(x)$의 점근선이 직선 $x = 3$이므로 곡선 $y = f(x)$의 점근선은 직선 $y = 3$이다.
   따라서 $b = 3$, $a = 5$이다. $a^2 + b^2 = 25 + 9 = 34$이다.

   답은 34!!

comment

$f(x)$, $g(x)$가 역함수 관계라는 점을 활용하지 않고 무작정 $g(x)$의 식을 세우려 했다면 불편했을 것이다. $f(x)$, $g(x)$가 역함수 관계일 때, $f(g(x)) = x$, $g(f(x)) = x$를 꼭 쓰고 $f(a) = b$, $g(b) = a$를 활용하자.

$y = 10^x$의 그래프를 x축 방향으로 k만큼, $y = \log x$의 그래프를 y축 방향으로 k만큼 평행이동하였더니 두 함수의 그래프가 두 점에서 만났다. 이 두 점 사이의 거리가 $\sqrt{2}$일 때, 상수 k의 값은?

[4점]

① $\dfrac{1}{9} + 2\log 3$　　　　② $\dfrac{1}{9} + 3\log 3$　　　　③ $9 - \log 3$

④ $9 - 2\log 3$　　　　⑤ $9 + \log 3$

---

1. $y = 10^x$의 그래프를 x축 방향으로 k만큼 평행이동하면 $y = 10^{x-k}$이고,
   $y = \log x$의 그래프를 y축 방향으로 k만큼 평행이동하면 $y = \log x + k$이다.

   $y = 10^{x-k}$, $y = \log x + k$의 그래프 개형을 그려보도록 하자.
   단, $y = 10^{x-k}$, $y = \log x + k$는 서로 역함수이므로 $y = x$ 역시 그려주도록 하자.

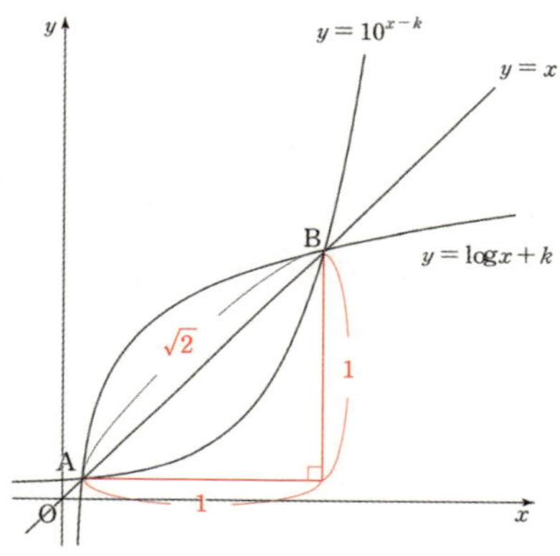

   $y = 10^{x-k}$는 증가함수이므로 $y = 10^{x-k}$,
   $y = \log x + k$의 두 교점은 모두 $y = x$ 위에서 생긴다.
   교점 $A(a, a)$로 두자. 두 점 사이의 거리가 $\sqrt{2}$이므로 교점 $B(a+1, a+1)$로 둘 수 있다.

2. 점 $A(a, a)$, 점 $B(a+1, a+1)$는 $y = 10^{x-k}$ 위에 있으므로
   $a = 10^{a-k}$, $a+1 = 10^{(a+1)-k}$를 만족한다.

   두 식을 연립하면 $\dfrac{a+1}{a} = 10$이므로 $a = \dfrac{1}{9}$이다.

   $a = 10^{a-k}$의 양변에 $\log$를 취하고 $a = \dfrac{1}{9}$를 대입하면 $k = \dfrac{1}{9} + 2\log 3$이다.

   답은 ①!!

그림과 같이 직선 $y = -x + a$ 가 두 곡선 $y = 2^x$, $y = \log_2 x$ 와 만나는 점을 각각 A , B 라 하고, x 축과 만나는 점을 C 라 할 때, 점 A , B , C 가 다음 조건을 만족시킨다.

(가) $\overline{AB} : \overline{BC} = 3 : 1$

(나) 삼각형 OBC 의 넓이는 40 이다.

점 A 의 좌표를 A(p, q) 라 할 때, $p + q$ 의 값은? (단, O 는 원점이고, a 는 상수이다.) [4점]

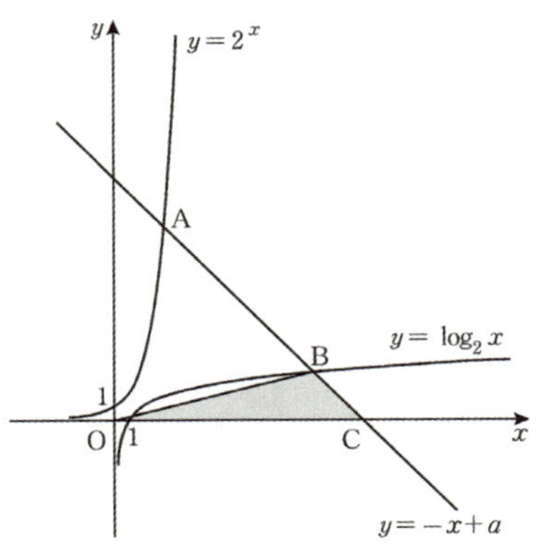

① 10 　　　 ② 15 　　　 ③ 20 　　　 ④ 25 　　　 ⑤ 30

---

1. $y = 2^x$, $y = \log_2 x$ 는 서로 **역함수**이므로 $y = x$ 를 **그려주도록 하자.**

　$y = -x + a$ 역시 $y = x$ 대칭이다. $y = -x + a$ 의 y 절편을 점 D 라고 하자.

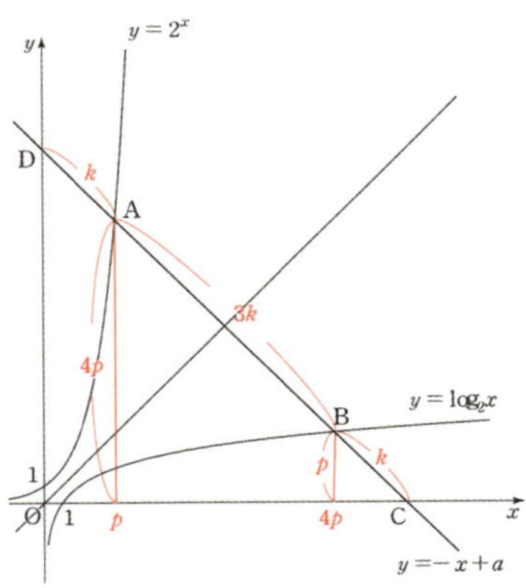

$\overline{AB} : \overline{BC} = 3 : 1$ **이다.** $y = x$ 대칭성을 이용하면 $\overline{DA} : \overline{AB} : \overline{BC} = 1 : 3 : 1$ 임을 알 수 있다.
따라서 점 A$(p, 4p)$, 점 B$(4p, p)$, 점 C$(5p, 0)$ 로 둘 수 있다.

2. 삼각형 OBC 의 넓이는 점 B$(4p, p)$, 점 C$(5p, 0)$ 이므로 $\dfrac{5}{2}p^2 = 40$ 이다.

　따라서 $p = 4$ 이고 점 A$(4, 16)$ 이다. $p = 4$, $q = 16$, $p + q = 20$ 이므로 **답은 ③!!**

$a > 1$인 실수 a에 대하여 직선 $y = -x + 4$가 두 곡선

$$y = a^{x-1}, \quad y = \log_a(x-1)$$

과 만나는 점을 각각 A, B라 하고, 곡선 $y = a^{x-1}$이 y축과 만나는 점을 C 라 하자.
$\overline{\mathrm{AB}} = 2\sqrt{2}$일 때, 삼각형 ABC의 넓이는 S이다. $50 \times S$의 값을 구하시오. [4점]

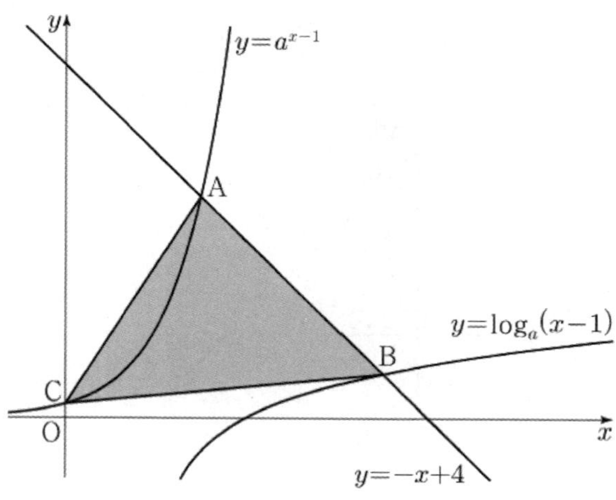

1. 곡선 $y = a^{x-1}$ 은 곡선 $y = a^x$ 을 x 축의 방향으로 1 만큼 평행이동 한 것이고
   곡선 $y = \log_a(x-1)$ 은 곡선 $y = \log_a x$ 를 x 축의 방향으로 1 만큼 평행이동한 것이다.

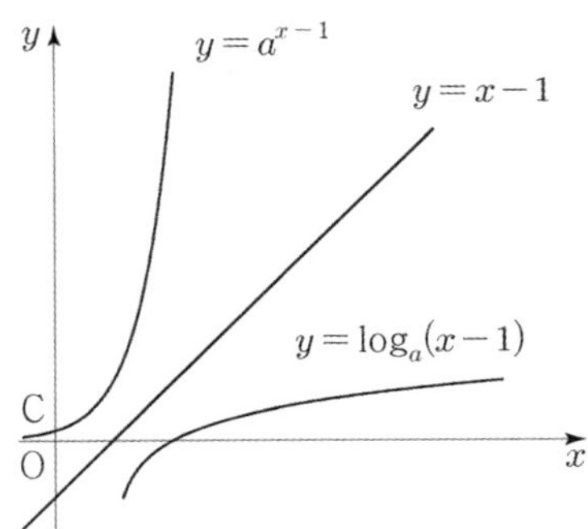

이때, 두 곡선 $y = a^x$ 과 $y = \log_a x$ 는 역함수 관계이므로 직선 $y = x$ 에 대하여 대칭이다.

따라서 두 곡선 $y = a^{x-1}$ 과 $y = \log_a(x-1)$ 은

직선 $y = x$ 를 x 축의 방향으로 1 만큼 평행이동한 직선인 $y = x-1$ 에 대하여 대칭이다.

2. 선분 AB 의 중점을 M 이라 하면 점 M 은 두 직선 $y = x-1$ 과 $y = -x+4$ 의 교점이므로
$\mathrm{M}\left(\dfrac{5}{2}, \dfrac{3}{2}\right)$ 이다. 한편 $\overline{\mathrm{AB}} = 2\sqrt{2}$ 이므로 $\overline{\mathrm{MB}} = \sqrt{2}$ 이고 $\mathrm{A}\left(\dfrac{3}{2}, \dfrac{5}{2}\right)$, $\mathrm{B}\left(\dfrac{7}{2}, \dfrac{1}{2}\right)$ 이다.

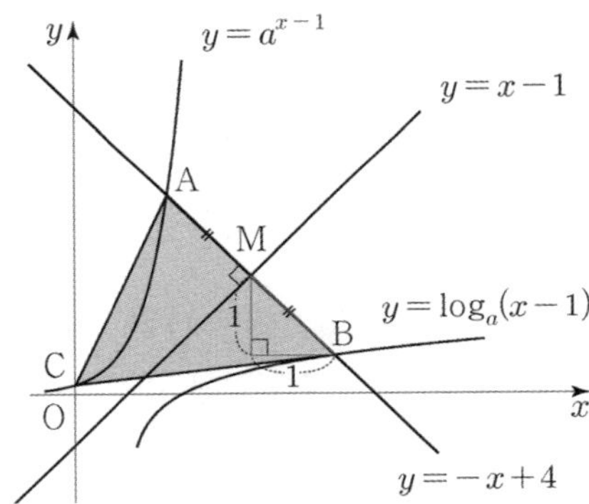

이때 $\mathrm{A}\left(\dfrac{3}{2}, \dfrac{5}{2}\right)$ 가 곡선 $y = a^{x-1}$ 위의 점이므로 $\dfrac{5}{2} = a^{\frac{3}{2}-1} = a^{\frac{1}{2}}$ 에서 $a = \dfrac{25}{4}$ 이다.

3. 점 C 는 곡선 $y = \left(\dfrac{25}{4}\right)^{x-1}$ 이 y 축과 만나는 점이므로 $\mathrm{C}\left(0, \dfrac{4}{25}\right)$ 이다.

점 C 에서 직선 $y = -x+4$ 에 내린 수선의 발을 H 라 하면 선분 CH 의 길이는

점 C 와 직선 $y = -x+4$ 사이의 거리와 같으므로 $\overline{\mathrm{CH}} = \dfrac{\left|0 + \dfrac{4}{25} - 4\right|}{\sqrt{2}} = \dfrac{48\sqrt{2}}{25}$ 이다.

따라서 삼각형 ABC 의 넓이는 $S = \dfrac{1}{2} \times \overline{\mathrm{AB}} \times \overline{\mathrm{CH}} = \dfrac{1}{2} \times 2\sqrt{2} \times \dfrac{48\sqrt{2}}{25} = \dfrac{96}{25}$ 이므로

$$50 \times S = 50 \times \dfrac{96}{25} = 192$$

답은 192!!

※ **신발끈 공식 이용**

$A\left(\dfrac{3}{2},\ \dfrac{5}{2}\right)$, $B\left(\dfrac{7}{2},\ \dfrac{1}{2}\right)$, $C\left(0,\ \dfrac{4}{25}\right)$ 이므로 신발끈 공식에 의해 삼각형 ABC 의 넓이는

$$\dfrac{1}{2}\times\left|\dfrac{3}{2}\times\dfrac{1}{2}+\dfrac{7}{2}\times\dfrac{4}{25}+0\times\dfrac{5}{2}-\dfrac{7}{2}\times\dfrac{5}{2}-0\times\dfrac{1}{2}-\dfrac{3}{2}\times\dfrac{4}{25}\right|$$

$$=\dfrac{1}{2}\times\left|\dfrac{3}{4}+\dfrac{14}{25}-\dfrac{35}{4}-\dfrac{6}{25}\right|=\dfrac{1}{2}\times\left|-\dfrac{32}{4}+\dfrac{8}{25}\right|=4-\dfrac{4}{25}=\dfrac{96}{25}$$ 이므로

$50\times S=192$ 이다.

※ **다른 풀이**

1. $\overline{AB}=2\sqrt{2}$ 이므로 두 점 A 와 B 의 x 좌표의 차는 2 이다.

   양수 p 에 대하여 $A\,(p,\ 4-p)$ 라 하면 $B\,(p+2,\ 2-p)$ 이다.

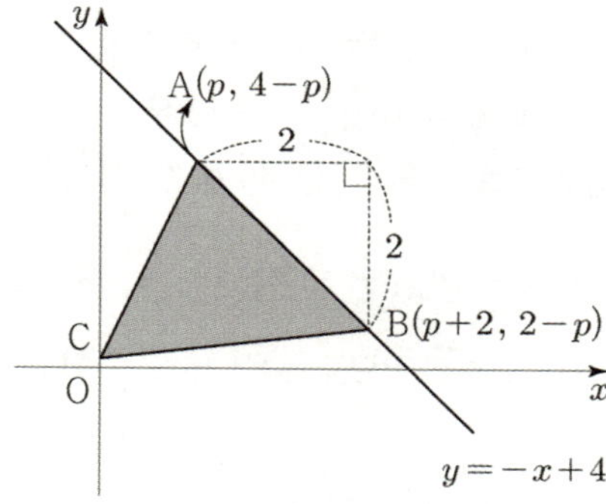

2. 곡선 $y=a^{x-1}$ 의 역함수 $y=\log_a x+1$ 이 직선 $y=-x+4$ 와 만나는 점을 A' 이라 하자.

   이때, 점 A' 은 점 A 를 직선 $y=x$ 에 대하여 대칭이동한 점이므로 $A'(4-p,\ p)$ 이다.

   또한, 곡선 $y=\log_a x+1$ 은 곡선 $y=\log_a(x-1)$ 을

   x 축의 방향으로 -1, y 축의 방향으로 1 만큼 평행이동한 것이므로

   $B\,(p+2,\ 2-p)$ 가 평행이동한 점의 좌표는 $(p+1,\ 3-p)$ 이고,

   이 점은 직선 $y=-x+4$ 위에 존재하므로 이 점이 곧 A' 이다.

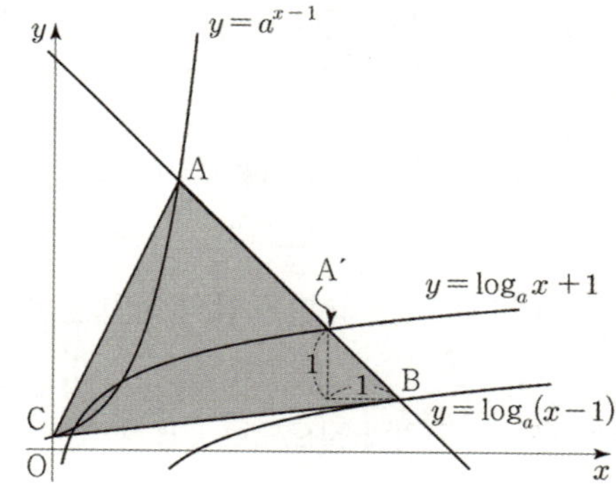

따라서 $4-p=p+1$ 이므로 $p=\dfrac{3}{2}$ 이고, $A\left(\dfrac{3}{2},\ \dfrac{5}{2}\right)$, $B\left(\dfrac{7}{2},\ \dfrac{1}{2}\right)$ 이다.

함수 $y = 3^x$의 그래프 위의 x좌표가 양수인 점 A와 함수 $y = -\log_3 x$의 그래프 위의 점 B가 다음 조건을 만족시킨다.

(가) $\overline{\mathrm{OA}} = 2\,\overline{\mathrm{OB}}$
(나) $\angle\,\mathrm{AOB} = 90°$

직선 OA의 기울기는? (단, O는 원점이다.) [4점]

① $\dfrac{2}{2\log_3 2}$ ② $\dfrac{3}{2\log_3 2}$ ③ $\dfrac{2}{\log_3 2}$ ④ $\dfrac{5}{2\log_3 2}$ ⑤ $\dfrac{3}{\log_3 2}$

1. 함수 $y = 3^x$의 그래프와 함수 $y = -\log_3 x$의 그래프를 좌표평면에 그려보자.

또한, $\overline{OA} = 2\overline{OB}$와 $\angle AOB = 90°$를 만족하도록 적당히 점 A, 점 B를 찍어주자.

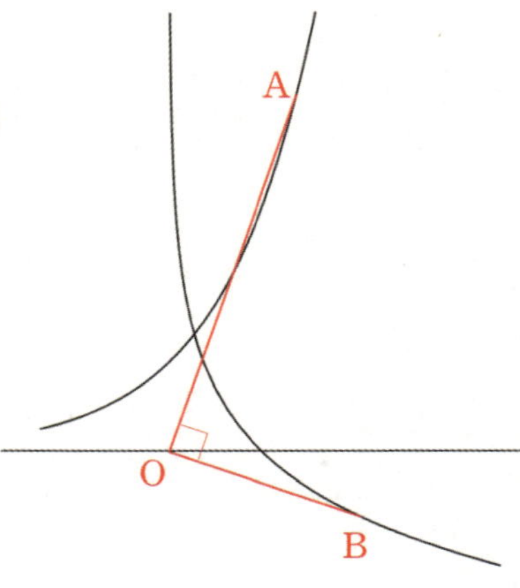

점 A의 좌표를 $(a, 3^a)$라 하면 $\angle AOB = 90°$를 만족하기 위해서 점 B의 좌표를 $(k \times 3^a, -k \times a)$로 둘 수 있다.

$\overline{OA} = 2\overline{OB}$를 만족하기 위해서는 $k = \dfrac{1}{2}$이 되어야 한다.

따라서 점 B의 좌표는 $\left(\dfrac{3^a}{2}, -\dfrac{a}{2} \right)$이다.

※ 점 B의 좌표를 $\left(\dfrac{3^a}{2}, -\dfrac{a}{2} \right)$로 두는 이유

단위원 위의 한 점 (x, y)을 시계 방향으로 90° 회전시키면

점 $(y, -x)$가 된다. 따라서 점 A를 시계 방향으로 90° 회전시킨 점의 좌표는 $(3^a, -a)$이다.

여기서 $\overline{OA} = 2\overline{OB}$이므로 점 $(3^a, -a)$에 상수 $\dfrac{1}{2}$배를 해주었다고 생각하면 된다.

2. 점 B $\left(\dfrac{3^a}{2}, -\dfrac{a}{2} \right)$는 함수 $y = -\log_3 x$ 위에 위치하므로

$-\log_3 \dfrac{3^a}{2} = -\dfrac{a}{2}$에서 $a - \log_3 2 = \dfrac{a}{2}$이다.

따라서 $a = 2\log_3 2$이므로 직선 OA의 기울기는 $\dfrac{3^a}{a} = \dfrac{4}{2\log_3 2} = \dfrac{2}{\log_3 2}$이다.

답은 ③!!

※ 회전을 이용한 풀이

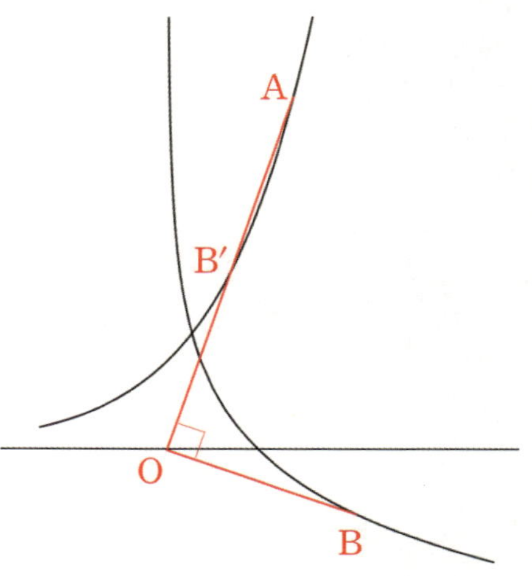

$\angle AOB = 90°$이므로 점 B를 원점을 중심으로 시계 반대 방향으로 90°만큼 이동시킨 점을 B'이라 한다면 **점 B'은 함수 $y = 3^x$의 그래프 위에 위치한다.**

또한, $\overline{OA} = 2\overline{OB}$이기 **점 B'이 $\overline{OA}$의 중점이어야 한다.** 따라서 점 A의 좌표를 $(a, 3^a)$라 하면 점 B'의 좌표는 $\left(\dfrac{a}{2}, \dfrac{3^a}{2} \right)$이다. 점 $B'\left(\dfrac{a}{2}, \dfrac{3^a}{2} \right)$은 $y = 3^x$ 위에 있으므로 $\dfrac{3^a}{2} = 3^{\frac{a}{2}}$이다.

❙지수함수, 로그함수 ㄱㄴㄷ 주요 조건들 모음

ㄱㄴㄷ 문제는 flow대로 잘 따라가야 한다. 각각이 다른 3문제가 아니라 선지 (ㄱ), 선지 (ㄴ)이 선지 (ㄷ)을 풀기 위한 힌트이자 중간과정이다. 지수함수, 로그함수 ㄱㄴㄷ에 자주 등장하는 3가지 조건을 소개한다.

1. 교점 위치 파악

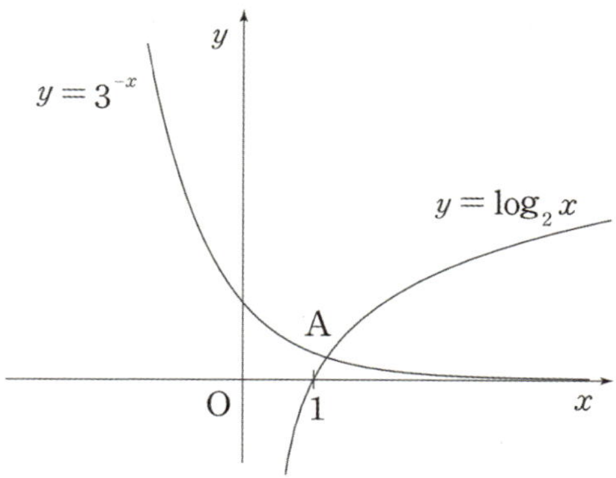

$y = 3^{-x}$, $y = \log_2 x$의 교점 A의 x좌표는 무엇일까? 방정식 $3^{-x} = \log_2 x$을 풀어 구하고 싶지만 로그함수와 지수함수가 섞인 방정식을 푸는 것은 힘들다. 그렇다면 교점 A의 x좌표를 대략적으로라도 파악할 수 있을까? 교점 A의 x좌표를 a라 하자. 그래프를 보면 $1 < a < 2$인 듯하다. 어떻게 하면 이를 증명할 수 있을까?

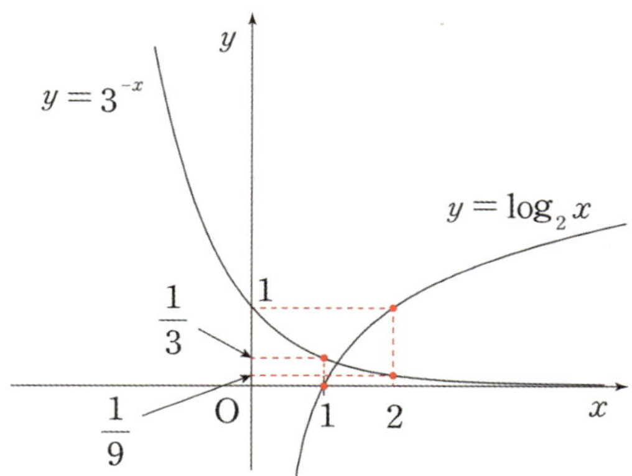

$y = 3^{-x}$, $y = \log_2 x$는 교점 A를 기준으로 y좌표의 대소관계가 바뀐다.

$x < a$에서는 $3^{-x} > \log_2 x$이고, $x > a$에서는 $3^{-x} < \log_2 x$이다.

$x = 1$에서 $3^{-1} = \dfrac{1}{3}$, $\log_2 1 = 0$이다. $3^{-1} > \log_2 1$이므로 $a > 1$임을 알 수 있다.

$x = 2$에서 $3^{-2} = \dfrac{1}{9}$, $\log_2 2 = 1$이다. $3^{-2} < \log_2 2$이므로 $a < 2$임을 알 수 있다.

따라서 $1 < a < 2$이다.

결론적으로 두 그래프의 교점의 x좌표의 대략적인 위치를 판단하는 선지는 교점 전후에서 두 그래프의 y좌표의 대소관계를 따져주면 된다.

좌표평면 위의 두 곡선 $y=\left|9^x-3\right|$ 과 $y=2^{x+k}$ 이 만나는 서로 다른 두 점의 x좌표를 x_1, x_2 $(x_1<x_2)$라 할 때, $x_1<0$, $0<x_2<2$를 만족시키는 모든 자연수 k의 값의 합은? [4점]

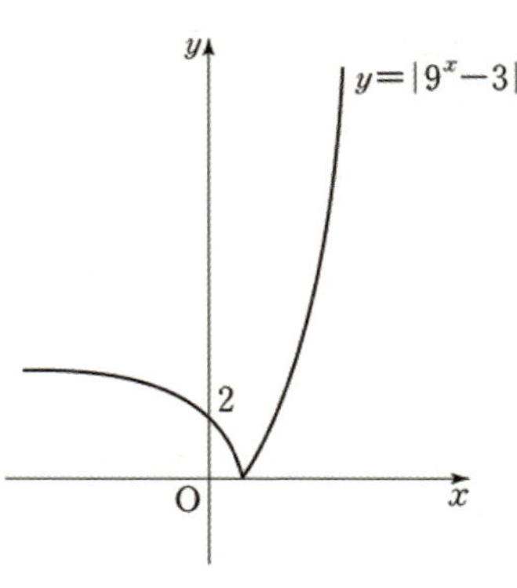

① 8　　　② 9　　　③ 10　　　④ 11　　　⑤ 12

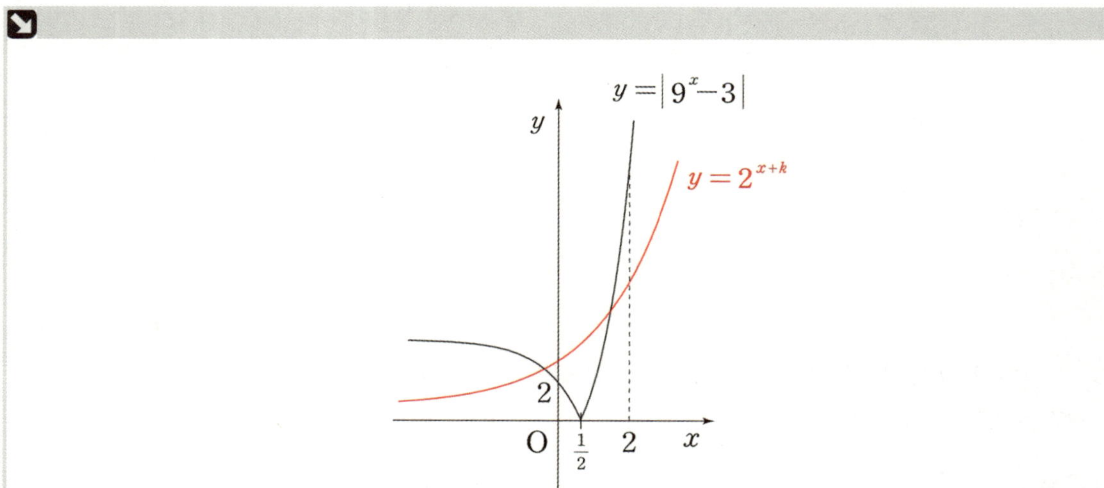

1. $x_1<0$이므로 $2^{0+k}>\left|9^0-3\right|=2$이어야 한다. 따라서 $k>1$이다.

2. $0<x_2<2$이므로 $2^{2+k}<\left|9^2-3\right|=78$이어야 한다. $2^k<\dfrac{78}{4}=\dfrac{39}{2}$이므로 $k<\log_2\dfrac{39}{2}$이다.

따라서 $1<k<\log_2\dfrac{39}{2}=\log_2 19.5$이므로 모든 자연수 k의 값의 합은 $2+3+4=9$이다.

답은 ②!!

$n \geq 2$ 인 자연수 n 에 대하여 두 곡선

$$y = \log_n x, \quad y = -\log_n (x+3) + 1$$

이 만나는 점의 x 좌표가 1 보다 크고 2 보다 작도록 하는 모든 n 의 값의 합은? [3점]

① 30   ② 35   ③ 40   ④ 45   ⑤ 50

1. $\log_n x = -\log_n(x+3) + 1$ 에서 $\log_n x(x+3) = 1 \ (x > 0)$ 이므로 $x(x+3) = n \ (x > 0)$ 이다.
$f(x) = x(x+3)$ 이라 하자. $x > 0$ 에서 곡선 $y = f(x)$ 와 직선 $y = n$ 을 관찰하자.

2. $1 < x < 2$ 에서 함수 $y = f(x)$ 와 직선 $y = n$ 이 교점이 생기려면
$f(1) < n < f(2)$ 를 만족시켜야 한다.

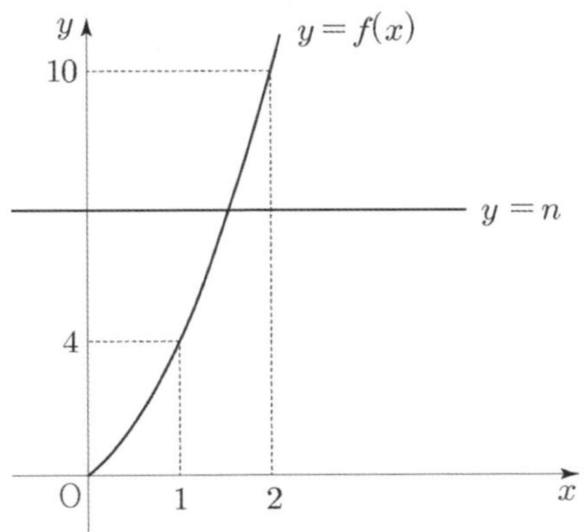

이때, $f(1) = 4$, $f(2) = 10$ 에서 $4 < n < 10$ 이므로
가능한 모든 n 의 값의 합은 $5 + 6 + 7 + 8 + 9 = 35$ 이다.

답은 ②!!

※ 다른 풀이

1. $\log_n x = -\log_n(x+3) + 1$ 에서 $\log_n x(x+3) = 1 \ (x > 0)$ 이므로 $x(x+3) = n \ (x > 0)$ 이다.
따라서 방정식 $x^2 + 3x - n = 0$ 의 해가 1 보다 크고 2 보다 작도록 하는 n 의 값을 구하자.

2. $x > 0$ 에서 방정식 $x^2 + 3x - n = 0$ 의 해는 $x = \dfrac{-3 + \sqrt{9 + 4n}}{2}$ 이다.

$1 < \dfrac{-3 + \sqrt{9+4n}}{2} < 2$ 에서 $5 < \sqrt{9+4n} < 7$, $25 < 9 + 4n < 49$, $16 < 4n < 40$ 에서
$4 < n < 10$ 이므로 가능한 모든 n 의 값의 합은 $5 + 6 + 7 + 8 + 9 = 35$ 이다.

답은 ②!!

지수함수, 로그함수 ㄱㄴㄷ 문제를 열심히 풀다보면 종종 $\dfrac{f(b)-f(a)}{b-a}$ 표현을 마주칠 때가 있다.

직접 계산하라고 선지에 넣어둔 것일까? 아니다. $\dfrac{f(b)-f(a)}{b-a}$ 는 **평균변화율** 꼴로 보면 된다.

평균변화율은 수학Ⅱ, 미적분에서 미분을 배울 때 도입되는 개념이므로 좀 더 쉽게 말하면
$\dfrac{f(b)-f(a)}{b-a}$ 는 점 $(a,\ f(a))$와 점 $(b,\ f(b))$를 잇는 직선의 기울기로 바라보면 된다.
이를 바탕으로 자주 나오는 선지 내용을 정리해보자.

(1) 구간 (a, b)에서 $f(x)$의 증감과 볼록성이 변하지 않을 때, $f\left(\dfrac{a+b}{2}\right)$와 $\dfrac{f(a)+f(b)}{2}$의 크기 비교는
$f(x)$의 증감을 나타내는 것인가? 아니면 $f(x)$의 볼록성 판단을 위한 것인가?

$f(x)$가 구간 (a, b)에서 아래로 볼록하며 증가할 때

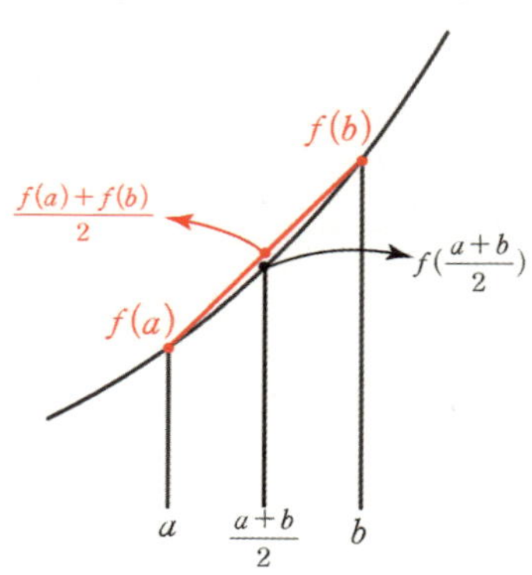

$$\frac{f(a)+f(b)}{2} > f\left(\frac{a+b}{2}\right)$$

$f(x)$가 구간 (a, b)에서 위로 볼록하며 증가할 때

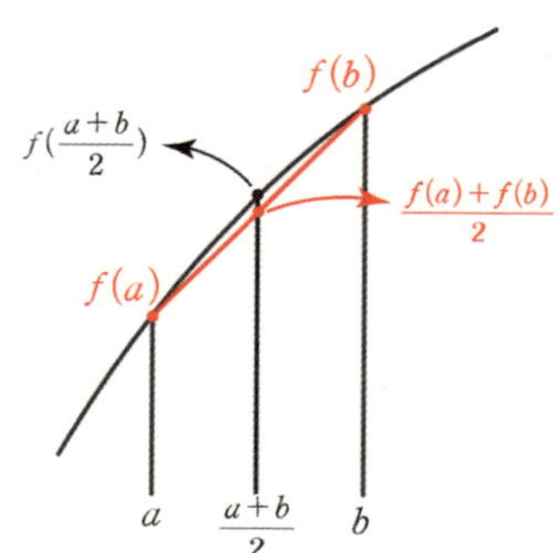

$$\frac{f(a)+f(b)}{2} < f\left(\frac{a+b}{2}\right)$$

$f(x)$가 구간 (a, b)에서 아래로 볼록하며 감소할 때

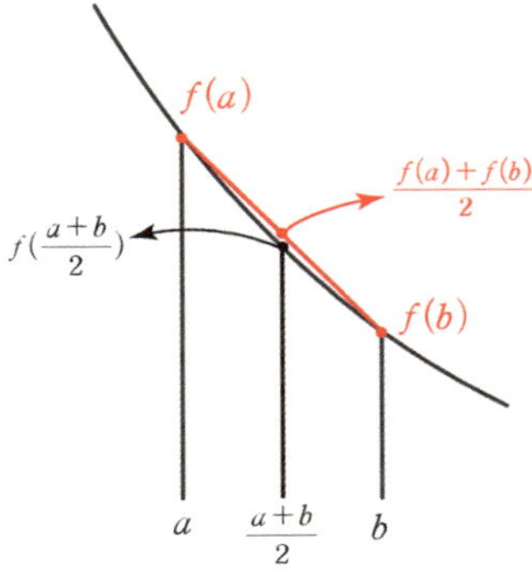

$$\frac{f(a)+f(b)}{2} > f\left(\frac{a+b}{2}\right)$$

$f(x)$가 구간 (a, b)에서 위로 볼록하며 감소할 때

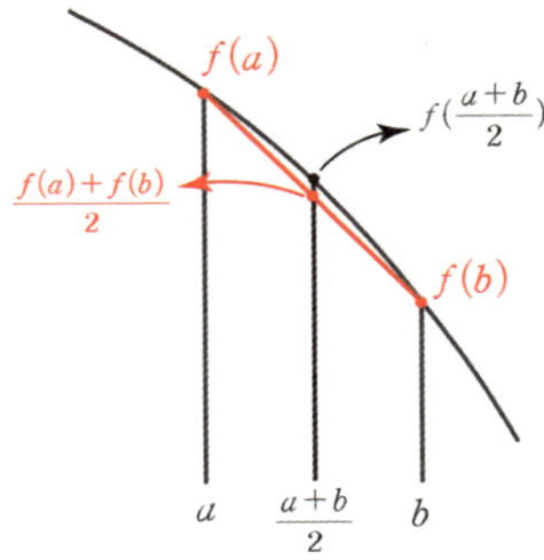

$$\frac{f(a)+f(b)}{2} < f\left(\frac{a+b}{2}\right)$$

따라서 이 조건은 구간 (a, b)에서 $f(x)$의 볼록성 판단을 위한 조건이다.

구간 (a, b)에서 $f(x)$의 증감과 볼록성이 변하지 않을 때, $\dfrac{f(a)+f(b)}{2} > f\left(\dfrac{a+b}{2}\right)$은 구간 (a, b)에서 $f(x)$는 아래로 볼록함을 의미하고 $\dfrac{f(a)+f(b)}{2} < f\left(\dfrac{a+b}{2}\right)$은 구간 (a, b)에서 $f(x)$는 위로 볼록함을 의미한다.

$f(x)$가 구간 (a, b)에서 증가함수인지 감소함수인지는 $f\left(\dfrac{a+b}{2}\right)$와 $\dfrac{f(a)+f(b)}{2}$의 대소관계에 영향을 주지 않는다.

(2) 구간 $(a,\ c)$에서 $f(x)$의 증감과 볼록성이 변하지 않을 때,

$\dfrac{f(b)-f(a)}{b-a}$ 와 $\dfrac{f(c)-f(b)}{c-b}$ 의 크기 비교는 $f(x)$의 증감을 나타내는 것인가?

아니면 $f(x)$의 볼록성 판단을 위한 것인가? $(a < b < c)$

$f(x)$가 구간 (a, c)에서 아래로 볼록하며 증가할 때

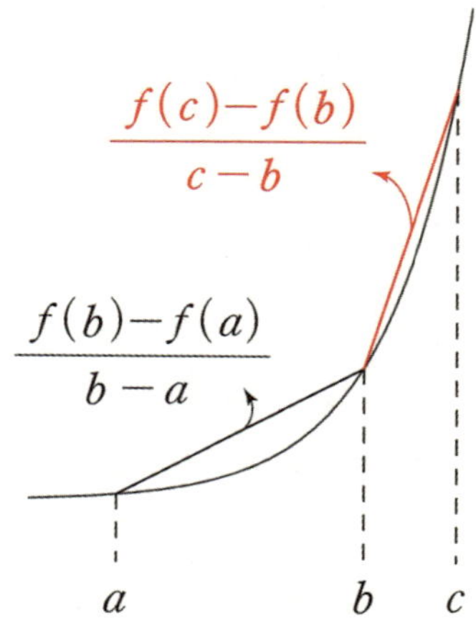

$$\dfrac{f(b)-f(a)}{b-a} < \dfrac{f(c)-f(b)}{c-b}$$

$f(x)$가 구간 (a, c)에서 위로 볼록하며 증가할 때

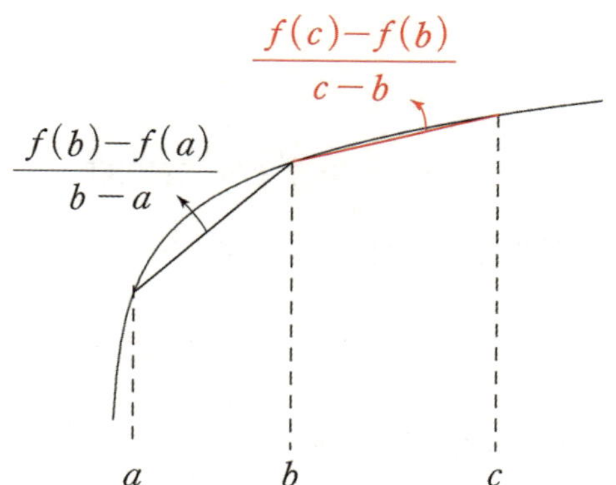

$$\dfrac{f(b)-f(a)}{b-a} > \dfrac{f(c)-f(b)}{c-b}$$

$f(x)$가 구간 (a, c)에서 아래로 볼록하며 감소할 때

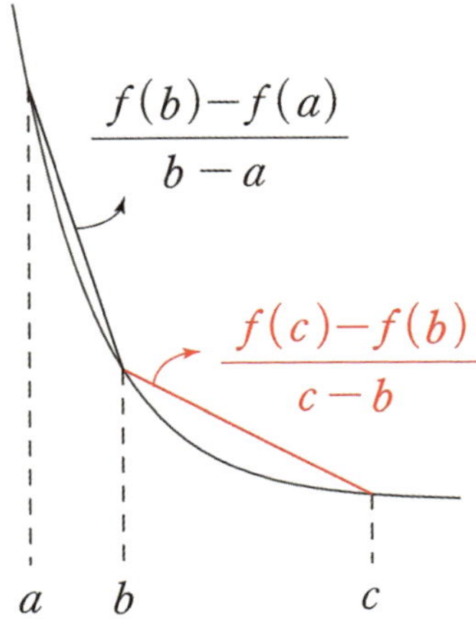

$$\frac{f(b)-f(a)}{b-a} < \frac{f(c)-f(b)}{c-b}$$

$f(x)$가 구간 (a, c)에서 위로 볼록하며 감소할 때

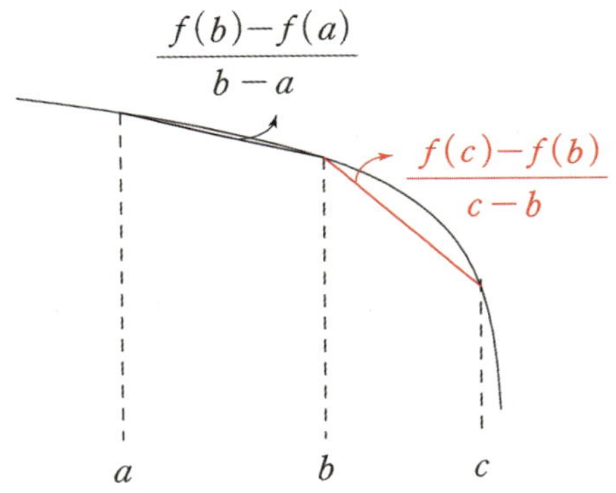

$$\frac{f(b)-f(a)}{b-a} > \frac{f(c)-f(b)}{c-b}$$

따라서 이 조건은 구간 (a, c)에서 $f(x)$의 볼록성 판단을 위한 조건이다.
구간 (a, b)에서 $f(x)$의 증감과 볼록성이 변하지 않을 때, $\dfrac{f(b)-f(a)}{b-a} < \dfrac{f(c)-f(b)}{c-b}$ 는 구간 (a, c)에서 $f(x)$는 아래로 볼록함을 의미하고 $\dfrac{f(b)-f(a)}{b-a} > \dfrac{f(c)-f(b)}{c-b}$ 는 구간 (a, c)에서 $f(x)$는 위로 볼록함을 의미한다. $f(x)$가 구간 (a, b)에서 증가함수인지 감소함수인지는 $\dfrac{f(b)-f(a)}{b-a}$ 와 $\dfrac{f(c)-f(b)}{c-b}$ 의 대소관계에 영향을 주지 않는다.

두 함수 $y = x$ 와 $y = \log_2 x$ 의 그래프를 이용하여 <보기>에서 옳은 것을 모두 고른 것은? [4점]

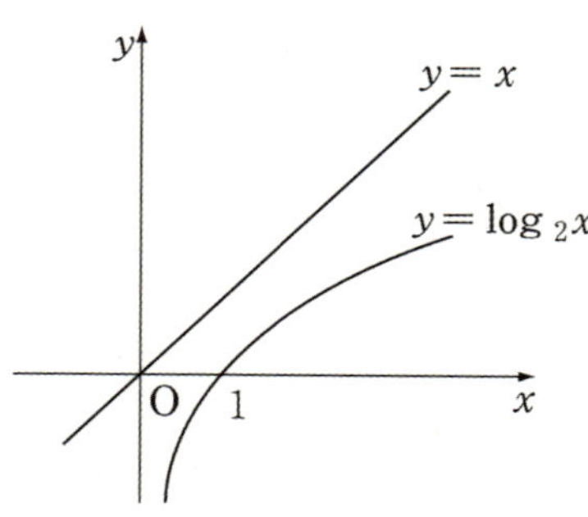

<보 기>

ㄱ. $\dfrac{\log_2 x}{x} < 1$

ㄴ. $\dfrac{\log_2 x}{x - 1} < 1 \, (x \neq 1)$

ㄷ. $\dfrac{\log_2 (x + 1)}{x} < 1 \, (x \neq 0)$

① ㄱ   ② ㄴ   ③ ㄱ, ㄷ   ④ ㄴ, ㄷ   ⑤ ㄱ, ㄴ, ㄷ

1. 두 점 $(0, 0)$, $(x, \log_2 x)$ 사이의 기울기 $\dfrac{\log_2 x}{x} < 1$ 이다. 선지 (ㄱ)은 참.

※ $x > 0$ 이므로 $\dfrac{\log_2 x}{x} < 1$ 의 양변에 x 를 곱해서 $\log_2 x < x$ 로 볼 수도 있다.

2. 두 점 $(1, 0)$, $(x, \log_2 x)$ 사이의 기울기 $\dfrac{\log_2 x}{x - 1}$ 가 항상 1보다 작은 것은 아니다.

반례로 $x = \dfrac{1}{2}$ 일 때 $\dfrac{\log_2 x}{x - 1} = \dfrac{-1}{-\dfrac{1}{2}} = 2$ 이다. 선지 (ㄴ)은 거짓.

3. 두 점 $(0, 0)$, $(x, \log_2 (x + 1))$ 사이의 기울기 $\dfrac{\log_2 (x + 1)}{x}$ 가 항상 1보다 작은 것은 아니다.

$x = 1$ 일 때 등호가 성립한다. 선지 (ㄷ)은 거짓.

답은 ①!!

함수 $f(x) = \log_5 x$ 이고 $a > 0$, $b > 0$일 때, <보기>에서 항상 옳은 것을 모두 고른 것은? [4점]

<보 기>

ㄱ. $\left\{f\left(\dfrac{a}{5}\right)\right\}^2 = \left\{f\left(\dfrac{5}{a}\right)\right\}^2$

ㄴ. $f(a+1) - f(a) > f(a+2) - f(a+1)$

ㄷ. $f(a) < f(b)$이면 $f^{-1}(a) < f^{-1}(b)$이다.

① ㄱ   ② ㄴ   ③ ㄱ, ㄴ   ④ ㄱ, ㄷ   ⑤ ㄱ, ㄴ, ㄷ

1. $\left\{f\left(\dfrac{a}{5}\right)\right\}^2 = (\log_5 a - 1)^2 = (1 - \log_5 a)^2 = \left\{f\left(\dfrac{5}{a}\right)\right\}^2$ 이다. 선지 (ㄱ)은 참.

2. 함수 $f(x)$는 위로 볼록함수이므로 $\dfrac{f(a+1) - f(a)}{(a+1) - a} > \dfrac{f(a+2) - f(a+1)}{(a+2) - (a+1)}$ 이다.

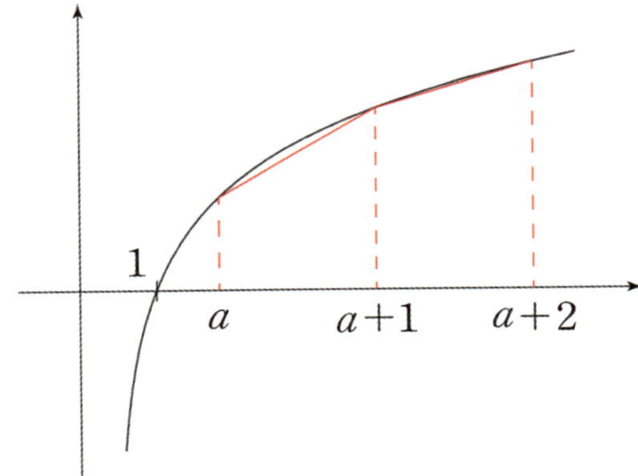

선지 (ㄴ)은 참.

3. 함수 $f(x)$가 증가함수이므로 $f(a) < f(b)$이면 $a < b$이다. $f^{-1}(x)$도 증가함수이고 $a < b$이므로 $f^{-1}(a) < f^{-1}(b)$이다. 선지 (ㄷ)은 참.

답은 ⑤!!

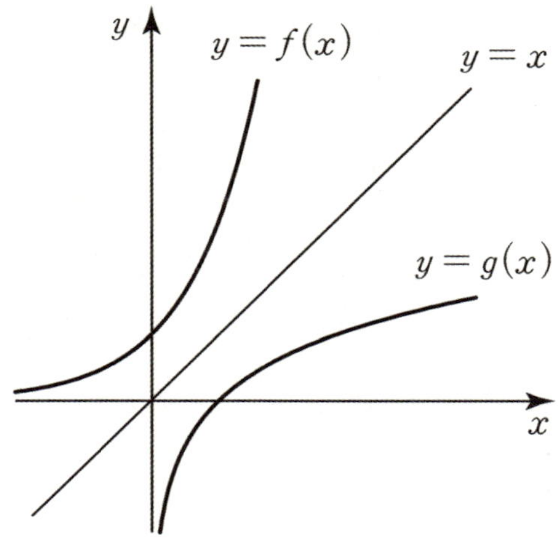

지수함수, 로그함수 ㄱㄴㄷ 문제에서 **로그함수, 지수함수가 동시에 등장할 때는 보조선으로 $y = x$를 그리는 것이 좋다. 선지 판단에 있어 좋은 보조선이 될 확률이 높다.**

$y = x$ 그래프를 이용하면 교점들의 x좌표, y좌표 크기 비교가 수월하다.

예를 들어 직선 $y = 2 - x$가 지수함수 $y = 2^x$, 로그함수 $y = \log_3 x$의 그래프와 만나는 점을 각각 $A(x_1,\ y_1)$, $B(x_2,\ y_2)$라 하자. x_2, y_1의 크기 비교는 어떻게 할까?

x_1, y_1, x_2, y_2 값을 직접 구하기가 쉽지 않다. $y = x$ **그래프를 이용하면** x_2, y_1의 크기 비교가 매우 쉬워진다.

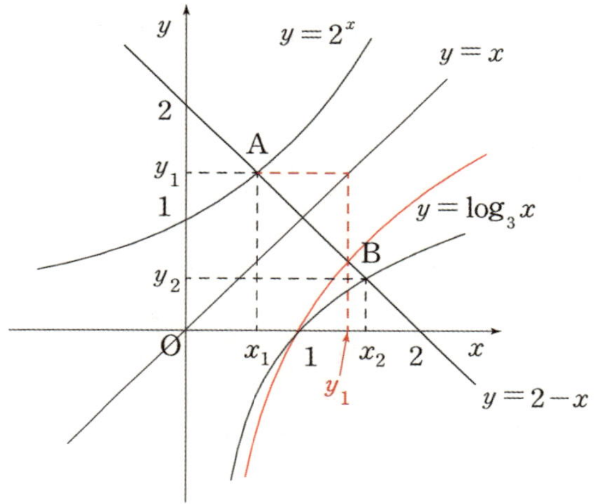

$y = x$ 그래프를 이용하여 점 $(y_1,\ 0)$을 x축 위에 표시하면 $x_2 > y_1$임을 쉽게 확인할 수 있다.

두 함수 $f(x)$, $g(x)$가 한 점에서 만난다고 하자. 그 교점의 x좌표를 a로 둔다면 $f(a) = g(a)$이다. **판단해야 할 선지의 내용에 따라 y좌표를 $f(a)$로 둘지, $g(a)$로 둘지 잘 판단한다면 선지 판단이 쉬울 것이다. 더 쉬운 이해를 위해 문제를 통해 보여주도록 하겠다.**

직선 $y = 2 - x$가 지수함수 $y = 2^x$, 로그함수 $y = \log_3 x$의 그래프와 만나는 점을 각각 $A(x_1,\ y_1)$, $B(x_2,\ y_2)$라 할 때, <보기>에서 옳은 것만을 있는 대로 고른 것은? [4점]

<보 기>

ㄱ. $x_2 > y_1$

ㄴ. $x_1 + y_1 = x_2 + y_2$

ㄷ. $x_1 y_1 > x_2 y_2$

① ㄱ 　　② ㄷ 　　③ ㄱ, ㄴ 　　④ ㄴ, ㄷ 　　⑤ ㄱ, ㄴ, ㄷ

1. 문제의 상황을 그래프로 나타내자. 지수함수와 로그함수가 모두 나오므로 $y = x$를 그려주자.

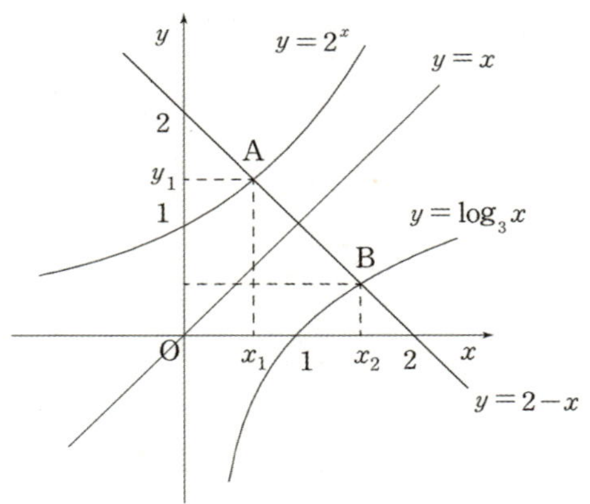

x_2와 y_1의 크기는 어떻게 비교할까?

$y = 2^x$를 $y = x$에 대해 대칭시킨 $y = \log_2 x$를 그려서 판단해보자.

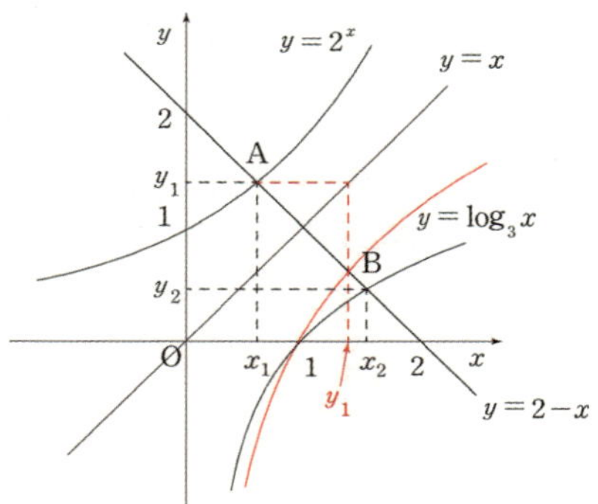

직선 $y = 2 - x$가 로그함수 $y = \log_2 x$의 그래프와 만나는 점 C의 좌표는 C$(y_1,\ x_1)$이다. 그래프로부터 $x_2 > y_1$임을 쉽게 확인할 수 있다. 선지 (ㄱ)은 참.

※ $y = x$ 그래프만을 이용해 간편하게 비교하기

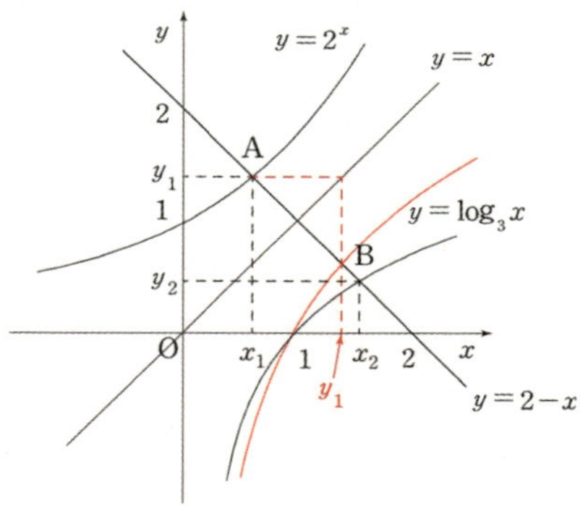

$y = x$ 그래프를 이용하여 점 $(y_1,\ 0)$을 x축 위에 표시하면 $x_2 > y_1$임을 쉽게 확인할 수 있다.

2. **점 A$(x_1,\ y_1)$, 점 B$(x_2,\ y_2)$는 모두 $y = 2 - x$ 위의 점이기에 $x_1 + y_1 = 2$, $x_2 + y_2 = 2$이다.** 따라서 $x_1 + y_1 = x_2 + y_2 = 2$이므로 선지 (ㄴ)은 참.

3. $x_1 y_1$, $x_2 y_2$의 크기 비교는 어떻게 할까? $x_1 < x_2$, $y_2 < y_1$이기에 판단이 쉽지 않다.

문자의 개수를 줄여보자. $y_1 = 2^{x_1} = 2 - x_1$, $y_2 = \log_3 x_2 = 2 - x_2$로 정리할 수 있다.

$x_1 y_1$, $x_2 y_2$의 크기 비교를 위해서는 $y_1 = 2^{x_1} = 2 - x_1$에서 y_1 대신 $2 - x_1$을,
$y_2 = \log_3 x_2 = 2 - x_2$에서 y_2 대신 $2 - x_2$를 이용하는 것이 좋은 선택 같다.

$x_1 y_1 = x_1 (2 - x_1)$, $x_2 y_2 = x_2 (2 - x_2)$이다.
$x_1 (2 - x_1)$, $x_2 (2 - x_2)$는 각각 $y = x(2 - x)$에서 $x = x_1$일 때, $x = x_2$일 때의 함숫값이다.

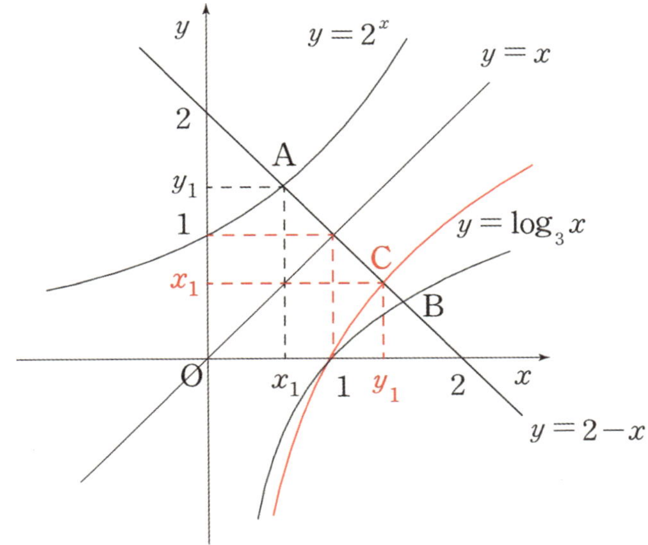

$y = 2 - x$, $y = x$의 교점은 점 $(1, 1)$이다.
$x_1 + y_1 = 2$이므로 $|x_1 - 1| = |y_1 - 1|$이다.
선지 (ㄱ)에서 $x_2 > y_1$임을 알아냈으므로 $|x_1 - 1| < |x_2 - 1|$이다.

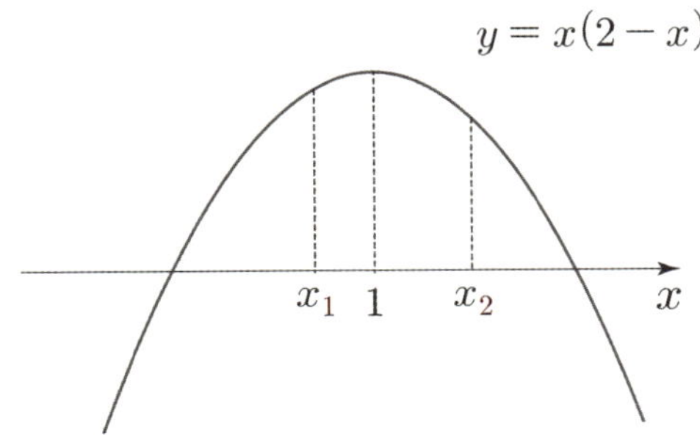

$y = x(2 - x)$은 대칭축인 $x = 1$에서 최댓값을 갖는다.
$|x_1 - 1| = |y_1 - 1|$에서 x_2가 x_1보다 대칭축 $x = 1$에서 더 멀다는 것을 알 수 있다.
따라서 $x_1 (2 - x_1) > x_2 (2 - x_2)$이고, 이는 곧 $x_1 y_1 > x_2 y_2$이다. 선지 (ㄷ)은 참.

답은 ⑤!!

함수 $y = \log_2|5x|$의 그래프와 함수 $y = \log_2(x+2)$의 그래프가 만나는 서로 다른 두 점을 각각 A, B라고 하자. $m > 2$인 자연수 m에 대하여 함수 $y = \log_2|5x|$의 그래프와 함수 $y = \log_2(x+m)$의 그래프가 만나는 서로 다른 두 점을 각각 C(p, q), D(r, s)라고 하자. <보기>에서 항상 옳은 것을 모두 고른 것은? (단, 점 A의 x좌표는 점 B의 x좌표보다 작고 $p < r$이다.)

[4점]

<보 기>

ㄱ. $p < -\dfrac{1}{3}$, $r > \dfrac{1}{2}$

ㄴ. 직선 AB의 기울기와 직선 CD의 기울기는 같다.

ㄷ. 점 B의 y좌표와 점 C의 y좌표가 같을 때, 삼각형 CAB의 넓이와 삼각형 CBD의 넓이는 같다.

① ㄱ   ② ㄴ   ③ ㄱ, ㄴ   ④ ㄱ, ㄷ   ⑤ ㄱ, ㄴ, ㄷ

1. $\log_2 5x = \log_2(x+2)$에서 $x = \dfrac{1}{2}$, $\log_2(-5x) = \log_2(x+2)$에서 $x = -\dfrac{1}{3}$이다.

따라서 점 $A\left(-\dfrac{1}{3},\ \log_2\dfrac{5}{3}\right)$, 점 $B\left(\dfrac{1}{2},\ \log_2\dfrac{5}{2}\right)$이다.

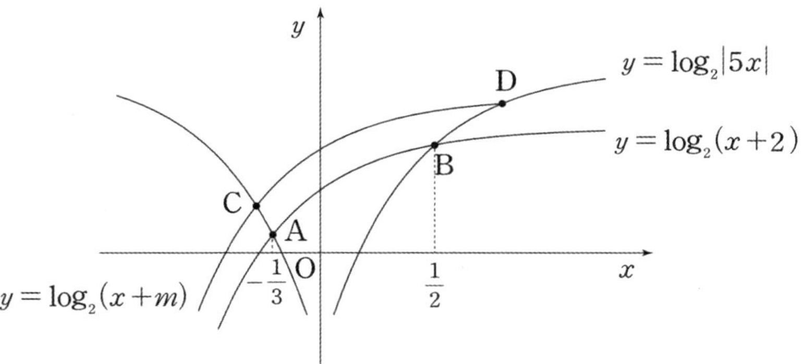

$\log_2 5x = \log_2(x+m)$에서 $x = \dfrac{m}{4}$, $\log_2(-5x) = \log_2(x+m)$에서 $x = -\dfrac{m}{6}$이다.

$m > 2$이므로 $p = -\dfrac{m}{6} < -\dfrac{1}{3}$, $r = \dfrac{m}{4} > \dfrac{1}{2}$이다. 선지 (ㄱ)은 참.

2. 각 점의 좌표는 점 $A\left(-\dfrac{1}{3},\ \log_2\dfrac{5}{3}\right)$, 점 $B\left(\dfrac{1}{2},\ \log_2\dfrac{5}{2}\right)$, 점 $C\left(-\dfrac{m}{6},\ \log_2\dfrac{5}{6}m\right)$,

점 $D\left(\dfrac{m}{4},\ \log_2\dfrac{5}{4}m\right)$ 이다.

직선 CD의 기울기는 $\dfrac{\log_2\dfrac{5}{4}m - \log_2\dfrac{5}{6}m}{\dfrac{m}{4} - \left(-\dfrac{m}{6}\right)} = \dfrac{\log_2\left(\dfrac{5}{4}m \times \dfrac{6}{5m}\right)}{\dfrac{5}{12}m}$ 이다.

직선 AB의 기울기는 상수이지만 직선 CD의 기울기는 m값에 따라 달라진다. 선지 (ㄴ)은 거짓.

3. $\log_2\dfrac{5}{2} = \log_2\dfrac{5}{6}m$이면 $m = 3$이다.

점 A에서 $\overline{BC}$까지의 거리는 $\log_2\dfrac{5}{2} - \log_2\dfrac{5}{3} = \log_2\dfrac{3}{2}$이고,

점 D에서 $\overline{BC}$까지의 거리는 $\log_2\dfrac{15}{4} - \log_2\dfrac{5}{2} = \log_2\dfrac{3}{2}$으로 같다. 선지 (ㄷ)은 참.

답은 ④!!

자연수 n ($n \geq 2$)에 대하여 직선 $y = -x + n$ 과 곡선 $y = |\log_2 x|$ 가 만나는 서로 다른 두 점의 x 좌표를 각각 a_n, b_n ($a_n < b_n$)이라 할 때, 옳은 것만을 <보기>에서 있는 대로 고른 것은? [4점]

<보 기>

ㄱ. $a_2 < \dfrac{1}{4}$

ㄴ. $0 < \dfrac{a_{n+1}}{a_n} < 1$

ㄷ. $1 - \dfrac{\log_2 n}{n} < \dfrac{b_n}{n} < 1$

① ㄱ　　　　② ㄴ　　　　③ ㄷ　　　　④ ㄴ, ㄷ　　　　⑤ ㄱ, ㄴ, ㄷ

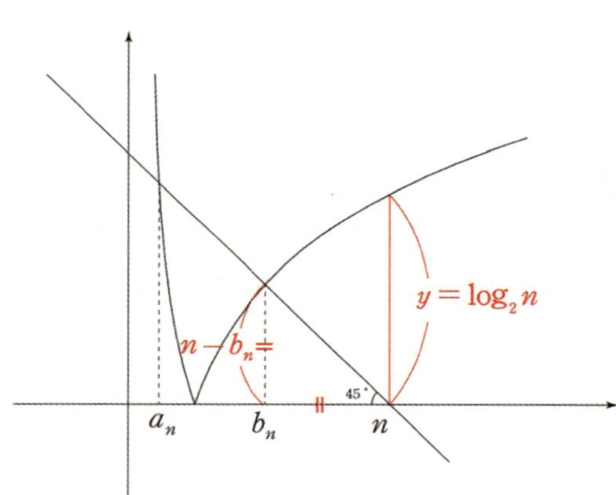

1. $x = a_2$는 $-x + 2 = -\log_2 x$의 해이다. $-\dfrac{1}{4} + 2 < -\log_2 \dfrac{1}{4}$, $-1 + 2 > \log_2 1$이므로

$\dfrac{1}{4} < a_2 < 1$이다.

선지 (ㄱ)은 거짓.

2. n의 값이 커질수록 a_n은 점점 감소한다. $0 < a_{n+1} < a_n$이므로 선지 (ㄴ)은 참.

3. $b_n < n$이므로 $\dfrac{b_n}{n} < 1$이고, $n - b_n < \log_2 n$에서 $n - \log_2 n < b_n$이므로 $1 - \dfrac{\log_2 n}{n} < \dfrac{b_n}{n}$이다.

선지 (ㄷ)은 참.

답은 ④!!

좌표평면에서 두 곡선 $y=|\log_2 x|$ 와 $y=\left(\dfrac{1}{2}\right)^x$ 이 만나는 두 점을 $P(x_1, y_1)$, $Q(x_2, y_2)$ $(x_1 < x_2)$ 라 하고, 두 곡선 $y=|\log_2 x|$ 와 $y=2^x$ 이 만나는 점을 $R(x_3, y_3)$ 이라 하자. 옳은 것만을 <보기> 에서 있는 대로 고른 것은? [4점]

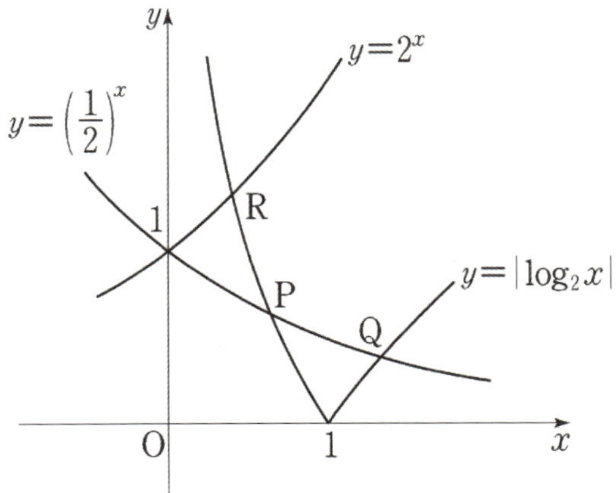

<보 기>

ㄱ. $\dfrac{1}{2} < x_1 < 1$

ㄴ. $x_2 y_2 - x_3 y_3 = 0$

ㄷ. $x_2(x_1 - 1) > y_1(y_2 - 1)$

① ㄱ   ② ㄷ   ③ ㄱ, ㄴ   ④ ㄴ, ㄷ   ⑤ ㄱ, ㄴ, ㄷ

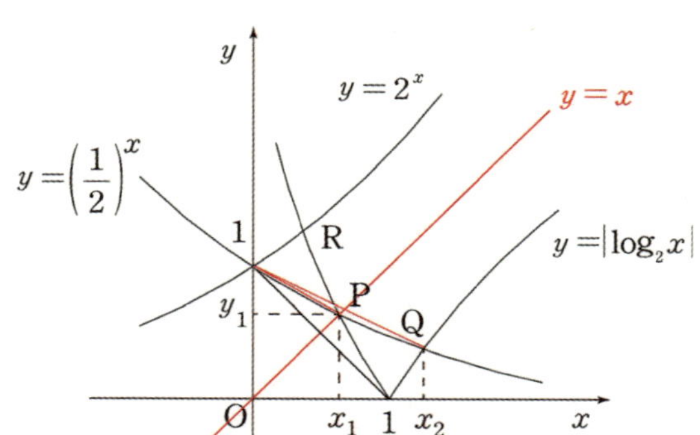

1. $-\log_2 x_1 = \left(\dfrac{1}{2}\right)^{x_1}$ 이다. $-\log_2 \dfrac{1}{2} > \left(\dfrac{1}{2}\right)^{\frac{1}{2}}$ 이고, $-\log_2 1 < \left(\dfrac{1}{2}\right)^1$ 이므로 $\dfrac{1}{2} < x_1 < 1$ 이다.

   선지 (ㄱ)은 참.

2. **점 Q와 점 R은 $y=x$에 대하여 대칭이다.** 따라서 $x_2 = y_3$, $y_2 = x_3$ 이다.

   선지 (ㄴ)은 참.

3. $x_1 = y_1$ 이므로 $x_2(x_1 - 1) = x_2(y_1 - 1)$ 이고, $y_1(y_2 - 1) = x_1(y_2 - 1)$ 이다.

   점 $(0,1)$과 점 P를 연결한 직선의 기울기는 $\dfrac{y_1 - 1}{x_1}$ 이고

   점 $(0,1)$과 점 Q를 연결한 직선의 기울기는 $\dfrac{y_2 - 1}{x_2}$ 이다.

   $\dfrac{y_1 - 1}{x_1} < \dfrac{y_2 - 1}{x_2}$, $x_1 > 0$, $x_2 > 0$ 이므로 $x_2(y_1 - 1) < x_1(y_2 - 1)$ 이다.

   선지 (ㄷ)은 거짓.

답은 ③!!

두 곡선 $y = 2^x$과 $y = -2x^2 + 2$가 만나는 두 점을 (x_1, y_1), (x_2, y_2)라 하자. $x_1 < x_2$일 때, <보기>에서 옳은 것만을 있는 대로 고른 것은? [4점]

<보 기>

ㄱ. $x_2 > \dfrac{1}{2}$

ㄴ. $y_2 - y_1 < x_2 - x_1$

ㄷ. $\dfrac{\sqrt{2}}{2} < y_1 y_2 < 1$

---

① ㄱ   ② ㄱ, ㄴ   ③ ㄱ, ㄷ   ④ ㄴ, ㄷ   ⑤ ㄱ, ㄴ, ㄷ

1. 두 곡선의 그래프를 그려보자.

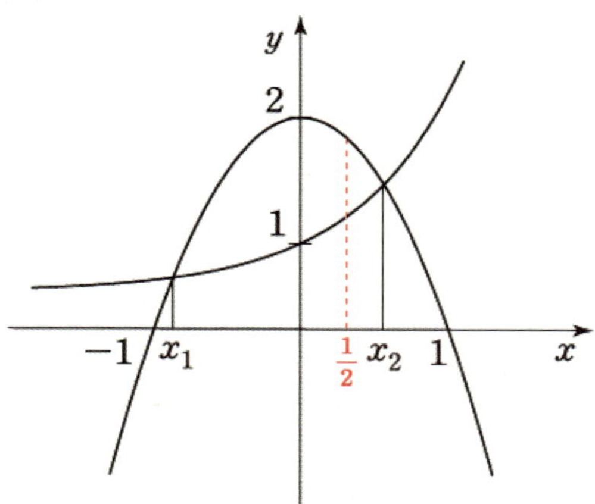

두 곡선에 $x = \dfrac{1}{2}$ 을 대입해보면 $2^{\frac{1}{2}} < -2 \cdot \left(\dfrac{1}{2}\right)^2 + 2 = \dfrac{3}{2}$ 이므로 $x_2 > \dfrac{1}{2}$ 이다.

선지 (ㄱ)은 참.

2. 두 점 $(x_1,\, y_1)$, $(x_2,\, y_2)$에 대한 식을 작성하면 $y_1 = 2^{x_1} = -2(x_1)^2 + 2$,

$y_2 = 2^{x_2} = -2(x_2)^2 + 2$이다. 선지 (ㄴ)을 판단하기 위해서는 $y_1 = -2(x_1)^2 + 2$,

$y_2 = -2(x_2)^2 + 2$을 사용하는 것이 유리해 보인다.

$y_1 = -2(x_1)^2 + 2$, $y_2 = -2(x_2)^2 + 2$이므로

$y_2 - y_1 = -2\left\{(x_2)^2 - (x_1)^2\right\} = -2(x_2 + x_1)(x_2 - x_1)$이다.

한편, $x_2 > \dfrac{1}{2}$, $x_1 > -1$에서 $x_2 + x_1 > -\dfrac{1}{2}$이므로 $-2(x_2 + x_1) < 1$이다.

양변에 $x_2 - x_1 > 0$을 곱하면 $-2(x_2 + x_1)(x_2 - x_1) < x_2 - x_1$이므로

$y_2 - y_1 < x_2 - x_1$이다.

선지 (ㄴ)은 참.

3. 선지 (ㄷ)을 판단하기 위해서는 $y_1 = 2^{x_1}$, $y_2 = 2^{x_2}$을 사용하는 것이 유리해 보인다.

$y_1 = 2^{x_1}$, $y_2 = 2^{x_2}$이므로 $y_1 y_2 = 2^{x_1 + x_2}$이다.

$x_2 + x_1 > -\dfrac{1}{2}$이고, 이차함수의 대칭성에 의하여 $|x_1| > |x_2|$이므로 $x_1 + x_2 < 0$이므로

$-\dfrac{1}{2} < x_1 + x_2 < 0$에서 $2^{-\frac{1}{2}} < 2^{x_1 + x_2} < 2^0$이므로 $\dfrac{\sqrt{2}}{2} < y_1 y_2 < 1$이다.

선지 (ㄷ)은 참.

답은 ⑤!!

※ 다른 풀이 1

2.

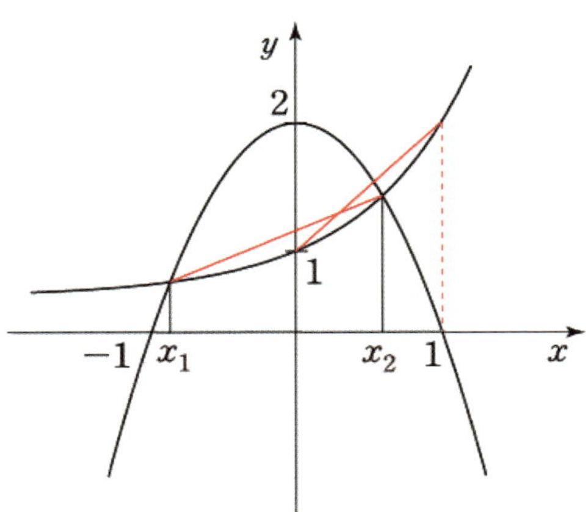

$y_2 - y_1 < x_2 - x_1$의 양변을 $x_2 - x_1$으로 나누자.

네 점 $(x_1,\, y_1)$, $(x_2,\, y_2)$, $(0,\, 1)$, $(1,\, 2)$은 곡선 $y = 2^x$ 위의 점이다.

$x_1 < 0$, $0 < x_2 < 1$이고 $y = 2^x$은 아래로 볼록한 함수이므로 $\dfrac{y_2 - y_1}{x_2 - x_1} < \dfrac{2 - 1}{1 - 0} = 1$이다.

선지 (ㄴ)은 참.

※ 다른 풀이 2

2.

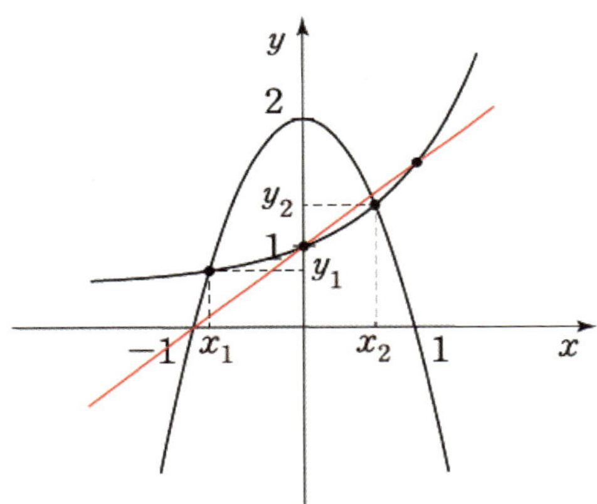

직선 $y = x + 1$과의 위치관계를 파악하자.

$y_1 > x_1 + 1$, $y_2 < x_2 + 1$이므로 $x_1 - y_1 < -1 < x_2 - y_2$이다.

따라서 $y_2 - y_1 < x_2 - x_1$이다. 선지 (ㄴ)은 참.

혹은 $\left(\dfrac{1}{2},\, \dfrac{3}{2} \right)$은 직선 $y = x + 1$과 곡선 $y = -2x^2 + 2$의 교점이고 $0 > x_1 > -1$, $y_1 > 0$이므로

$\dfrac{y_2 - y_1}{x_2 - x_1} < \dfrac{y_2 - 0}{x_2 - (-1)} < \dfrac{\dfrac{3}{2} - 0}{\dfrac{1}{2} - (-1)} = 1$이다. 따라서 $\dfrac{y_2 - y_1}{x_2 - x_1} < 1$이다.

선지 (ㄴ)은 참.

두 곡선 $y = 2^{-x}$ 과 $y = |\log_2 x|$ 가 만나는 두 점을 (x_1, y_1), (x_2, y_2) 라 하자. $x_1 < x_2$ 일 때, <보기>에서 옳은 것만을 있는 대로 고른 것은? [4점]

<보 기>

ㄱ. $\dfrac{1}{2} < x_1 < \dfrac{\sqrt{2}}{2}$

ㄴ. $\sqrt[3]{2} < x_2 < \sqrt{2}$

ㄷ. $y_1 - y_2 < \dfrac{3\sqrt{2} - 2}{6}$

① ㄱ　　　② ㄱ, ㄴ　　　③ ㄱ, ㄷ　　　④ ㄴ, ㄷ　　　⑤ ㄱ, ㄴ, ㄷ

1. 두 곡선의 그래프를 그려보자.

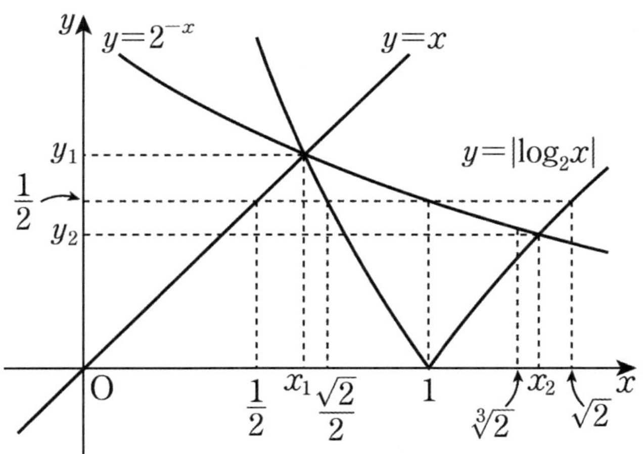

$x < 1$ 에서 $|\log_2 x| = -\log_2 x$ 이다. 두 곡선 $y = 2^{-x}$, $y = -\log_2 x$ 의 그래프는 $y = x$ 에 대하여 대칭이므로 두 곡선의 교점은 직선 $y = x$ 위에 존재한다. 따라서 $x_1 = y_1 = 2^{-x_1}$ 이다.

$x_1 < 1$ 에서 $2^{-1} < 2^{-x_1}$, $y_1 > \dfrac{1}{2}$ 에서 $x_1 < \dfrac{\sqrt{2}}{2}$ 이므로 $\dfrac{1}{2} < x_1 < \dfrac{\sqrt{2}}{2}$ 이다.

선지 (ㄱ)은 참.

2. $\sqrt[3]{2} < x_2 < \sqrt{2}$ 를 만족하려면 $2^{-\sqrt[3]{2}} > \dfrac{1}{3}$, $2^{-\sqrt{2}} < \dfrac{1}{2}$ 이 성립해야 한다.

$2^{-\sqrt{2}} < \dfrac{1}{2}$ 는 곧 $2^{-\sqrt{2}} < 2^{-1}$ 이므로 $x_2 < \sqrt{2}$ 임이 자명하다.

$8 < 9$ 에서 $2^{\frac{3}{2}} < 3$ $\cdots\cdots$ ㉠

$\sqrt[3]{2}$ 와 $\dfrac{3}{2}$ 을 각각 세제곱하면 $\left(\sqrt[3]{2}\right)^3 < \left(\dfrac{3}{2}\right)^3$ 이므로 $\sqrt[3]{2} < \dfrac{3}{2}$ 즉, $2^{\sqrt[3]{2}} < 2^{\frac{3}{2}}$ $\cdots\cdots$ ㉡

㉠, ㉡에서 $2^{\sqrt[3]{2}} < 2^{\frac{3}{2}} < 3$ 이므로 $2^{-\sqrt[3]{2}} > \dfrac{1}{3}$ 이다. 따라서 $\sqrt[3]{2} < x_2$ 이다.

선지 (ㄴ)은 참.

3. $\dfrac{1}{2} < x_1 = y_1 < \dfrac{\sqrt{2}}{2}$, $\dfrac{1}{3} < y_2 < \dfrac{1}{2}$ 이므로 $y_1 - y_2 < \dfrac{\sqrt{2}}{2} - \dfrac{1}{3} = \dfrac{3\sqrt{2} - 2}{6}$ 이다.

선지 (ㄷ)은 참.

답은 ⑤!!

그림과 같이 1보다 큰 실수 k에 대하여 두 곡선 $y = \log_2|kx|$와 $y = \log_2(x+4)$가 만나는 서로 다른 두 점을 A, B라 하고, 점 B를 지나는 곡선 $y = \log_2(-x+m)$이 곡선 $y = \log_2|kx|$와 만나는 점 중 B가 아닌 점을 C라 하자. 세 점 A, B, C의 x좌표를 각각 x_1, x_2, x_3이라 할 때, <보기>에서 옳은 것만을 있는 대로 고른 것은? (단, $x_1 < x_2$이고, m은 실수이다.) [4점]

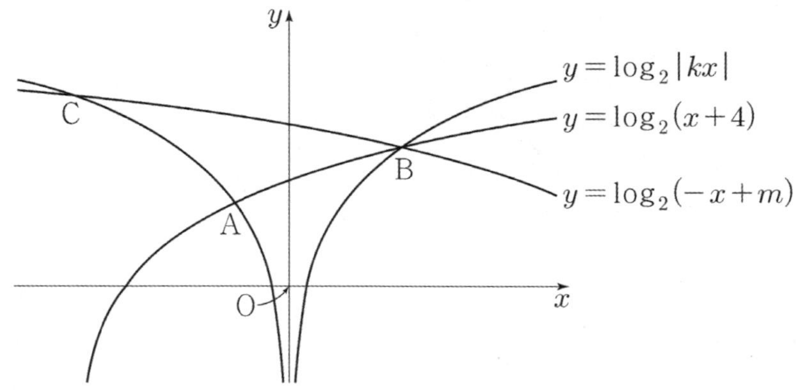

〈 보 기 〉

ㄱ. $x_2 = -2x_1$이면 $k = 3$이다.

ㄴ. $x_2^2 = x_1 x_3$

ㄷ. 직선 AB의 기울기와 직선 AC의 기울기의 합이 0일 때, $m + k^2 = 19$이다.

① ㄱ   ② ㄷ   ③ ㄱ, ㄴ   ④ ㄴ, ㄷ   ⑤ ㄱ, ㄴ, ㄷ

1. $l_1 : y = \log_2|kx|$, $l_2 : y = \log_2(x+4)$, $l_3 : y = -\log_2(-x+m)$ 에 대하여

점 A는 l_1, l_2의 교점이고,

점 B는 l_1, l_2, l_3의 교점이며,

점 C는 l_1, l_3의 교점이다.

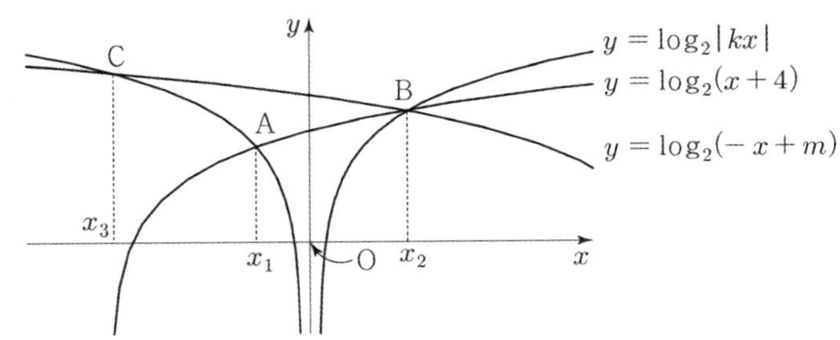

$x_1 = -\dfrac{4}{k+1}$, $x_3 = -\dfrac{m}{k-1}$,

$x_2 = \dfrac{4}{k-1} = \dfrac{m}{k+1} = \dfrac{m-4}{2}$

x_2의 값을 위와 같이 세 가지로 나타낼 수 있다.

---

2. $x_2 = -2x_1$이면 $m = 8$이고, $x_2 = 2$이므로 $k = 3$이다. 선지 (ㄱ)은 참.

---

3. $x_2{}^2 = \dfrac{4}{k-1} \times \dfrac{m}{k+1}$ 로 볼 수 있다. 이 값이 $x_1 x_3$와 같으므로 선지 (ㄴ)은 참.

---

4. 직선 AB 의 기울기는 $\dfrac{\log_2|kx_2| - \log_2|kx_1|}{x_2 - x_1} = \dfrac{\log_2\left|\dfrac{x_2}{x_1}\right|}{x_2 - x_1} = \dfrac{\log_2\left(-\dfrac{x_2}{x_1}\right)}{x_2 - x_1}$ 이고,

직선 AC 의 기울기는 $\dfrac{\log_2|kx_3| - \log_2|kx_1|}{x_3 - x_1} = \dfrac{\log_2\left|\dfrac{x_3}{x_1}\right|}{x_3 - x_1} = \dfrac{\log_2\left(\dfrac{x_3}{x_1}\right)}{x_3 - x_1}$ 이다.

이때, $x_2{}^2 = x_1 x_3$ 이므로 $\dfrac{x_2}{x_1} = \dfrac{x_3}{x_2}$ 이고, $\left(\dfrac{x_2}{x_1}\right)^2 = \left(\dfrac{x_3}{x_1}\right)$ 이다.

따라서 직선 AC 의 기울기는 $\dfrac{\log_2\left(\dfrac{x_3}{x_1}\right)}{x_3 - x_1} = \dfrac{2\log_2\left(-\dfrac{x_2}{x_1}\right)}{x_3 - x_1}$ 이므로

$\log_2\left(-\dfrac{x_2}{x_1}\right) \times \left(\dfrac{1}{x_2 - x_1} + \dfrac{2}{x_3 - x_1}\right) = 0$ 에서 $x_1 - x_3 = 2(x_2 - x_1)$ 이다.

$x_1 - x_3 = 2(x_2 - x_1)$ 에서 $x_3 = x_1 - 2a$, $x_2 = x_1 + a$로 둘 수 있다.

$x_2{}^2 = x_1 x_3$ 에서 $(x_1 + a)^2 = x_1(x_1 - 2a)$ 에서 $a = -4x_1$, $x_2 = -3x_1$, $x_3 = 9x_1 = -3x_2$ 이다.

$x_2 = -3x_1$ 에서 $x_1 = -\dfrac{4}{k+1}$, $x_2 = \dfrac{m}{k+1}$ 이므로 $m = 12$ 이다.

$m = 12$, $x_2 = \dfrac{m}{k+1} = \dfrac{m-4}{2}$ 이므로 $x_2 = \dfrac{12}{k+1} = \dfrac{12-4}{2} = 4$ 에서 $k = 2$ 이다.

$m + k^2 = 12 + 4 = 16$ 이다. 선지 (ㄷ)은 거짓.

답은 ③!!

※ 다른 풀이

$x_2{}^2 = x_1 x_3$ 이므로 $x_1 = a$, $x_2 = ar$, $x_3 = ar^2$로 둘 수 있다. $x_1 - x_3 = 2(x_2 - x_1)$ 를 얻었다고

하면 $1 - r^2 = 2(r-1)$ 에서 $r = -3$ 이다. 따라서 $x_2 = -3x_1$, $x_3 = 9x_1 = -3x_2$ 이다.

▌조건 해석

그래프 개형과 관련된 기본적인 조건인 대칭성과 주기성을 소개하도록 하겠다. 고1 때 배우지만 까먹은 학생들이 많을 것이다.

1. 대칭의 핵심, 테크닉, 주의점

(1) 대칭의 핵심 개념 : 대칭은 곧 평균이다.

만약 두 함수가 어떤 직선에 대하여 대칭이면, 두 함수의 평균은 직선이다. 만약 두 함수가 어떤 점에 대하여 대칭이면, 두 함수의 평균은 점이다. **따라서 모든 대칭성 공식은 평균을 나타내는 식인 $\dfrac{a+b}{2}=c$와 연결된다.**

(2) 대칭이동의 핵심 테크닉 : 대신 대입

함수의 그래프를 $x=a$에 대해 대칭 시키려면 x 대신 $2a-x$를 대입하자. $\dfrac{x+(2a-x)}{2}=a$

함수의 그래프를 $y=a$에 대해 대칭 시키려면 y 대신 $2a-y$를 대입하자. $\dfrac{y+(2a-y)}{2}=a$

함수의 그래프를 점 $(a,\,b)$에 대해 대칭 시키려면 x 대신 $2a-x$를 대입하고, y 대신 $2b-y$를 대입하자. 이 또한 평균과 연결지으면 쉽게 이해할 수 있다.

(3) 대칭에서 주의해야 할 포인트 : 대칭성에 관한 문제를 본다면 다음의 **두 가지를 잘 구분**하자.

（ⅰ) 함수 $y=f(x)$의 그래프 자체가 직선 $x=a$에 대하여 대칭인가?
（ⅱ) 함수 $y=f(x)$의 그래프와 또 다른 함수 $y=g(x)$의 그래프가 직선 $x=a$에 대하여 대칭인가?

예를 들어,
（ⅰ) 이차함수 $y=a(x-b)^2+c$ $(a,\,b,\,c$는 실수)는 그래프 자체가 직선 $x=b$에 대하여 대칭이다.
（ⅱ) 함수 $y=2^x$의 그래프와 함수 $y=2^{-x}$의 그래프는 y축$(x=0)$에 대하여 대칭이다.

대칭의 핵심 개념, 테크닉, 주의점을 머리에 각인했다면 본격적으로 대칭성 공식을 알아보자.

단, 지금부터 효율적 표현과 빠른 이해를 위해 **'그래프, 직선, 함수 표현'은 모두 생략**하겠다. 예를 들어, '함수 $f(x)$의 그래프가 $x=a$에 대해 대칭이다'를 '$f(x)$가 $x=a$에 대해 대칭이다.'로 표현하겠다.

2. $x = a$ 대칭

① **형성** : $f(x)$를 직선 $x = a$에 대해 대칭 시키면 $f(2a - x)$이다.
  즉, $f(x)$에 x 대신 $2a - x$를 대입하면 $f(x)$를 $x = a$에 대해 대칭 시킬 수 있다.

② $x = a$**에 대해 대칭인 함수** : 모든 실수 x에 대하여 $f(x) = f(2a - x)$이면,
  즉 $f(x)$가 $f(x)$를 $x = a$에 대해 대칭 시킨 $f(2a - x)$와 같다면 $f(x)$는 $x = a$에 대해 대칭이다.

  단, 두 함수가 $x = a$에 대칭임을 알려주는 항등식이 항상 저러한 형태로 제시되지는 않는다.
  예를 들어, x에 관한 항등식 $f(x) = f(2a - x)$에 x 대신 $a + x$를 대입하면 $f(a + x) = f(a - x)$가 되는데,
  $f(a + x) = f(a - x)$도 많이 등장한다. **'공식의 형태'를 외우려고 하지 말자.**

  따라서 대칭의 핵심 개념인 **'평균'을 기억**해야 한다. $f(x) = f(2a - x)$에서 괄호 속 문자의 평균을 구해보면
  $\dfrac{x + (2a - x)}{2} = a$이다. 또한 $f(a + x) = f(a - x)$에서 괄호 속 문자의 평균을 구해보면 마찬가지로
  $\dfrac{(a + x) + (a - x)}{2} = a$이다. 평균을 기억하자!

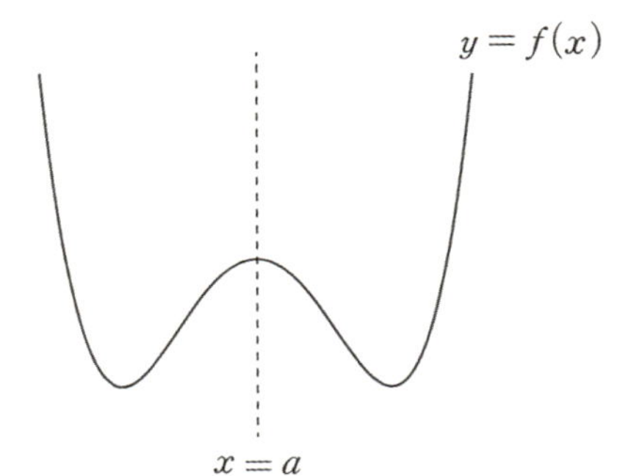

③ $x = a$**에 대해 대칭인 두 함수** : 모든 실수 x에 대하여 $f(x) = g(2a - x)$이면, 즉 $f(x)$가 $g(x)$를
  $x = a$에 대해 대칭 시킨 $g(2a - x)$와 같다면, $f(x)$와 $g(x)$는 $x = a$에 대해 대칭이다.

  ②는 하나의 함수 자체가 $x = a$에 대해 대칭인 경우이고, ③은 두 함수가 $x = a$에 대해 대칭인 경우이다.
  ②가 압도적으로 많이 등장하지만 둘을 헷갈리지 않기 위해 ②와 ③의 차이점도 정확히 알아둬야 한다.

※ $x = a$ **대칭과 절댓값 함수**
  $g(x) = \begin{cases} f(x) & (x \geq a) \\ f(2a - x) & (x < a) \end{cases}$ (혹은 절댓값을 이용하여 $f(|x - a| + a)$로 표현 가능)
  일 때, $g(x)$의 그래프는 $f(x)$의 그래프에서 $x \geq a$인 부분은 그대로 두고, $x < a$인 부분은
  $x \geq a$인 부분을 $x = a$에 대하여 대칭 시킨 개형이 된다. 즉, $g(x)$는 $x = a$에 대해 대칭인 함수다.

① **형성** : $f(x)$를 직선 $y = a$에 대해 대칭 시키면 $2a - f(x)$이다. 즉, $y = f(x)$에 대해 y 대신 $2a - y$를 대입하면 $2a - y = f(x)$, $y = 2a - f(x)$가 되어 $f(x)$를 $y = a$에 대해 대칭 시킬 수 있다.

평균 공식을 적용해 보면 $\dfrac{f(x) + \{2a - f(x)\}}{2} = a$이다.

② **$y = a$에 대해 대칭인 함수** : 모든 실수 x에 대하여 $f(x) = 2a - f(x)$이면, 즉 $f(x)$가 $f(x)$를 $y = a$에 대해 대칭 시킨 $2a - f(x)$와 같다면 $f(x)$는 $y = a$에 대해 대칭이다. 단, 이 경우 $f(x) = a$로 상수함수이므로 문제에 거의 등장하지 않는다.

※ **$y = a$ 대칭과 절댓값 함수**

$$g(x) = \begin{cases} f(x) & (f(x) \geq k) \\ 2k - f(x) & (f(x) < k) \end{cases}$$ (혹은 절댓값을 이용하여 $|f(x) - k| + k$로 표현 가능)

에서 $g(x)$의 그래프는 $f(x)$의 그래프에서 $y = k$ 윗부분은 그대로 두고, $y = k$ 아랫부분은 $y = k$에 대해 대칭 시킨(접어 올린) 개형이 된다. 기출에서 상당히 많이 등장한 함수이다.

① **형성** : $f(x)$를 점 (a, b)에 대해 대칭 시키면 $2b - f(2a - x)$이다. $y = f(x)$에 x 대신 $2a - x$를 대입하고, y 대신 $2b - y$를 대입하면 $2b - y = f(2a - x)$, $y = 2b - f(2a - x)$가 되어 $y = f(x)$를 점 (a, b)에 대해 대칭 시킬 수 있다.

> ※ x 대신 $2a - x$를 대입하는 것은 그래프를 $x = a$에 대해 대칭하는 것이고, y 대신 $2b - y$를 대입하는 것은 그래프를 $y = b$에 대해 대칭하는 것이다. 즉, $x = a$와 $y = b$ 모두에 대해 한 번씩 대칭 이동시키면 이동 전의 그래프와 점대칭인 관계가 된다.

② **점 (a, b)에 대해 대칭인 함수** : 모든 실수 x에 대하여 $f(x) = 2b - f(2a - x)$이면, 즉 $f(x)$가 $f(x)$를 점 (a, b)에 대해 대칭 시킨 $2b - f(2a - x)$와 같다면, $f(x)$는 점 (a, b)에 대해 대칭이다.

단, 함수가 점 (a, b)에 대해 대칭임을 알려주는 항등식이 항상 저러한 형태로 제시되지는 않는다. 예를 들어, x에 관한 항등식 $f(x) + f(2a - x) = 2b$에 x 대신 $a + x$를 대입하면 $f(a + x) + f(a - x) = 2b$가 되는데 이 형태도 다소 등장한다. **'공식의 형태'를 외우려고 하지 말자.**

대칭의 핵심 개념인 '평균'을 기억하자. $f(x) + f(2a - x) = 2b$에서 괄호 속 문자의 평균을 구해보면 $\dfrac{x + (2a - x)}{2} = a$이고 $f(a + x) + f(a - x) = 2b$에서 괄호 속 문자의 평균을 구해보면 $\dfrac{(a + x) + (a - x)}{2} = a$이다. 그래프를 곁들여 이해하면 더할 나위 없다.

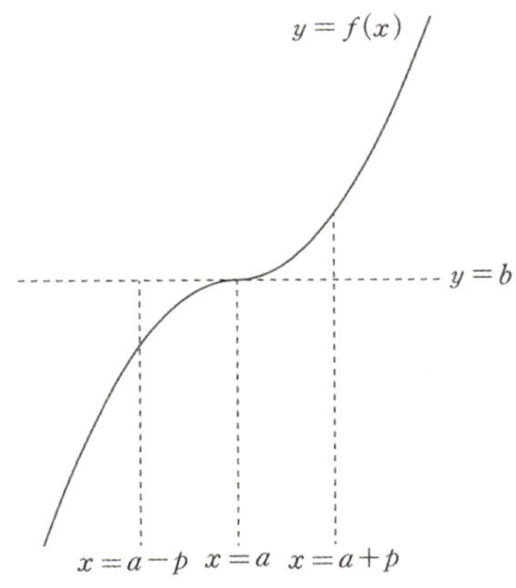

※ 〈$y = a$ 대칭〉과 〈점 (a, b) 대칭〉에는 ③ **대칭인 두 함수** 항목을 넣지 않았지만, 항등식에 있는 하나의 f에 대해 f 대신 g만 대입하면 끝이다. $f(x) = 2a - g(x)$이면 $f(x)$와 $g(x)$는 $y = a$에 대해 대칭이고, $f(x) + g(2a - x) = 2b$이면 $f(x)$와 $g(x)$는 점 (a, b)에 대해 대칭이다.

comment

문제에서 대칭성과 관련된 등식을 보면 대칭성을 바로 파악할 수 있도록 연습해 두자. 대칭성 파트는 아무리 개념을 빠삭하게 알고 있어도 실전에서 빠르게 파악하지 못하는 경우가 많다. 위의 조건들을 자유자재로 말로 표현하고, 수식으로 나타내고, 그래프로 표현할 수 있어야 한다.

'모든 x에 대하여 $f(x) = f(x+a)$이다.'를 볼 때 무슨 생각이 먼저 드는가? (a는 상수)
보통 $f(x)$의 주기가 a라고 답할 것이다. 하지만 엄밀히 말하면 아니다. **대다수 문제에서 $0 \le x < a$에서의 함수 $f(x)$가 주어지기에** 주기를 a로 보아도 문제 푸는데에 큰 지장은 없었을 것이다.

하지만 엄밀히 말하면 $f(x)$의 주기는 $\dfrac{|a|}{n}$이다. (n은 자연수)

예를 들어, 주기가 1인 함수인 $y = \sin(2\pi x)$도 $f(x) = f(x+2)$를 만족한다.

$f(x) = f(x+a)$분만 아니라 $f(x) = f(x+a) + b$도 넓은 의미에서 주기성이 있다고 할 수 있다.
왜냐하면 $0 \le x < a$에서의 $y = f(x)$ 그래프 개형이 반복되기 때문이다. (a, b는 상수)

$f(x)$에 주기가 $\dfrac{|a|}{n}$인 $g(x)$를 합성한 함수인 $h(x) = f(g(x))$는 주기함수이다. (a는 상수)

$h(x+a) = f(g(x+a)) = f(g(x)) = h(x)$이므로 $h(x)$는 주기가 $\dfrac{|a|}{n}$인 주기함수이다. (n은 자연수)

예제(33) 09학년도 수능 나형 7번

두 지수함수 $f(x) = a^{bx-1}$, $g(x) = a^{1-bx}$ 이 다음 조건을 만족시킨다.

> (가) 함수 $y = f(x)$의 그래프와 함수 $y = g(x)$의 그래프는 직선 $x = 2$에 대하여 대칭이다.
> (나) $f(4) + g(4) = \dfrac{5}{2}$

두 상수 a, b의 합 $a + b$의 값은? (단, $0 < a < 1$) [3점]

① $\dfrac{3}{2}$ ② $\dfrac{11}{8}$ ③ $\dfrac{5}{4}$ ④ $\dfrac{9}{8}$ ⑤ 1

---

1. 조건 (가)에서 $g(x) = f(4-x)$이다. 따라서 $g(x) = a^{1-bx} = a^{b(4-x)-1} = f(4-x)$이므로
$1 - bx = b(4-x) - 1$에서 $4b = 2$, $b = \dfrac{1}{2}$이다.

2. 조건 (나)에서 $f(4) + g(4) = f(4) + f(0) = a^{4b-1} + a^{-1} = a + \dfrac{1}{a} = \dfrac{5}{2}$이고, $0 < a < 1$이므로
$a = \dfrac{1}{2}$이다. 따라서 $a + b = \dfrac{1}{2} + \dfrac{1}{2} = 1$이다.

답은 ⑤!!

실수 전체의 집합에서 정의된 함수 $f(x)$가 다음 조건을 만족시킨다.

> (가) $-2 \le x \le 0$ 일 때, $f(x) = |x+1| - 1$
> (나) 모든 실수 x에 대하여 $f(x) + f(-x) = 0$
> (다) 모든 실수 x에 대하여 $f(2-x) = f(2+x)$

$-10 \le x \le 10$에서 $y = f(x)$의 그래프와 $y = \left(\dfrac{1}{2}\right)^x$의 그래프의 교점의 개수는? [4점]

① 2   ② 3   ③ 4   ④ 5   ⑤ 6

함수 $f(x)$는 기함수이며 직선 $x = 2$에 대해 대칭이다.

$y = f(x)$와 $y = \left(\dfrac{1}{2}\right)^x$의 그래프를 그리면 다음 그림과 같다.

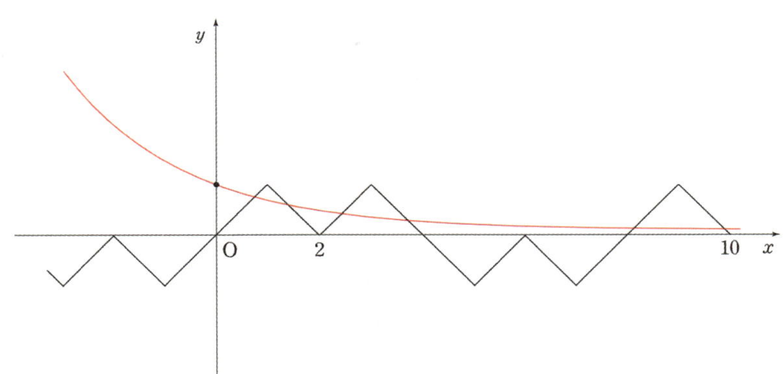

따라서 $-10 \le x \le 10$에서 두 그래프의 교점의 개수는 6이다.

답은 ⑤!!

함수 $f(x)$ 는 모든 실수 x에 대하여 $f(x+2)=f(x)$ 를 만족시키고,

$$f(x) = \left| x - \frac{1}{2} \right| + 1 \quad \left(-\frac{1}{2} \leq x < \frac{3}{2} \right)$$

이다. 자연수 n 에 대하여 지수함수 $y = 2^{\frac{x}{n}}$ 의 그래프와 함수 $y = f(x)$ 의 그래프의 교점의 개수가 5 가 되도록 하는 모든 n 의 값의 합은? [4점]

① 7　　　　② 9　　　　③ 11　　　　④ 13　　　　⑤ 15

1. 함수 $f(x)$의 주기는 2이다. **지수함수 $y = 2^{\frac{x}{n}}$ 의 그래프는 점 $(0,1)$과 점 $(n,2)$를 모두 지나는 것을 고려하여** 함수 $f(x)$의 그래프와 곡선 $y = 2^{\frac{x}{n}}$ 의 그래프를 좌표평면에 나타내자.

2. 교점의 개수가 5가 되도록 하는 곡선의 그래프는 다음과 같다.

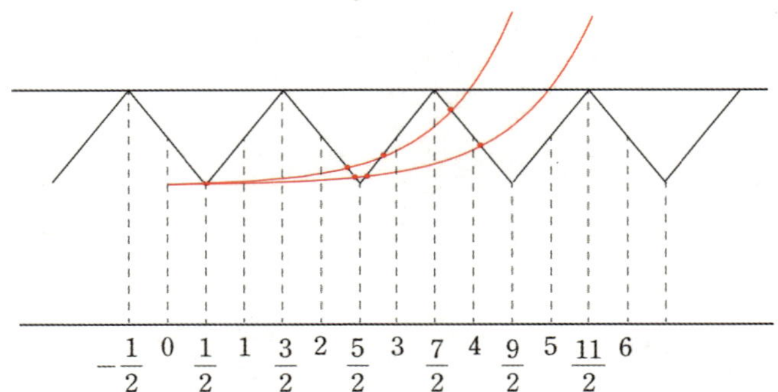

교점의 개수가 5가 되도록 하는 $n=4$, $n=5$이므로 모든 n의 값의 합은 9이다.

답은 ②!!

Chapter

03

개수 세기

03 개수 세기

개수 세기 문항이 킬러로 나올 확률은 낮지만, 준비하지 않을 수는 없다. **17, 18학년도 수능 대비 평가원 나형**에서 등장한 **'그래프를 그리고 순수하게 격자점을 세는'** 문항은 노가다 성향이 짙으므로 **킬러로 출제될 확률이 매우 낮다.** 그것 이외에 수능이 측정하고 싶은 역량은 매우 많기 때문이다.

그러나 **16학년도 이전**에 출제된 **'지수, 로그 관련 개수 세기'**, **'지수함수, 로그함수 개수 세기'** 등의 문항들은 단순 노가다가 아니라 **지수, 로그, 지수함수, 로그함수의 특징**을 제대로 '이해'하고 있는지 묻는 문항들이며 **일관된 태도와 도구**에 입각하여 풀 수 있어 기출 문항으로 공부할 가치가 충분하다.

이번 챕터에서는 **개수 세기에 필요한 태도와 도구**를 알아보고 이를 다양한 문제에 적용하는 과정에서 **개수 세기에 대한 자신감**을 키울 것이다. 개수 세기가 노가다라는 인식을 버리고 다른 기출 유형처럼 '필연적이고 일관적인 태도와 도구'에 입각하여 깔끔하게 풀 수 있다는 자신감이다.

개수 세기의 **유형**은 **함수의 그래프를 포함한 개수 세기 (주로 격자점)**, **그래프를 포함하지 않은 수식적 개수 세기 (부등식)**로 나뉜다.

일반적으로 개수 세기는 함수의 그래프를 포함한 개수 세기를 의미하지만, 그래프를 포함하지 않는 수식적 개수 세기에서도 필요한 도구가 존재하므로 이번 챕터에서 공부할 것이다.

개수 세기에 필요한 **도구는 네 가지**이다.

> **기준 선정**
> **배경 선정**
> **일반화 vs 관찰**
> **CASE 분류**

※ 그래프를 포함한 개수 세기에서 **그래프가 항상 지나는 점, 그래프의 특징 (점근선, 증감비교)**와 같은 매우 기초적인 요소는 당연히 따져야 하므로 따로 다루지는 않는다. (지수함수, 로그함수의 그래프 특징은 Chapter 2에서 자세히 배웠다.) 예를 들어, 로그함수는 진수가 1이 되는 x에서 함숫값이 0이고, 지수함수는 지수가 0이 되는 x에서 함숫값이 1이다. 또한, 지수, 로그함수를 그릴 때는 점근선을 유의해야 하며 지수함수와 로그함수의 밑이 같은 경우는 두 함수가 서로 역함수 관계인지 따져봐야 한다.

각각의 도구를 살펴보면서 그에 해당하는 예제를 풀어볼 것이지만, 이전에 배운 도구들은 이후 등장하는 도구의 예제에도 당연히 적용되므로 **문제의 유형 구분 없이 개수 세기 자체를 연습한다는 마음**으로 문제를 풀어보자.

본격적으로 문제를 풀기 전, **두 가지 도구**를 숙지하자.

① x에 관한 부등식 $a \leq x \leq b$를 만족시키는 정수 x의 개수 (단, a, b는 정수) : $b - a + 1$

등호 여부에 따른 개수 공식을 일일이 외울 필요가 전혀 없다.
등호가 없을 때는, 등호가 있을 때로 바꾼 다음 공식을 적용하면 된다.

예를 들어 $b > a + 1$인 정수 a, b에 대하여,
$a < x < b$를 만족시키는 정수 x의 개수는 $a + 1 \leq x \leq b - 1$을 만족시키는 정수 x의 개수와 같다.
위의 공식을 적용하면 개수는 $(b - 1) - (a + 1) + 1 = b - a - 1$이다.

$a < x \leq b$를 만족시키는 정수 x의 개수는 $a + 1 \leq x \leq b$을 만족시키는 정수 x의 개수와 같다.
위의 공식을 적용하면 개수는 $(b) - (a + 1) + 1 = b - a$이다.

부등식에서 **등호 여부에 따른 정수 x의 개수 공식들을 이미 체화했다면 그 공식들을 일관되게 사용하면 된다.**
본 책에서는 대부분 위의 공식을 이용하여 해설한다.

② **table 그리기**

개수를 셀 때 '대충 끄적이면서' 세지 말자. 자신의 머리가 엄청 뛰어나지 않다면 **'암산'으로도 세지 말자.**
웬만하면 **table을 그려서 가시적으로, 깔끔하게 개수를 세자.**

예를 들어, 자연수 a, b에 대하여 $2^b \leq a \leq \dfrac{100 - 2b}{3}$ 를 만족시키는 순서쌍 (a, b)의 개수를 구한다고 하자.
이때, 다음과 같이 **table을 그리고 세는 것이 실수할 확률도 적고 검산하기도 편하다.**

b	$2^b \leq a \leq \dfrac{100 - 2b}{3}$	자연수 a의 개수
1	$2 \leq a \leq \dfrac{98}{3}(= 32. \cdots)$	$32 - 2 + 1 = 31$
2	$4 \leq a \leq \dfrac{96}{3}(= 32)$	$32 - 4 + 1 = 29$
3	$8 \leq a \leq \dfrac{94}{3}(= 31. \cdots)$	$31 - 8 + 1 = 24$
4	$16 \leq a \leq \dfrac{92}{3}(= 30. \cdots)$	$30 - 16 + 1 = 15$
5	$32 \leq a \leq \dfrac{90}{3}(= 30)$	없음

기준 선정

부등식에 **변수가 두 개 이상 존재**한다면 **하나(기준)를 고정**하고 **다른 하나를 관찰**해야 한다. 두 변수를 복합적으로 고려하기 힘들기 때문이다. 이때, **고정**한다는 것은 **하나의 변수가 특정 값을 가질 때**를 말한다.

만약 두 개의 부등호와 두 개의 변수가 존재하는 부등식이라면 기준이 되는 변수를 양 끝으로 옮기고 관찰하는 변수를 중앙으로 옮기자.

또한 하나의 변수를 기준으로 잡고 다른 변수를 관찰할 때,
계산이 지나치게 복잡하고 따져야 할 것이 많다면 다른 변수를 기준으로 잡아 보자.

예제(1) 15년 6월 교육청 고2 나형 14번

자연수 n에 대하여 직선 $x=n$이 무리함수 $f(x)=\sqrt{2x+2}+3$의 그래프와 만나는 점을 A_n, x축과 만나는 점을 B_n이라 하자. (단, O는 원점이다.)

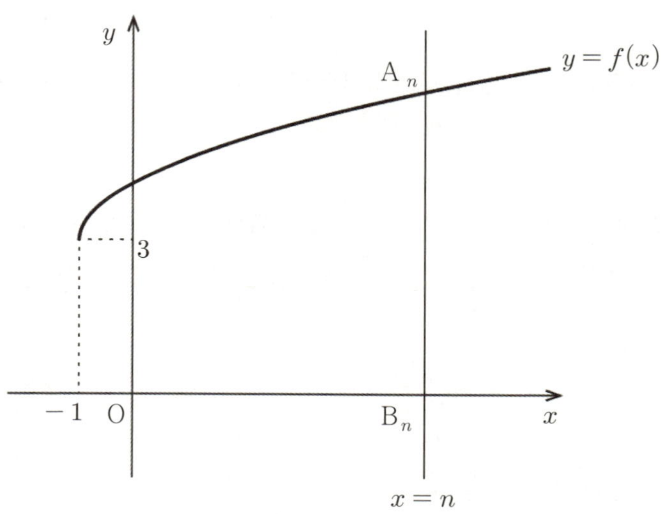

선분 A_nB_n의 길이보다 크지 않은 최대의 정수를 a_n이라 할 때, $\displaystyle\sum_{n=1}^{10} a_n$의 값은? [4점]

① 61   ② 62   ③ 63   ④ 64   ⑤ 65

1. (선분 A_nB_n의 길이)$= \sqrt{2n+2}+3$이므로 a_n 은 $\sqrt{2n+2}+3$ 보다 크지 않은 최대의 정수이다.

$n = 1, 2, 3, \cdots$ 을 차례대로 대입해보자.

n	$\sqrt{2n+2}+3$	a_n
1	$\sqrt{4}+3=5$	5
2	$5.\cdots$	5
3	$\sqrt{8}+3=5.\cdots$	5
4	$\sqrt{10}+3=6.\cdots$	6
5	$6.\cdots$	6
6	$\sqrt{14}+3=6.\cdots$	6
7	$\sqrt{16}+3=7$	7
8, 9	$7.\cdots$	7
10	$\sqrt{22}+3=7.\cdots$	7

따라서 $\displaystyle\sum_{n=1}^{10} a_n = (5\times 3)+(6\times 3)+(7\times 4)=15+18+28=61$ 이다. **답은 ①!!**

---

2. 위와 같이 n에 $1, 2, 3, \cdots$ 을 차례대로 대입하여 a_n의 값을 구해도 좋지만 약간의 노가다 느낌은 지울 수 없다. 부등식을 설정하여 풀어보자. 부등식에서의 기준 선정을 연습하기에 좋다.

$a_n = k$라 하면 $k \leq \sqrt{2n+2}+3 < k+1$이다.
$k-3 \leq \sqrt{2n+2} < k-2$의 양변을 제곱하면 $(k-3)^2 \leq 2n+2 < (k-2)^2$

단, 제곱하고 나서 함부로 관찰하면 안 된다.
$k-3 \leq \sqrt{2n+2} < k-2$에서 $\sqrt{2n+2} \geq 2$이므로 $k-3 \geq 2$, $k \geq 5$ 이다.

$(k-3)^2 \leq 2n+2 < (k-2)^2$에서

$k=5$일 때 $4 \leq 2n+2 < 9$, $n=1, 2, 3$
$k=6$일 때 $9 \leq 2n+2 < 16$, $n=4, 5, 6$
$k=7$일 때 $16 \leq 2n+2 < 25$, $n=7, 8, 9, 10$

따라서 $\displaystyle\sum_{n=1}^{10} a_n = (5\times 3)+(6\times 3)+(7\times 4)=15+18+28=61$ 이다.

답은 ①!!

다음 페이지에서 2번 풀이를 자세히 분석해보자.

1번에서처럼 n을 기준으로 삼으면 n에 10개의 숫자를 대입해야 했지만,
2번에서처럼 k를 기준으로 삼으면 k에 3개의 숫자만 대입하면 된다.

그 차이가 무엇일까?

일단 a_n이 선분 $\mathrm{A}_n \mathrm{B}_n$ 의 길이보다 크지 않은 최대의 정수라는 점에서 착안하여 $a_n = k$ (k는 정수)라 한 다음 부등식 $k \leq \sqrt{2n+2}+3 < k+1$을 설정하는 것까지는 해줄 말이 없다. 경험이나 관찰을 바탕으로 스스로 저러한 부등식을 세울 수 있어야 한다.

지금 논의하고자 하는 것은 이것이 아니라
부등식 $k \leq \sqrt{2n+2}+3 < k+1$에서 $(k-3)^2 \leq 2n+2 < (k-2)^2$를 도출한 다음 기준을 k로 잡아야 하는 이유이다.

$k \leq \sqrt{2n+2}+3 < k+1$에서 **기준을 n으로** 잡는다고 하자. 그러면 n에 관한 식이 부등식의 양 끝에 오도록 해야 하므로 $\sqrt{2n+2}+2 < k \leq \sqrt{2n+2}+3$으로 변형할 수 있고, $n = 1, 2, 3, \cdots$인 각각의 경우에 가능한 k의 값을 구하면 된다. 첫 번째 풀이이다.

$k \leq \sqrt{2n+2}+3 < k+1$에서 **기준을 k로** 잡는다고 하자. 그러면 k에 관한 식이 부등식의 양 끝에 오도록 해야 하므로 $(k-3)^2 \leq 2n+2 < (k-2)^2$으로 변형할 수 있고, $k = 5, 6, 7$인 각각의 경우에 가능한 n의 값을 구하면 된다. 두 번째 풀이이다.

이때, **두 번째 풀이의 계산이 간단한 이유는 'k에 관한 식'이 'n에 관한 식' 보다 증가 속도가 더 크기 때문이다.** $(k-3)^2 \leq 2n+2 < (k-2)^2$에서 $2n+2$는 $4, 6, 8, \cdots$로 증가하지만 $(k-3)^2$은 $4, 9, 16, \cdots$으로 훨씬 빠르게 증가한다. $\sqrt{2n+2}+2 < k \leq \sqrt{2n+2}+3$에서도 '$\sqrt{2n+2}+2$나 $\sqrt{2n+2}+3$의 증가 속도'보다 'k의 증가 속도'가 더 크다.

정리하자면,
n을 기준으로 잡았을 때, n의 값이 1씩 늘어남에 따라 가능한 k의 값은 느리게 증가하지만,
k를 기준으로 잡았을 때, k의 값이 1씩 늘어남에 따라 가능한 n의 값은 훨씬 빠르게 늘어나므로 가능한 n의 값을 더욱 빠르게 구할 수 있다.

따라서 부등식에서 기준을 잡을 때는 증가 속도를 고려하도록 하자. (증가 속도를 고려하기 어렵다면 다음과 같이 생각해도 좋다. 하나의 변수를 기준으로 잡았을 때 계산이 복잡하다면 다른 변수를 기준으로 잡자.)

여러 변수를 포함한 부등식에서 기준을 선정해야 하는 것처럼,
격자점에서 개수를 셀 때는 x좌표를 기준으로 둘 것인지, y좌표를 기준으로 둘 것인지 정해야 한다.

지수함수는 주로 x좌표를 기준으로 세고
로그함수는 주로 y좌표를 기준으로 센다.

그 이유는 이전 페이지에서 배운 메커니즘과 같다.
지수함수 $y = a^x$ 에서 x좌표가 1씩 증가할 때 y좌표는 훨씬 빠르게 증가하고,
지수함수와 역함수 관계에 있는 로그함수 $y = \log_a x$ 에서는 y좌표가 1씩 증가할 때 x좌표가 훨씬 빠르게 증가한다.

지수함수와 비슷한 이차함수의 경우에 기준은 주로 x좌표이고,
로그함수와 비슷한 무리함수의 경우에 기준은 주로 y좌표이다.

예제(2) 13학년도 9월 평가원 나형 30번

좌표평면에서 다음 조건을 만족시키는 정사각형 중 두 함수 $y = \log 3x$, $y = \log 7x$ 의 그래프와 모두 만나는 것의 개수를 구하시오. [4점]

> (가) 꼭짓점의 x좌표, y좌표가 모두 자연수이고 한 변의 길이가 1이다.
> (나) 꼭짓점의 x좌표는 모두 100 이하이다.

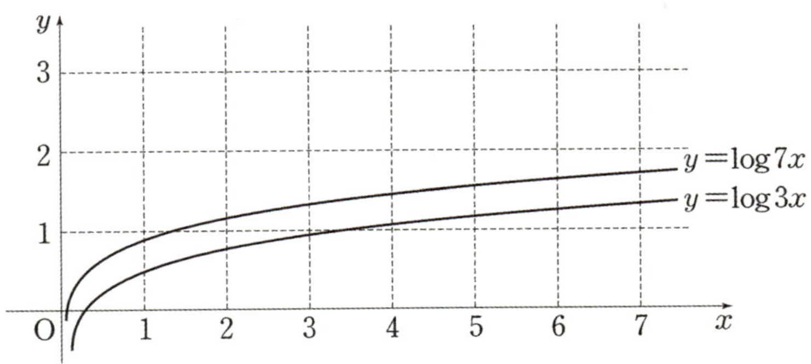

기준은 y좌표이다. 꼭짓점의 x좌표는 모두 100 이하이므로 $x \leq 100$일 때만 고려하면 된다.

$x \leq 100$일 때 $y = \log 7x$, $y = \log 3x$는 직선 $y = 1$, $y = 2$와 만나고 $y = 3$과 만나지 않는다.
따라서 '정사각형의 꼭짓점의 y좌표가 1, 2일 때'와 '정사각형의 꼭짓점의 y좌표가 2, 3일 때'
두 가지 CASE만 따지면 된다.

각각의 CASE의 x범위를 따지기 위해 부등식을 설정하는 것보다 **그림을 통해 두 그래프와 모두 만나는
정사각형을 관찰**하는 것이 좋다. 부등식을 설정하면 경계 부분 판단이 까다롭기 때문이다.

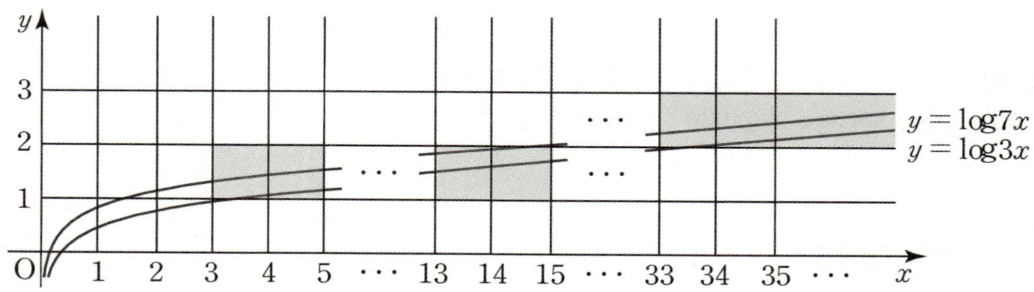

정사각형의 꼭짓점의 y좌표가 1, 2일 때 정사각형의 왼쪽 변의 x좌표는 3부터 14까지 가능하므로
정사각형의 개수는 $14 - 3 + 1 = 12$이다.

정사각형의 왼쪽 변의 x좌표가 15 이상 32 이하일 때 $y = \log 7x$의 함숫값은 2보다 크고,
$y = \log 3x$의 함숫값은 2보다 작으므로 (가) 조건을 만족시키면서 두 함수의 그래프와 모두 만나는
정사각형은 존재하지 않는다. 그림을 통해 이해하자.

정사각형의 꼭짓점의 y좌표가 2, 3일 때 정사각형의 왼쪽 변의 x좌표는 33부터 99까지 가능하므로
정사각형의 개수는 $99 - 33 + 1 = 67$이다.

따라서 조건을 만족시키는 모든 정사각형의 개수는 $12 + 67 = 79$이다.

답은 79!!

기준을 y좌표로 잡으면 어렵지 않게 해결할 수 있다.
$y = \log 7x$와 $y = \log 3x$의 그래프가 $y = 1$, $y = 2$ 부근일 때만 그래프를 통해 관찰하면 경계에서의
판단도 쉽게 할 수 있다.

그래프를 그려야 하는 개수 세기 문항에서 어떤 함수를 배경으로 선정할지를 말한다.
배경 함수는 한 번만 그려놓고, 다른 함수를 배경 함수 위에서 움직이면서 상황을 관찰하면 된다.

보통 완전한 식이 주어진 함수를 배경으로 그려놓고 **미지수를 포함한 함수를 여러 번 그리면서** 관찰하는 게 좋지만,
반드시 그런 것은 아니다.

만약 두 함수 중 하나의 함수를 배경으로 택했을 시 계산이 간단한 것 같으면 계속 진행하되,
지나치게 복잡한 것 같다면 중단하고 배경을 바꿔보자.

아래의 문제는 출제될 가능성이 매우 적은 순수한 격자점 세기 문항이지만, 배경 선정 태도를 연습하기에는 매우
좋으므로 풀어보자. 열심히 푼 뒤에는 해설을 자세히 읽어보면서 배경 선정이 무엇인지 알아보자.

예제(3) 17학년도 수능 나형 21번

좌표평면에서 함수

$$f(x) = \begin{cases} -x + 10 & (x < 10) \\ (x-10)^2 & (x \geq 10) \end{cases}$$

과 자연수 n에 대하여 점 $(n,\ f(n))$을 중심으로 하고 반지름의 길이가 3인 원 O_n이 있다. x좌표
와 y좌표가 모두 정수인 점 중에서 원 O_n의 내부에 있고 함수 $y = f(x)$의 그래프의 아랫부분에
있는 모든 점의 개수를 A_n, 원 O_n의 내부에 있고 함수 $y = f(x)$의 그래프의 윗부분에 있는 모든
점의 개수를 B_n이라 하자. $\displaystyle\sum_{n=1}^{20} (A_n - B_n)$의 값은? [4점]

① 19　　　② 21　　　③ 23　　　④ 25　　　⑤ 27

1. $y = f(x)$의 식이 주어졌으므로 $y = f(x)$의 그래프를 그려놓고 원 O_n의 위치를 이동시키면서 $A_n - B_n$을 관찰하는 것이 출제 의도로 보이기는 한다.

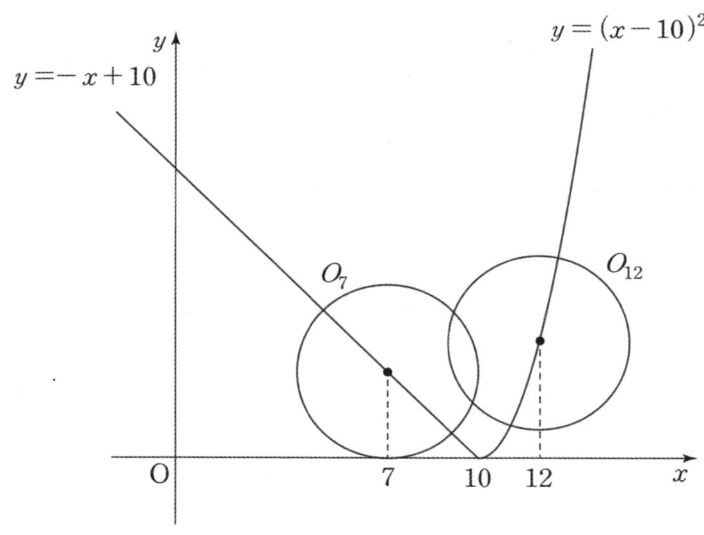

개수 세기의 계획을 짜보자.

우선, 원 O_n의 내부에 있으면서 x좌표와 y좌표가 모두 정수인 점의 개수는 항상 25이다.

따라서 A_n과 B_n의 값을 모두 구하기 번거로운 경우 하나의 값만 계산하고, 이를 이용하여 다른 하나의 값을 구할 수 있다.

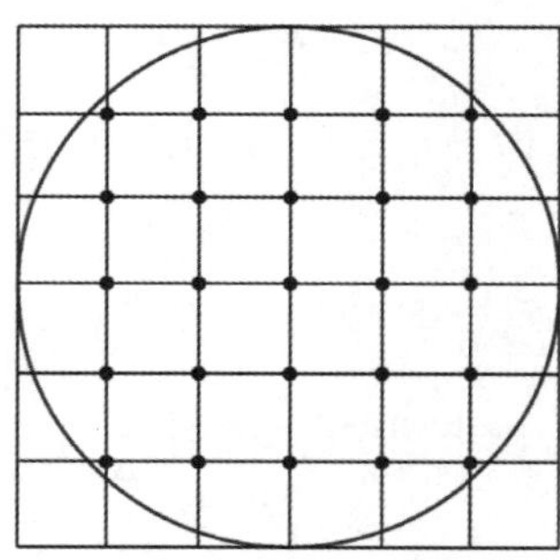

단, 항상 $A_n + B_n = 25$인 것은 아니다. A_n과 B_n은 $y = f(x)$ 아랫부분과 윗부분에 존재하는 점이므로, $y = f(x)$ 위에 존재하는 점은 제외해야 하기 때문이다.

다음으로, n의 값에 따른 CASE 분류가 필요하다.

(ⅰ) 원 O_n이 $y = -x + 10 \, (x < 10)$과만 만날 때,
(ⅱ) 원 O_n이 $y = -x + 10 \, (x < 10)$, $y = (x - 10)^2 \, (x \geq 10)$과 모두 만날 때,
(ⅲ) 원 O_n이 $y = (x - 10)^2 \, (x \geq 10)$과만 만날 때,

그래프를 관찰하면 20 이하의 자연수 n에 대하여 각각의 경우 n의 범위는
(ⅰ) $1 \leq n \leq 7$
(ⅱ) $8 \leq n \leq 11$
(ⅲ) $12 \leq n \leq 20$
이다. 하나씩 따져보자.

2.(i) $1 \leq n \leq 7$일 때

원 O_n의 지름이 직선 $y = -x + 10$ 위에 존재하고,

직선 $y = -x + 10$이 정확히 **원 O_n을 이등분**하므로 대칭성에 의하여 $A_n = B_n$이다.

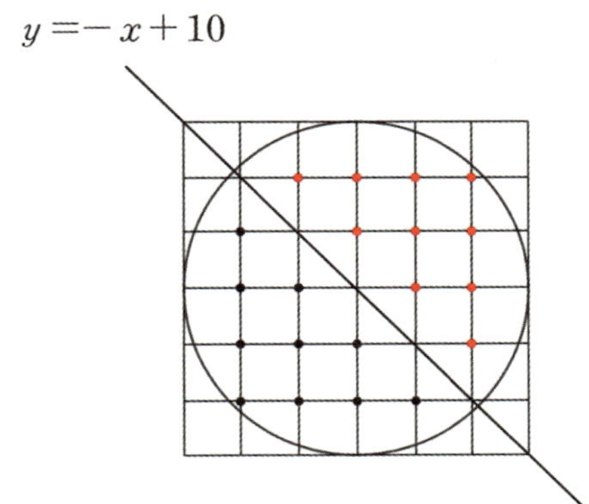

(ii) $8 \leq n \leq 11$일 때

원 O_n이 $y = -x + 10 \, (x < 10)$, $y = (x - 10)^2 \, (x \geq 10)$과 모두 만나고 A_n과 B_n의 값의 변화 규칙을 발견하기는 힘들므로 $n = 8, 9, 10, 11$일 때의 경우를 각각 살펴보자.

이때, **배경 선정의 테크닉**이 필요하다.

만약 좌표평면 위에 $f(x) = \begin{cases} -x + 10 & (x < 10) \\ (x - 10)^2 & (x \geq 10) \end{cases}$ **와 격자를 배경**으로 그린 다음

원 O_n의 중심을 1씩 이동시키면서 A_n, B_n을 관찰하면 굉장히 까다롭다.

반면 원 O_n와 원 O_n을 포함하는 격자점을 배경으로 그린 다음 $y = f(x)$의 그래프를 이동시키면서 A_n, B_n을 관찰하면 비교적 수월하다. 직접 두 가지 배경에 따른 개수 세기를 해보면 와닿을 것이다.

$n = 8$일 때 원 O_n이 $y = (x - 10)^2 \, (x \geq 10)$과 일부 만나기는 하지만, A_n과 B_n의 개수에 영향을 주진 않는다. 즉, $A_8 = B_8$이다.

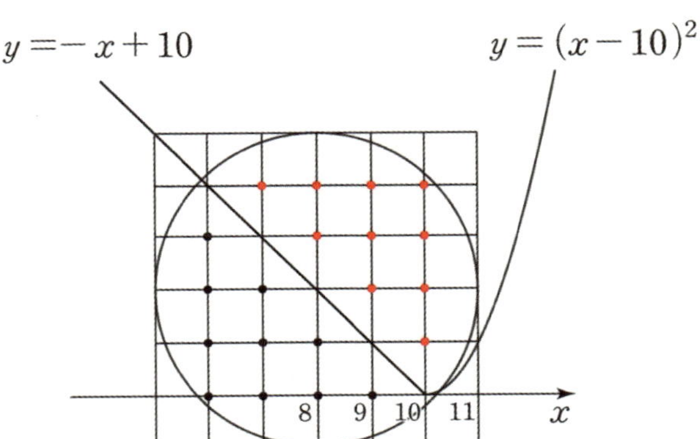

$n=9$**일 때** $B_9=8$이고 $y=f(x)$의 그래프 위의 점의 개수는 5이다.

따라서 $A_9=25-8-5=12$이므로 $A_9-B_9=12-8=4$

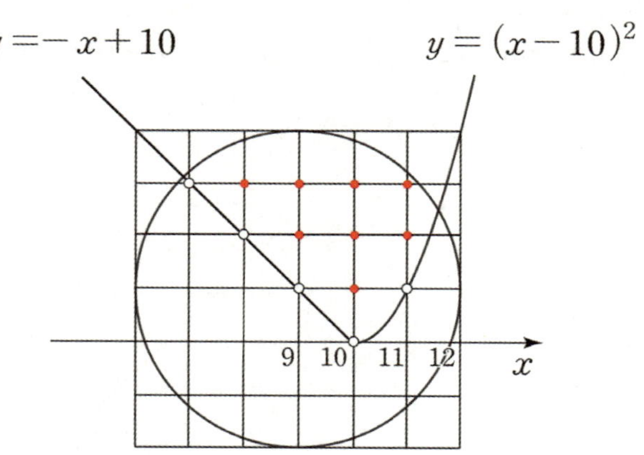

$n=10$**일 때** $B_{10}=4$이고 $y=f(x)$의 그래프 위의 점의 개수는 4이다.

따라서 $A_{10}=25-4-4=17$이므로 $A_{10}-B_{10}=17-4=13$

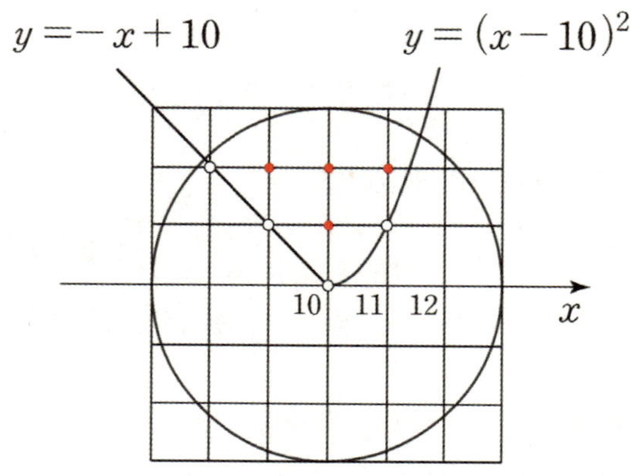

$n=11$**일 때** $B_{11}=7$이고 $y=f(x)$의 그래프 위의 점의 개수는 3이다.

따라서 $A_{11}=25-7-3=15$이므로 $A_{11}-B_{11}=15-7=8$

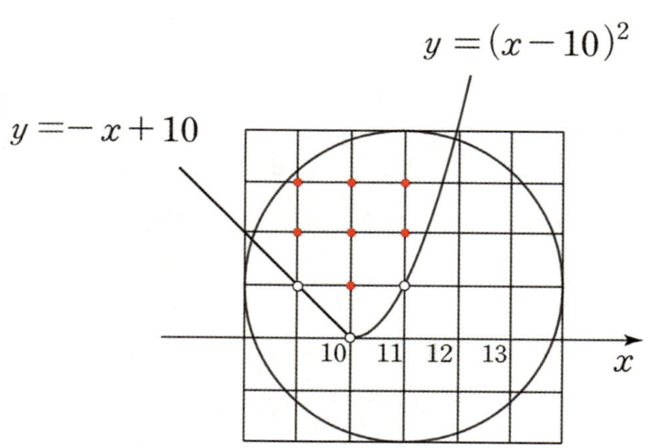

(ii) $12 \leq n \leq 20$일 때

원 O_n이 $y = (x-1)^2 \, (x \geq 10)$과만 만나므로 $1 \leq n \leq 7$일 때와 같이 대칭성의 가능성을 생각할 수 있다. 다만 **직선이 아닌 곡선인 관계로 완벽한 대칭은 아니다.** 직접 세보자.

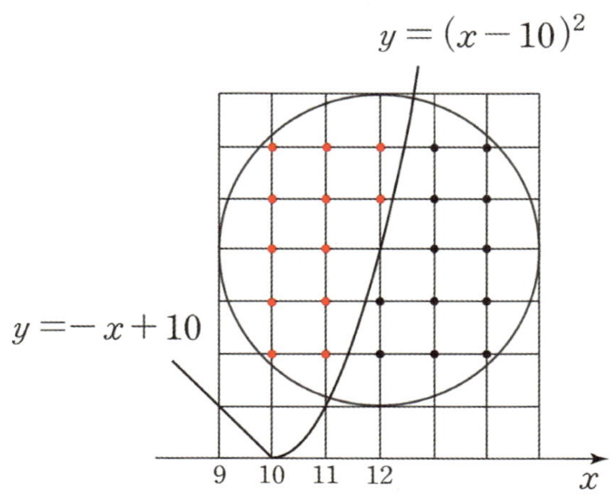

$n = 12$일 때 $A_n = B_n$ 이다. 느낌이 와야 한다.

$y = (x-10)^2 \, (x \geq 10)$의 기울기가 가장 완만한 $n = 12$일 때도 $A_n = B_n$인데,
n이 커질수록 $y = (x-1)^2 \, (x \geq 10)$의 기울기는 더욱 가팔라지고 모양은 직선과 비슷해지므로 $n \geq 13$일 때도 당연히 $A_n = B_n$일 수밖에 없다. 직접 $n = 13, 14, \cdots$인 경우를 살펴보면 된다.

따라서 (i) ~ (iii)에 의하여

$$\sum_{n=1}^{20} (A_n - B_n) = \sum_{n=1}^{7} (A_n - B_n) + \sum_{n=8}^{11} (A_n - B_n) + \sum_{n=12}^{20} (A_n - B_n)$$
$$= 0 + (4 + 13 + 8) + 0 = 25$$

답은 ④!!

1. 개수를 세는 간단한 문항이라 하더라도, **배경을 무엇으로 선정하느냐에 따라 난이도는 극명하게 갈린다.** 단순 노가다로 보이는 문항에도 '평가원'이 출제한 것이라면 '출제 의도'가 존재하기 마련이고, **이 문항의 출제 의도는 원 O_n와 원 O_n을 포함하는 격자점을 배경으로 삼는 것이다.**

2. 일반적으로 완전한 함수식이 제시된 함수의 그래프가 배경인 경우가 많지만, 이 문항에서 볼 수 있듯이 꼭 그런 것은 아니다. 유연한 배경 선정이 중요하다.

개수 세기의 세 번째 도구이다. n에 따른 어떠한 문자의 개수를 a_n이라 할 때,

a_n의 일반항을 작성할 수 있는 문항이 있는 반면,
a_n의 일반항을 작성할 수 없어 직접 n에 따른 개수를 관찰해야 하는 문항도 존재한다.

물론 일반항을 작성할 수 없다고 해서 모든 n에 대하여 a_n의 값을 일일이 구해야 하도록 설계하지는 않는다.
그때도 CASE 분류와 같이 별도의 출제 의도가 존재하기 마련이다.

개수 세기 문제를 풀 때는 항상 일반화가 가능한지 불가능한지 (일반항을 작성할 수 있는지 없는지) 확인하자.

예제(4) 15학년도 9월 평가원 A형 30번

다음 조건을 만족시키는 두 자연수 a, b의 모든 순서쌍 $(a,\ b)$의 개수를 구하시오. [4점]

(가) $1 \leq a \leq 10,\ 1 \leq b \leq 100$
(나) 곡선 $y = 2^x$이 원 $(x-a)^2 + (y-b)^2 = 1$과 만나지 않는다.
(다) 곡선 $y = 2^x$이 원 $(x-a)^2 + (y-b)^2 = 4$와 적어도 한 점에서 만난다.

1. (가), (나) 조건을 모두 만족시키는 a에 따른 b의 개수는 일반화 가능하다.

$\langle$원 $(x-a)^2 + (y-b)^2 = 1\rangle$ $\langle$원 $(x-a)^2 + (y-b)^2 = 4\rangle$

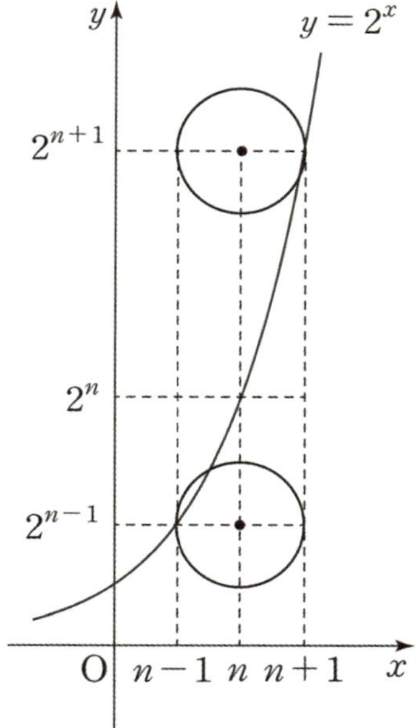 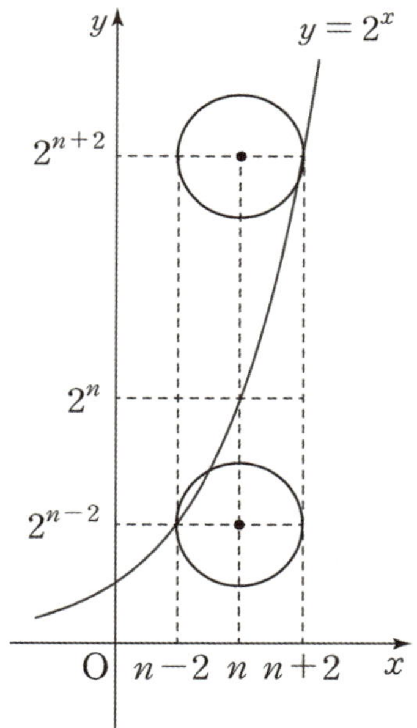

$a = n$일 때

곡선 $y = 2^x$이 $(x-a)^2 + (y-b)^2 = 1$과 만나지 않으려면 $b < 2^{n-1}$
또는 $b > 2^{n+1}$이어야 한다. 곡선 $y = 2^x$이 원 $(x-a)^2 + (y-b)^2 = 4$
와 만나려면 $2^{n-2} \leq b \leq 2^{n+2}$이어야 한다.

따라서 n에 따른 b의 범위는 $2^{n-2} \leq b < 2^{n-1}$ 또는
$2^{n+1} < b \leq 2^{n+2}$이므로 $1 \leq n \leq 10$일 때 이 부등식을 만족시키는
자연수 b의 개수를 구하면 된다.

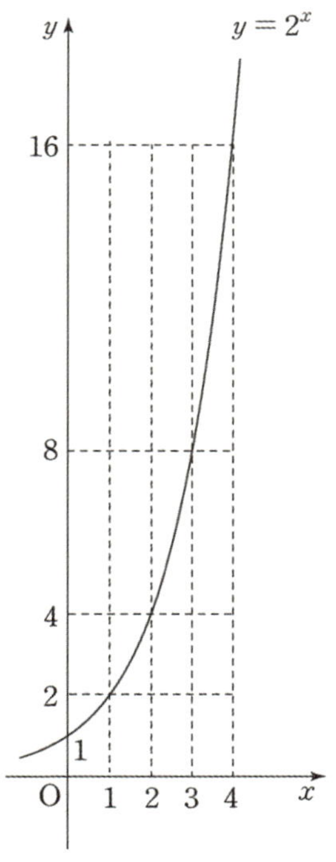

**단, $n = 1$, $n = 2$일 때는 점 $(n-2, 2^{n-2})$의 x좌표가 자연수가
될 수 없으므로** 부등식에만 의존하지 말고, $y = 2^x$의 그래프를 통해
조건을 모두 만족시키는 순서쌍 (a, b)의 개수를 직접 구하는 것이 좋다.

$n = 1$일 때 $2^2 < b \leq 2^3$인 자연수 b의 개수는 4이고,
$n = 2$일 때 $b = 1$ 또는 $2^3 < b \leq 2^4$이므로 이를 만족시키는 자연수
b의 개수는 9이다.

2. $3 \leq n \leq 10$일 때 $2^{n-2} \leq b < 2^{n-1}$ 또는 $2^{n+1} < b \leq 2^{n+2}$를 만족시키는 자연수 b의 개수를 구하면 된다. 각각의 경우를 따지자. 단, $1 \leq b \leq 100$이므로 $b > 100$인 경우를 제외해야 함을 주의하자.

(ⅰ) $2^{n-2} \leq b < 2^{n-1}$인 경우

$3 \leq n \leq 7$일 때 $2^{n-1} \leq 2^6 \leq 64$이므로 $2^{n-2} \leq b < 2^{n-1}$인 자연수 b의 개수를 바로 구하면 된다. 개수는 $(2^{n-1}-1)-(2^{n-2})+1 = 2^{n-1}-2^{n-2} = 2^{n-2}$이다.

따라서 $n = 3, \cdots, 7$일 때 b의 개수는 첫째항이 2, 공비가 2, 항의 개수가 5인 등비수열의 합과 같으므로 $\dfrac{2(2^5-1)}{2-1} = 2 \times 31 = 62$

$n = 8$일 때 $2^6 \leq b \leq 100$인 자연수 b의 개수는 $100-64+1 = 37$

$n = 9$일 때 $2^7 \leq b \leq 100$인 자연수 b는 존재하지 않고,

$n = 10$일 때 $2^8 \leq b \leq 100$인 자연수 b는 존재하지 않는다.

이때의 순서쌍 (a, b)의 개수는 $62+37 = 99$

(ⅱ) $2^{n+1} < b \leq 2^{n+2}$인 경우

$n = 3, 4$일 때 $2^{n+2} \leq 2^6 \leq 64$이므로 $2^{n+1} < b \leq 2^{n+2}$인 자연수 b의 개수를 바로 구하면 된다.

$n = 3$일 때 $2^4 < b \leq 2^5$인 자연수 b의 개수는 $32-17+1 = 16$

$n = 4$일 때 $2^5 < b \leq 2^6$인 자연수 b의 개수는 $64-33+1 = 32$

$n = 5$일 때 $2^6 < b \leq 100$인 자연수 b의 개수는 $100-65+1 = 36$

$n = 6$일 때 $2^7 < b \leq 100$인 자연수 b는 존재하지 않는다.

$n = 7, 8, 9, 10$일 때도 부등식을 만족시키는 자연수 b는 존재하지 않는다.

이때의 순서쌍 (a, b)의 개수는 $16+32+36 = 84$

따라서 순서쌍 (a, b)의 개수는 $1 \leq n \leq 2$일 때 13, $3 \leq n \leq 7$일 때 $99+84 = 183$이므로 조건을 만족시키는 모든 순서쌍 (a, b)의 개수는 196이다. **답은 196!!**

$a = n$일 때 조건을 만족시키는 자연수 b의 개수를 n에 관한 식으로 나타낼 수 있음을 파악하고, $b \leq 100$을 같이 고려하는 것이 핵심이다.

한편, $n = 1, 2$일 때도 $2^{n-2} \leq b < 2^{n-1}$ 또는 $2^{n+1} < b \leq 2^{n+2}$를 만족시키는 자연수 b의 개수를 구해도 되긴 한다.

$n = 1$일 때 $\dfrac{1}{2} \leq b < 1$ 또는 $2^2 \leq b < 2^3$인 자연수 b는 4개이고, $n = 2$일 때 $1 \leq b < 2$ 또는 $2^3 \leq b < 2^4$인 자연수 b는 9개이므로 1에서 구한 값과 같다. 하지만 **긴장되는 실전 속에서는 $n = 1, 2$일 때 직접 $y = 2^x$의 그래프 위에서 조건을 만족시키는 b의 개수를 직접 구하는 편이 풀이에 확신을 줄 확률이 높다.**

아래 문제는 '부등식의 영역'이 포함된 문제이므로 현 교육과정에서 풀 문제는 아니지만, 부등식의 영역 하나 때문에 킬러 문제를 버리기는 아까우므로 공부하고 넘어가자.

(가), (나) 조건 해석에서 $b \leq \log_n a$, $b \leq -(a-n^k)^2 + k^2$은 부등식의 영역 개념이 포함되므로 이를 해석하기 힘들다면 해설을 보면서 공부하자.

예제(5) 16학년도 6월 평가원 A형 30번

2 이상의 자연수 n에 대하여 다음 조건을 만족시키는 자연수 a, b의 모든 순서쌍 (a, b)의 개수가 300 이상이 되도록 하는 가장 작은 자연수 k의 값을 $f(n)$이라 할 때, $f(2) \times f(3) \times f(4)$의 값을 구하시오. [4점]

> (가) $a < n^k$이면 $b \leq \log_n a$이다.
>
> (나) $a \geq n^k$이면 $b \leq -(a-n^k)^2 + k^2$이다.

1. (가), (나) 조건 해석이 매우 중요하다. (가)에서 '$a < n^k$이면 $b \le \log_n a$'이므로 $a < n^k$일 때 순서쌍 (a, b)의 개수는 좌표평면에서 '$y = \log_n x \, (x < n^k)$의 그래프 또는 아랫부분에 존재하는 x, y좌표가 모두 자연수인 점'의 개수이다.

(나)에서 $a \ge n^k$이면 $b \le -(a - n^k)^2 + k^2$이므로 $a \ge n^k$일 때 순서쌍 (a, b)의 개수는 좌표평면에서 '$y = -(x - n^k)^2 + k^2 \, (x \ge n^k)$의 그래프 또는 아랫부분에 존재하는 x, y좌표가 모두 자연수인 점'의 개수이다. 점 (a, b)를 포함하는 도형을 좌표평면 위에 표시하면 다음과 같다.

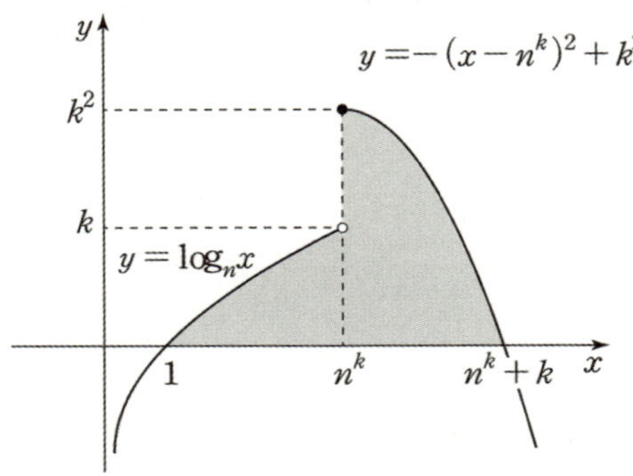

2. 우선 $a < n^k$일 때부터 따지자. **기준은 y좌표(b의 값)이다.**

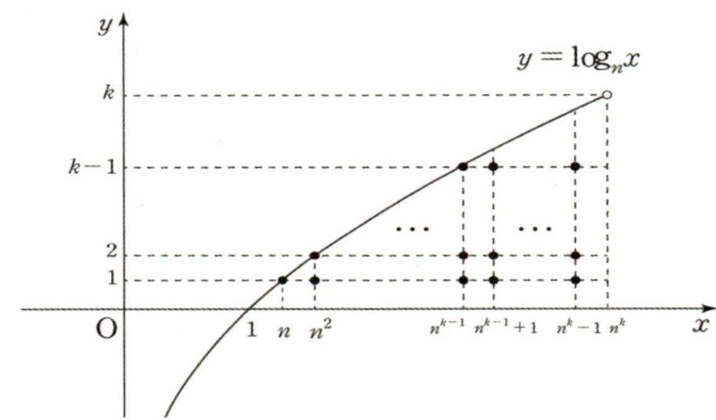

$b = 1$일 때 $a = n$부터 $a = n^k - 1$까지 가능하므로 순서쌍 (a, b)의 개수는
$(n^k - 1) - (n) + 1 = n^k - n$

$b = 2$일 때 $a = n^2$부터 $a = n^k - 1$까지 가능하므로 순서쌍 (a, b)의 개수는
$(n^k - 1) - (n^2) + 1 = n^k - n^2$
$\vdots$

$b = k - 1$일 때 $a = n^{k-1}$부터 $a = n^k - 1$까지 가능하므로 순서쌍 (a, b)의 개수는
$(n^k - 1) - (n^{k-1}) + 1 = n^k - n^{k-1}$

따라서 $a < n^k$일 때 가능한 순서쌍 (a, b)의 개수는 $\displaystyle\sum_{p=1}^{k-1} (n^k - n^p)$이다.

$$\sum_{p=1}^{k-1} (n^k - n^p) = (k-1)n^k - \frac{n(n^{k-1} - 1)}{n - 1}$$

3. 다음으로 $a \geq n^k$일 때를 따지자. **기준은 x좌표(a의 값)**이다.

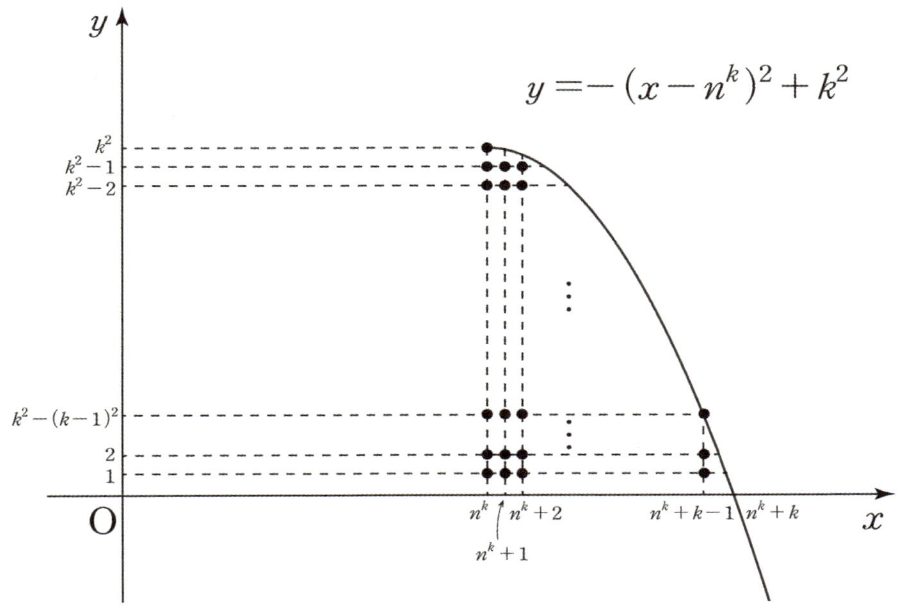

$a = n^k$일 때 $b = 1$부터 $b = k^2$까지 가능하므로 순서쌍 (a, b)의 개수는 k^2

$a = n^k + 1$일 때 $b = 1$부터 $b = k^2 - 1^2$까지 가능하므로 순서쌍 (a, b)의 개수는 $k^2 - 1^2$

$a = n^k + 2$일 때 $b = 1$부터 $b = k^2 - 2^2$까지 가능하므로 순서쌍 (a, b)의 개수는 $k^2 - 2^2$

$\vdots$

$a = n^k + k - 1$일 때 $b = 1$부터 $b = k^2 - (k-1)^2$까지 가능하므로 순서쌍 (a, b)의 개수는 $k^2 - (k-1)^2$

따라서 $a \geq n^k$일 때 가능한 순서쌍 (a, b)의 개수는 $k^2 + \displaystyle\sum_{p=1}^{k-1} (k^2 - p^2)$이다.

$$k^2 + \sum_{p=1}^{k-1} (k^2 - p^2) = k^2 + k^2(k-1) - \sum_{p=1}^{k-1} p^2$$

$$= k^3 - \frac{(k-1)(k)(2k-1)}{6}$$

$$= \frac{k\{6k^2 - (k-1)(2k-1)\}}{6} = \frac{k(k+1)(4k-1)}{6}$$

4. 따라서 **조건을 만족시키는 모든 순서쌍 (a, b)의 개수**는

$$(k-1)n^k - \frac{n(n^{k-1} - 1)}{n-1} + \frac{k(k+1)(4k-1)}{6} \text{이다.}$$

$(k-1)n^k - \dfrac{n(n^{k-1} - 1)}{n-1} + \dfrac{k(k+1)(4k-1)}{6} \geq 300$을 만족시키는 자연수 k의

최솟값이 $f(n)$이다. $f(n)$의 **식을 구하기는 어려우므로** $n = 2, 3, 4$일 때를 각각 **관찰하자.**

우선, $(k-1)n^k - \dfrac{n(n^{k-1}-1)}{n-1} + \dfrac{k(k+1)(4k-1)}{6} \geq 300$을 깔끔하게 정리하면 다음과 같다.

$$n^k\left(k-1-\dfrac{1}{n-1}\right) + \dfrac{n}{n-1} + \dfrac{k(k+1)(4k-1)}{6} \geq 300$$

(i) $n=2$일 때

$$2^k(k-2)+2+\dfrac{k(k+1)(4k-1)}{6} \geq 300$$

$k=5$일 때 $32\times 3 + 2 + \dfrac{5\times 6\times 19}{6} = 193 \leq 300$ (X)

$k=6$일 때 $64\times 4 + 2 + \dfrac{6\times 7\times 23}{6} = 419 \geq 300$ (O)

$\therefore f(2)=6$

(ii) $n=3$일 때

$$3^k\left(k-\dfrac{3}{2}\right)+\dfrac{3}{2}+\dfrac{k(k+1)(4k-1)}{6} \geq 300$$

$k=4$일 때 $81\times\dfrac{5}{2}+\dfrac{3}{2}+\dfrac{4\times 5\times 15}{6}=254 \leq 300$ (X)

$k=5$일 때 $243\times\dfrac{7}{2}+\dfrac{3}{2}+\dfrac{5\times 6\times 19}{6}=947 \geq 300$ (O)

$\therefore f(3)=5$

(iii) $n=4$일 때

$$4^k\left(k-\dfrac{4}{3}\right)+\dfrac{4}{3}+\dfrac{k(k+1)(4k-1)}{6} \geq 300$$

$k=3$일 때 $64\times\dfrac{5}{3}+\dfrac{4}{3}+\dfrac{3\times 4\times 11}{6}=130 \leq 300$ (X)

$k=4$일 때 $256\times\dfrac{8}{3}+\dfrac{4}{3}+\dfrac{4\times 5\times 15}{6}=734 \geq 300$ (O)

$\therefore f(4)=4$

따라서 (i) ~ (iii)에 의하여 $f(2)\times f(3)\times f(4)=6\times 5\times 4=120$이다.

답은 120**!!**

(가), (나) 조건 해석, 격자점, 약간의 계산을 포함한 웰메이드 문항이다.
순서쌍 (a, b)의 개수를 k, n에 관한 식으로 나타낼 수 있다(일반화할 수 있다)는 점이 핵심이다.

아래 문제도 조건 (나)에서 $b \leq \log_2 a$이 부등식의 영역 개념을 포함하긴 하지만, 이 문제는 '그래프'가 아닌 '식'으로 해결하는 문제이므로 부등식의 영역 개념이 크게 중요하지는 않다.
식으로 푸는 문제라 생각하고 풀어보자.

예제(6) 15학년도 수능 A형 30번

좌표평면에서 자연수 n에 대하여 다음 조건을 만족시키는 삼각형 OAB의 개수를 $f(n)$이라 할 때, $f(1)+f(2)+f(3)$의 값을 구하시오. (단, O는 원점이다.) [4점]

> (가) 점 A의 좌표는 $(-2, \, 3^n)$이다.
> (나) 점 B의 좌표를 (a, b)라 할 때, a와 b는 자연수이고 $b \leq \log_2 a$를 만족시킨다.
> (다) 삼각형 OAB의 넓이는 50 이하이다.

1. 조건을 만족시키는 삼각형 OAB를 좌표평면 위에 나타내면 다음과 같다.

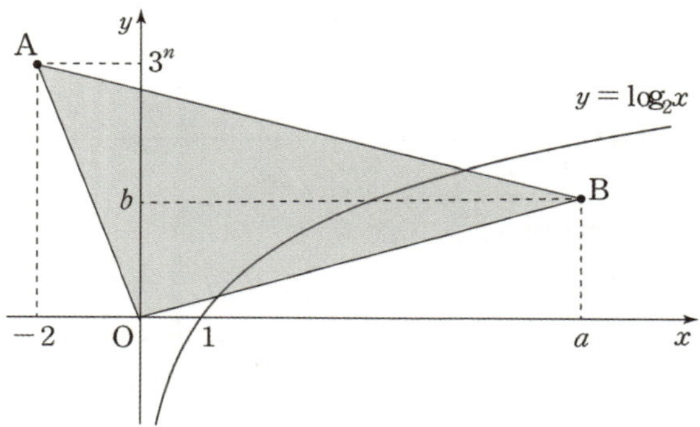

삼각형 OAB의 넓이는 사다리꼴의 넓이에서 두 개의 삼각형의 넓이를 뺀 것과 같다.

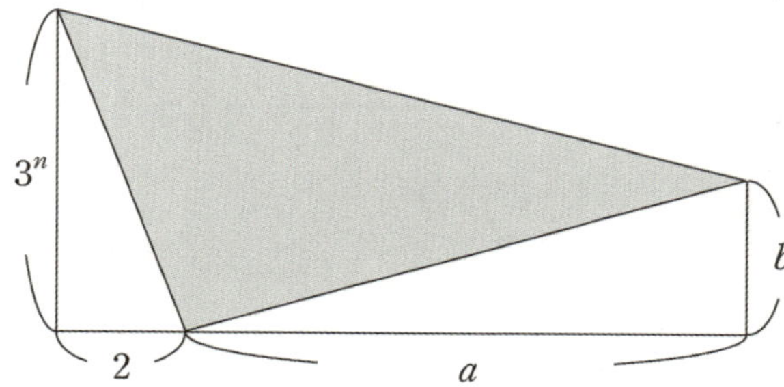

$$(\text{삼각형 } OAB\text{의 넓이}) = \frac{(3^n + b)(a+2)}{2} - \frac{2 \times 3^n}{2} - \frac{ab}{2}$$

$$= \frac{(a \times 3^n + ab + 2 \times 3^n + 2b - 2 \times 3^n - ab)}{2}$$

$$= \frac{(a \times 3^n + 2b)}{2}$$

이때, (다)에서 삼각형 OAB의 넓이는 50 이하이므로 $\dfrac{(a \times 3^n + 2b)}{2} \leq 50$, $a \times 3^n + 2b \leq 100$

또한, (나)에서 $b \leq \log_2 a$이므로 $2^b \leq a$

삼각형 OAB의 개수 $f(n)$은 $a \times 3^n + 2b \leq 100$, $2^b \leq a$를 동시에 만족시키는
자연수 a, b의 순서쌍 (a, b)의 개수와 같다.

구해야 할 것은 $f(1) + f(2) + f(3)$이므로
$n = 1, 2, 3$ 각각의 경우에 $a \times 3^n + 2b \leq 100$,
$2^b \leq a$를 모두 만족시키는 자연수 a, b의 순서쌍 (a, b)의 개수를 구하자.

2. 개수를 구하기 전에 '**부등식에서의 기준 설정**'을 고려하자.

b를 기준으로 잡으면 $2^b \le a \le \dfrac{100 - 2b}{3^n}$

a를 기준으로 잡으면 $b \le \dfrac{100 - a \cdot 3^n}{2}$, $b \le \log_2 a$ (두 부등식의 공통 범위)

b를 기준으로 잡는 게 편하다. $2^b \le a \le \dfrac{100 - 2b}{3^n}$에서 $n = 1, 2, 3$을 대입한 다음,

각각의 경우에 다시 $b = 1, 2, 3, \cdots$을 대입하여 가능한 자연수 a의 개수를 구하자.

(ⅰ) $n = 1$일 때

b	$2^b \le a \le \dfrac{100 - 2b}{3}$	자연수 a의 개수
1	$2 \le a \le \dfrac{98}{3}(= 32.\cdots)$	$32 - 2 + 1 = 31$
2	$4 \le a \le \dfrac{96}{3}(= 32)$	$32 - 4 + 1 = 29$
3	$8 \le a \le \dfrac{94}{3}(= 31.\cdots)$	$31 - 8 + 1 = 24$
4	$16 \le a \le \dfrac{92}{3}(= 30.\cdots)$	$30 - 16 + 1 = 15$
5	$32 \le a \le \dfrac{90}{3}(= 30)$	없음

$b \ge 5$이면 $2^b \ge 32$이고 $\dfrac{100 - 2b}{3} < 32$이므로 $2^b \le a \le \dfrac{100 - 2b}{3}$를 만족시키는 자연수 a는 존재하지 않는다. $\therefore f(1) = 31 + 29 + 24 + 15 = 99$

(ⅱ) $n = 2$일 때

b	$2^b \le a \le \dfrac{100 - 2b}{9}$	자연수 a의 개수
1	$2 \le a \le \dfrac{98}{9}(= 10.\cdots)$	$10 - 2 + 1 = 9$
2	$4 \le a \le \dfrac{96}{9}(= 10.\cdots)$	$10 - 4 + 1 = 7$
3	$8 \le a \le \dfrac{94}{9}(= 10.\cdots)$	$10 - 8 + 1 = 3$
4	$16 \le a \le \dfrac{92}{9}(= 10.\cdots)$	없음

$b \ge 4$이면 $2^b \ge 16$, $\dfrac{100 - 2b}{3} < 16$이므로 $2^b \le a \le \dfrac{100 - 2b}{9}$를 만족시키는 자연수 a는 존재하지 않는다. $\therefore f(2) = 9 + 7 + 3 = 19$

(ⅲ) $n = 3$일 때

b	$2^b \leq a \leq \dfrac{100 - 2b}{27}$	자연수 a의 개수
1	$2 \leq a \leq \dfrac{98}{27}(= 3.\cdots)$	$3 - 2 + 1 = 2$
2	$4 \leq a \leq \dfrac{96}{27}(= 3.\cdots)$	없음

$b \geq 2$이면 $2^b \geq 4$, $\dfrac{100 - 2b}{27} < 4$이므로

$2^b \leq a \leq \dfrac{100 - 2b}{27}$ 를 만족시키는 자연수 a는 존재하지 않는다.

$\therefore f(3) = 2$

따라서 (ⅰ)~(ⅲ)에 의하여 $f(1) + f(2) + f(3) = 99 + 19 + 2 = 120$

답은 120!!

1. 삼각형 OAB의 넓이를 a, b, n에 관한 식으로 표현할 수 있으므로 **'일반화'하여 푸는 개수 세기 문항**이라 볼 수 있다. 또한, **부등식에서의 기준 설정 도구**도 중요하게 작용한다.

얼핏 보면 노가다해야 할 것처럼 생겼지만, 막상 문제 구조를 뜯어보면

(1) 삼각형 OAB의 넓이를 a, b, n에 관한 식으로 표현하고,
(2) 이를 다른 조건과 연결지어 부등식을 얻고,
(3) 기준을 b로 잡은 다음에 가능한 a의 개수를 헤아리면 끝이다.

힘든 계산은 전혀 없었다.

2. **좌표평면** 위에서 n, a, b의 값에 따라 **일일이 삼각형 OAB의 개수를 세는 식**으로 풀었다면 노가다성이 굉장히 강해진다.

'그래프에서 어떠한 의미가 있지 않을까'하는 생각에서 좌표평면 위에서 개수를 세는 시도도 당연히 해봐야 하겠지만, 그러한 풀이가 출제 의도가 아님을 깨닫고 바로 **삼각형 OAB의 넓이를 a, b, n에 관한 식으로 표현하고 '부등식에서 기준을 설정하여 개수를 세는 식'**으로 풀어야 한다.

CASE 분류의 핵심은 **'CASE 분류가 필요한 타이밍 판단'**과 **'CASE 분류의 기준 (경계) 판단'**이다.
예제 문제를 풀어보면서 타이밍과 기준을 잘 판단해보자.

(아래 문제는 소수 부분을 포함한다. Chapter 1에서 배운 소수 부분은 출제될 확률이 낮지만, CASE 분류를 연습
하기 좋고 아래와 같은 킬러 문제에 종종 사용되었으므로 풀어보는 게 좋다.)

양수 x에 대하여 $\log x$의 소수 부분을 $f(x)$라 하자. 다음 조건을 만족시키는 두 자연수 a, b의 모든 순서쌍 (a, b)의 개수를 구하시오. [4점]

(가) $a \leq b \leq 20$
(나) $\log b - \log a \leq f(a) - f(b)$

정수 부분, 소수 부분 문제의 핵심은 정수 부분이다.
a, b는 $a \leq b \leq 20$를 만족시키는 자연수이므로 $\log a, \log b$의 정수 부분은 0 또는 1이다. **정수 부분이 바뀌는 값을 경계로 CASE를 분류**하자.

(i) $1 \leq a \leq b < 10$

$f(a) = \log a, f(b) = \log b$이다.

$\log b - \log a \leq f(a) - f(b)$에서 $\log b - \log a \leq \log a - \log b$
$\log b \leq \log a, \ b \leq a$

$a \leq b$이면서 $b \leq a$이므로 $a = b$이다. 이때의 순서쌍 (a, b)의 개수는 9이다.

(ii) $1 \leq a < 10 \leq b \leq 20$

$f(a) = \log a, \ f(b) = \log b - 1$이다.

$\log b - \log a \leq f(a) - f(b)$에서 $\log b - \log a \leq \log a - \{\log b - 1\}$
$2\log b - 2\log a \leq 1, \ \log \dfrac{b}{a} \leq \dfrac{1}{2}, \ \dfrac{b}{a} \leq 10^{\frac{1}{2}}$
$b^2 \leq 10a^2$

$1 \leq a < 10 \leq b \leq 20$이면서 $b^2 \leq 10a^2$인 순서쌍 (a, b)의 개수를 구하자.

이때, **부등식에서의 기준 선정**을 고려하자. b를 기준으로 잡는 것보다 **a를 기준으로 잡는 것이 유리**하다. $10a^2$이 훨씬 빠르게 증가하기 때문이다.

$100 \leq b^2 \leq 400$이므로 $a = 4$일 때부터 따지면 된다.

$a = 4$일 때 $100 \leq b^2 \leq 160$이므로 $b = 10, 11, 12$
$a = 5$일 때 $100 \leq b^2 \leq 250$이므로 $b = 10 \sim 15$
$a = 6$일 때 $100 \leq b^2 \leq 360$이므로 $b = 10 \sim 18$
$a = 7, 8, 9$일 때 $10a^2 > 400$이므로 $b = 10 \sim 20$

이때의 순서쌍 (a, b)의 개수는 $3 + 6 + 9 + 11 \times 3 = 51$이다.

(iii) $10 \leq a \leq b \leq 20$

$f(a) = \log a - 1$, $f(b) = \log b - 1$이다.

$\log b - \log a \leq f(a) - f(b)$에서 $\log b - \log a \leq \{\log a - 1\} - \{\log b - 1\}$

$2\log b \leq 2\log a$, $\log b \leq \log a$, $b \leq a$

$a \leq b$이면서 $b \leq a$이므로 $a = b$이다. 이때의 순서쌍 (a, b)의 개수는 11이다.

따라서 (i) ~ (iii)에 의하여 조건을 만족시키는 순서쌍 (a, b)의 개수는 $9 + 51 + 11 = 71$이다.

답은 71!!

정수 부분, 소수 부분을 다루는 태도와 부등식에서의 기준 선정이 핵심이다.

$f(a) = \log a - 1$일 때 $f(a)$ 자리에 $\log a - 1$를 대입한 이유도 중요하다.
$\log a$의 자리에 $f(a) + 1$을 대입하면 안 될까? 대입해도 큰 지장이 있는 것은 아니지만,
이 경우 순서쌍 (a, b)의 개수를 구할 때 다시 $f(a)$ 자리에 $\log a + 1$를 대입해야 한다.

예를 들어 $f(a) = \log a$, $f(b) = \log b - 1$일 때, $\log b - \log a \leq f(a) - f(b)$에서 $\log a$에 $f(a)$를
대입하고 $\log b$에 $f(b) + 1$을 대입하면 $f(b) \leq 2f(a) - 1$이 나온다.

$f(a), f(b)$는 각각 $\log a$와 $\log b$의 소수 부분이므로 $f(b) \leq 2f(a) - 1$을 가지고 순서쌍 (a, b)의
개수를 구하기는 까다로우므로 다시 $\log$ 부등식으로 돌려야 한다.

결국 정수 부분, 소수 부분에서는 소수 부분을 무시하고 정수 부분과 로그에 주목해야 한다.

자연수 a, b에 대하여 곡선 $y = a^{x+1}$과 곡선 $y = b^x$이 직선 $x = t$ $(t \geq 1)$와 만나는 점을 각각 P, Q라 하자. 다음 조건을 만족시키는 a, b의 모든 순서쌍 (a, b)의 개수를 구하시오. 예를 들어, $a = 4$, $b = 5$는 다음 조건을 만족시킨다. [4점]

(가) $2 \leq a \leq 10$, $2 \leq b \leq 10$

(나) $t \geq 1$인 어떤 실수 t에 대하여 $\overline{\mathrm{PQ}} \leq 10$이다.

조건 (나)의 핵심은 두 지수함수 $y = a^{x+1}$, $y = b^x$의 그래프의 위치 관계이고, 두 그래프의 위치 관계는 a, b의 대소 관계에 따라 결정된다. 즉, **a, b의 대소를 기준으로 CASE를 분류**하자.

1. $a > b$일 때

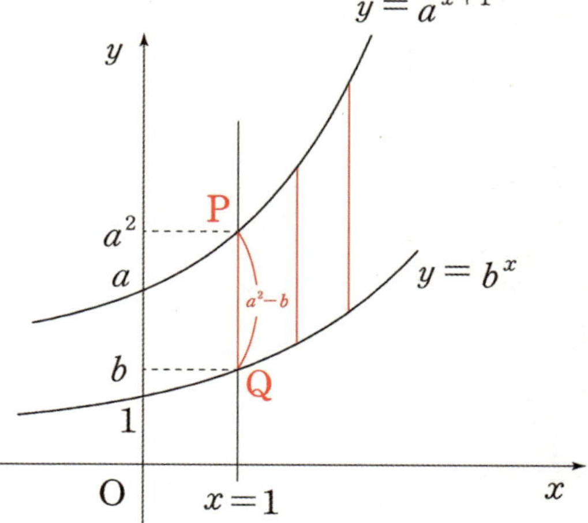

$y = a^{x+1}$과 $y = b^x$의 그래프는 $x \geq 1$에서 만나지 않고, **t의 값이 커질수록 $\overline{PQ}$의 값도 커진다.** 즉, $t = 1$일 때 $\overline{PQ}$의 길이가 최소가 되므로 $a^2 - b \leq 10$이면 $t \geq 1$인 어떤 실수 t에 대하여 $\overline{PQ} \leq 10$이다.

$a > b$, $a^2 - b \leq 10$이므로 $a^2 - 10 \leq b < a$

$2 \leq a \leq 10$, $2 \leq b \leq 10$인 자연수 a, b에 대하여 $a^2 - 10 \leq b < a$를 만족시키는 순서쌍 (a, b)는 $(3, 2)$ 뿐이다.

2. $a = b$일 때

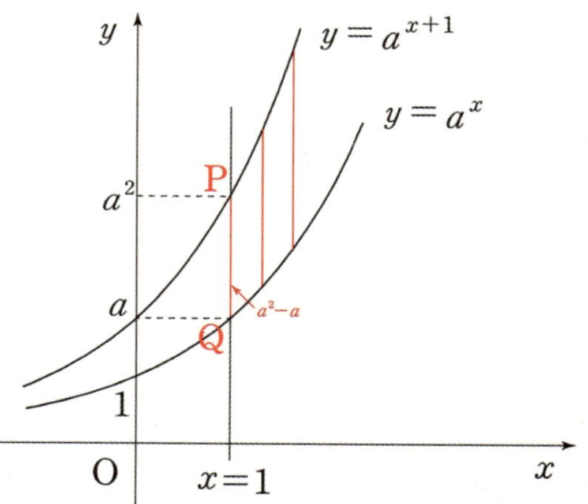

$y = a^{x+1}$과 $y = a^x$의 그래프는 만나지 않고, **t의 값이 커질수록 $\overline{PQ}$의 값도 커진다.** ($\because \overline{PQ} = a^{t+1} - a^t = a^t(a-1)$)

따라서 (i)과 같이 $t = 1$일 때 $\overline{PQ}$의 길이가 최소가 되므로 $a^2 - a \leq 10$이면 $t \geq 1$인 어떤 실수 t에 대하여 $\overline{PQ} \leq 10$이다.

$2 \leq a \leq 10$인 자연수 a에 대하여 $a^2 - a \leq 10$를 만족시키는 a의 값은 $2, 3$이므로 가능한 순서쌍 (a, b)는 $(2, 2)$, $(3, 3)$이다.

3. $a < b$일 때

$y = a^{x+1}$과 $y = b^x$의 그래프는 **한 점에서 만난다.** 이 경우 CASE를 한 번 더 분류해야 한다.
분류기준은 $y = a^{x+1}$과 $y = b^x$의 교점의 x좌표와 1의 대소 관계이다.

(i) ($y = a^{x+1}$과 $y = b^x$의 교점의 x좌표) ≥ 1

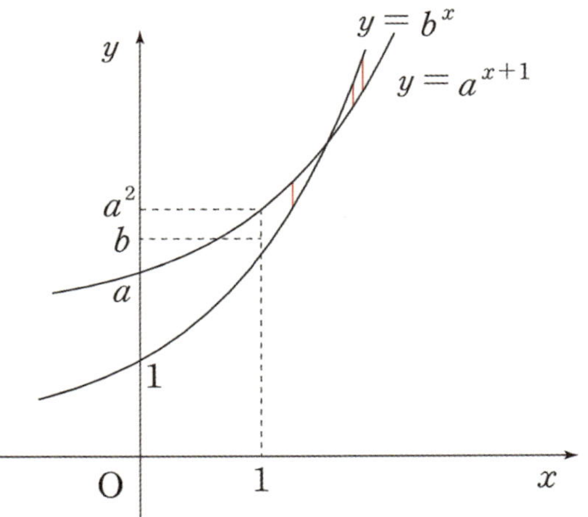

($y = a^{x+1}$과 $y = b^x$의 교점의 x좌표) ≥ 1
이므로 $a^2 \geq b$이다. 이 경우 $t \geq 1$인 실수 t
에 대하여 $\overline{PQ} \leq 10$을 만족시키는 t가 반드
시 존재한다.

$$\therefore a < b \leq a^2 \cdots \bigcirc$$

(ii) ($y = a^{x+1}$과 $y = b^x$의 교점의 x좌표) < 1

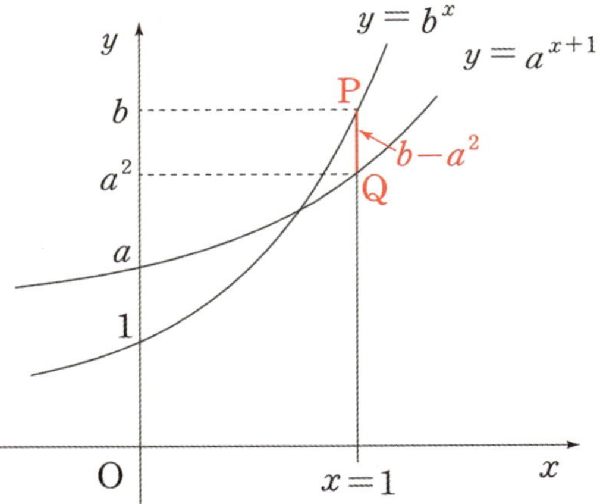

($y = a^{x+1}$과 $y = b^x$의 교점의 x좌표) < 1이
므로 $a^2 < b$이다. 이 경우 $t \geq 1$인 실수 t에
대하여 **t의 값이 커질수록 $\overline{PQ}$의 값도 커진다.**

즉, $t = 1$일 때 $\overline{PQ}$의 길이가 최소가 되므로
$b - a^2 \leq 10$이면 $t \geq 1$인 어떤 실수 t에 대
하여 $\overline{PQ} \leq 10$이다.

$$\therefore a^2 < b \leq a^2 + 10 \cdots \bigcirc\!\!\!\bigcirc$$

따라서 ㉠, ㉡에 의하여 $a < b \le a^2 + 10$이다.

$2 \le a \le 10$, $2 \le b \le 10$인 자연수 a, b에 대하여 $a < b \le a^2 + 10$를 만족시키는 순서쌍 (a, b)는 다음과 같다.

a	$a < b \le a^2 + 10$	가능한 b의 값	b의 개수
2	$2 < b \le 14$	$3 \sim 10$	8
3	$3 < b \le 14$	$4 \sim 10$	7
4	$4 < b \le 26$	$5 \sim 10$	6
5	$5 < b \le 35$	$6 \sim 10$	5
6	$6 < b \le 46$	$7 \sim 10$	4
7	$7 < b \le 59$	$8 \sim 10$	3
8	$8 < b \le 74$	$9 \sim 10$	2
9	$9 < b \le 91$	10	1

즉, 순서쌍 (a, b)의 개수는 $\displaystyle\sum_{k=1}^{8} k = \dfrac{8 \times 9}{2} = 36$이다.

따라서 1, 2, 3에 의하여 조건을 만족시키는 순서쌍 (a, b)의 개수는 $1 + 2 + 36 = 39$이다.

답은 39!!

문항 해결의 핵심은 '지수함수의 그래프 특징+CASE 분류'이다. 시작부터 끝까지 CASE 분류로 이루어진 문항이고, CASE 분류가 출제 의도임을 파악하기 위해 지수함수의 그래프에 대한 완전한 이해가 요구된다.

삼각함수, 사인법칙, 코사인법칙

04 삼각함수, 사인법칙, 코사인법칙

Chapter 4 앞부분에서 다룰 내용은 삼각함수에 관한 기본적인 내용이다. 아직 삼각함수에 익숙지 않은 학생들은 Chapter 4의 처음부터 끝까지 '제대로' 공부하는 것을 추천한다. 하지만 삼각함수에 그리 큰 어려움을 겪지 않는다면 Chapter 4 앞부분은 내용만 훑고 관련 예제들만 풀고 지나가도 문제없다.

Chapter 4 뒷부분에서부터는 사인법칙, 코사인법칙뿐만 아니라 꼭 표시해야 할 도형 요소, 도형 성질 등을 소개하기에 도형이 약한 학생들한테 큰 도움이 될 것이다.

▌삼각함수 기초

1. 라디안은 무엇인가? 왜 쓰는가?

이번 교육과정에서는 저번 교육과정과 달리 이과뿐만 아니라 문과도 삼각함수에 대해 배운다.
삼각함수, 호도법(라디안)을 처음 배우는 문과는 **'라디안을 대체 왜 쓰는가?'**에 대한 질문을 한다.
왜냐면 초등학교 때부터 지금까지 멀쩡히 60도, 30도 등등 도($°$)를 단위로 하는 육십분법을 잘 써왔기 때문이다.

처음에 라디안에 익숙해지기 위해 $\pi = 180°$ 를 무작정 외울 것이다. 하지만 우리는 π를 처음 보는 건 아니다.
초등학교 때 원의 둘레, 원의 넓이를 배우면서 접했을 것이다. 이때 배운 $\pi = 3.141592\cdots$ 이다.

여기서 많이들 의문이 드는 학생들이 있을 것이다. "그러면 $\pi = 180° = 3.141592\cdots$인 것입니까?
아니면 삼각함수에서 쓰이는 π랑 초등학교 때 배운 무리수 π랑 다른 건가?"

결론부터 말하면 $\pi = 3.141592\cdots$ 이 맞고, $\pi(\text{rad}) = 180°$ 인 것이다.
정리하면 $\pi(\text{rad}) = 3.141592\cdots(\text{rad}) = 180°$ **이라는 것이다.** rad 은 **편의상 생략하는 것뿐이다.**
이는 곧 $1° = \dfrac{\pi}{180}(\text{rad})$, $1(\text{rad}) = \dfrac{180°}{\pi}$ **을 의미한다.**

π, $3.141592\cdots$, $180\,^\circ$ 사이의 관계에 대한 의문은 해결되었는가?
이제 **왜 라디안을 쓰는지** 알아보도록 하자.

아주 오래 전 이탈리아로 가보자. 피자의 둘레를 재는 상황이다.
둘레를 어떻게 대략적으로 편하게 잴 수 있을까? 이때 정확하게 180등분 되어있는 각도기가 있었겠는가?
당연히 없다. 이 시대 기술로 어떻게 정확하게 만들겠는가.

피자의 반지름 길이의 밧줄로 둘레를 대략적으로 재보는 건 어떨까?

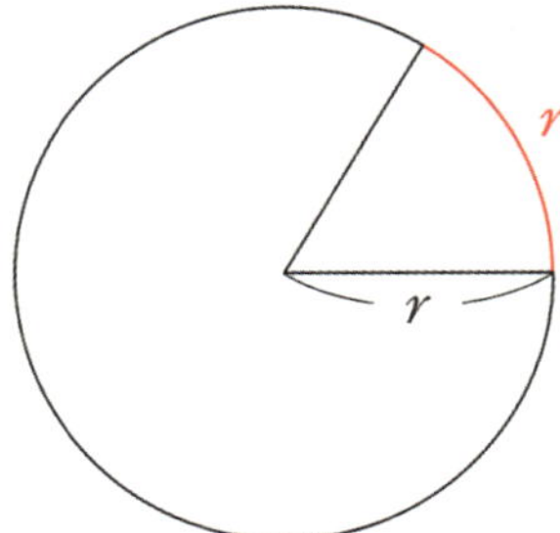

위와 같이 말이다.

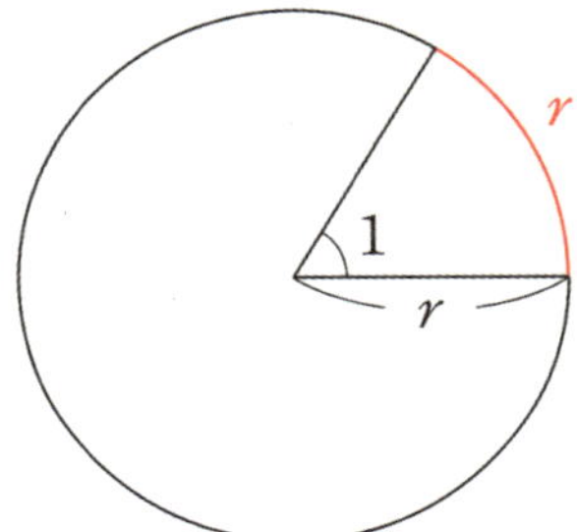

이때 **중심각을 '1'이라고** 해보는 건 어떨까? **호의 길이가 반지름 길이의 '1배'**이니까 직관적으로 와닿는다.

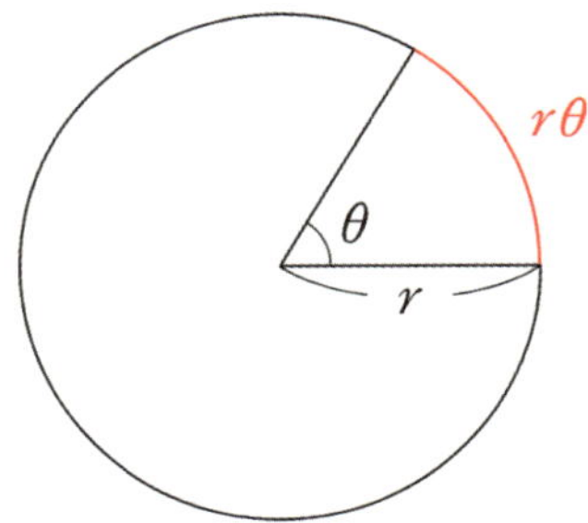

이런 식으로 하면 **중심각이 'θ'이니** 위 그림의 호의 길이는 r의 'θ배'로 쉽게 표현할 수 있다.

그렇다. $l = r\theta$는 호의 길이를 표현하는 '라디안식 공식'이 아니다. 라디안이 이런 식으로 '정의'된 것이다.
'1 라디안'은 편하게 '호의 길이=반지름 길이'가 될 때의 중심각의 크기라고 보면 된다.
이걸 편하게 단위로 설정한 것이다.

오히려 '라디안'을 단위로 하는 호도법이 '도'를 단위로 하는 육십분법보다 직관적이지 않은가?
원 둘레는 알다시피 $2\pi r$이다. 우리는 **"원의 둘레는 원의 반지름 r의 '2π배'구나!"**라고 볼 수 있다.
이래서 우리가 편의에 의해 $\pi(\mathrm{rad}) = 180\,^\circ$ 이렇게 외우고 다니는 것이다.

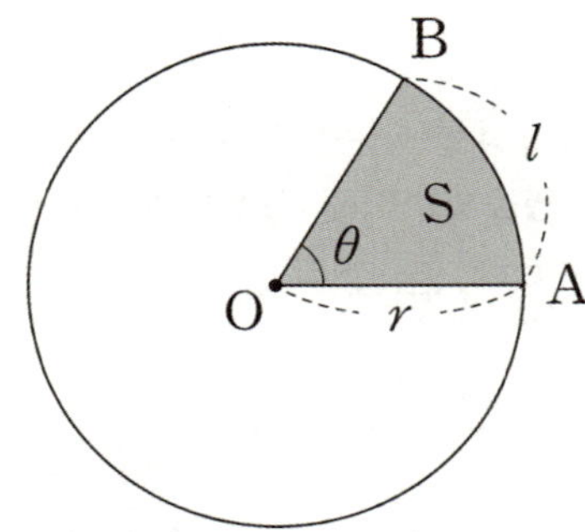

반지름의 길이가 r, 중심각의 크기가 $\theta\,(\mathrm{rad})$인 부채꼴에서 **호의 길이 l과, 넓이를 S라 하면**

호의 길이는 $l = r\theta$이고, 부채꼴의 넓이는 $S = \dfrac{1}{2}r^2\theta = \dfrac{1}{2}rl$이다.

증명은 다음과 같다. **호의 길이를 l과 부채꼴의 넓이 S는 중심각의 크기 $\theta\,(\mathrm{rad})$에 비례하므로**

$l : 2\pi r = \theta : 2\pi$에서 $l = r\theta$이고, $S : \pi r^2 = \theta : 2\pi$에서 $S = \dfrac{1}{2}r^2\theta = \dfrac{1}{2}rl$이다.

3. 삼각함수 정의, 삼각함수의 부호

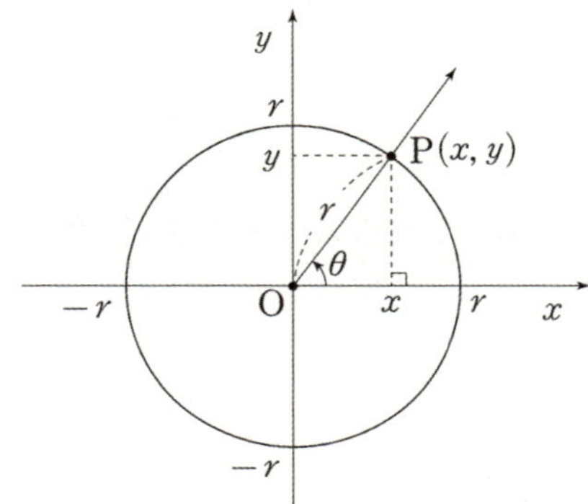

원 $x^2 + y^2 = r^2$ 위의 한 점을 $\mathrm{P}(x,\,y)$, x축의 양의 방향을 시초선으로 하였을 때 동경 OP가 나타내는 각의 크기

가 θ일 때, θ에 대한 삼각함수는 $\sin\theta = \dfrac{y}{r}$, $\cos\theta = \dfrac{x}{r}$, $\tan\theta = \dfrac{y}{x}$ 이다.

※ $\sin$은 동경과 단위원의 교점의 y좌표, $\cos$는 동경과 단위원의 교점의 x좌표, $\tan$는 동경의 기울기로 생각
   하면 편하다.

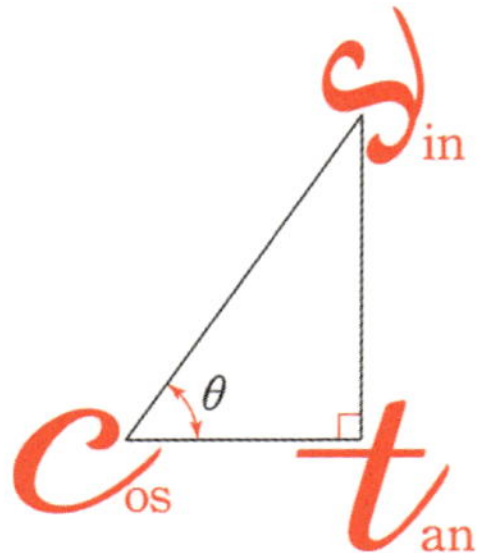

θ가 예각일 때, $\sin\theta = \dfrac{y}{r}$, $\cos\theta = \dfrac{x}{r}$, $\tan\theta = \dfrac{y}{x}$ 를 쉽게 기억하는 방법은 위의 그림과 같다.

다만, θ와 직각의 위치에 유의하자.

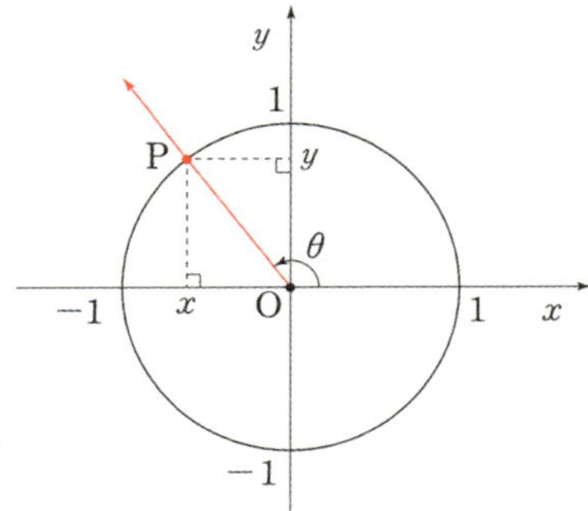

θ가 예각이 아니더라도 $\sin\theta = \dfrac{y}{r}$, $\cos\theta = \dfrac{x}{r}$, $\tan\theta = \dfrac{y}{x}$ 는 성립한다.

추가적으로 $x = r\cos\theta$, $y = r\sin\theta$로부터 $\tan\theta = \dfrac{\sin\theta}{\cos\theta}$을 얻을 수 있고,

점 $\mathrm{P}(x, y)$는 점 $\mathrm{P}(r\cos\theta, r\sin\theta)$이고 원 $x^2 + y^2 = r^2$위에 있으므로 $\sin^2\theta + \cos^2\theta = 1$를 얻을 수 있다.

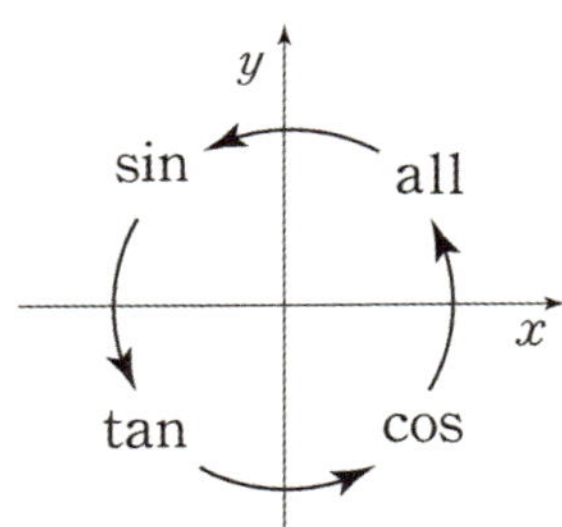

θ가 어떤 각이라도 $\sin\theta = \dfrac{y}{r}$, $\cos\theta = \dfrac{x}{r}$, $\tan\theta = \dfrac{y}{x}$ 는 성립한다.

이를 바탕으로 각 사분면에서의 삼각함수의 부호는 위의 그림과 같다.

'얼싸안고', '올싸탄코' 등등으로 외우면 된다.
위 그림의 의미는 각 사분면 위에 사인, 코사인, 탄젠트 중 양이 되는 것을 적어둔 것이다.

제1 사분면에서는 사인, 코사인, 탄젠트 모두가, 제2 사분면에서는 사인만, 제3 사분면에서는 탄젠트만,
제4 사분면에서는 코사인만 부호가 양이 된다.

$\sin\dfrac{\pi}{3},\ \cos\dfrac{\pi}{4},\ \tan\dfrac{\pi}{6}$

삼각함수를 처음 배우고 호도법(라디안)에 약간 익숙해지면 위와 같은 값을 구하는 데에는 전혀 문제가 없을 것이다.

왜? $0<\theta<\dfrac{\pi}{2}$에서는 아래와 같이 삼각형 그리고 사인, 코사인, 탄젠트 값을 구하면 된다.

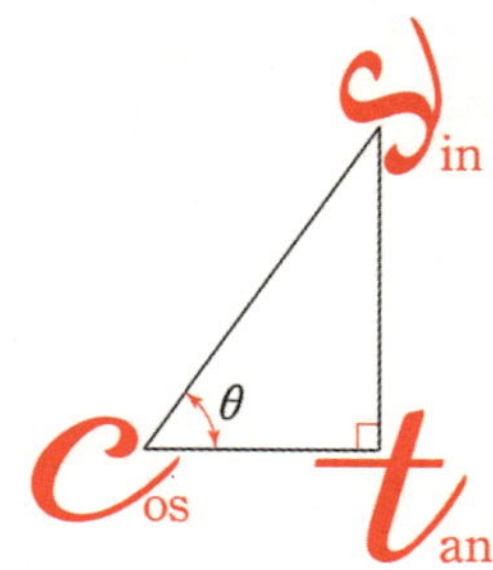

그러면 주로 실수는 어디서 나올까?

바로 $\theta>\dfrac{\pi}{2}$일 때이다. 어떻게 하면 실수를 줄일 수 있을까?

먼저 이전에 알려준 삼각함수의 부호를 나타낸 아래 그림을 머릿속에 넣도록 하자.

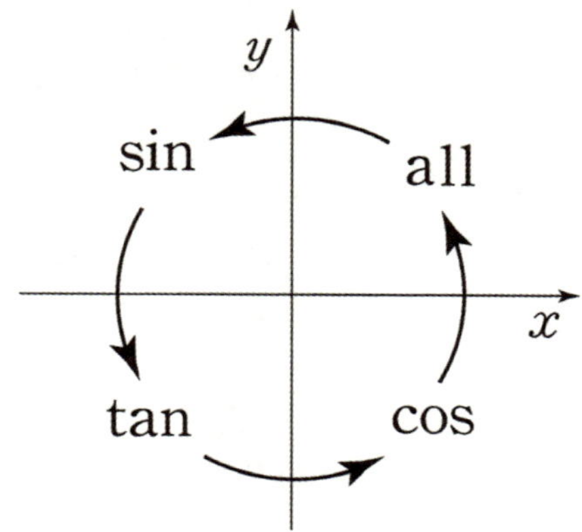

두 번째로 알아두어야 할 것은 x축에 수선의 발을 내려 삼각형을 만든 후 삼각비를 구하는 것이다.

예를 들어 $\cos\dfrac{2\pi}{3}$의 값을 구한다고 하자.

동경을 좌표평면 위에 표시하면 아래와 같다.

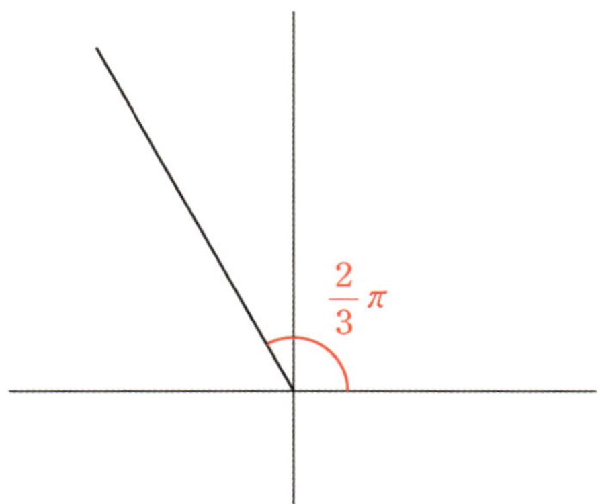

여기에서 x축에 수선의 발을 내려서 삼각형을 만들면 아래와 같다.

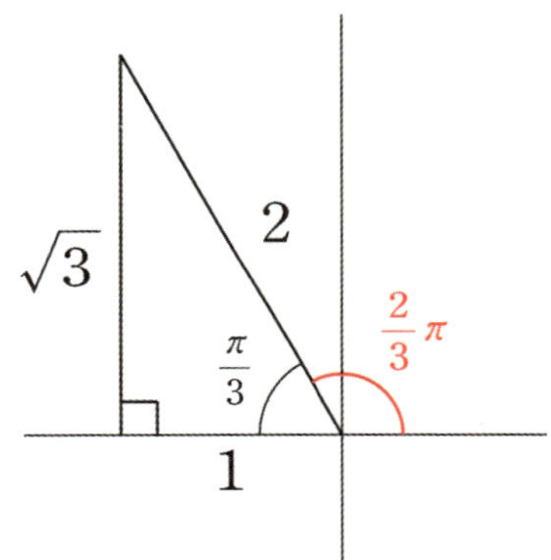

x축에 수선의 발을 내려 만든 삼각형에서 코사인값을 구하면 $\dfrac{1}{2}$이다.

하지만 $\dfrac{2\pi}{3}$은 제2 사분면 위의 동경이므로 '사인값'만 양수이다.

코사인값은 음수이므로 아까 구한 $\dfrac{1}{2}$에다가 마이너스($-$)만 붙여주자.

$\cos\dfrac{2\pi}{3}=-\dfrac{1}{2}$이다.

체화를 위해 이번엔 $\tan\dfrac{7\pi}{6}$ 를 같은 방법으로 구해보자.

동경을 좌표평면 위에 표시하면 아래와 같다.

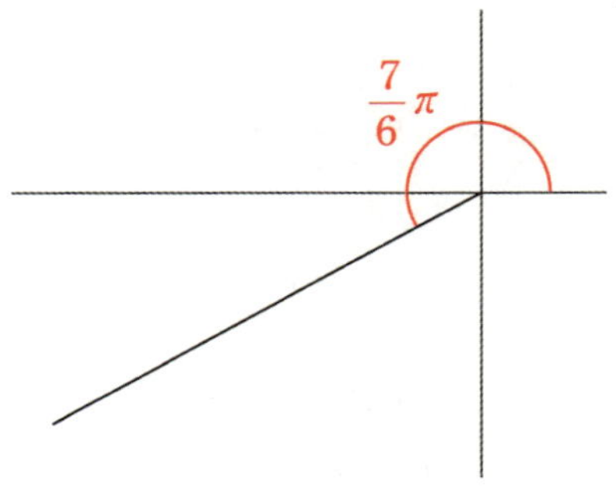

여기에서 x축에 수선의 발을 내려서 삼각형을 만들면 아래와 같다.

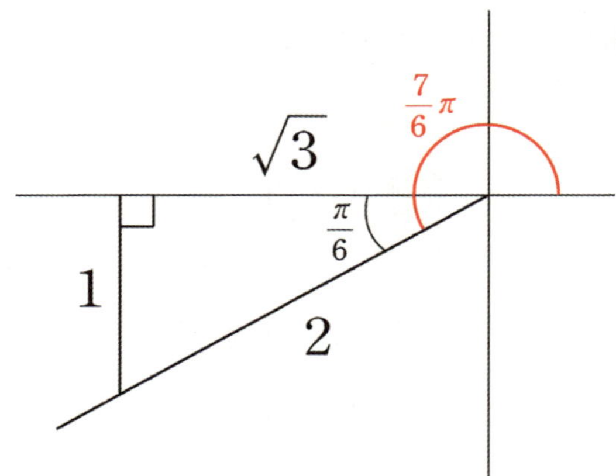

x축에 수선의 발을 내려 만든 삼각형에서 탄젠트값을 구하면 $\dfrac{1}{\sqrt{3}}$ 이다.

$\dfrac{7\pi}{6}$ 은 제3 사분면 위의 동경이므로 '탄젠트값'만 양수이다.

탄젠트값은 양수이므로 아까 구한 $\dfrac{1}{\sqrt{3}}$ 에다가 플러스(+)만 붙여주자. $\tan\dfrac{7\pi}{6}=\dfrac{1}{\sqrt{3}}$ 이다.

3줄로 요약하면 아래와 같다.

❶ x축에 수선을 내려 삼각형을 만든다.
❷ 만든 삼각형에서 필요한 사인, 코사인, 탄젠트 값을 구한다.
❸ 올싸탄코로 부호를 정한다.

sin, cos과 tan, cot 호환이 자유자재로 되어야 삼각함수에서 실수를 줄일 수 있다.

$\sin\left(\dfrac{\pi}{2}-\theta\right)=+\cos\theta$	$\sin\left(\dfrac{\pi}{2}+\theta\right)=+\cos\theta$
$\cos\left(\dfrac{\pi}{2}-\theta\right)=+\sin\theta$	$\cos\left(\dfrac{\pi}{2}+\theta\right)=-\sin\theta$
$\tan\left(\dfrac{\pi}{2}-\theta\right)=+\cot\theta$	$\tan\left(\dfrac{\pi}{2}+\theta\right)=-\cot\theta$
$\sin(\pi-\theta)=+\sin\theta$	$\sin(\pi+\theta)=-\sin\theta$
$\cos(\pi-\theta)=-\cos\theta$	$\cos(\pi+\theta)=-\cos\theta$
$\tan(\pi-\theta)=-\tan\theta$	$\tan(\pi+\theta)=+\tan\theta$
$\sin\left(\dfrac{3\pi}{2}-\theta\right)=-\cos\theta$	$\sin\left(\dfrac{3\pi}{2}+\theta\right)=-\cos\theta$
$\cos\left(\dfrac{3\pi}{2}-\theta\right)=-\sin\theta$	$\cos\left(\dfrac{3\pi}{2}+\theta\right)=+\sin\theta$
$\tan\left(\dfrac{3\pi}{2}-\theta\right)=+\cot\theta$	$\tan\left(\dfrac{3\pi}{2}+\theta\right)=-\cot\theta$
$\sin(2\pi-\theta)=-\sin\theta$	$\sin(2\pi+\theta)=+\sin\theta$
$\cos(2\pi-\theta)=+\cos\theta$	$\cos(2\pi+\theta)=+\cos\theta$
$\tan(2\pi-\theta)=-\tan\theta$	$\tan(2\pi+\theta)=+\tan\theta$

위와 같은 표를 교과서에서 보고 무작정 외우는 안타까운 경우가 많다.
이를 굳이 외우지 않아도 실수 없이 sin, cos과 tan, cot 호환하는 방법을 알려주도록 하겠다.

※ $\cot\theta=\dfrac{1}{\tan\theta}$ 이다. cot 표현은 수학 I 에서 등장하지 않으나 표현이 간결하여 본 교재에서는 쓰도록 하겠다.

소개할 $\dfrac{n}{2}\pi\pm\theta$에서 $\sin$, $\cos$과 $\tan$, $\cot$을 호환하는 방법은 흔히 **'예각 가정법'**이라고 부르는 방법이다.

먼저, $\dfrac{n}{2}\pi\pm\theta$에서 n**이 짝수이면** $\sin$은 $\sin$, $\cos$은 $\cos$, $\tan$는 $\tan$로 두고,

n**이 홀수이면** $\sin$은 $\cos$, $\cos$은 $\sin$, $\tan$는 $\cot$로 둔다. (n은 정수)

두 번째로, $\dfrac{n}{2}\pi\pm\theta$에서 θ를 항상 예각으로 간주하고 호환을 한다. (θ가 실제로는 둔각이든, 어떤 각이든)

$\dfrac{n}{2}\pi\pm\theta$를 나타내는 동경이 제 몇 사분면에 존재하는지 파악한 후, '호환하기 전 원래 삼각함수'의 부호가

양이면 $+$를, 음이면 $-$를 '호환 후 삼각함수' 앞에 붙여주자. (n은 정수)

빠른 이해를 돕기 위해 몇몇 예들을 살펴보자.

$\cos\left(\dfrac{\pi}{2}+\theta\right)$를 호환할 때를 살펴보자. $\dfrac{n}{2}\pi+\theta$에서 n**이 홀수이므로** $\cos$을 $\sin$으로 바꿔주자.

θ를 예각으로 가정하면, $\dfrac{\pi}{2}+\theta$를 나타내는 동경은 제2 사분면에 있다.

제2 사분면에서는 '**호환하기 전 원래 삼각함수** $\cos\left(\dfrac{\pi}{2}+\theta\right)$**의** $\cos$'의 부호가 음이다.

따라서 '**호환 후 삼각함수** $\sin\theta$' **앞에** $-$**를 붙여주자.** 종합하면 $\cos\left(\dfrac{\pi}{2}+\theta\right)=-\sin\theta$이다.

$\sin(\pi-\theta)$를 호환할 때를 살펴보자. $\dfrac{n}{2}\pi-\theta$에서 n**이 짝수이므로** $\sin$을 $\sin$으로 두자.

θ를 예각으로 가정하면, $\pi-\theta$를 나타내는 동경은 제2 사분면에 있다.
제2 사분면에서는 '**호환하기 전 원래 삼각함수** $\sin(\pi-\theta)$**의** $\sin$'의 부호가 양이다.
따라서 '**호환 후 삼각함수** $\sin\theta$' **앞에** $+$**를 붙여주자.** 종합하면 $\sin(\pi-\theta)=+\sin\theta$이다.

$\tan\left(\dfrac{3\pi}{2}+\theta\right)$를 호환할 때를 살펴보자. $\dfrac{n}{2}\pi+\theta$에서 n**이 홀수이므로** $\tan$를 $\cot$로 바꿔주자.

θ를 예각으로 가정하면, $\dfrac{3\pi}{2}+\theta$를 나타내는 동경은 제4 사분면에 있다.

제4 사분면에서는 '**호환하기 전 원래 삼각함수** $\tan\left(\dfrac{3\pi}{2}+\theta\right)$**의** $\tan$'의 부호가 음이다.

따라서 '**호환 후 삼각함수** $\cot\theta$' **앞에** $-$**를 붙여주자.** 종합하면 $\tan\left(\dfrac{3\pi}{2}+\theta\right)=-\cot\theta$이다.

$\cos(2\pi-\theta)$를 호환할 때를 살펴보자. $\dfrac{n}{2}\pi-\theta$에서 n**이 짝수이므로** $\cos$을 $\cos$으로 바꿔주자.

θ를 예각으로 가정하면, $2\pi-\theta$를 나타내는 동경은 제4 사분면에 있다.
제4 사분면에서는 '**호환하기 전 원래 삼각함수** $\cos(2\pi-\theta)$**의** $\cos$'의 부호가 양이다.
따라서 '**호환 후 삼각함수** $\cos\theta$' **앞에** $+$**를 붙여주자.** 종합하면 $\cos(2\pi-\theta)=+\cos\theta$이다.

θ에 구체적인 숫자가 있을 때도 살펴보자.

$\cos\left(\dfrac{5}{3}\pi\right)$를 계산할 때를 살펴보자.

$\cos\left(2\pi-\dfrac{\pi}{3}\right)$로 바라본다 하자. $\cos\left(\dfrac{n}{2}\pi-\theta\right)$꼴에서 n이 짝수이므로 $\cos$을 $\cos$으로 두자.

$\theta=\dfrac{\pi}{3}$로 두고 θ를 예각으로 가정하면 (θ는 실제로도 예각이다), $2\pi-\theta$를 나타내는 동경은 제4 사분면에 있다. 제4 사분면에서는 '호환하기 전 원래 삼각함수 $\cos(2\pi-\theta)$의 $\cos$'의 부호가 양이다. 따라서 '호환 후 삼각함수 $\cos\theta$' 앞에 $+$를 붙여주자. 종합하면 $\cos\left(2\pi-\dfrac{\pi}{3}\right)=+\cos\left(\dfrac{\pi}{3}\right)=\dfrac{1}{2}$ 이다.

이번에는 $\cos\left(\dfrac{5}{3}\pi\right)$를 $\cos\left(\pi+\dfrac{2\pi}{3}\right)$로 바라본다 하자. $\cos\left(\dfrac{n}{2}\pi+\theta\right)$꼴에서 n이 짝수이므로 $\cos$을 $\cos$으로 두자. $\theta=\dfrac{2\pi}{3}$로 두고 θ를 예각으로 가정하면 (θ는 실제로는 예각이 아니다), $\pi+\theta$를 나타내는 동경은 제3 사분면에 있다. 제3 사분면에서는 '호환하기 전 원래 삼각함수 $\cos(\pi+\theta)$의 $\cos$'의 부호가 음이다. 따라서 '호환 후 삼각함수 $\cos\theta$' 앞에 $-$를 붙여주자. 종합하면 $\cos\left(\pi+\dfrac{2\pi}{3}\right)=-\cos\left(\dfrac{2\pi}{3}\right)=\dfrac{1}{2}$ 이다.

이를 통해 예각 가정법이 잘 통함을 알 수 있다.

$\sin\left(\dfrac{7}{6}\pi\right)$를 계산할 때를 살펴보자. $\sin\left(\pi+\dfrac{\pi}{6}\right)$로 바라본다 하자.
$\sin\left(\dfrac{n}{2}\pi+\theta\right)$꼴에서 n이 짝수이므로 $\sin$을 $\sin$으로 두자.

$\theta=\dfrac{\pi}{6}$로 두고 θ를 예각으로 가정하면 (θ는 실제로도 예각이다), $\pi+\theta$를 나타내는 동경은 제3 사분면에 있다.
제3 사분면에서는 '호환하기 전 원래 삼각함수 $\sin(\pi+\theta)$의 $\sin$'의 부호가 음이다.
따라서 '호환 후 삼각함수 $\sin\theta$' 앞에 $-$를 붙여주자.
종합하면 $\sin\left(\pi+\dfrac{\pi}{6}\right)=-\sin\left(\dfrac{\pi}{6}\right)=-\dfrac{1}{2}$ 이다.

$\sin\left(\dfrac{7}{6}\pi\right)$를 계산할 때를 살펴보자. $\sin\left(\dfrac{3}{2}\pi-\dfrac{\pi}{3}\right)$로 바라본다 하자.
$\sin\left(\dfrac{n}{2}\pi-\theta\right)$꼴에서 n이 홀수이므로 $\sin$을 $\cos$으로 바꿔주자. $\theta=\dfrac{\pi}{3}$로 두고 θ를 예각으로 가정하면 (θ는 실제로도 예각이다), $\dfrac{3}{2}\pi-\theta$를 나타내는 동경은 제3 사분면에 있다. 제3 사분면에서는 '호환하기 전 원래 삼각함수 $\sin\left(\dfrac{3}{2}\pi-\theta\right)$의 $\sin$'의 부호가 음이다. 따라서 '호환 후 삼각함수 $\cos\theta$' 앞에 $-$를 붙여주자.
종합하면 $\sin\left(\dfrac{3}{2}\pi-\dfrac{\pi}{3}\right)=-\cos\left(\dfrac{\pi}{3}\right)=-\dfrac{1}{2}$ 이다.

삼각함수 호환 공식은 α가 예각이 아니더라도 성립한다고 배웠다. 정말 가능한지 확인해보자.

예를 들어 α가 예각일 때, $\cos\left(\dfrac{3\pi}{2}-\alpha\right)$를 간단하게 바꾼다고 하자. $\dfrac{3\pi}{2}-\alpha$는 제3 사분면에 있다.

이때 $\cos\left(\dfrac{3\pi}{2}-\alpha\right)<0, \sin\alpha>0$이므로 $-\sin\alpha$로 간단히 바꿀 수 있다.

다만, **α가 꼭 예각이 아니여도 $\cos\left(\dfrac{3\pi}{2}-\alpha\right)$를 $-\sin\alpha$로 바꿀 수 있다고 배웠다.** 진짜로 가능할까?
궁금하니 직접 해보자.

$\dfrac{\pi}{2}<\alpha<\pi$일 때, $\cos\left(\dfrac{3\pi}{2}-\alpha\right)$를 간단하게 바꾼다고 하자. $\dfrac{3\pi}{2}-\alpha$는 제2 사분면에 있다.

이때 $\cos\left(\dfrac{3\pi}{2}-\alpha\right)<0, \sin\alpha>0$이므로 $-\sin\alpha$로 간단히 바꿀 수 있다.

$\pi<\alpha<\dfrac{3\pi}{2}$일 때, $\cos\left(\dfrac{3\pi}{2}-\alpha\right)$를 간단하게 바꾼다고 하자. $\dfrac{3\pi}{2}-\alpha$는 제1 사분면에 있다.

이때 $\cos\left(\dfrac{3\pi}{2}-\alpha\right)>0, \sin\alpha<0$이므로 $-\sin\alpha$로 간단히 바꿀 수 있다.

$\dfrac{3\pi}{2}<\alpha<2\pi$일 때, $\cos\left(\dfrac{3\pi}{2}-\alpha\right)$를 간단하게 바꾼다고 하자. $\dfrac{3\pi}{2}-\alpha$는 제4 사분면에 있다.

이때 $\cos\left(\dfrac{3\pi}{2}-\alpha\right)>0, \sin\alpha<0$이므로 $-\sin\alpha$로 간단히 바꿀 수 있다.

이처럼 **우리가 그동안 알고 있는 삼각함수 호환 공식은 α가 예각이 아니더라도 성립함을 보였다.**
힘들게 α 범위를 열심히 나누는 수고를 안 해도 된다.

가끔 이런 의문점이 들 때도 있다. $\sin(x+\alpha)$를 $\cos$에 **관련된 식으로 바꿔주고 싶을 때**
$\cos\left\{\dfrac{\pi}{2}-(x+\alpha)\right\}$인가? 아니면 x 대신 $\dfrac{\pi}{2}-x$을 대입한 $\cos\left(\dfrac{\pi}{2}-x+\alpha\right)$인가?

교과서에는 $\sin x=\cos\left(\dfrac{\pi}{2}-x\right)$ 밖에 나와 있지 않아 헷갈릴 수 있다.

하지만 결론적으로는 $\sin(x+\alpha)=\cos\left\{\dfrac{\pi}{2}-(x+\alpha)\right\}$**이 맞다.**

$\sin(x+\alpha)$의 $x+\alpha$를 통째로 t로 치환하면 헷갈리지 않는다.
시험장에선 헷갈리지 말고 바로 써먹을 수 있으면 좋겠다.

실수 k에 대하여 함수

$$f(x) = \cos^2\left(x - \frac{3}{4}\pi\right) - \cos\left(x - \frac{\pi}{4}\right) + k$$

의 최댓값은 3, 최솟값은 m이다. $k+m$의 값은? [4점]

① 2   ② $\dfrac{9}{4}$ ③ $\dfrac{5}{2}$ ④ $\dfrac{11}{4}$ ⑤ 3

---

1. $f(x) = \cos^2\left(x - \frac{3}{4}\pi\right) - \cos\left(x - \frac{\pi}{4}\right) + k$를 관찰하면 $\cos^2\left(x - \frac{3}{4}\pi\right)$, $\cos\left(x - \frac{\pi}{4}\right)$의 **괄호 안이**

$\frac{\pi}{2}$**만큼 차이**가 난다는 것을 알 수 있다. 따라서 **삼각함수 호환**으로 쉽게 바꿀 수 있다.

$\cos^2\left(x - \frac{3}{4}\pi\right) = \cos^2\left\{-\frac{\pi}{2} + \left(x - \frac{\pi}{4}\right)\right\} = \sin^2\left(x - \frac{\pi}{4}\right)$와 같이 바꿀 수 있다.

2. $\sin^2\left(x - \frac{\pi}{4}\right) = 1 - \cos^2\left(x - \frac{\pi}{4}\right)$이므로 $f(x) = -\cos^2\left(x - \frac{\pi}{4}\right) - \cos\left(x - \frac{\pi}{4}\right) + k + 1$로 바꿀 수

있다. $\cos\left(x - \frac{\pi}{4}\right)$를 t로 **치환**하면 $f(x) = -t^2 - t + k + 1 \, (-1 \leq t \leq 1)$이다.

$f(x)$의 최댓값, 최솟값을 구해야 하기에 t의 범위 설정을 잊으면 절대 안 된다.

$f(x)$는 $t = -\frac{1}{2}$일 때 최댓값을 가지며 $t = 1$일 때 최솟값을 갖는다.

$f\left(-\frac{1}{2}\right) = 3$이므로 $k + \frac{5}{4} = 3$, $k = \frac{7}{4}$이다. 따라서 $f(1) = k - 1$이므로 $m = \frac{3}{4}$이다.

$k + m = \frac{7}{4} + \frac{3}{4} = \frac{5}{2}$이므로 **답은 ③**!!

---

comment

$\cos(x - \alpha)$꼴에서 $\alpha = \frac{2n+1}{2}\pi \, (n$은 정수$)$인 것만 자주 봐와서 $\cos\left(x - \frac{\pi}{4}\right)$, $\cos\left(x - \frac{3}{4}\pi\right)$의

관계를 쉽게 눈치 못챘을 수도 있다. 개념이 탄탄하면 $\cos(x - \alpha)$꼴에서 $\alpha \neq \frac{2n+1}{2}\pi \, (n$은 정수$)$

이어도 문제없을 듯하다.

(1) 기본적인 삼각함수 그래프

기본적인 삼각함수의 그래프는 아래와 같다.

$\langle y = \sin x \rangle$

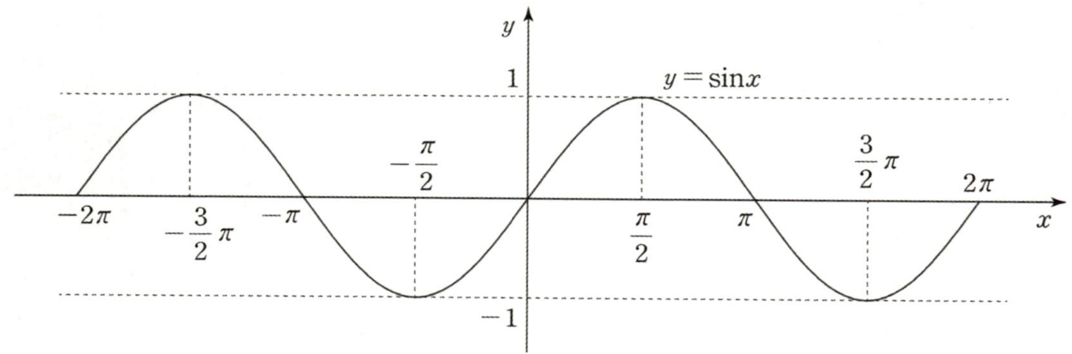

정의역은 실수 전체의 집합이고, 치역은 $\{y \mid -1 \leq y \leq 1\}$이다. 최댓값은 1, 최솟값은 -1이다.
모든 실수 x에 대하여 $\sin(2n\pi + x) = \sin x$ (n은 정수)이므로 주기가 2π인 주기함수이다.
모든 실수 x에 대하여 $\sin x = -\sin(-x)$를 만족하므로 기함수이다.

이뿐만 아니라 **점 $(n\pi, 0)$에 대해 대칭이고, 직선 $x = \dfrac{2n-1}{2}\pi$에 대해서도 대칭이다.** (n은 정수)

$y = \sin x$의 그래프는 $y = \cos x$의 그래프를 x축으로 $\dfrac{\pi}{2}$만큼 평행이동한 그래프이다.

$\langle y = \cos x \rangle$

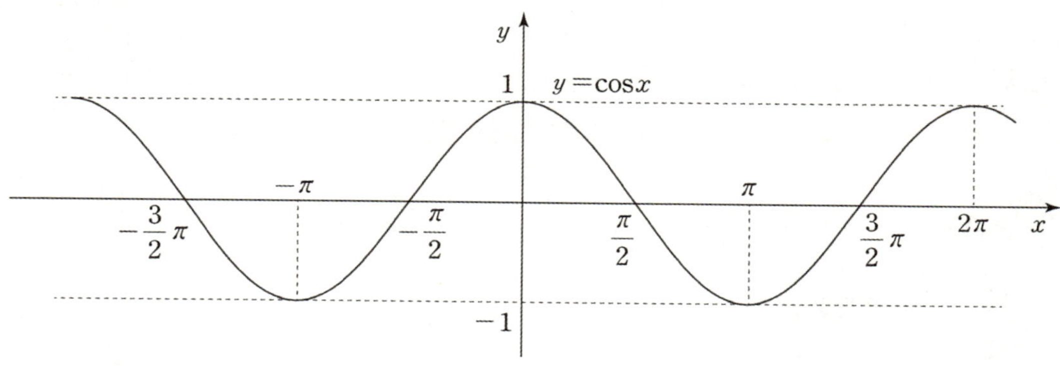

정의역은 실수 전체의 집합이고, 치역은 $\{y \mid -1 \leq y \leq 1\}$이다. 최댓값은 1, 최솟값은 -1이다.
모든 실수 x에 대하여 $\cos(2n\pi + x) = \cos x$ (n은 정수)이므로 주기가 2π인 주기함수이다.
모든 실수 x에 대하여 $\cos x = \cos(-x)$를 만족하므로 우함수이다.

이뿐만 아니라 **직선 $x = n\pi$에 대해서도 대칭이고, 점 $\left(\dfrac{2n-1}{2}\pi, 0\right)$에 대해서도 대칭이다.** ($n$은 정수)

$y = \cos x$의 그래프는 $y = \sin x$의 그래프를 x축으로 $-\dfrac{\pi}{2}$만큼 평행이동한 그래프이다.

$\langle y = \tan x \rangle$

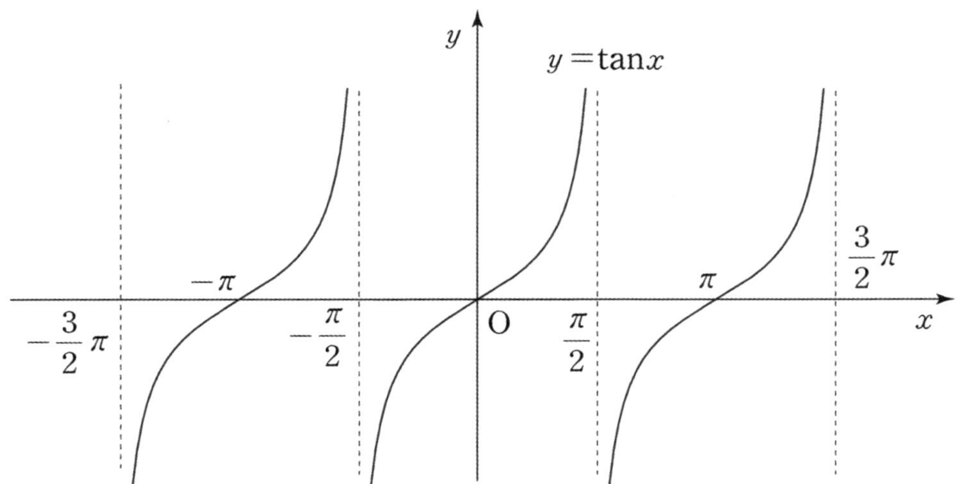

정의역은 $x \neq \dfrac{(2n-1)\pi}{2}$ $(n$은 정수)인 실수 전체의 집합이고, 치역은 실수 전체의 집합이다.

최댓값과 최솟값을 갖지 않는다. **점근선** $x = \dfrac{(2n-1)\pi}{2}$ $(n$은 정수)을 지닌다.

※ $\tan x = \dfrac{\sin x}{\cos x}$ 에서 $\cos x = 0$을 만족하는 x에서 $\tan x$가 정의되지 않는다는 것을 확인할 수 있다.

모든 실수 x**에 대하여** $\tan(n\pi + x) = \tan x$ $(n$은 정수)이므로 주기가 π인 주기함수이다.
모든 실수 x에 대하여 $\tan x = -\tan(-x)$를 만족하므로 기함수이다.
이뿐만 아니라 **점** $(n\pi, 0)$**에 대해 대칭**이다. $(n$은 정수)

(2) 여러 가지 삼각함수 그래프

최대, 최소의 변화

$y = a\sin x$, $y = a\cos x$의 최솟값과 최댓값은 $-|a|$, $|a|$이다.

$y = a\tan x$의 최솟값과 최댓값은 존재하지 않는다.

주기의 변화

$y = \sin bx$, $y = \cos bx$의 주기는 모두 $\dfrac{2\pi}{|b|}$이다.

$y = \tan bx$의 주기는 $\dfrac{\pi}{|b|}$이다.

평행이동

$y = \sin(bx + c) + d$를 예로 들어보자.

$y = \sin(bx + c) + d$는 $y = \sin bx$의 그래프를 x축으로 $-\dfrac{c}{b}$만큼, y축으로 d만큼 평행이동한 것이다.

※ $y = \sin(bx + c)$는 $y = \sin bx$의 그래프를 x축으로 $-\dfrac{c}{b}$만큼이 아닌 $-c$만큼 평행이동한 것이라고 착각하는 경우가 많다. 하지만 그렇지 않다. $y = \sin(bx + c)$를 $y = \sin\left(b\left(x + \dfrac{c}{b}\right)\right)$로 바꾸어 보면 금방 이해할 수 있다.

최대와 최소의 변화, 주기의 변화, 평행이동 종합

$(a \sim d$는 상수, $a > 0$, $b \neq 0)$	$y = a\sin(bx + c) + d$	$y = a\cos(bx + c) + d$	$y = a\tan(bx + c) + d$
주기	$\dfrac{2\pi}{\|b\|}$	$\dfrac{2\pi}{\|b\|}$	$\dfrac{\pi}{\|b\|}$
정의역과 치역	정의역 : 실수 전체의 집합 치역 : $\{y \mid -a+d \leq y \leq a+d\}$	정의역 : 실수 전체의 집합 치역 : $\{y \mid -a+d \leq y \leq a+d\}$	정의역 : $\left\{x \mid x \neq \dfrac{(2n-1)\pi}{2b} - \dfrac{c}{b}\right\}$ 치역 : 실수 전체의 집합
최댓값과 최솟값	최댓값 : $a + d$ 최솟값 : $-a + d$	최댓값 : $a + d$ 최솟값 : $-a + d$	최댓값과 최솟값이 존재하지 않는다.
x축, y축으로 각각 $\dfrac{c}{b}$, $-d$만큼 평행이동	$y = a\sin bx$	$y = a\cos bx$	$y = a\tan bx$

삼각함수 일반형의 주기, 정의역과 치역, 최댓값과 최솟값, 평행이동은 위와 같다.

이를 바탕으로 $y = a\sin(bx + c) + d$의 그래프를 그리는 방법은 다음과 같다. 최댓값과 최솟값, 주기를 고려하여 $y = a\sin(bx)$를 그린 후, x축으로 $-\dfrac{c}{b}$ 만큼, y축으로 d만큼 평행이동 시켜주면 된다.

※ 표를 단순히 외우려 하지 말고 문제를 풀면서 자연스레 숙지 되는 느낌으로 공부하자.

다음 그래프는 어떤 사람이 정상적인 상태에 있을 때 시각에 따라 호흡기에 유입되는 공기의 흡입률(리터/초)을 나타낸 것이다. 숨을 들이쉬기 시작하여 t 초일 때 호흡기에 유입되는 공기의 흡입률을 y 라 하면, 함수 $y = a\sin bt$ (a, b 는 양수)로 나타낼 수 있다. 이때, y 의 값은 숨을 들이쉴 때는 양수, 내쉴 때는 음수가 된다.

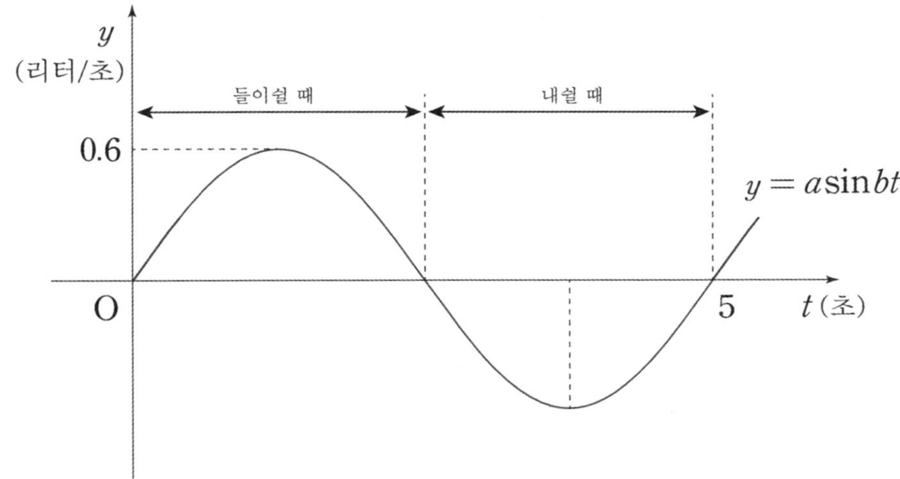

이 함수의 주기가 5 초이고, 최대 흡입률이 0.6 (리터/초)일 때, 숨을 들이쉬기 시작한 시각으로부터 처음으로 흡입률이 -0.3 (리터/초)이 되는 데 걸리는 시간은? [3점]

① $\dfrac{35}{12}$ 초　　　② $\dfrac{37}{12}$ 초　　　③ $\dfrac{30}{11}$ 초　　　④ $\dfrac{31}{11}$ 초　　　⑤ $\dfrac{35}{31}$ 초

1. 함수 $y = a\sin bt$의 주기가 5이므로 $\dfrac{2\pi}{b} = 5$이다. 따라서 $b = \dfrac{2\pi}{5}$이다.

   최대 흡입률이 0.6(리터/초)이므로 $a = 0.6$이다.

2. 함수 $y = 0.6\sin\dfrac{2\pi}{5}t = -0.3$을 만족시키는 음이 아닌 정수 t중에 가장 작은 값을 구하자.

   $\sin\dfrac{2\pi}{5}t = -\dfrac{1}{2}$에서 $\dfrac{2\pi}{5}t = \dfrac{7\pi}{6}$이다. 따라서 $t = \dfrac{35}{12}$이다.

   답은 ①!!

함수 $f(x) = a\sin bx + c\ (a > 0,\ b > 0)$의 최댓값은 4, 최솟값은 -2이다. 모든 실수 x에 대하여 $f(x+p) = f(x)$를 만족시키는 양수 p의 최솟값이 π일 때, abc의 값은? (단, $a,\ b,\ c$는 상수이다.)

[3점]

① 6   ② 8   ③ 10   ④ 12   ⑤ 14

함수 $f(x)$의 최댓값이 4, 최솟값이 -2이므로 $a+c = 4$, $-a+c = -2$에서 $a = 3$, $c = 1$이다.

따라서 $f(x) = 3\sin bx + 1$이고 주기는 $\dfrac{2\pi}{b} = \pi$이므로 $b = 2$이다. $abc = 6$이다.

답은 ①!!

두 함수 $f(x)=\log_3 x+2$, $g(x)=3\tan\left(x+\dfrac{\pi}{6}\right)$ 가 있다. $0 \le x \le \dfrac{\pi}{6}$ 에서 정의된 합성함수 $(f \circ g)(x)$ 의 최댓값과 최솟값을 각각 M, m 이라 할 때, $M+m$ 의 값을 구하시오. [4점]

1. $g(x)=t$ 라 하자. $0 \le x \le \dfrac{\pi}{6}$ 에서 $x=0$ 일 때 최솟값 $t=\sqrt{3}$ 을 갖고

$x=\dfrac{\pi}{6}$ 일 때 최댓값 $t=3\sqrt{3}$ 을 갖는다.

2. $(f \circ g)(x)$ 의 최댓값, 최솟값을 구해야 하기에 t 의 범위 설정을 잊으면 절대 안 된다.
$f(t)=\log_3 t+2$ $(\sqrt{3} \le t \le 3\sqrt{3})$ 에서 $f(t)$ 는 증가함수이므로
$M=f(3\sqrt{3})=\log_3 3\sqrt{3}+2=\dfrac{3}{2}+2=\dfrac{7}{2}$, $m=f(\sqrt{3})=\log_3\sqrt{3}+2=\dfrac{1}{2}+2=\dfrac{5}{2}$ 이다.
$M+m=6$ 이고 **답은 6!!**

함수 $y = a\cos^2 x + a\sin x + b$ 의 최댓값이 10 이고 최솟값이 1일 때, 실수 $a,\ b$ 의 곱 ab 의 값은 p 또는 q 이다. $p+q$ 의 값은? [4점]

① -4 ② -2 ③ 2 ④ 4 ⑤ 6

1. $\cos^2 x = 1 - \sin^2 x$ 이므로 $y = a\cos^2 x + a\sin x + b = a(1 - \sin^2 x) + a\sin x + b$ 이다.

정리하면 $y = -a\sin^2 x + a\sin x + a + b$ 이므로 $\sin x = t$ 로 치환하면

$$y = -at^2 + at + a + b = -a\left(t - \frac{1}{2}\right)^2 + \frac{5}{4}a + b \ (-1 \le t \le 1) \ \text{이다.}$$

**$y = a\cos^2 x + a\sin x + b$ 의 최댓값,
최솟값을 구해야 하기에 t의 범위 설정을 잊으면 절대 안 된다.**

2. a의 범위에 따라 값을 구해보자.

   (1) $a > 0$: 최댓값은 $t = \dfrac{1}{2}$ 일 때 $\dfrac{5}{4}a + b = 10$, 최솟값은 $t = -1$일 때, $-a + b = 1$ 이다.

   따라서 $a = 4,\ b = 5$ 이므로 $ab = 20$ 이다.

   (2) $a < 0$: 최댓값은 $t = -1$일 때 $-a + b = 10$, 최솟값은 $t = \dfrac{1}{2}$ 일 때 $\dfrac{5}{4}a + b = 1$ 이다.

   따라서 $a = -4,\ b = 6$ 이므로 $ab = -24$ 이다.

   (1), (2)에 의해 $p + q = 20 - 24 = -4$ 이다.

답은 ①!!

$y = \sin x$, $y = \tan x$는 기함수이고 $y = \cos x$는 우함수이다.

$y = \sin x$, $y = \cos x$는 주기가 2π이고 $y = \tan x$는 주기가 π이다.

$y = \sin x$, $y = \cos x$는 점근선이 없으나 $y = \tan x$의 경우 특이하게 $x = \pm \dfrac{2n+1}{2}\pi$ (n은 정수)과 같은 점근선이 존재한다.

삼각함수의 대칭성, 주기성, 점근선은 그래프를 그리는 것뿐만 아니라 계산을 줄여주는 데에도 유용하다.

예를 들어 $0 < x < 2\pi$일 때, 방정식 $\left(\sin x - \dfrac{1}{2}\right)\left(\cos x - \dfrac{1}{3}\right) = 0$의 모든 실근의 합을 구한다고 해보자. 평가원 3점짜리로 주로 나오는 문제이다.

$\sin x = \dfrac{1}{2}$, $\cos x = \dfrac{1}{3}$를 동시에 만족하는 x는 존재하지 않는다.

$0 < x < 2\pi$일 때, $\sin x = \dfrac{1}{2}$를 만족하는 x와 $\cos x = \dfrac{1}{3}$를 만족하는 x들의 값을 '직접' 구하려고 했는가? 그래프를 그려 대칭성을 이용하면 계산이 훨씬 쉬워지고 실수도 안 한다.

$0 < x < 2\pi$에서 $y = \sin x$와 $y = \dfrac{1}{2}$을 그리면 다음과 같다.

$x = 0$, $x = 2\pi$를 포함하지 않으므로 $x = 0, x = 2\pi$ **부분은 꼭 빈 동그라미로 표시**하자.

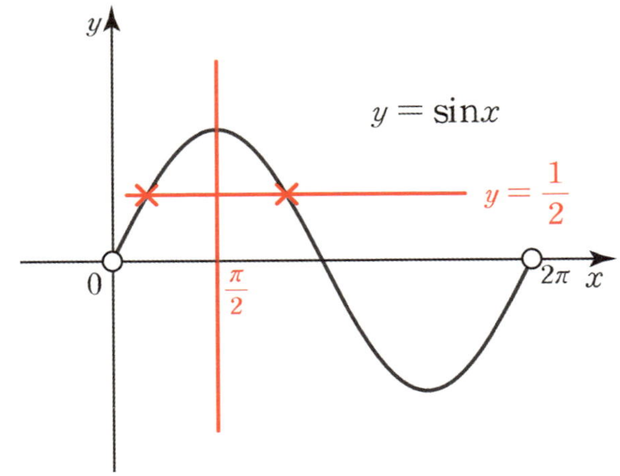

$\sin x = \dfrac{1}{2}$ 해는 $0 < x < \pi$에서 2개가 생긴다.

$0 < x < \pi$에서 $y = \sin x$는 $x = \dfrac{\pi}{2}$ 대칭이기에 2개의 해의 합은 π라는 걸 쉽게 알 수 있다.

와닿지 않으면 두 개의 해를 $\dfrac{\pi}{2} - \alpha, \dfrac{\pi}{2} + \alpha$로 두고 더해도 된다.

$0 < x < 2\pi$에서 $y = \cos x$와 $y = \dfrac{1}{3}$을 그리면 다음과 같다. $x = 0, x = 2\pi$를 포함하지 않으므로

$x = 0, x = 2\pi$ **부분은 꼭 빈 동그라미로 표시하자.**

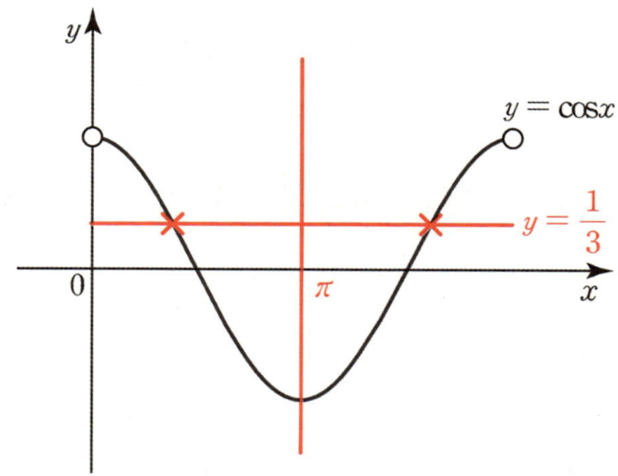

$\cos x = \dfrac{1}{3}$ 해는 $0 < x < 2\pi$에서 2개가 생긴다. $0 < x < 2\pi$에서 $y = \cos x$는 $x = \pi$대칭이기에 2개의 해의

합은 2π라는 걸 쉽게 알 수 있다. 와닿지 않으면 두 개의 해를 $\pi - \beta, \pi + \beta$로 두고 더해도 된다.

따라서 $0 < x < 2\pi$일 때, 방정식 $\left(\sin x - \dfrac{1}{2}\right)\left(\cos x - \dfrac{1}{3}\right) = 0$의 모든 실근의 합은 $\pi + 2\pi = 3\pi$이다.

앞으로 삼각방정식이나 삼각부등식을 풀 때는 꼭 삼각함수의 그래프를 그려두고 풀자.
시간도 단축되고 실수도 안 하는 방법이어서 일거양득이다.

삼각방정식의 경우, 해를 직접 구하여 더하기보다는 대칭성을 이용해 해의 합을 구하기가 쉽다.
삼각부등식의 경우, 시각적으로 범위를 확인할 수 있어 부등호 방향 실수가 적어진다.
덤으로 대칭성과 주기성 역시 확인하기 쉽다.

$\dfrac{\pi}{4} < x < \dfrac{5}{4}\pi$에서 함수 $y = \tan 2x + 2$의 그래프와 직선 $y = m\left(x - \dfrac{3}{4}\pi\right) + 2\,(m > 0)$이 만나는 두 점의 x좌표를 각각 $\alpha,\ \beta\ (\alpha < \beta)$라 할 때, $\beta - \alpha = \dfrac{3}{4}\pi$이다. $3\pi m$의 값을 구하시오.

1. 함수 $y = \tan 2x + 2$의 그래프와 직선 $y = m\left(x - \dfrac{3}{4}\pi\right) + 2$의 그래프를 그려보자.

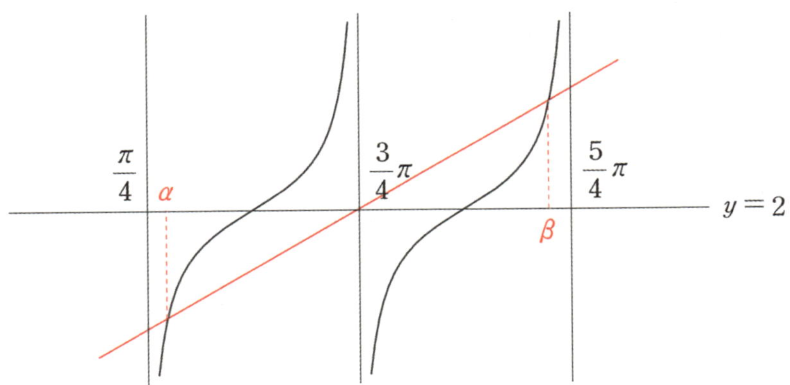

$\dfrac{\alpha + \beta}{2} = \dfrac{3}{4}\pi$에서 $\alpha + \beta = \dfrac{3}{2}\pi$임을 알 수 있다. $\beta - \alpha = \dfrac{3}{4}\pi$이므로 $\alpha = \dfrac{3}{8}\pi,\ \beta = \dfrac{9}{8}\pi$이다.

2. 직선 $y = m\left(x - \dfrac{3}{4}\pi\right) + 2$가 점 $\left(\dfrac{9}{8}\pi,\ 3\right)$을 지나므로 $m \times \left(\dfrac{9}{8}\pi - \dfrac{3}{4}\pi\right) = 1$에서 $m = \dfrac{8}{3\pi}$이다.

따라서 $3\pi m = 8$이다.

답은 8!!

그림과 같이 함수 $y = \sin 2x \ (0 \leq x \leq \pi)$의 그래프가 직선 $y = \dfrac{3}{5}$ 과 두 점 A, B 에서 만나고, 직선 $y = -\dfrac{3}{5}$ 과 두 점 C, D 에서 만난다. 네 점 A, B, C, D 의 x 좌표를 각각 α, β, γ, δ 라 할 때, $\alpha + 2\beta + 2\gamma + \delta$ 의 값은? [4점]

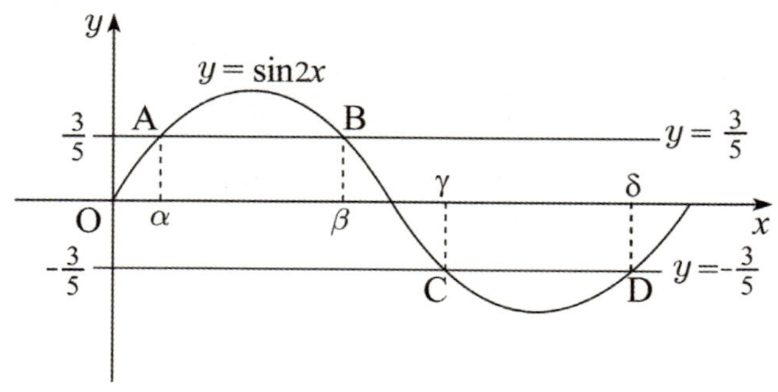

① $\dfrac{9}{4}\pi$ ② $\dfrac{5}{2}\pi$ ③ 3π ④ $\dfrac{7}{2}\pi$ ⑤ 4π

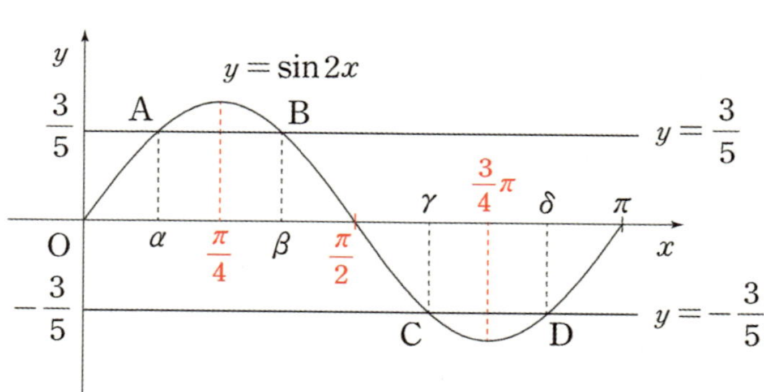

$y = \sin 2x$의 그래프에 대칭성과 주기성에 집중하자.

$\dfrac{\alpha + \beta}{2} = \dfrac{\pi}{4}$ 이므로 $\alpha + \beta = \dfrac{\pi}{2}$ 이다. 마찬가지로 $\dfrac{\gamma + \delta}{2} = \dfrac{3\pi}{4}$ 이므로 $\gamma + \delta = \dfrac{3\pi}{2}$ 이다.

또, $\dfrac{\beta + \gamma}{2} = \dfrac{\pi}{2}$ 이므로 $\beta + \gamma = \pi$ 이다.

따라서 $\alpha + 2\beta + 2\gamma + \delta = (\alpha + \beta) + (\gamma + \delta) + (\beta + \gamma) = \dfrac{\pi}{2} + \dfrac{3\pi}{2} + \pi = 3\pi$ 이다.

답은 ③!!

※ 다른 풀이

$y = \sin(2x)$가 점 $\left(\dfrac{\pi}{2}, 0\right)$에 대하여 대칭이므로 $\alpha + \delta = \pi$, $\beta + \gamma = \pi$ 이다.

음이 아닌 세 정수 a, b, n에 대하여

$$(a^2+b^2+2ab-4)\cos\frac{n}{4}\pi + (b^2+ab+2)\tan\frac{2n+1}{4}\pi = 0$$

일 때, $a+b+\sin^2\dfrac{n}{8}\pi$ 의 값은? (단, $a \geq b$) [4점]

① 4 　　② $\dfrac{19}{4}$ 　　③ $\dfrac{11}{2}$ 　　④ $\dfrac{25}{4}$ 　　⑤ 7

1. $\cos\dfrac{n}{4}\pi$의 계수와 $\tan\dfrac{2n+1}{4}\pi$의 계수를 살펴보자.

    $a^2+b^2+2ab-4$는 정수이고, b^2+ab+2 또한 정수이다.

    a와 b는 음이 아닌 정수이므로 $b^2+ab+2 \geq 2$이다.

2. n에 숫자를 대입하여 $\cos\dfrac{n}{4}\pi$과 $\tan\dfrac{2n+1}{4}\pi$을 구해보면 다음 표와 같다.

n	0	1	2	3	4	5	6	7
$\cos\dfrac{n}{4}\pi$	1	$\dfrac{\sqrt{2}}{2}$	0	$-\dfrac{\sqrt{2}}{2}$	-1	$-\dfrac{\sqrt{2}}{2}$	0	$\dfrac{\sqrt{2}}{2}$
$\tan\dfrac{2n+1}{4}\pi$	1	-1	1	-1	1	-1	1	-1

$\tan\dfrac{2n+1}{4}\pi$는 항상 정수이다.

$\cos\dfrac{n}{4}\pi=0$이면 $\left(b^2+ab+2\right)\tan\dfrac{2n+1}{4}\pi=b^2+ab+2=0$이어야 한다.

$b^2+ab+2 \geq 2$이므로 성립하지 않는다.

마찬가지로, $\cos\dfrac{n}{4}\pi$가 무리수이면 두 수의 계수가 모두 0을 만족해야 한다.

$b^2+ab+2 \geq 2$이므로 $\cos\dfrac{n}{4}\pi$는 무리수가 아니다.

이제 남은 케이스를 나눠서 계산해보자.

(1) $\cos\dfrac{n}{4}\pi=\tan\dfrac{2n+1}{4}\pi=1$: $a^2+b^2+2ab-4+b^2+ab+2=0$에서

    $(a+b)(a+2b)=2$ 이다. a와 b는 음이 아닌 정수이므로

    $a+b=1,\ a+2b=2$ or $a+b=2,\ a+2b=1$을 만족해야 한다.

    $a+b=1,\ a+2b=2$ 이면 $a=3,\ b=-1$이므로 $b \geq 0$인 것에 모순이고,

    $a+b=2,\ a+2b=1$ 이면 $a=0,\ b=1$이므로 $a \geq b$인 것에 모순이다.

(2) $\cos\dfrac{n}{4}\pi=-1,\ \tan\dfrac{2n+1}{4}\pi=1$:

    $-a^2-b^2-2ab+4+b^2+ab+2=-a^2-ab+6=0$ 에서 $a(a+b)=6$이다.

    a와 b는 음이 아닌 정수이므로

    $a=1,\ a+b=6$ 또는 $a=2,\ a+b=3$을 만족해야 한다.

    $a=1,\ a+b=6$ 이면 $a=1,\ b=5$이므로 $a \geq b$인 것에 모순이다.

    $a=2,\ a+b=3$ 이면 $a=2,\ b=1$이므로 주어진 조건을 모두 만족한다.

3. $n=4$일 때 $\cos\dfrac{n}{4}\pi=-1,\ \tan\dfrac{2n+1}{4}\pi=1$ 를 만족한다.

    따라서 $a+b+\sin^2\dfrac{n}{8}\pi=2+1+\sin^2\dfrac{\pi}{2}=3+1=4$이다. **답은 ①!!**

함수 $f(x)$ 가 다음 세 조건을 만족시킨다.

(가) 모든 실수 x 에 대하여 $f(x+\pi) = f(x)$ 이다.

(나) $0 \le x \le \dfrac{\pi}{2}$ 일 때, $f(x) = \sin 4x$

(다) $\dfrac{\pi}{2} < x \le \pi$ 일 때, $f(x) = -\sin 4x$

이때 함수 $f(x)$ 의 그래프와 직선 $y = \dfrac{x}{\pi}$ 가 만나는 점의 개수는? [4점]

① 4   ② 5   ③ 6   ④ 7   ⑤ 8

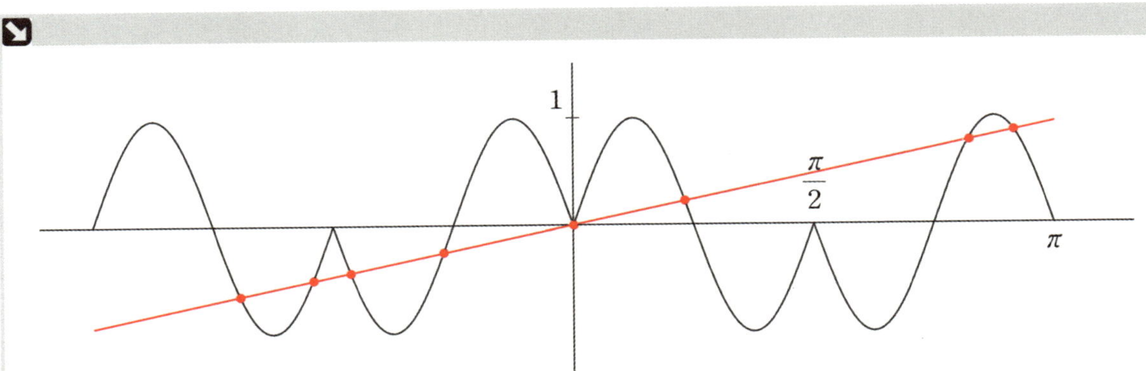

주어진 조건에 맞춰 $y = f(x)$ 를 그리면 **함수 $f(x)$ 는 주기가 π 이고, 우함수이다.**
교점의 개수는 8이다.

답은 ⑤!!

※ $f(x)$ 를 기함수라 착각하고 교점의 개수를 $3 \times 2 + 1 = 7$ 이라 하는 불상사가 없도록 주의하자.

$0 < a < \dfrac{4}{7}$ 인 실수 a 와 유리수 b 에 대하여 닫힌구간 $\left[-\dfrac{\pi}{a}, \dfrac{2\pi}{a} \right]$ 에서 정의된

함수 $f(x) = 2\sin(ax) + b$ 가 있다. 함수 $y = f(x)$ 의 그래프가 두 점 $A\left(-\dfrac{\pi}{2}, 0 \right)$, $B\left(\dfrac{7}{2}\pi, 0 \right)$ 을

지날 때, $30(a+b)$ 의 값을 구하시오. [4점]

1. 닫힌구간 $\left[-\dfrac{\pi}{a},\ \dfrac{2\pi}{a}\right]$ 에서 주기가 $\dfrac{2\pi}{a}$ 인 $y = \sin ax$ 를 그리면 아래와 같다.

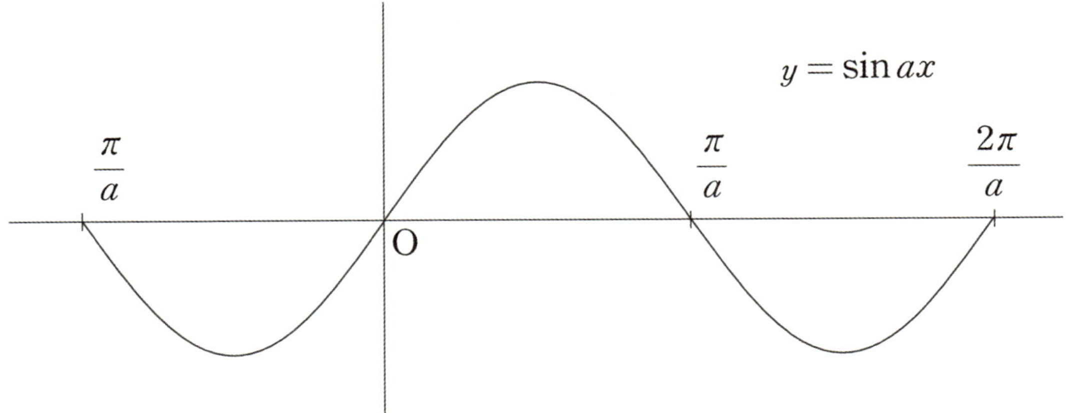

따라서 함수 $f(x) = 2\sin(ax) + b$ 의 그래프 개형은 아래와 같다.

(1) $b < 0$일 때

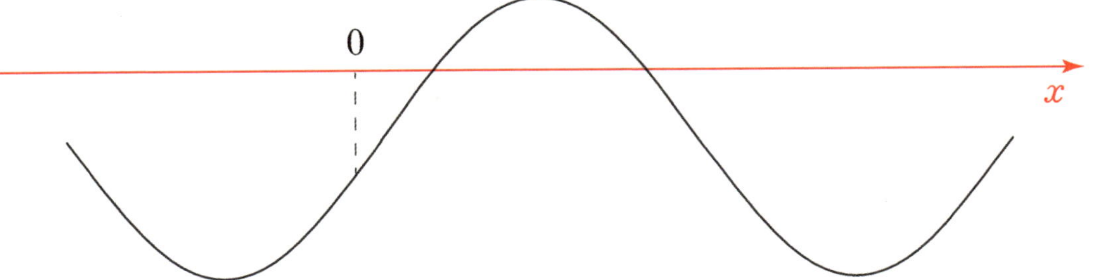

닫힌구간 $\left[-\dfrac{\pi}{a},\ \dfrac{2\pi}{a}\right]$ 에서 $y = f(x)$의 x절편이 모두 양수이므로 문제 조건에 모순이다.

(2) $b > 0$일 때

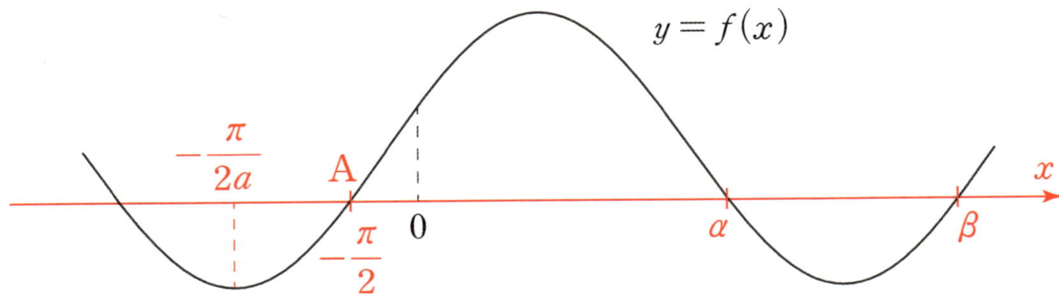

닫힌구간 $\left[-\dfrac{\pi}{a},\ \dfrac{2\pi}{a}\right]$ 에서 $y = f(x)$가 두 점 $A\left(-\dfrac{\pi}{2},\ 0\right)$, $B\left(\dfrac{7}{2}\pi,\ 0\right)$을 지난다.

$0 < a < \dfrac{4}{7}$ 이기에 $-\dfrac{\pi}{2a} < -\dfrac{\pi}{2}$ 이므로 점 A의 위치는 위와 같고, $\alpha = \dfrac{7\pi}{2}$ 또는 $\beta = \dfrac{7\pi}{2}$ 이다.

2. $\alpha = \dfrac{7\pi}{2}$ 또는 $\beta = \dfrac{7\pi}{2}$ 일 때, 함수 $f(x) = 2\sin(ax) + b$ 를 구해보자.

(1) $\alpha = \dfrac{7\pi}{2}$ 일 때

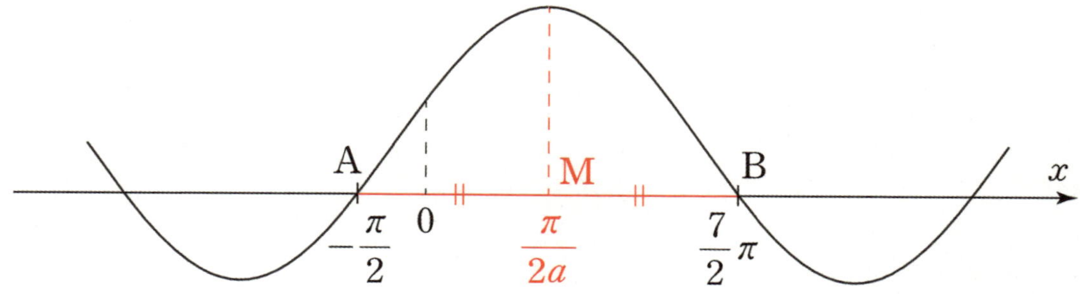

삼각함수의 대칭성을 이용하면 $\overline{\mathrm{AM}} = \overline{\mathrm{BM}}$ 임을 쉽게 알 수 있다.

$2 \times \dfrac{\pi}{2a} = -\dfrac{\pi}{2} + \dfrac{7\pi}{2}$ 이므로 $a = \dfrac{1}{3}$ 이다. $f(x) = 2\sin\left(\dfrac{1}{3}x\right) + b$, $f\left(-\dfrac{\pi}{2}\right) = 0$ 에서 $b = 1$ 이다.

따라서 $f(x) = 2\sin\left(\dfrac{1}{3}x\right) + 1$ 이다.

(2) $\beta = \dfrac{7\pi}{2}$ 일 때

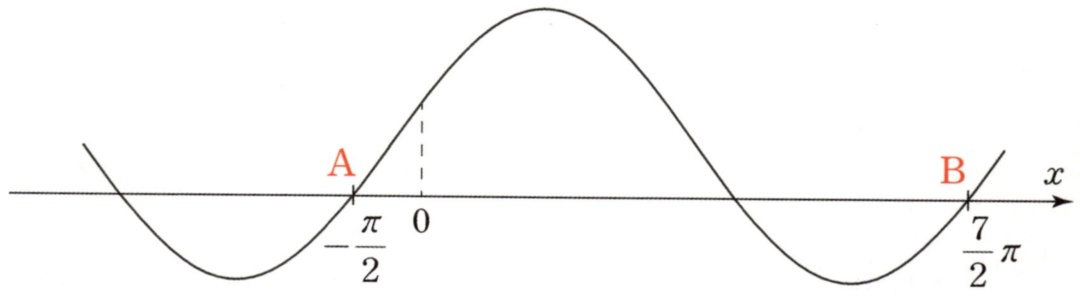

구간 $\left[-\dfrac{\pi}{2}, \dfrac{7\pi}{2}\right]$ 은 $y = f(x)$의 한 주기이다.

따라서 $\overline{\mathrm{AB}} = \dfrac{2\pi}{a}$ 이므로 $4\pi = \dfrac{2\pi}{a}$, $a = \dfrac{1}{2}$ 이다.

$f(x) = 2\sin\left(\dfrac{1}{2}x\right) + b$, $f\left(-\dfrac{\pi}{2}\right) = 0$ 에서 $b = \sqrt{2}$ 이다.

b 가 무리수이므로 문제 조건에 모순이다.

3. $f(x) = 2\sin\left(\dfrac{1}{3}x\right) + 1$ 에서 $a = \dfrac{1}{3}$, $b = 1$ 이다. $30(a+b) = 40$ 이다.

답은 40!!

무작정 수식으로만 풀려고 했다면 시원하게 해결이 되지 않거나 필요한 식을 얻어내기 힘들었을 것이다.
삼각함수 대칭성을 최대한 이용하여 삼각방정식의 해를 구하는 데에 익숙해지자.

자연수 k에 대하여 집합 A_k를

$$A_k = \left\{ \sin \frac{2(m-1)}{k}\pi \,\middle|\, m\text{은 자연수} \right\}$$

라 할 때, <보기>에서 옳은 것만을 있는 대로 고른 것은? [4점]

〈보 기〉

ㄱ. $A_3 = \left\{ -\dfrac{\sqrt{3}}{2},\ 0,\ \dfrac{\sqrt{3}}{2} \right\}$

ㄴ. 1이 집합 A_k의 원소가 되도록 하는 두 자리 자연수 k의 개수는 22이다.

ㄷ. $n(A_k) = 11$을 만족시키는 모든 k의 값의 합은 33이다.

① ㄱ   ② ㄱ, ㄴ   ③ ㄱ, ㄷ   ④ ㄴ, ㄷ   ⑤ ㄱ, ㄴ, ㄷ

1. $A_3 = \left\{ \sin \dfrac{2(m-1)}{3}\pi \ \bigg| \ m$은 자연수$\right\}$에서

$f(m) = \sin \dfrac{2(m-1)}{3}\pi$라 하면 $f(m) = f(m+3)$이다.

$f(1) = 0,\ f(2) = \dfrac{\sqrt{3}}{2},\ f(3) = -\dfrac{\sqrt{3}}{2}$이므로 $A_3 = \left\{ -\dfrac{\sqrt{3}}{2},\ 0,\ \dfrac{\sqrt{3}}{2} \right\}$이다.

선지 (ㄱ)은 참.

---

2. $\sin x = 1$의 해는 $x = 2n\pi + \dfrac{\pi}{2}$이다.

$A_k = \left\{ \sin \dfrac{2(m-1)}{k}\pi \ \bigg| \ m$은 자연수$\right\} = \left\{ 0,\ \sin \dfrac{2}{k}\pi,\ \sin \dfrac{4}{k}\pi,\ \sin \dfrac{6}{k}\pi,\ \cdots,\ \sin \dfrac{50}{k}\pi,\ \cdots \right\}$

에서 $\sin \dfrac{2(m-1)}{k}\pi = 1$ **이기 위해서는** $\dfrac{2(m-1)}{k} = 2n + \dfrac{1}{2}$ **이 되어야 한다.**

$2(m-1) = 2kn + \dfrac{k}{2}$에서 $2(m-1)$은 짝수이고 $2kn$도 짝수이므로 $\dfrac{k}{2}$ 또한 짝수여야 한다.

따라서 $\sin \dfrac{2(m-1)}{k}\pi = 1$ **이기 위한** k**는 4의 배수이다.**

$k = 4t$이라 하면 두 자리 자연수 k의 개수는 $4 \times 3 \le 4t \le 4 \times 24$을 만족하는 t의 개수와 같다. $3 \le t \le 24$이므로 $24 - 3 + 1 = 22$이다.

선지 (ㄴ)은 참.

---

3. $y = \sin x$의 그래프를 그려보자.

$\sin \dfrac{2(m-1)}{k}\pi$에서 $m = 1$일 때 $\dfrac{2(m-1)}{k}\pi = 0$, $m = k+1$일 때 $\dfrac{2(m-1)}{k}\pi = 2\pi$이다.

함수 $y = \sin x$의 그래프는 주기가 2π이니, $1 \le m \le k+1$일 때만 확인하자.

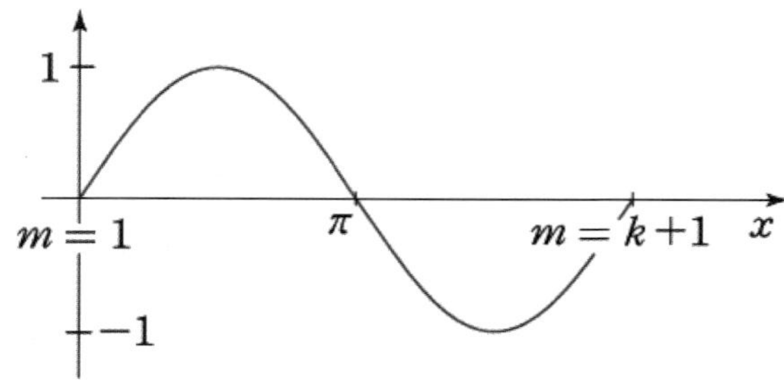

$\dfrac{2(m-1)}{k}\pi = \pi$를 만족시키는 $m = \dfrac{k}{2} + 1$이므로

k**는 짝수일 때** $\dfrac{2(m-1)}{k}\pi = \pi$**를 만족시키는** m**이 존재하고**

k**는 홀수일 때** $\dfrac{2(m-1)}{k}\pi = \pi$**를 만족시키는** m**이 존재하지 않는다.**

k가 짝수일 때와 홀수일 때로 분류해서 생각하자.

(1) k가 짝수일 때

k가 짝수일 때 $n(A_k)=11$이려면 $m=1$, $m=k+1$일 때 $\sin\dfrac{2(m-1)}{k}\pi=0$이므로 0이 아닌 다른 원소가 10개가 더 존재해야 한다.

① $\dfrac{2(m-1)}{k}\pi=\dfrac{\pi}{2}$를 만족시키는 m이 존재하는 경우

각각의 x좌표는 등차수열을 이룬다. 구간 $[0,\,2\pi)$에서 교점이 20개이므로 $k=20$이다.

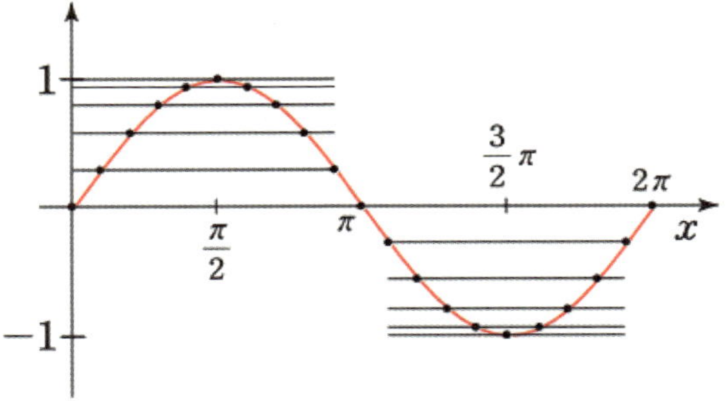

② 모든 m에 대하여 $\dfrac{2(m-1)}{k}\pi\neq\dfrac{\pi}{2}$인 경우

각각의 x좌표는 등차수열을 이룬다. 구간 $[0,\,2\pi)$에서 교점이 22개이므로 $k=22$이다.

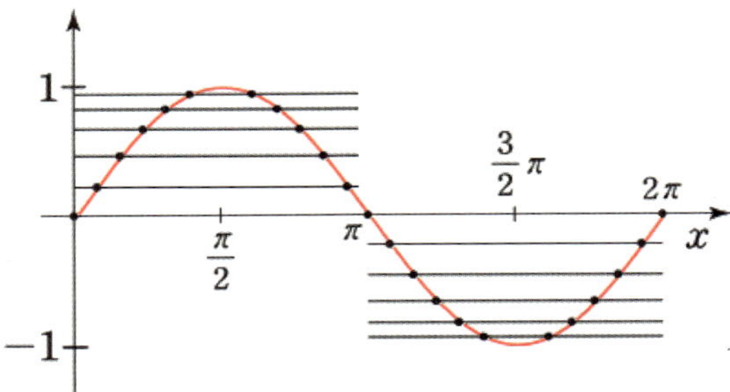

(2) k가 홀수일 때

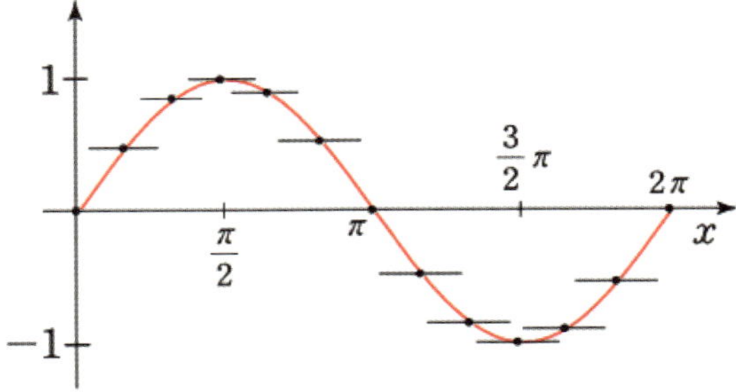

각각의 x좌표는 등차수열을 이룬다. 구간 $[0,\,2\pi)$에서 교점이 22개이므로 $k=11$이다.
따라서 모든 k의 값의 합은 $22+20+11=53$이다. 선지 (ㄷ)은 거짓.

답은 ②!!

선지 (ㄷ)을 판단할 때, $\left\langle \dfrac{2(m-1)}{k}\pi = \dfrac{\pi}{2} \text{를 만족시키는 } m \text{이 존재하는 경우}\right\rangle$ 와

$\left\langle \text{모든 } m \text{에 대하여 } \dfrac{2(m-1)}{k}\pi \neq \dfrac{\pi}{2} \text{인 경우}\right\rangle$ 를 나누어 판단하는 이유는 다음과 같다.

선지(ㄴ)을 판단하는 과정에서 k가 '4의 배수인 짝수'인지 '4의 배수가 아닌 짝수'인지에 따라
$n(A_k)$의 규칙성이 다를 거로 예측할 수 있었을 것이다.

k가 4의 배수인 짝수일 때는 집합 A_k의 원소에 1이 있지만,

k가 4의 배수가 아닌 짝수일 때는 집합 A_k의 원소에 1이 없다.

구간 $[0,\ 2\pi)$에서 $y = \sin x$, $y = 1$의 교점은 2개가 아닌 1개이기에

k가 '4의 배수인 짝수'인지 '4의 배수가 아닌 짝수'인지에 따라 $n(A_k)$의 규칙성에 차이가 있다.

실제로 k가 4의 배수인 짝수일 때, $n(A_k) = \dfrac{k}{2} + 1$이고 k가 4의 배수가 아닌 짝수일 때, $n(A_k) = \dfrac{k}{2}$이다.

이처럼 ㄱㄴㄷ 문제는 각각의 선지가 독립되어있지 않고 유기적인 관계임을 꼭 염두에 두어야 한다.

닫힌구간 $[-2\pi,\ 2\pi]$ 에서 정의된 두 함수

$$f(x) = \sin kx + 2,\ g(x) = 3\cos 12x$$

에 대하여 다음 조건을 만족시키는 자연수 k의 개수는? [4점]

실수 a가 두 곡선 $y = f(x)$, $y = g(x)$의 교점의 y좌표이면

$$\{x\,|\,f(x) = a\} \subset \{x\,|\,g(x) = a\}$$

이다.

---

① 3   ② 4   ③ 5   ④ 6   ⑤ 7

1. $\{x\,|\,f(x)=a\}\subset\{x\,|\,g(x)=a\}$의 의미는

   $f(x)=a$를 만족시키는 모든 x에 대하여 $g(x)=a$라는 뜻이다.

   $\{x\,|\,f(x)=a\}\subset\{x\,|\,g(x)=a\}$를 만족시키려면 두 함수의 대칭축이 일치해야 한다.

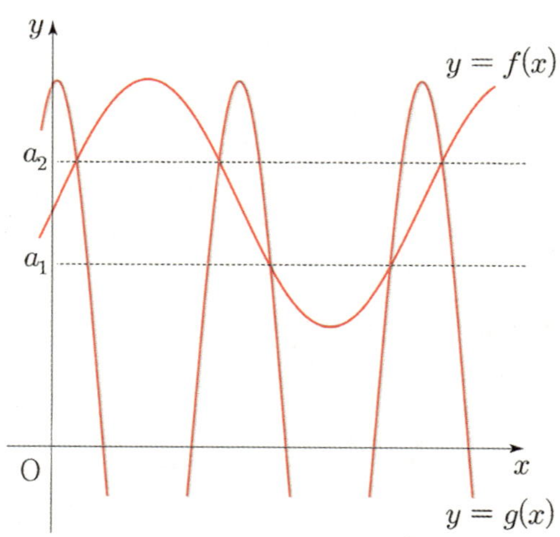

   두 곡선 $f(x)$와 $g(x)$의 교점의 x좌표를 t라 하자.
   $f(t)=g(t)$에서 $\sin kt+2=3\cos 12t$이다.

2. 함수 $f(x)$를 살펴보자.

   함수 $f(x)=\sin kx+2$가 $x=\dfrac{\pi}{2k}$에 대하여 대칭이므로 $f(x)=f\!\left(\dfrac{\pi}{k}-x\right)$이다.

   $f(t)=f\!\left(\dfrac{\pi}{k}-t\right)=a$에서 $\left(\dfrac{\pi}{k}-t\right)\in\{x\,|\,f(x)=a\}$이므로 $g(t)=g\!\left(\dfrac{\pi}{k}-t\right)=a$이다.

3. 함수 $g(x)$를 살펴보자.

   함수 $g(x)=3\cos 12x$가 $x=\dfrac{\pi}{12}$에 대하여 대칭이므로 $g(x)=g\!\left(x+\dfrac{\pi}{6}\right)=g\!\left(\dfrac{\pi}{6}-x\right)$이다.

   $g(t)=g\!\left(\dfrac{\pi}{k}-t\right)=a$에서 $3\cos 12t=3\cos\!\left(\dfrac{12\pi}{k}-12t\right)$이므로

   $3\cos 12t=3\cos(-12t)=3\cos\!\left(\dfrac{12\pi}{k}-12t\right)$이므로 $\dfrac{12\pi}{k}=2n\pi$이다.

   두 자연수 n, k에 대하여 $nk=6$이다. 6의 약수의 개수는 1, 2, 3, 6으로 4개다.

답은 ②!!

1. 주어진 조건의 의미를 파악해보자.

$\{x\,|\,f(x)=a\}$ 는 $f(x)=a$ 를 만족시키는 x 의 집합을 의미하고,

$\{x\,|\,g(x)=a\}$ 는 $g(x)=a$ 를 만족시키는 x 의 집합을 의미한다.

이때, $\{x\,|\,f(x)=a\}\subset\{x\,|\,g(x)=a\}$ 의 의미는

$f(x)=a$ 를 만족시키는 모든 x 에 대하여 $g(x)=a$ 역시 만족시킴을 의미한다.

2. $\{x\,|\,f(x)=a\}\subset\{x\,|\,g(x)=a\}$ 는 방정식 $f(x)=a$ 의 모든 실근이 방정식 $g(x)=a$ 의 실근에 포함됨을 의미한다.

이때, 방정식 $f(x)=a$ 를 만족시키는 근 중 하나를 $x=\alpha$ 라 하고, 일반해를 구해보자.
여기서 구한 $f(x)=a$ 의 일반해의 집합이 방정식 $g(x)=a$ 의 일반해의 집합에 포함됨을 보이면
충분하다.

3. 방정식 $f(x)=g(x)=a$ 의 공통근 중 하나를 α 라 하자. 먼저 $f(x)=a$ 를 살펴보자.
사인함수의 대칭성에 의하여 $\sin x=\sin(\pi-x)$ 이므로 $f(x)=\sin kx+2$ 에서

$f(\alpha)=\sin k\alpha+2=\sin(\pi-k\alpha)+2=f\left(\dfrac{\pi}{k}-\alpha\right)=a$ 이다.

또한, 사인함수의 주기성에 의하여 $\sin x=\sin(2\pi+x)$ 이므로 $f(x)=\sin kx+2$ 에서

$f(\alpha)=\sin k\alpha+2=\sin(2\pi+k\alpha)+2=f\left(\dfrac{2\pi}{k}+\alpha\right)=a$ 이다.

따라서 사인함수의 대칭성과 주기성에 의하여

$f(\alpha)=f\left(\dfrac{\pi}{k}-\alpha\right)=f\left(\dfrac{2\pi}{k}+\alpha\right)=f\left(\dfrac{3\pi}{k}-\alpha\right)=\cdots=a$ 이다.

정리하면 방정식 $f(x)=a$ 를 만족시키는 근은 $\dfrac{2n\pi}{k}+\alpha$ 또는 $\dfrac{(2n-1)\pi}{k}-\alpha$ 이다.

(단, n 은 0 이상의 정수)

4. **방정식 $g(x)=a$ 역시 $\dfrac{2n\pi}{k}+\alpha$ 또는 $\dfrac{(2n-1)\pi}{k}+\alpha$ 를 근으로 가져야 한다.**

$g(x)=3\cos 12x$ 에 $x=\dfrac{2n\pi}{k}+\alpha$ 를 대입하면 $3\cos\left(\dfrac{24n\pi}{k}+12\alpha\right)=a$ 이다.

$g(x)=3\cos 12x$ 에 $x=\dfrac{(2n-1)\pi}{k}+\alpha$ 를 대입하면 $3\cos\left(\dfrac{12\times(2n-1)\pi}{k}-12\alpha\right)=a$ 이다.

$g(\alpha)=3\cos 12\alpha=3\cos(2m\pi+12\alpha)=a$,

$g(\alpha)=3\cos(-12\alpha)=3\cos(2m\pi-12\alpha)=a$ 이므로

$3\cos\left(\dfrac{24n\pi}{k}+12\alpha\right)$ 의 $\dfrac{24n\pi}{k}$ 는 $2m\pi$ 꼴을 가져야 하고,

$3\cos\left(\dfrac{12\times(2n-1)\pi}{k}-12\alpha\right)$ 의 $\dfrac{12\times(2n-1)\pi}{k}$ 는 $2m\pi$ 꼴을 가져야 한다.

(단, m 은 0 이상의 정수)

5. $3\cos\left(\dfrac{24n\pi}{k}+12\alpha\right)$의 $\dfrac{24n\pi}{k}$가 $2m\pi$ 꼴이 되기 위해서는 k가 12의 약수여야 한다.

$3\cos\left(\dfrac{12\times(2n-1)\pi}{k}-12\alpha\right)$의 $\dfrac{12\times(2n-1)\pi}{k}$가 $2m\pi$ 꼴이 되기 위해서는 k가 6의 **약수여야 한다.**

두 조건을 모두 만족하려면 자연수 k는 6의 약수인 $k=1,2,3,6$이 되어야 하므로

k의 개수는 4이다.

답은 ②!!

$-1 \leq t \leq 1$인 실수 t에 대하여 x에 대한 방정식

$$\left(\sin\frac{\pi x}{2} - t\right)\left(\cos\frac{\pi x}{2} - t\right) = 0$$

의 실근 중에서 집합 $\{x \mid 0 \leq x < 4\}$에 속하는 가장 작은 값을 $\alpha(t)$, 가장 큰 값을 $\beta(t)$라 하자. <보기>에서 옳은 것만을 있는대로 고른 것은? [4점]

<보기>

$\langle$ 보 기$\rangle$

ㄱ. $-1 \leq t < 0$인 모든 실수 t에 대하여 $\alpha(t) + \beta(t) = 5$ 이다.

ㄴ. $\{t \mid \beta(t) - \alpha(t) = \beta(0) - \alpha(0)\} = \left\{t \mid 0 \leq t \leq \dfrac{\sqrt{2}}{2}\right\}$

ㄷ. $\alpha(t_1) = \alpha(t_2)$인 두 실수 t_1, t_2에 대하여 $t_2 - t_1 = \dfrac{1}{2}$이면 $t_1 \times t_2 = \dfrac{1}{3}$이다.

① ㄱ   ② ㄱ, ㄴ   ③ ㄱ, ㄷ   ④ ㄴ, ㄷ   ⑤ ㄱ, ㄴ, ㄷ

1. $0 \le x < 4$ 의 범위에서 두 함수 $y = \sin\dfrac{\pi x}{2}$, $y = \cos\dfrac{\pi x}{2}$ 의 그래프와

$-1 \le t < 0$ 일 때 $y = t$ 의 그래프를 나타내면 아래의 그림과 같다.

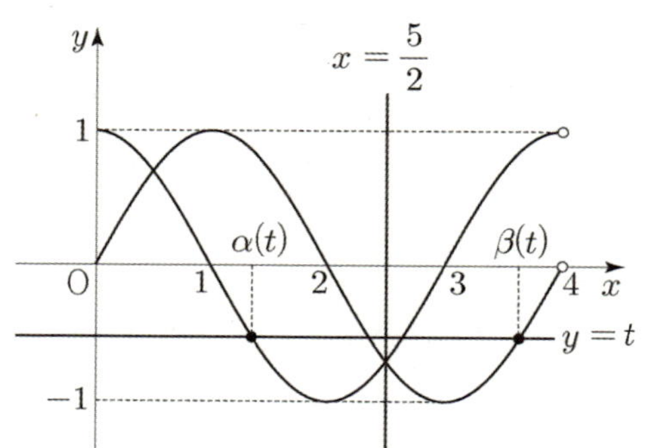

이때, 두 점 $(\alpha(t), t)$, $(\beta(t), t)$ 는 직선 $x = \dfrac{5}{2}$ 에 대하여 대칭이므로

$\dfrac{\alpha(t) + \beta(t)}{2} = \dfrac{5}{2}$ 이다. 따라서 $\alpha(t) + \beta(t) = 5$ 이므로 선지 (ㄱ)은 참.

2. $t = 0$ 일 때, 방정식 $\sin\dfrac{\pi x}{2} = 0$ 의 해는

$x = 0$, $x = 2$ 이고, $\cos\dfrac{\pi x}{2} = 0$ 의 해는 $x = 1$, $x = 3$ 이므로 $\alpha(0) = 0$, $\beta(0) = 3$ 이다.

$\beta(t) - \alpha(t) = 3$ 이 되는 범위를 그래프에서 찾아보면 다음과 같다.

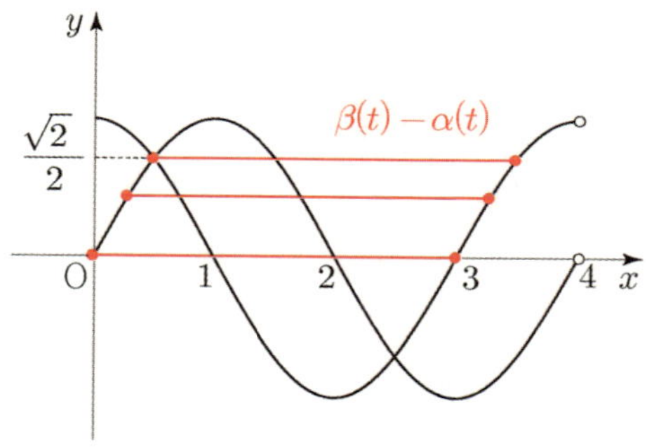

$t > \dfrac{\sqrt{2}}{2}$ 이면 $\beta(t) - \alpha(t) > 3$ 이고, $t < 0$ 이면 $\beta(t) - \alpha(t) < 3$ 이므로

$\{t \mid \beta(t) - \alpha(t) = \beta(0) - \alpha(0)\} = \left\{t \;\middle|\; 0 \le t \le \dfrac{\sqrt{2}}{2}\right\}$ 이다.

선지 (ㄴ)은 참.

3. 그래프에서 $t_1 \ne t_2$ 이면서 $\alpha(t_1) = \alpha(t_2) = \alpha$ 를 만족시키려면 $0 \le t_1 \le 1$, $0 \le t_2 \le 1$ 이다.

선지 (ㄷ)에서 $t_2 = t_1 + \dfrac{1}{2} > t_1$ 이므로 $t_1 = \sin\dfrac{\pi}{2}\alpha$, $t_2 = \cos\dfrac{\pi}{2}\alpha$, $t_1^2 + t_2^2 = 1$ 이다.

$(t_2 - t_1)^2 = t_2^2 + t_1^2 - 2t_1 t_2 = \dfrac{1}{4}$, $1 - 2t_1 t_2 = \dfrac{1}{4}$ 이므로 $t_1 t_2 = \dfrac{3}{8}$ 이다. 선지 (ㄷ)은 거짓.

답은 ②!!

함수

$$f(x) = \left| 2a\cos\frac{b}{2}x - (a-2)(b-2) \right|$$

가 다음 조건을 만족시키도록 하는 10 이하의 자연수 a, b의 모든 순서쌍 (a, b)의 개수는? [4점]

> (가) 함수 $f(x)$는 주기가 π인 주기함수이다.
> (나) $0 \le x \le 2\pi$에서 함수 $y = f(x)$의 그래프와 직선 $y = 2a-1$의 교점의 개수는 4이다.

① 11   ② 13   ③ 15   ④ 17   ⑤ 19

---

1. 함수 $f(x)$의 주기가 π가 되기 위해서는

   (1) $2a\cos\dfrac{b}{2}x - (a-2)(b-2)$의 주기가 2π이면서 $(a-2)(b-2) = 0$인 경우와

   (2) $2a\cos\dfrac{b}{2}x - (a-2)(b-2)$의 주기가 π이면서 $(a-2)(b-2) \ne 0$인 경우가 존재한다.

2. $b = 2$일 때, $2a\cos\dfrac{b}{2}x - (a-2)(b-2)$의 주기가 2π이면서 $(a-2)(b-2) = 0$이다.

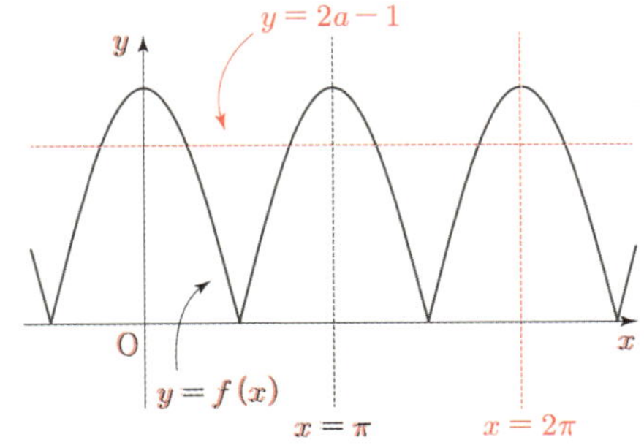

$f(x) = |2a\cos x|$ 이므로 (①)이 성립하고, a의 값에 관계없이 $0 \le x \le 2\pi$ 에서 함수 $y = f(x)$의 그래프와 직선 $y = 2a - 1$의 교점의 개수는 4이다.

따라서 이때 가능한 a의 값은 1 이상 10 이하의 모든 자연수이고,

모든 순서쌍 (a, b)의 개수는 10이다.

3. $b = 4$ 일 때, $2a\cos\dfrac{b}{2}x - (a-2)(b-2)$ 의 주기가 π 이다.

$f(x) = |2a\cos x - 2(a-2)|$ 이다. a 의 값에 따라서 함수 $y = 2a\cos x - 2(a-2)$ 의
최솟값의 부호가 다르므로, $a = 1$ 일 때와 $a = 2$ 일 때, $a \geq 3$ 일 때로 경우를 나누어 관찰해보자.

ⅰ) $a = 1$ 일 때

    $f(x) = |2\cos 2x + 2| = 2\cos 2x + 2$ 이므로
    (①) 이 성립하고, $0 \leq x \leq 2\pi$ 에서 함수 $y = f(x)$ 의
    그래프와 직선 $y = 1$ 의 교점의 개수는 4 이다.

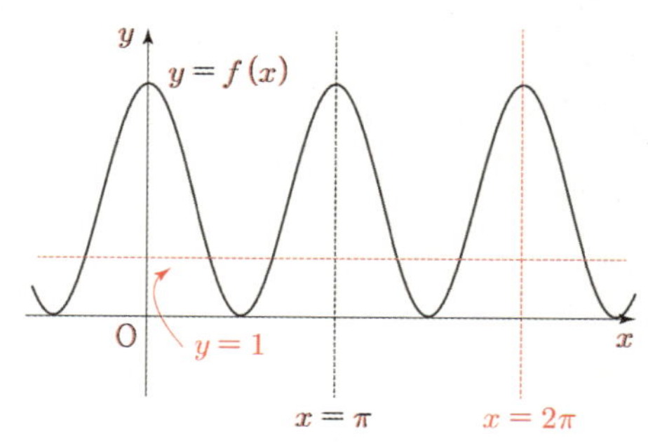

ⅱ) $a = 2$ 일 때

    $f(x) = |4\cos 2x|$ 인데, 주기가 $\dfrac{\pi}{2}$ 이므로
    (①) 이 성립하지 않는다.

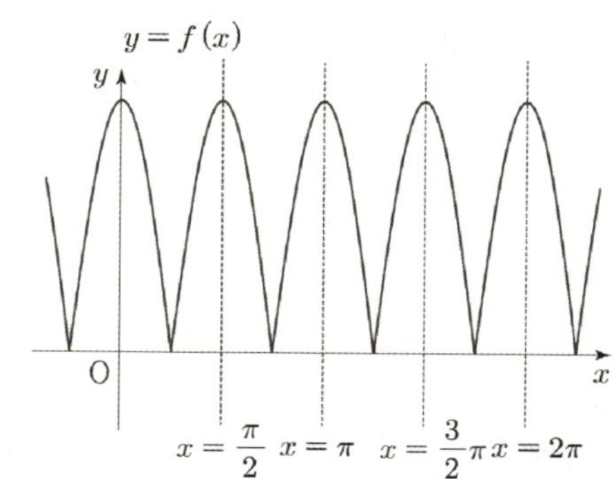

ⅲ) $a \geq 3$ 일 때

$f(x) = |2a\cos 2x - 2(a-2)|$ 에서
함수 $y = 2a\cos 2x - 2(a-2)$ 의 최솟값은
$4 - 4a \leq -8$ 이고, 이를 토대로
함수 $y = f(x)$ 의 그래프를 그려보면 (①) 이 성립함을
알 수 있다.

$y = f(x)$ 의 극댓값은 $4a - 4$ 또는 4인데, 조건 (나)가
성립하기 위해서는 $4 < 2a - 1 < 4a - 4$이 성립해야 한다.

즉, $4 < 2a - 1 < 4a - 4 \Leftrightarrow a > \dfrac{5}{2}$ 이어야 한다.

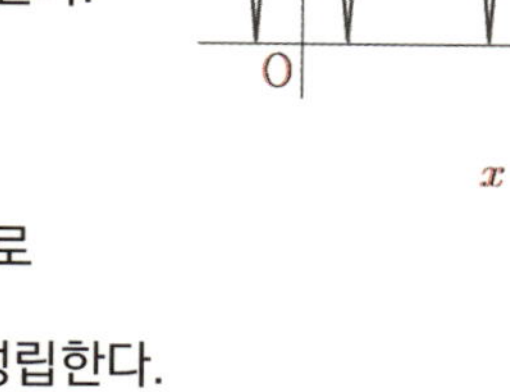

그런데 $a > \dfrac{5}{2}$ 인 것은 $a \geq 3$ 이기 위한 필요조건이므로

$3 \leq a \leq 10$ 인 모든 자연수 a 에 대하여 조건 (나)가 성립한다.

따라서 이때 가능한 a 의 값은 1 과 3 이상 10 이하의 모든 자연수이고,
모든 순서쌍 (a, b) 의 개수는 9 이다.

따라서 구하는 모든 순서쌍 (a, b) 의 개수는 $10 + 9 = 19$ 이다.

답은 ⑤!!

양수 a에 대하여 함수

$$f(x) = \left| 4\sin\left(ax - \frac{\pi}{3}\right) + 2 \right| \quad \left(0 \le x < \frac{4\pi}{a}\right)$$

의 그래프가 직선 $y = 2$와 만나는 서로 다른 점의 개수는 n이다. 이 n개의 점의 x좌표의 합이 39일 때, $n \times a$의 값은? [4점]

① $\dfrac{\pi}{2}$　　　　② π　　　　③ $\dfrac{3\pi}{2}$　　　　④ 2π　　　　⑤ $\dfrac{5\pi}{2}$

1. 함수 $y = 4\sin\left(ax - \dfrac{\pi}{3}\right) + 2 = 4\sin\left\{a\left(x - \dfrac{\pi}{3a}\right)\right\} + 2$ 의 주기는 $\dfrac{2\pi}{a}$ 이므로

   함수 $f(x)$ 의 그래프는 다음 그림과 같다.

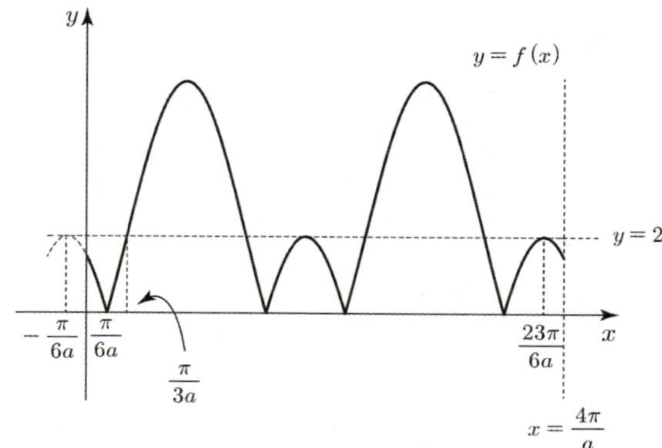

따라서 $n = 6$ 이다.

---

2. 함수 $f(x)$ 의 그래프와 직선 $y = 2$ 가 만나는 6 개의 점을 x 좌표가 작은 순서대로
   $\mathrm{P}_1, \mathrm{P}_2, \cdots, \mathrm{P}_6$ 이라 하자.

   함수 $f(x)$ 의 그래프에서 함수 $f(x)$ 의 주기도 $\dfrac{2\pi}{a}$ 임을 알 수 있으므로

   점 P_3 의 x 좌표는 $\dfrac{11\pi}{6a}$ 임을 알 수 있고, 점 P_1, P_5 와 점 P_2, P_4 는 각각

   직선 $x = \dfrac{11\pi}{6a}$ 에 대하여 대칭이며 점 P_6 의 x 좌표는 $\dfrac{23\pi}{6a}$ 임을 알 수 있다.

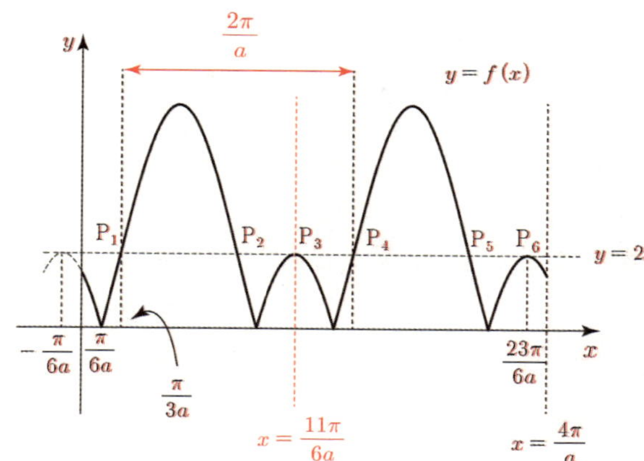

따라서 $\dfrac{11\pi}{6a} + (2+2) \times \dfrac{11\pi}{6a} + \dfrac{23\pi}{6a} = 39$ 에서 $a = \dfrac{\pi}{3}$ 이고, $n \times a = 2\pi$ 이다.

답은 ④!!

▌사인법칙, 코사인법칙

삼각형 ABC의 외접원의 반지름의 길이를 R 라 하면 $\dfrac{a}{\sin A} = \dfrac{b}{\sin B} = \dfrac{c}{\sin C} = 2R$이다.

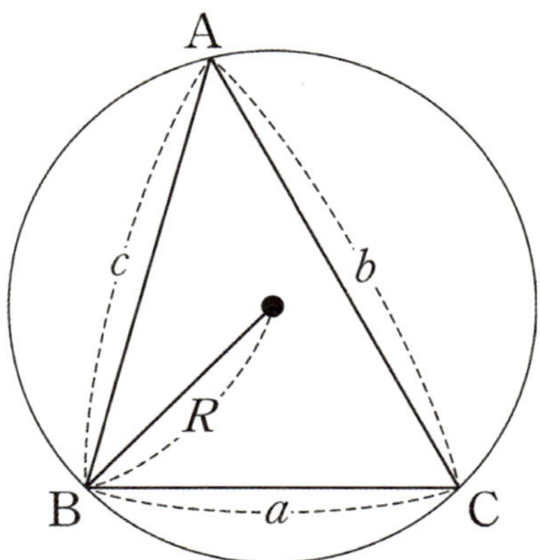

$a = 2R\sin A,\ b = 2R\sin B,\ c = 2R\sin C$이므로 $a : b : c = \sin A : \sin B : \sin C$임을 알 수 있다.

삼각형 ABC의 넓이 S는 $\dfrac{abc}{4R}$이다. 증명은 다음과 같다.

$S = \dfrac{1}{2}bc\sin A$이다. $\sin A = \dfrac{a}{2R}$이므로 $S = \dfrac{1}{2}bc\sin A$에 대입하면 $S = \dfrac{abc}{4R}$이다.

사인법칙의 증명은 다음과 같다.

(1) 삼각형 ABC가 예각삼각형일 때,

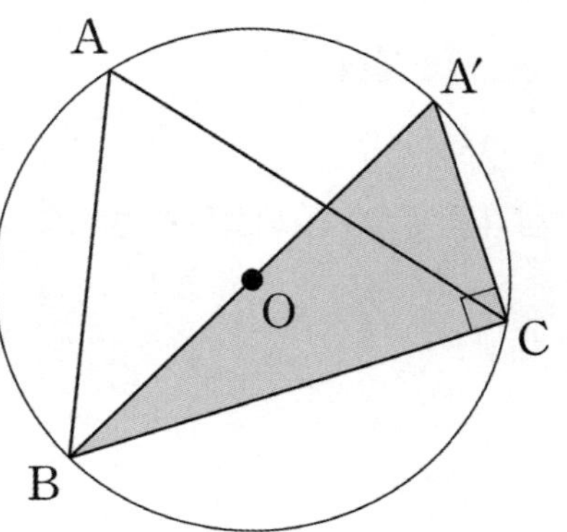

$\overline{BC}$를 밑변으로 하고 지름 $\overline{A'B}$를 빗변으로 하는 직각삼각형을 그린다.
$\angle BAC$, $\angle BA'C$는 호 BC에 대한 원주각이기에 $\angle BAC$의 크기는
$\angle BA'C$의 크기와 같다.

$\angle BCA' = \dfrac{\pi}{2}$, $\overline{A'B} = 2R$, $\overline{BC} = a$이므로 $\sin A' = \dfrac{a}{2R} = \sin A$ 이다.

마찬가지 방법으로 $\sin B = \dfrac{b}{2R}$, $\sin C = \dfrac{c}{2R}$를 증명할 수 있다.

(2) 삼각형 ABC가 둔각삼각형일 때,

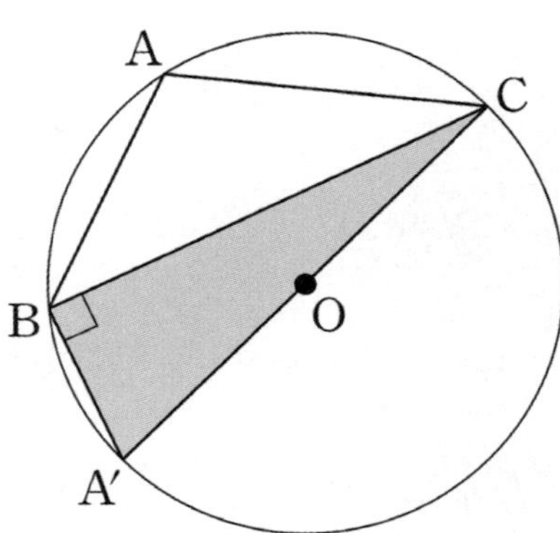

$\overline{BC}$를 밑변으로 하고 지름 $\overline{A'C}$를 빗변으로 하는 직각삼각형을 그린다.
사각형 $ABA'C$는 원에 내접하는 사각형이다.
따라서 $\angle BAC + \angle BA'C = \pi$이다.

$\angle A'BC = \dfrac{\pi}{2}$, $\overline{A'C} = 2R$, $\overline{BC} = a$이므로

$\sin A' = \dfrac{a}{2R} = \sin(\pi - A) = \sin A$이다.

마찬가지 방법으로 $\sin B = \dfrac{b}{2R}$, $\sin C = \dfrac{c}{2R}$를 증명할 수 있다.

(3) 삼각형 ABC가 직각삼각형일 때,

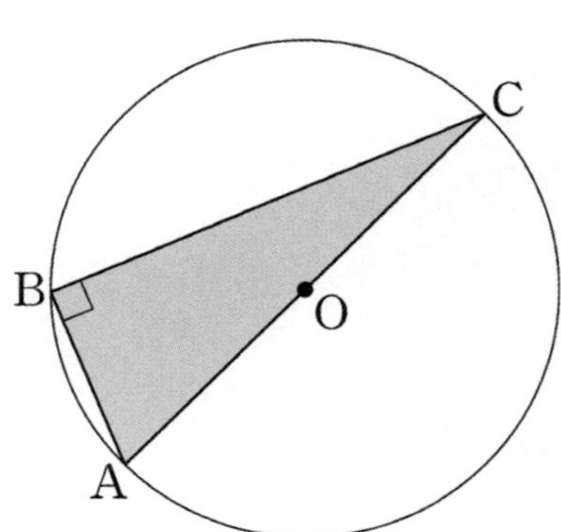

그림에서 $\sin A = \dfrac{a}{2R}$, $\sin B = \dfrac{b}{2R}$, $\sin C = \dfrac{c}{2R}$임이 자명하다.

두 원 C_1, C_2가 그림과 같이 두 점 A, B에서 만난다. 선분AB의 길이는 12이고, 그에 대한 원주각의 크기는 각각 60°, 30°이다. 두 원 C_1, C_2의 반지름의 길이를 각각 R_1, R_2라고 할 때, $R_1{}^2 + R_2{}^2$의 값을 구하시오. [4점]

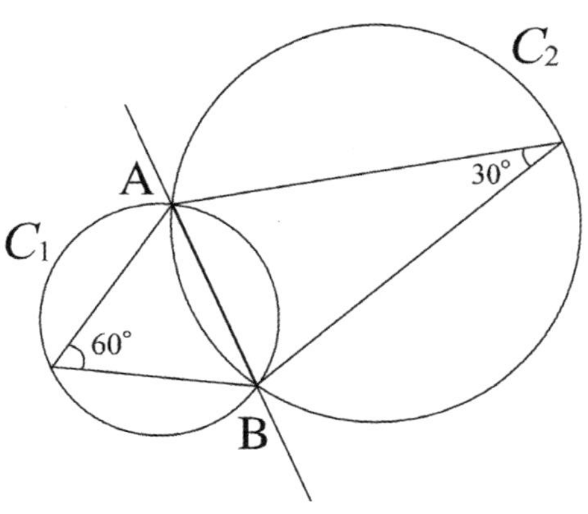

원 C_1에서 사인법칙을 적용하자. $\dfrac{\overline{AB}}{\sin 60°} = \dfrac{12}{\dfrac{\sqrt{3}}{2}} = 8\sqrt{3} = 2R_1$ 이므로 $R_1 = 4\sqrt{3}$ 이다.

마찬가지로, 원 C_2에서도 사인법칙을 적용하자. $\dfrac{\overline{AB}}{\sin 30°} = \dfrac{12}{\dfrac{1}{2}} = 24 = 2R_2$ 이므로 $R_2 = 12$ 이다.

$R_1{}^2 + R_2{}^2 = 48 + 144 = 192$ 이다.

답은 192!!

$\triangle ABC$ 에서

$$6\sin A = 2\sqrt{3}\,\sin B = 3\sin C$$

가 성립할 때, $\angle A$ 의 크기는? [3점]

① 120°　　② 90°　　③ 60°　　④ 45°　　⑤ 30°

사인법칙을 활용하자. $\dfrac{\overline{BC}}{\sin A} = \dfrac{\overline{CA}}{\sin B} = \dfrac{\overline{AB}}{\sin C}$, $6\sin A = 2\sqrt{3}\,\sin B = 3\sin C$ 에서

$\overline{BC} = \dfrac{k}{6}$, $\overline{AC} = \dfrac{1}{2\sqrt{3}}k$, $\overline{AB} = \dfrac{k}{3}$ 이다.

$k = 6$이라 하면 $\overline{AB} = 2$, $\overline{BC} = 1$, $\overline{AC} = \sqrt{3}$ 이므로 $\triangle ABC$는 다음과 같이 그려진다.

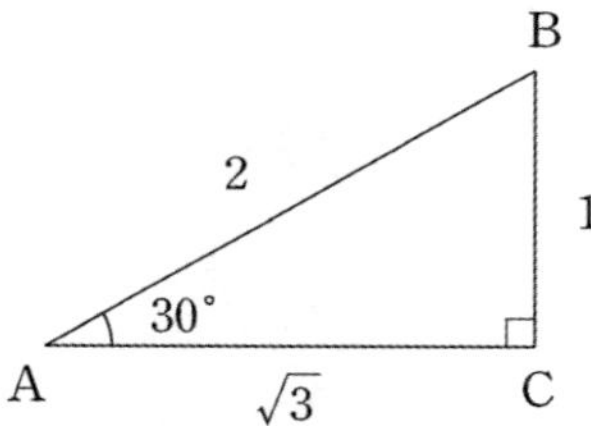

$\angle A = 30°$ 이다.

답은 ⑤!!

※ $\overline{BC} = a$, $\overline{AC} = b$, $\overline{AB} = c$라 하면 $\sin A : \sin B : \sin C = a : b : c$이다. 이를 바로 활용해도 좋다.

그림과 같이 $\overline{AB}=\overline{AC}$인 이등변삼각형 ABC에서 선분 AC를 $5:3$으로 내분하는 점을 D라 하자. $2\sin(\angle ABD)=5\sin(\angle DBC)$일 때, $\dfrac{\sin C}{\sin A}$의 값은? [4점]

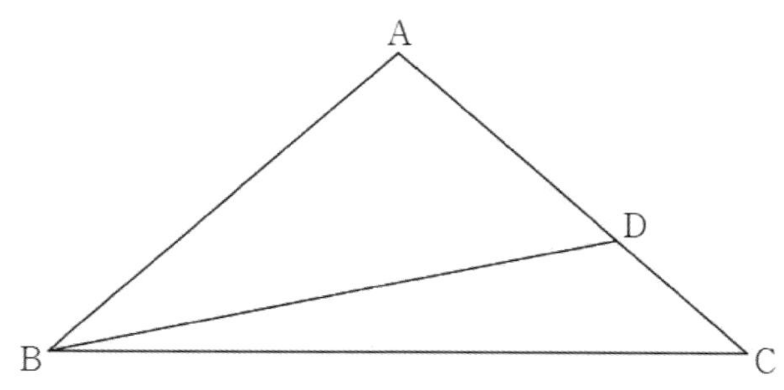

① $\dfrac{3}{5}$　　② $\dfrac{7}{11}$　　③ $\dfrac{2}{3}$　　④ $\dfrac{9}{13}$　　⑤ $\dfrac{5}{7}$

1. 선분 AC의 $5:3$ 내분점이 D 이므로 편의상 $\overline{AB}=\overline{AC}=8$ 이라 하자. $\overline{AD}=5$, $\overline{CD}=3$ 이다.

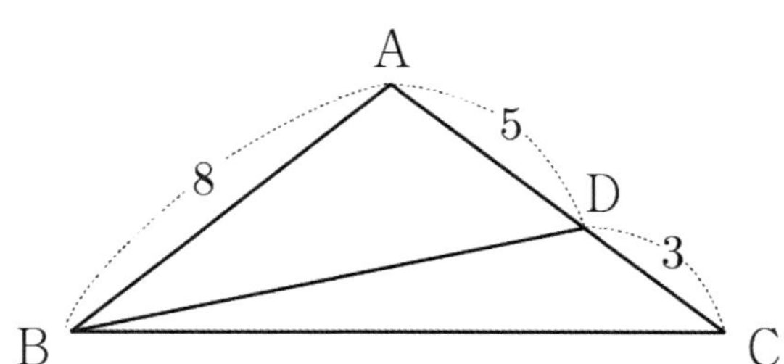

sin($\angle$ABD)와 sin($\angle$DBC)의 비율관계가 주어졌으므로 사인법칙을 활용하여 $\sin A$, $\sin C$의 비율관계를 구하자.

2. $\dfrac{5}{\sin(\angle ABD)} = \dfrac{\overline{BD}}{\sin A}$, $\dfrac{3}{\sin(\angle DBC)} = \dfrac{\overline{BD}}{\sin C}$ 에서

$\dfrac{\sin C}{\sin A} = \dfrac{5\sin(\angle DBC)}{3\sin(\angle ABD)} = \dfrac{5}{3} \times \dfrac{2}{5} = \dfrac{2}{3}$ 이다.

답은 ③!!

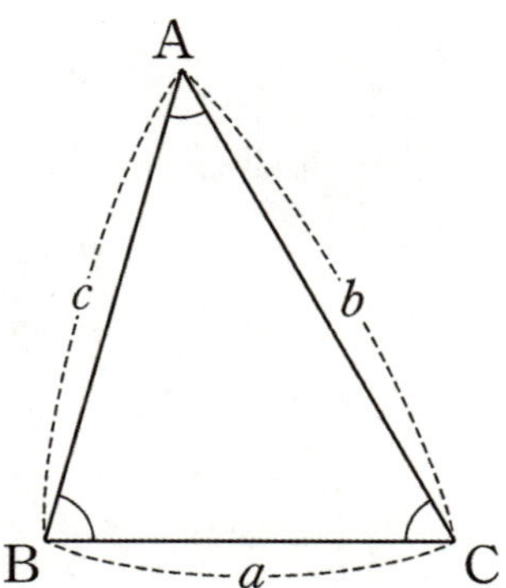

삼각형 ABC에서 다음이 성립한다.

$$1.\ a^2 = b^2 + c^2 - 2bc\cos A$$

$$2.\ b^2 = c^2 + a^2 - 2ca\cos B$$

$$3.\ c^2 = a^2 + b^2 - 2ab\cos C$$

이를 각에 대하여 나타내면 다음과 같다.

$$1.\ \cos A = \frac{b^2 + c^2 - a^2}{2bc}$$

$$2.\ \cos B = \frac{c^2 + a^2 - b^2}{2ca}$$

$$3.\ \cos C = \frac{a^2 + b^2 - c^2}{2ab}$$

(1) 삼각형 ABC가 예각삼각형일 때,

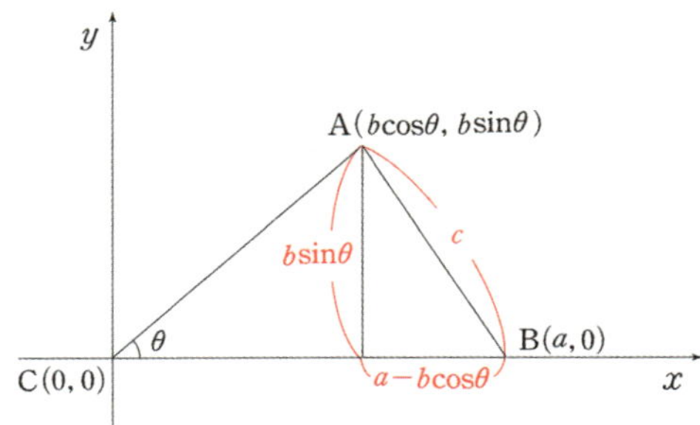

점 C는 원점, 점 B는 $(a, 0)$, 점 A는 $(b\cos\theta,\ b\sin\theta)$이다.

그림으로부터 $c^2 = (a - b\cos\theta)^2 + (b\sin\theta)^2 = a^2 + b^2 - 2ab\cos\theta$임을 알 수 있다.

(2) 삼각형 ABC가 둔각삼각형일 때,

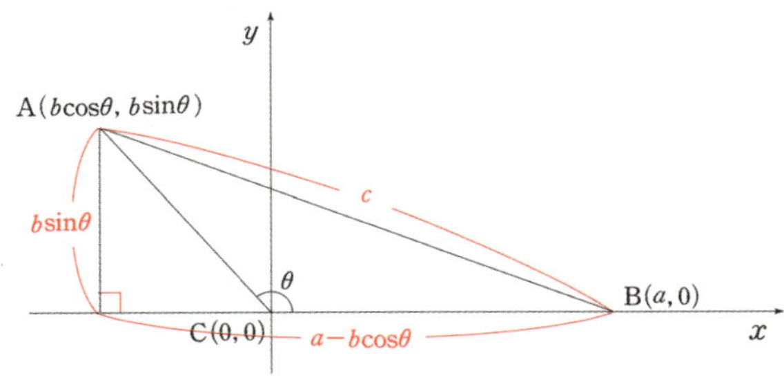

점 C는 원점, 점 B는 $(a, 0)$, 점 A는 $(b\cos\theta,\ b\sin\theta)$이다.

그림으로부터 $c^2 = (b\cos\theta - a)^2 + (b\sin\theta)^2 = a^2 + b^2 - 2ab\cos\theta$임을 알 수 있다.

(3) 삼각형 ABC가 직각삼각형일 때,

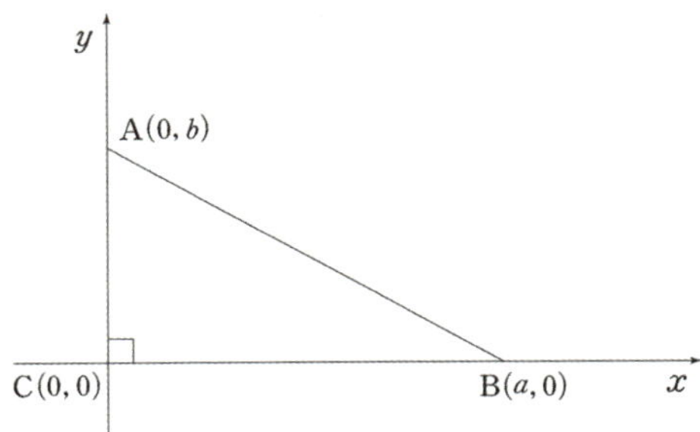

점 C는 원점, 점 B는 $(a, 0)$, 점 A는 $(0, b)$이다.

그림으로부터 $c^2 = a^2 + b^2 = a^2 + b^2 - 2ab\cos\dfrac{\pi}{2}$임을 알 수 있다.

3. 사인법칙, 코사인법칙 활용

삼각형의 결정조건에는 **세 변의 길이가 주어질 때, 두 변의 길이와 그 끼인각이 주어질 때, 한 변의 길이와 그 양 끝 각이 주어질 때**가 있다. 여기에서 주어지지 않은 나머지 변의 길이나 각에 대한 정보를 알기 위해 사인법칙이나 코사인법칙을 이용해야 한다.

각 상황에서 언제 사인법칙이 편할지, 언제 코사인법칙이 편할지 구분하는 것은 중요하다. 이를 고려하지 않고 무작정 사인법칙이나 코사인법칙을 쓴다면 구하려고 하는 변이나 각과 관련된 식이 너무 복잡해질 수 있다. 언제 사인법칙이 더 편하고 언제 코사인법칙이 더 편할지 알려주도록 하겠다.

세 변의 길이가 주어질 때는 코사인법칙을 이용하는 것이 유리하다. 코사인법칙을 이용하여 세 각에 대한 정보를 쉽게 알 수 있다.

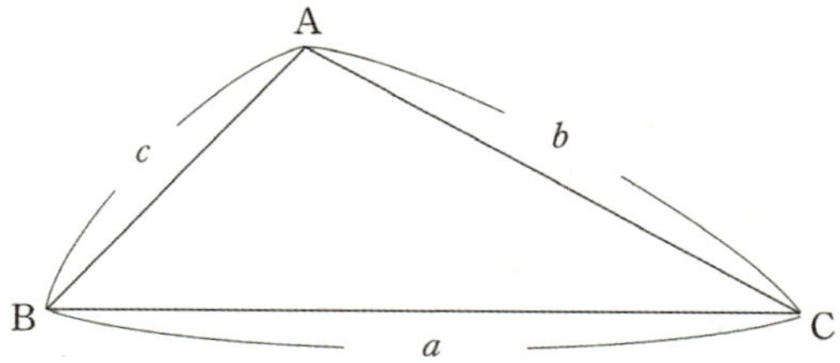

코사인법칙을 이용하면 $\cos\angle A = \dfrac{b^2+c^2-a^2}{2bc}$, $\cos\angle B = \dfrac{a^2+c^2-b^2}{2ac}$, $\cos\angle C = \dfrac{a^2+b^2-c^2}{2ab}$ 이다.

또한, 헤론 공식 $\sqrt{s(s-a)(s-b)(s-c)}$ $\left(s = \dfrac{a+b+c}{2}\right)$ 을 이용하여 삼각형의 넓이를 쉽게 구할 수 있다.

두 변의 길이와 그 끼인각이 주어질 때는 코사인법칙을 이용하는 것이 유리하다. 코사인법칙을 이용하여 나머지 한 변의 길이를 쉽게 알 수 있다. 이후 나머지 두 각에 대한 정보도 코사인법칙이나 사인법칙을 이용하면 쉽게 알 수 있다.

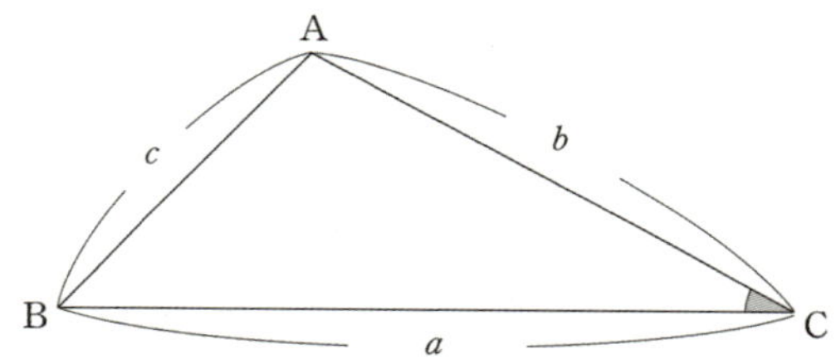

코사인법칙을 이용하면 $c^2 = a^2 + b^2 - 2ab\cos\angle C$ 로 나머지 한 변의 길이 c를 알 수 있다.

이후에 코사인법칙을 이용해 $\cos\angle A = \dfrac{b^2+c^2-a^2}{2bc}$, $\cos\angle B = \dfrac{a^2+c^2-b^2}{2ac}$ 를 구하거나

사인법칙을 이용해 $\sin\angle A = \dfrac{a\sin\angle C}{c}$, $\sin\angle B = \dfrac{b\sin\angle C}{c}$ 를 구할 수 있다.

한 변의 길이와 두 각의 크기가 주어질 때는 사인법칙을 이용하는 것이 유리하다. 두 각의 크기를 알면 삼각형 내각의 합이 π이므로 나머지 한 각의 크기도 아는 거나 다름이 없다. 사인법칙을 이용하여 두 변의 길이를 쉽게 알 수 있다.

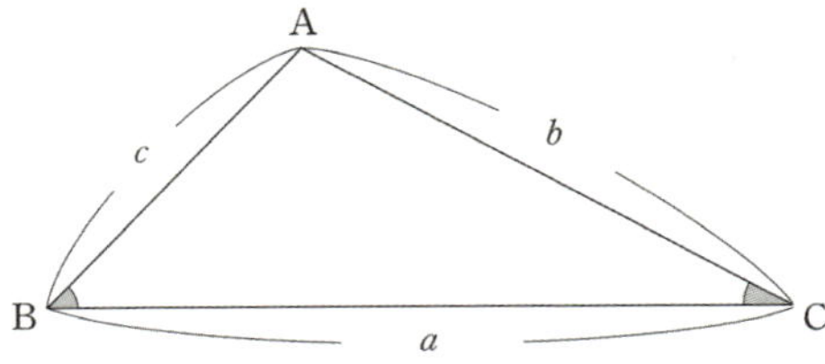

삼각형 내각의 합이 π이므로 $\angle A = \pi - (\angle B + \angle C)$이다.

사인법칙을 이용해 $b = \dfrac{a \sin \angle B}{\sin A}$, $c = \dfrac{a \sin \angle C}{\sin A}$를 구할 수 있다.

※ **두 변의 길이와 끼인각이 아닌 각 하나가 주어질 때는 삼각형의 결정조건은 아니다.** 그럼에도 불구하고 코사인법칙이나 사인법칙을 적절히 이용하여 나머지 한 변의 길이와 나머지 두 각에 대한 정보를 알 수 있다.

두 변의 길이와 끼인각이 아닌 각 하나가 주어질 때는 코사인법칙을 이용하는 것이 유리하다. 코사인법칙을 이용하여 나머지 한 변의 길이를 쉽게 알 수 있다. 이후 나머지 두 각에 대한 정보도 코사인법칙이나 사인법칙을 이용하면 쉽게 알 수 있다.

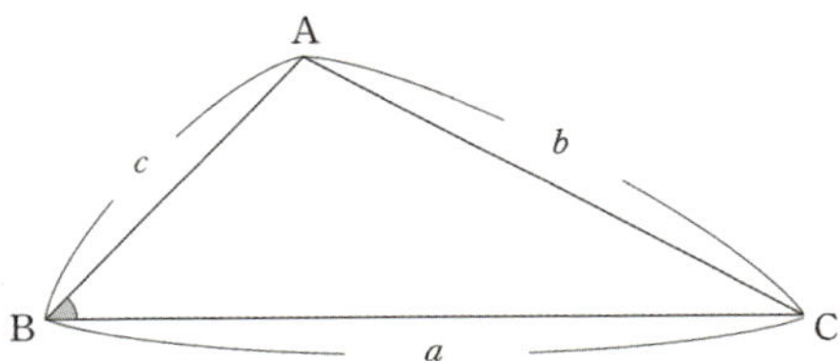

코사인법칙을 이용하면 $b^2 = a^2 + c^2 - 2ac \cos \angle B$로 나머지 한 변의 길이 c를 알 수 있다.

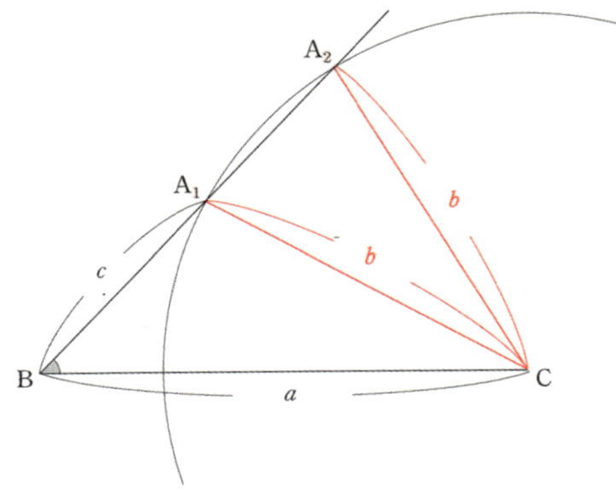

다만, 다루는 삼각형에 따라 위 그림과 같이 **점 A의 위치가 점 A_1이거나 점 A_2일 수 있다.**

$b^2 = a^2 + c^2 - 2ac \cos \angle B$를 이용해 나머지 한 변의 길이 c를 구할 때, **c에 대한 이차방정식이 나오는 이유**도 이 때문이다.

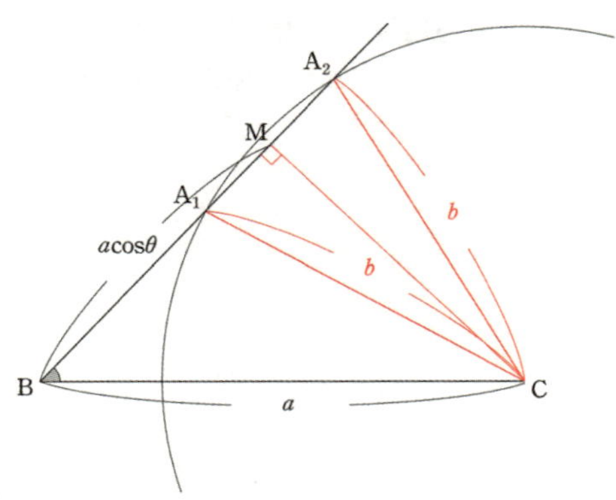

$\angle \mathrm{B} = \theta$로 두고 c에 대한 이차방정식 $b^2 = a^2 + c^2 - 2ac\cos\angle\mathrm{B}$를 정리하면
$c = a\cos\theta \pm \sqrt{b^2 - a^2\sin^2\theta}$ 이다. $\overline{\mathrm{BM}} = a\cos\theta$ 이므로 점 A 의 위치가 점 A_1 이면 $c < a\cos\theta$ 에서
$c = a\cos\theta - \sqrt{b^2 - a^2\sin^2\theta}$ 이고, 점 A 의 위치가 점 A_2 이면 $c > a\cos\theta$ 에서
$c = a\cos\theta + \sqrt{b^2 - a^2\sin^2\theta}$ 임을 알 수 있다.

점 A 의 위치가 점 A_1 이면 $\angle$ A 가 둔각이고 점 A 의 위치가 점 A_2 이면 $\angle$ A 가 예각이다.
따라서 $\angle$ A 가 **둔각인지 예각인지**에 따라 $c = a\cos\theta - \sqrt{b^2 - a^2\sin^2\theta}$ 인지
$c = a\cos\theta + \sqrt{b^2 - a^2\sin^2\theta}$ 인지를 결정할 수 있다.

이후에 코사인법칙을 이용해 $\cos\angle\mathrm{A} = \dfrac{b^2 + c^2 - a^2}{2bc}$, $\cos\angle\mathrm{C} = \dfrac{a^2 + b^2 - c^2}{2ab}$ 를 구하거나
사인법칙을 이용해 $\sin\angle\mathrm{A} = \dfrac{a\sin\angle\mathrm{B}}{b}$, $\sin\angle\mathrm{C} = \dfrac{c\sin\angle\mathrm{B}}{b}$ 를 구할 수 있다.

**만약 나머지 한 변의 길이 c가 아닌 $\sin\angle\mathrm{A}$ 가 필요하다면 굳이 c를 구할 필요 없이
사인법칙을 이용해 $\sin\angle\mathrm{A} = \dfrac{a\sin\angle\mathrm{B}}{b}$ 로 나타내면 된다.**

※ **주의**

사인법칙, 코사인법칙을 쓰는 것이 최선이 아닐 때도 존재한다.

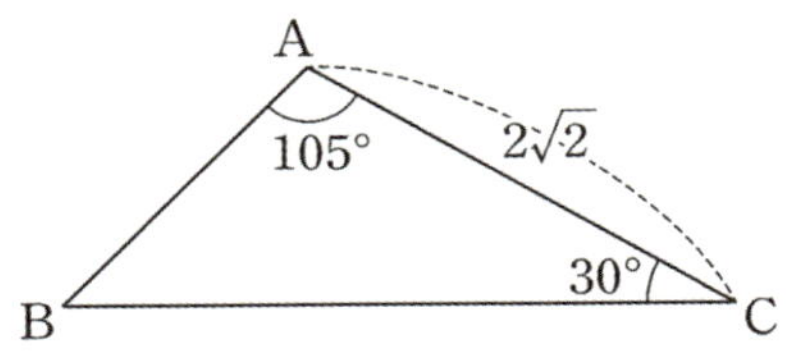

$\overline{BC}$의 길이를 구해보자. $\angle B = 45^\circ$ 이다. '어? 이거 완전 사인법칙 상황 아니냐?' 하며

$$\frac{2\sqrt{2}}{\sin 45^\circ} = \frac{\overline{BC}}{\sin 105^\circ}$$ 를 이용하려 했다면 잠깐 멈춰보자.

미적분 선택자라면 $\sin 105^\circ = \sin(45^\circ + 60^\circ)$는 삼각함수 덧셈정리를 이용해 구할 수도 있으나 그리 편한 선택은 아닐 거 같다.

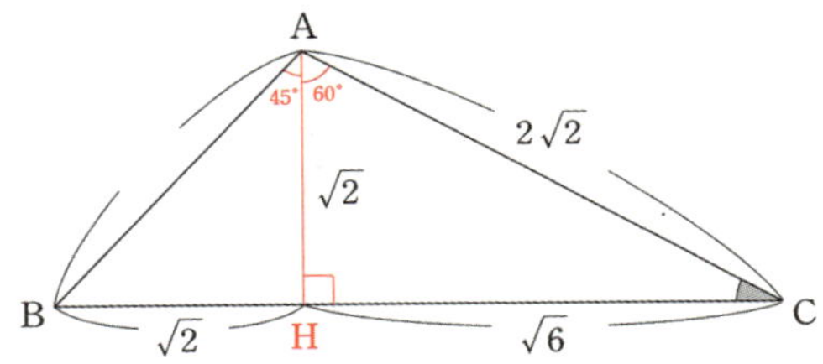

점 A에서 선분 BC에 수선의 발 H를 내려 직각삼각형 2개를 만든다.

삼각형 AHC에서 특수각 삼각비를 이용하면 $\overline{AH} = \sqrt{2}$, $\overline{CH} = \sqrt{6}$임을 쉽게 알 수 있고,

삼각형 AHB에서 특수각 삼각비를 이용하면 $\overline{BH} = \sqrt{2}$임을 쉽게 알 수 있다.

$\overline{BC} = \overline{BH} + \overline{HC} = \sqrt{2} + \sqrt{6}$ 이다.

따라서 사인법칙이나 코사인법칙을 이용하기 전에 수선, 특수각 삼각비를 최대한 이용해 보는 것이 좋다.

원 모양의 호수의 넓이를 구하기 위해 호수의 가장자리의 세 지점 A , B , C 에서 거리와 각을 측정한 결과가 다음과 같았다.

$$\overline{AB} = 80\,m$$
$$\overline{AC} = 100\,m$$
$$\angle CAB = 60°$$

이때 이 호수의 넓이는? [4점]

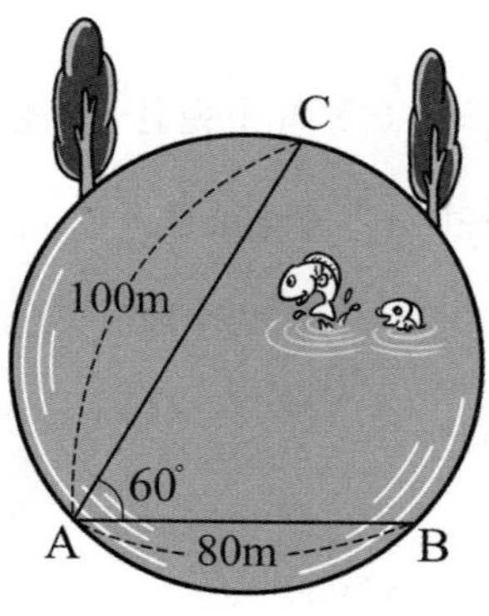

① $2400\,\pi\,m^2$ ② $2500\,\pi\,m^2$ ③ $2600\,\pi\,m^2$ ④ $2700\,\pi\,m^2$ ⑤ $2800\,\pi\,m^2$

1. $\overline{BC} = a$라 하자.

△ABC에서 $\overline{AB}$, $\overline{AC}$의 길이와 끼인각 ∠BAC를 알기에 코사인법칙을 활용하여 $\overline{BC} = a$를 구할 수 있다. $a^2 = 100^2 + 80^2 - 2 \cdot 100 \cdot 80 \cdot \cos60° = 8400$이므로 $a = 20\sqrt{21}$ 이다.

2. 사인법칙을 활용하여 △ABC의 외접원의 반지름을 구해보자.

$\dfrac{a}{\sin60°} = 2R$이므로 $\dfrac{20\sqrt{21}}{\dfrac{\sqrt{3}}{2}} = 40\sqrt{7} = 2R$에서 $R = 20\sqrt{7}$ 이다.

따라서 호수의 넓이는 $\pi R^2 = 2800\pi$이다.

답은 ⑤!!

그림과 같이 바다에 인접해 있는 두 해안 도로가 $60\,°$ 의 각을 이루며 만나고 있다. 두 해안 도로가 만나는 지점에서 바다쪽으로 $x\sqrt{3}\,\text{m}$ 떨어져 있는 배에서 출발하여 두 해안 도로를 차례대로 한 번씩 거쳐 다시 배로 되돌아오는 수영코스의 최단길이가 $300\,\text{m}$ 일 때, x 의 값을 구하시오. (단, 배는 정지해 있고, 두 해안 도로는 일직선 모양이며 그 폭은 무시한다.) [4점]

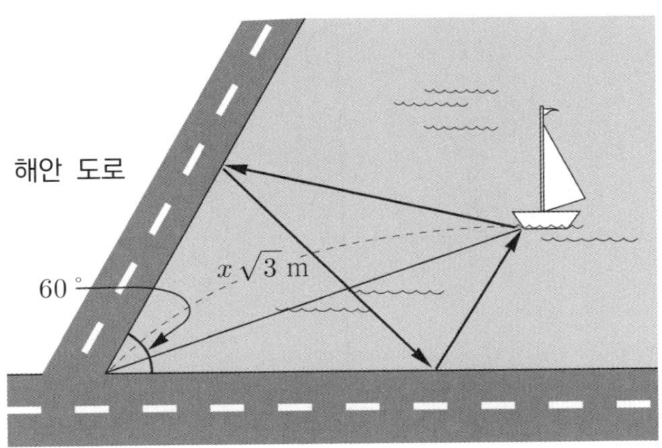

1. 배의 위치를 점 A, 좌측의 해안 도로를 m, 아래측의 해안 도로를 l이라 하자.

   배에서 l을 거칠 때 만나는 l위의 점을 B. m을 거칠 때 만나는 m위의 점을 C라 하자.

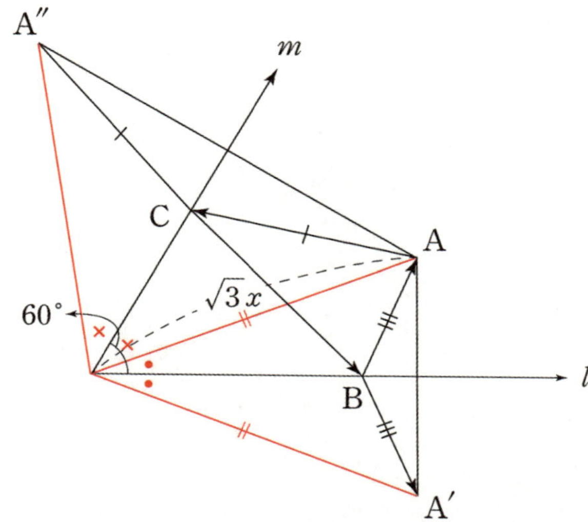

그림과 같이 점 A를 l에 대하여 대칭이동 시킨 점을 A′, 점 A를 m에 대하여 대칭이동 시킨
점을 A″이라 하자. $\overline{AB}=\overline{A'B}$, $\overline{AC}=\overline{A''C}$이므로
$\overline{AB}+\overline{BC}+\overline{CA}=\overline{A'B}+\overline{BC}+\overline{CA''}\geq \overline{A'A''}=300$이다.

2. 두 해안 도로의 교점을 O라 하면 $\angle A'OA''=60°\times 2=120°$이다.
   $\overline{OA}=\overline{OA'}=\overline{OA''}=x\sqrt{3}$이므로 $\triangle OA'A''$에서 코사인법칙을 적용하면
   $300^2=(x\sqrt{3})^2+(x\sqrt{3})^2-2\times(x\sqrt{3})^2\cos 120°=9x^2$이다. 따라서 $x=100$이다.

답은 100!!

그림과 같이 중심이 O 이고 반지름의 길이가 $\sqrt{10}$ 인 원에 내접하는 예각삼각형 ABC 에 대하여 두 삼각형 OAB, OCA 의 넓이를 각각 S_1, S_2 라 하자. $3S_1 = 4S_2$ 이고 $\overline{BC} = 2\sqrt{5}$ 일 때, 선분 AB 의 길이는? [4점]

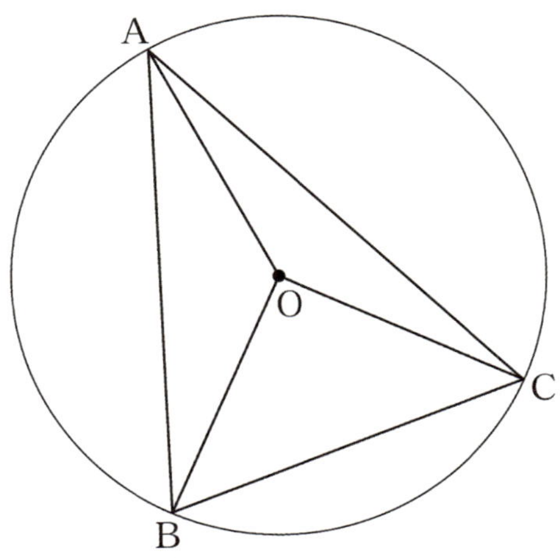

① $2\sqrt{7}$　　　② $\sqrt{30}$　　　③ $4\sqrt{2}$　　　④ $\sqrt{34}$　　　⑤ 6

1. $\overline{BC} = 2\sqrt{5}$, $\overline{OB} = \overline{OC} = \sqrt{10}$ 이므로 삼각형 OBC 는 직각이등변삼각형이고 $\angle BOC = \dfrac{\pi}{2}$ 이다.

조건에 맞게 그림을 그려주자.

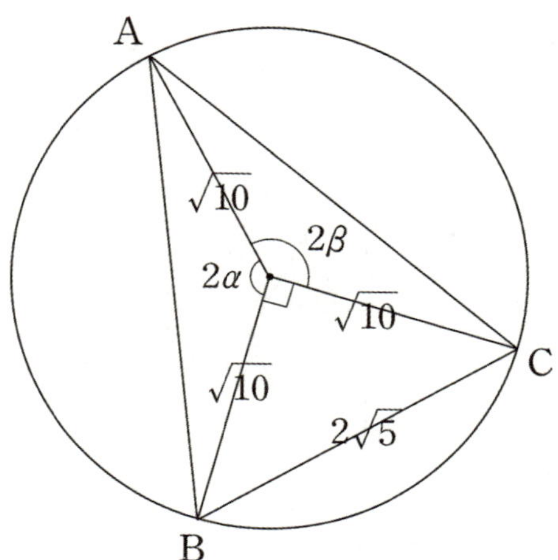

$\angle AOB = 2\alpha$, $\angle AOC = 2\beta$ 라 하면 두 삼각형 OAB, OCA 의 넓이 S_1, S_2 는 각각

$$S_1 = \frac{1}{2} \times (\sqrt{10})^2 \times \sin 2\alpha = 5\sin 2\alpha, \quad S_2 = \frac{1}{2} \times (\sqrt{10})^2 \times \sin 2\beta = 5\sin 2\beta \text{이다.}$$

주어진 조건에서 $3S_1 = 4S_2$ 이므로 $\sin 2\alpha = \dfrac{4}{3}\sin 2\beta$ 이다.

$2\alpha + 2\beta + \dfrac{\pi}{2} = 2\pi$ 이므로 $\beta = \dfrac{3}{4}\pi - \alpha$ 이다.

따라서 $\sin 2\alpha = \dfrac{4}{3}\sin\left(\dfrac{3}{2}\pi - 2\alpha\right)$ **이므로** $\sin 2\alpha = -\dfrac{4}{3}\cos 2\alpha$ **에서** $\tan 2\alpha = -\dfrac{4}{3}$ **이다.**

$\tan 2\alpha = -\dfrac{4}{3}$ 에서 $\cos 2\alpha = -\dfrac{3}{5}$ 이다. $\left(\dfrac{\pi}{2} < 2\alpha < \pi\right)$

2. $\overline{OA} = \overline{OB} = \sqrt{10}$, $\angle AOB = 2\alpha$ 이다.

$\triangle OAB$ **에서** $\overline{OA}$, $\overline{OB}$ **와 끼인각** $\angle AOB$ **의 크기를 알기에 코사인법칙을 활용하여** $\overline{AB}$ **를 표현하면 된다.**

$$\overline{AB} = \sqrt{(\overline{OA})^2 + (\overline{OB})^2 - 2 \times \overline{OA} \times \overline{OB}\cos 2\alpha}$$
$$= \sqrt{(\sqrt{10})^2 + (\sqrt{10})^2 - 2(\sqrt{10})^2 \times \left(-\dfrac{3}{5}\right)}$$
$$= 4\sqrt{2}$$

따라서 $\overline{AB} = 4\sqrt{2}$ 이다.

답은 ③!!

그림과 같이 $\overline{AB}=2$, $\overline{AC}\parallel\overline{BD}$, $\overline{AC}:\overline{BD}=1:2$ 인 두 삼각형 ABC, ABD 가 있다. 점 C 에서 선분 AB 에 내린 수선의 발 H 는 선분 AB 를 $1:3$ 으로 내분한다.

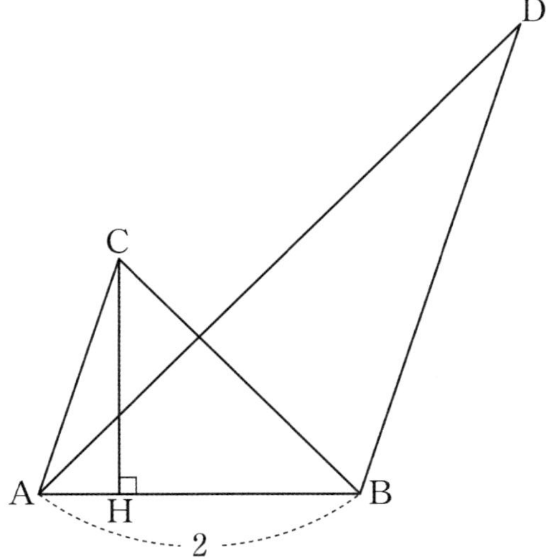

두 삼각형 ABC, ABD 의 외접원의 반지름의 길이를 각각 r, R 라 할 때,

$4(R^2-r^2)\times\sin^2(\angle\mathrm{CAB})=51$ 이다. $\overline{AC}^2$ 의 값을 구하시오. (단, $\angle\mathrm{CAB}<\dfrac{\pi}{2}$) [4점]

1. 두 선분 AD와 BC의 교점을 E, 점 E에서 직선 AB에 내린 수선의 발을 F라 하자.

   평행한 두 선분 AC와 BD의 길이의 비가 $1:2$이고 $\angle\,\mathrm{AEC} = \angle\,\mathrm{DEB}$(맞꼭지각),

   $\angle\,\mathrm{ACE} = \angle\,\mathrm{DBE}$(엇각)이므로 두 삼각형 AEC, DEB가 서로 닮음이다.

   따라서 $\overline{\mathrm{CE}} : \overline{\mathrm{EB}} = 1:2$이다. $\overline{\mathrm{CE}} = k$라 하자.

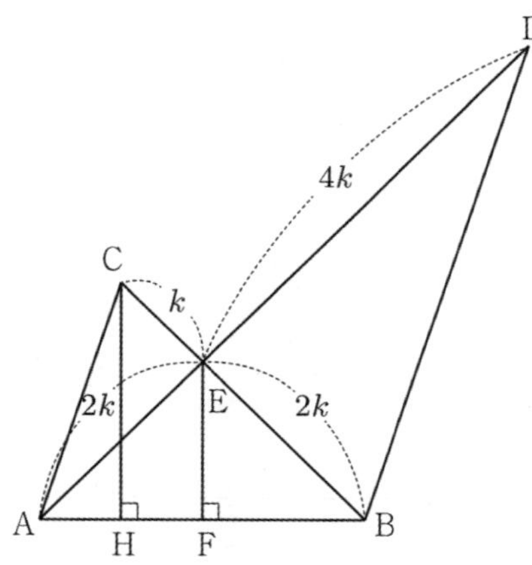

점 E에서 선분 AB에 내린 수선의 발을 F라 하자. $\overline{\mathrm{CE}} : \overline{\mathrm{EB}} = 1:2$이므로 $\overline{\mathrm{HF}} : \overline{\mathrm{FB}} = 1:2$이다.

$\overline{\mathrm{AH}} : \overline{\mathrm{HB}} = 1:3$으로 주어졌으므로 $\overline{\mathrm{AH}} : \overline{\mathrm{HF}} : \overline{\mathrm{FB}} = 1:1:2$에서 $\overline{\mathrm{AF}} : \overline{\mathrm{FB}} = 1:1$이다.

따라서 삼각형 ABE는 이등변삼각형이므로 $\overline{\mathrm{AE}} = \overline{\mathrm{EB}} = 2k$이다.

$\overline{\mathrm{FB}} = \dfrac{1}{2}\overline{\mathrm{AB}} = 1$이므로 $\overline{\mathrm{HF}} = \dfrac{1}{2}$, $\overline{\mathrm{AH}} = \dfrac{1}{2}$이다.

---

2. $4\left(R^2 - r^2\right) \times \sin^2(\angle\,\mathrm{CAB}) = (2R\sin(\angle\,\mathrm{CAB}))^2 - (2r\sin(\angle\,\mathrm{CAB}))^2$에서

   $2R\sin(\angle\,\mathrm{CAB}) = 2R\sin(\pi - \angle\,\mathrm{DBA}) = 2R\sin(\angle\,\mathrm{DBA}) = \overline{\mathrm{AD}}$,

   $2r\sin(\angle\,\mathrm{CAB}) = \overline{\mathrm{BC}}$이므로

   $4\left(R^2 - r^2\right) \times \sin^2(\angle\,\mathrm{CAB}) = (6k)^2 - (3k)^2 = 27k^2 = 51$이다.

   따라서 $k^2 = \dfrac{17}{9}$, $\overline{\mathrm{BC}}^2 = 9k^2 = 17$이므로

   $\overline{\mathrm{CH}}^2 = \overline{\mathrm{BC}}^2 - \overline{\mathrm{BH}}^2 = \overline{\mathrm{AC}}^2 - \overline{\mathrm{AH}}^2$에서

   $17 - \left(\dfrac{3}{2}\right)^2 = \overline{\mathrm{AC}}^2 - \left(\dfrac{1}{2}\right)^2$이므로 $\overline{\mathrm{AC}}^2 = 15$이다.

   답은 15!!

※ 삼각형 ABC에 대하여 코사인법칙을 이용하여 $\overline{\mathrm{AC}}^2$을 구하기

   삼각형 AHC에서 $\cos(\angle\,\mathrm{CBA}) = \dfrac{\overline{\mathrm{AH}}}{\overline{\mathrm{CA}}} = \dfrac{1}{2k}$이다.

   삼각형 ABC에 대하여 코사인법칙을 이용하자.

   $$\overline{\mathrm{AC}}^2 = \overline{\mathrm{AB}}^2 + \overline{\mathrm{BC}}^2 - 2 \times \overline{\mathrm{AB}} \times \overline{\mathrm{BC}} \times \cos(\angle\,\mathrm{CBA})$$

   $$= 4 + 9k^2 - 2 \times 2 \times 3k \times \dfrac{1}{2k} = 9k^2 - 2 = 15$$

※ 다른 풀이

1. $\overline{AC} = k$ 라 하면 $\overline{BD} = 2k$ 이고

   $\overline{AH} : \overline{HB} = 1 : 3$ 이므로 $\overline{AH} = \dfrac{1}{2}$ 이다.

   $\angle CAB = \theta$ 라 할 때, 두 삼각형 ABC, ABD 에서 사인법칙을 이용하면

   $\dfrac{\overline{BC}}{\sin \theta} = 2r$, $\dfrac{\overline{AD}}{\sin(\pi - \theta)} = \dfrac{\overline{AD}}{\sin \theta} = 2R$ 이다. 즉, $\overline{BC} = 2r \sin \theta$, $\overline{AD} = 2R \sin \theta$ 이다.

---

2. $4(R^2 - r^2) \times \sin^2 \theta = (2R \sin \theta)^2 - (2r \sin \theta)^2$ 이므로 $\overline{AD}^2 - \overline{BC}^2 = 51 \cdots\cdots$ ㉠

   삼각형 AHC 에서 $\cos \theta = \dfrac{\overline{AH}}{\overline{CA}} = \dfrac{1}{2k}$ 이므로

   두 삼각형 ABC, ABD 에서 코사인법칙을 이용하면

   $\overline{BC}^2 = \overline{AB}^2 + \overline{AC}^2 - 2 \times \overline{AB} \times \overline{AC} \times \cos \theta$
   $= 4 + k^2 - 2 \times 2 \times k \times \cos \theta = k^2 + 2 \cdots\cdots$ ㉡

   $\overline{AD}^2 = \overline{AB}^2 + \overline{BD}^2 - 2 \times \overline{AB} \times \overline{BD} \times \cos(\pi - \theta)$
   $= 4 + 4k^2 + 2 \times 2 \times 2k \times \cos \theta = 4k^2 + 8 \cdots\cdots$ ㉢

   ㉡, ㉢을 ㉠에 대입하면 $\overline{AD}^2 - \overline{BC}^2 = 3k^2 + 6 = 51$

   따라서 $k^2 = \overline{AC}^2 = 15$ 이다.

   답은 15!!

---

comment

두 삼각형 ABC, ABD 에서 $\angle CAB = \theta$, $\angle ABD = \pi - \theta$ 관계이므로
$\sin \theta = \sin(\pi - \theta)$, $\cos \theta = -\cos(\pi - \theta)$를 이용하여 $\overline{AD}$, $\overline{BC}$를 간단히 나타낼 수 있었다.
이는 $\overline{AC} /\!/ \overline{BD}$ 에서 이웃하는 두 각인 $\angle CAB$, $\angle ABD$ 의 합이 π 이기 때문이다.

이처럼 θ, $\pi - \theta$ 관계에 있다면 사인법칙이나 코사인법칙을 사용하기 용이해진다.
이런 관계는 원에 내접하는 사각형, 내각과 외각, 평행사변형에서 주로 찾아볼 수 있다.

원에 내접하는 사각형에서 한 쌍의 대각의 합은 π이다. 내각과 외각의 합은 π이다. 두 직선이 평행할 때,
어떤 각과 동위각, 외각이 크기는 같다. 이를 활용하면 평행사변형에서 이웃하는 두 각의 합이 π이다.

▌기본적인 도구

1. 대표적인 삼각형 넓이 구하는 방법

(1) 높이×밑변

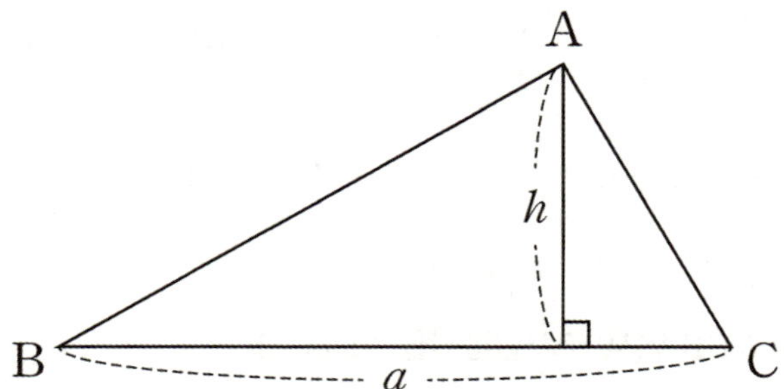

밑변 $\overline{BC}$의 길이 a와 높이 h가 주어질 때 $\triangle ABC$의 넓이는 $\frac{1}{2}ah$이다. **밑변을 어디로 잡든 밑변과 높이가 수직이면 된다.** 가장 평범하지만 **평가원 기출에서 삼각형 넓이를 구할 때 제일 많이 쓰는 방법**이다.

(2) 두 변과 그 끼인각

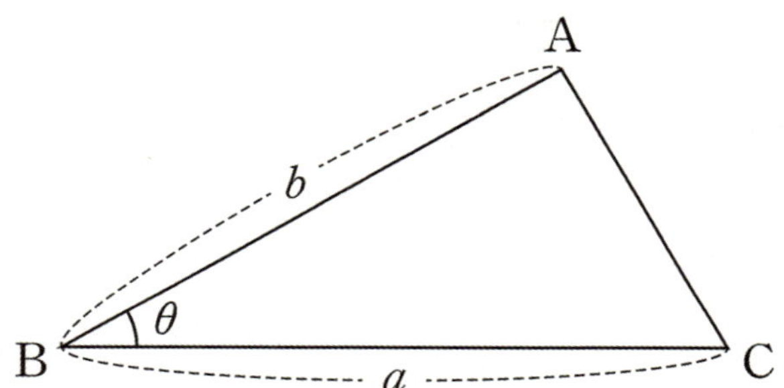

$\overline{BC}$, $\overline{AB}$ 각각의 길이 a, b와 그 사이의 끼인각의 크기가 θ로 주어질 때 $\triangle ABC$의 넓이는 $\frac{1}{2}ab\sin\theta$ 이다.
삼각형 넓이를 구할 때 평가원 기출에서 두 번째로 많이 쓰이는 방법이다.
가끔 까먹을 때도 있으니 그림으로 $\frac{1}{2}ab\sin\theta$를 보이겠다. θ가 둔각이어도 성립한다.

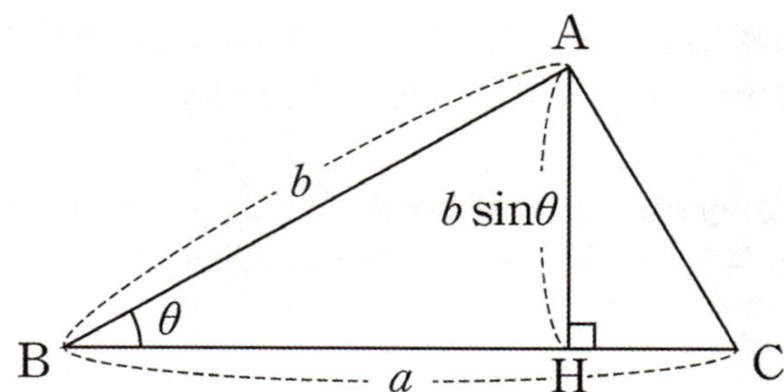

밑변을 $\overline{BC}$로 잡으면 높이는 $\overline{AH}$ 이다. $\overline{AH}$ 길이는 $\overline{AB}$와 삼각비를 이용하면 $b\sin\theta$이다.

※ 평행사변형 넓이

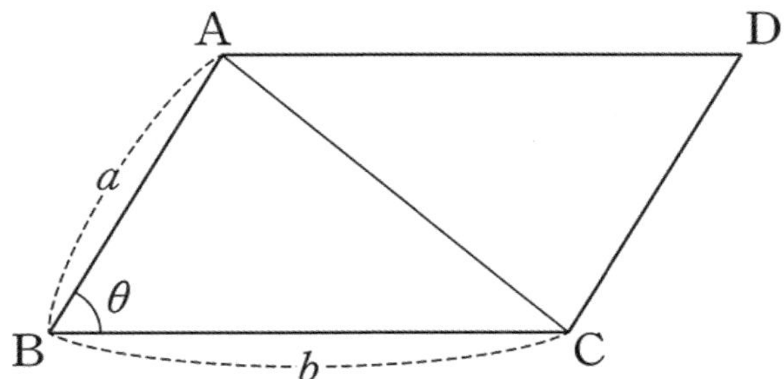

$\overline{AB}$, $\overline{BC}$ 각각의 길이 a, b와 그 사이의 끼인각의 크기가 θ로 주어질 때 $\triangle ABC$의 넓이는 $\dfrac{1}{2}ab\sin\theta$이다.

$\triangle ABC \equiv \triangle ADC$이므로 평행사변형 $ABCD$의 넓이는 $ab\sin\theta$이다. θ가 둔각이어도 성립한다.

※ 사각형의 두 대각선의 길이와 두 대각선이 이루는 각이 주어질 때

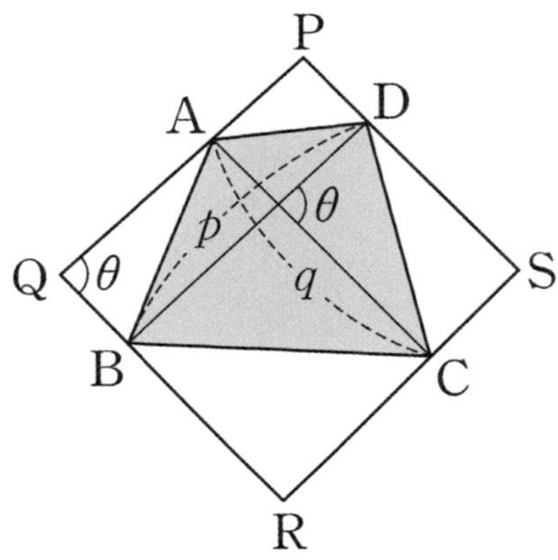

$\overline{AC}$, $\overline{BD}$ 각각의 길이 p, q와 그 사이의 끼인각의 크기가 θ로 주어질 때 사각형 $ABCD$의 넓이는 $\dfrac{1}{2}pq\sin\theta$이다. θ가 둔각이어도 성립한다.

두 대각선과 평행한 사각형 $PQRS$의 넓이가 $pq\sin\theta$이므로

사각형 $PQRS$의 넓이의 절반인 사각형 $ABCD$의 넓이는 $\dfrac{1}{2}pq\sin\theta$이다.

(3) 내접원이 있을 때

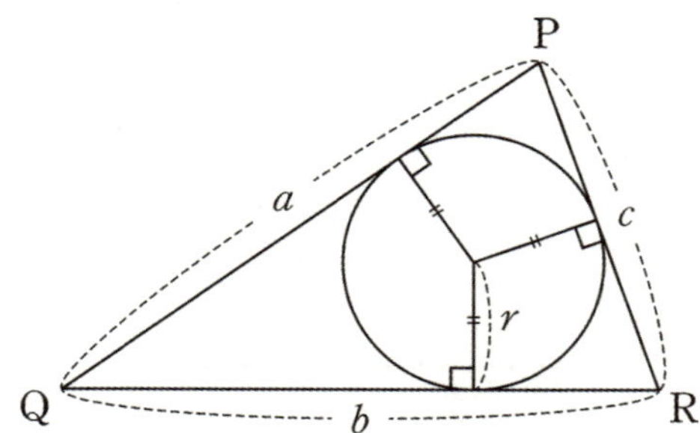

이후에 더 자세히 설명하겠지만 내접원 꼴이 나오면 내접원의 중심에서 접점을 잇고 직각을 반드시 표시해야 한다. 또한, 내접원의 중심에서 접점을 이을 때 생기는 선분은 모두 내접원의 반지름이므로 '같다'를 나타내는 표시를 반드시 하자.

$\triangle PQR$의 내접원의 중심을 점 O라고 하자.

$\triangle PQR$의 넓이는 $\triangle POQ$, $\triangle QOR$, $\triangle POR$ 각각의 넓이의 합이다.

$\triangle POQ$, $\triangle QOR$, $\triangle POR$의 밑변은 각각 $\overline{PQ}$, $\overline{QR}$, $\overline{PR}$이고 밑변의 길이는 각각 a, b, c이다.

이때 $\triangle POQ$, $\triangle QOR$, $\triangle POR$의 높이는 내접원의 반지름 r로 같다. 따라서 $\triangle PQR$의 넓이는 $\frac{1}{2}r(a+b+c)$이다.

(4) 신발끈 공식

삼각형을 세 점의 이루는 세 점의 좌표가 (x_1, y_1), (x_2, y_2), (x_3, y_3)일 때 삼각형 넓이는 아래의 공식을 이용하여 구하면 된다.

$$S = \frac{1}{2} \begin{vmatrix} x_1 & x_2 & x_3 & x_1 \\ y_1 & y_2 & y_3 & y_1 \end{vmatrix}$$

선으로 이어진 것끼리 곱하면 된다. 다만, \은 부호가 $+$이고 /은 부호가 $-$이다.

맨 바깥의 $|\ |$는 절댓값이다. 따라서 넓이$S = \frac{1}{2}\left| (x_1y_2 + x_2y_3 + x_3y_1) - (x_1y_3 + x_3y_2 + x_2y_1) \right|$이다.

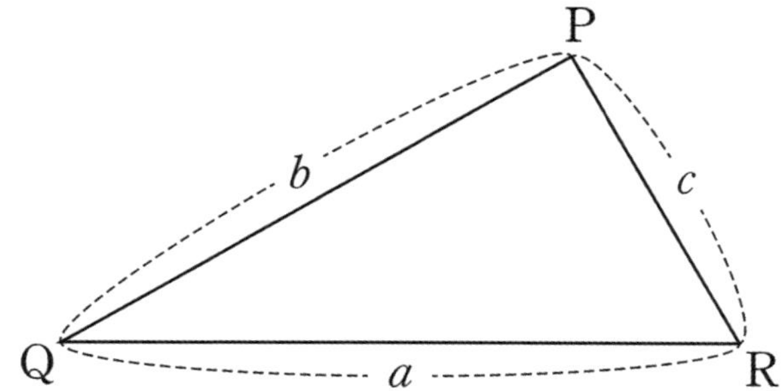

$\triangle$ PQR의 세 변의 길이만을 알 때 $\triangle$ PQR의 넓이를 헤론 공식을 이용하여 구할 수 있다.

$s = \dfrac{a+b+c}{2}$ 로 둔다면 $\triangle$ PQR의 넓이는 $S = \sqrt{s(s-a)(s-b)(s-c)}$ 로 구할 수 있다.

증명은 코사인법칙을 사용한다.

길이나 넓이가 정 안 구해질 때 최후의 방법으로 헤론 공식을 사용하도록 하자.

웬만하면 제일 보편적인 $\dfrac{1}{2}ah$, $\dfrac{1}{2}ab\sin\theta$를 쓰도록 하자.

닮음비 대신 삼각비를 적극적으로 이용해 길이를 표시하도록 하자.
삼각비를 더 잘 사용하기 위해서는 **변의 길이뿐만 아니라 각도 미지수로 잡을 수 있다는 점을 꼭 염두에 두자.
직각삼각형에서 한 변의 길이와 직각이 아닌 각 하나가 주어진다면 모든 변의 길이와 모든 각의 크기 표시가 가능**
하다.

(1) 빗변, 직각이 아닌 한 각 θ

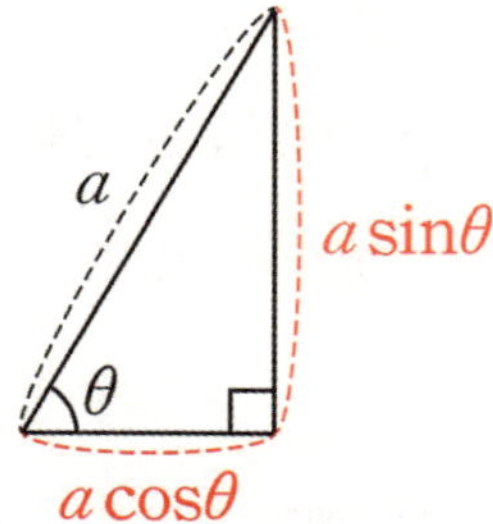

빗변의 길이가 a이면 밑변의 길이는 $a\cos\theta$, 높이는 $a\sin\theta$이다.

(2) 밑변, 직각이 아닌 한 각 θ

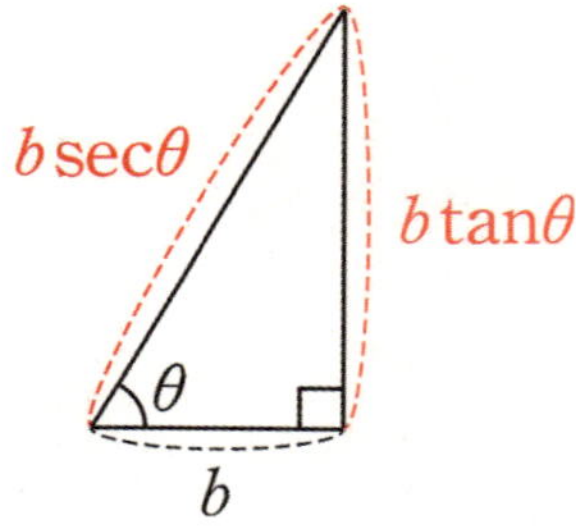

밑변의 길이가 b이면 빗변의 길이는 $\dfrac{b}{\cos\theta}$, 높이는 $b\tan\theta$이다.

(3) 높이, 직각이 아닌 한 각 θ

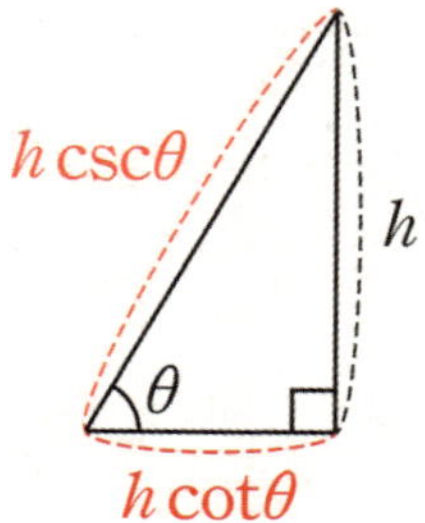

높이가 h이면 밑변의 길이는 $\dfrac{h}{\tan\theta}$, 빗변의 길이는 $\dfrac{h}{\sin\theta}$이다.

그림과 같이 $\overline{AB}=\overline{AC}$ 인 이등변삼각형 ABC의 변 BC 위를 움직이는 점 P 가 있다. 점 P 에서 변 AB 또는 그 연장선에 내린 수선의 발을 Q , 변 AC 또는 그 연장선에 내린 수선의 발을 R 라고 하자.

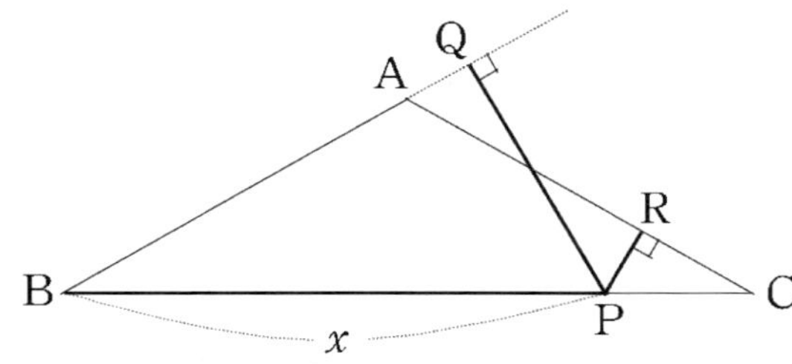

$\overline{BP}=x$ 와 $\overline{PQ}+\overline{PR}=y$ 에 대하여 y 를 x 의 함수로 나타낸 그래프의 개형은? [3점]

① 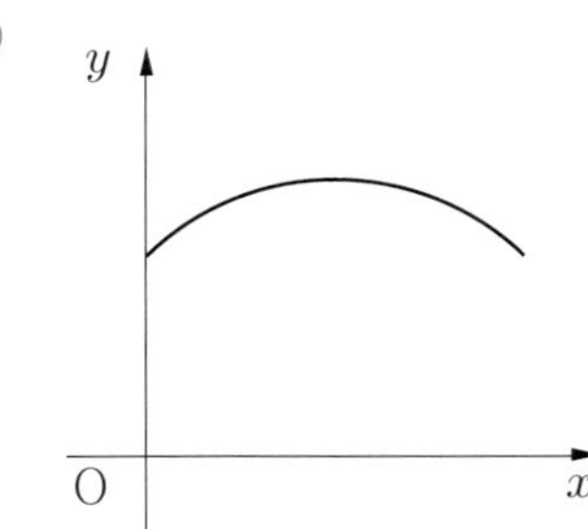

② 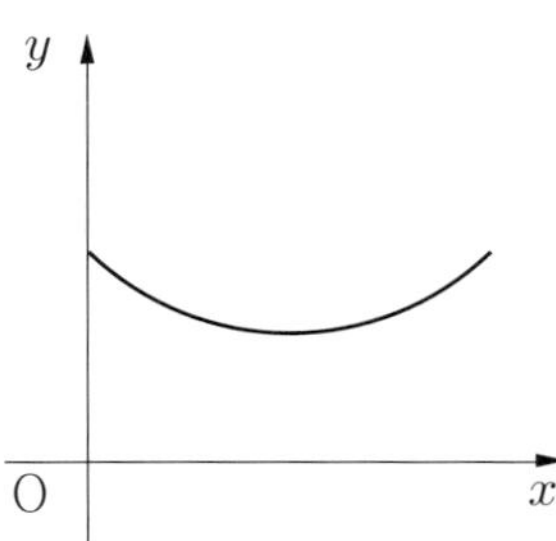

③ 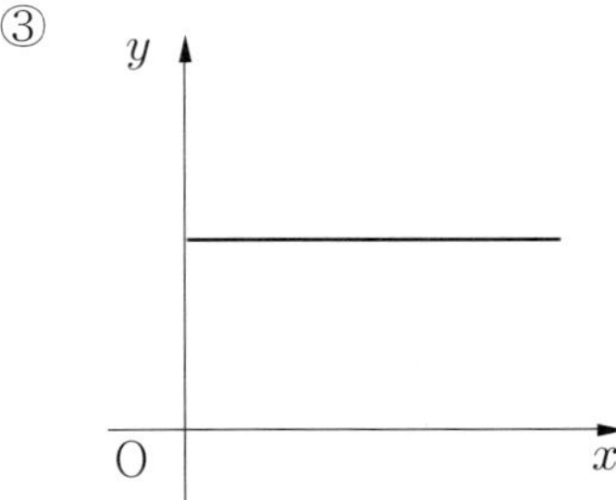

④ 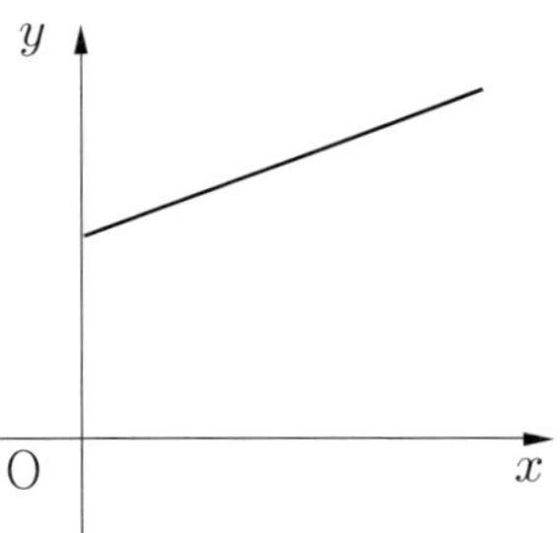

⑤ 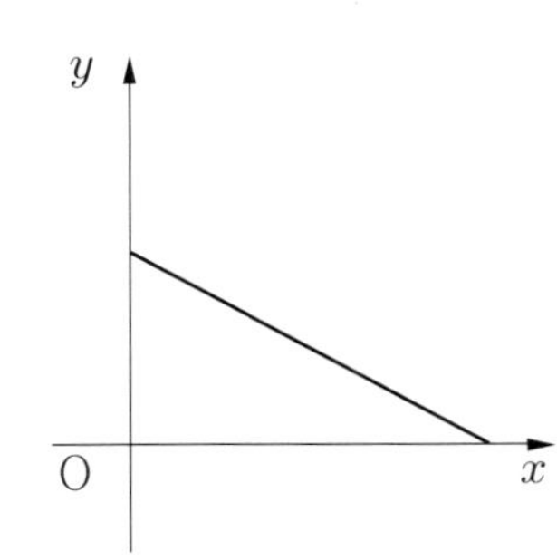

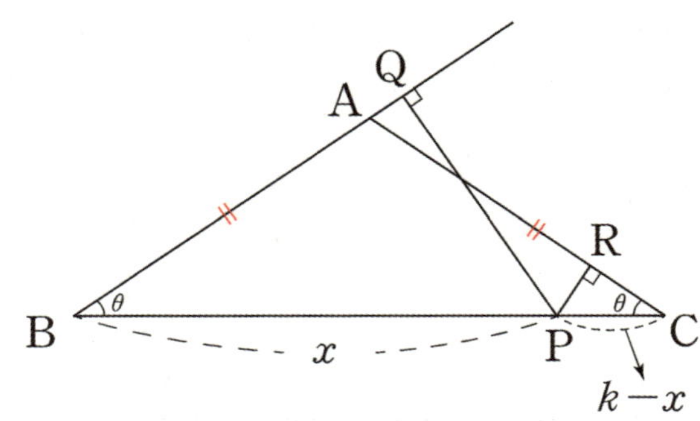

$\overline{BC} = k$, $\angle ABC = \angle ACB = \theta$라 하자. **$k$와 θ는 변수 x와 독립된 상수이다.**
$\overline{PQ} = x\sin\theta$, $\overline{PR} = \overline{PC}\sin\theta = (k-x)\sin\theta$이므로 $y = \overline{PQ} + \overline{PR} = k\sin\theta$이다.
따라서 y는 상수이므로 x의 변화에 반응하지 않는다.

답은 ③!!

직각삼각형에서 피타고라스 정리를 떠올리는 것도 좋지만 **삼각비를 이용한 길이 표현을 좀 더 자유자재로 다룰 줄 알아야 한다.**
필요하다면 문제에 나와 있지 않아도 미지의 길이를 k로 잡거나 미지의 각을 θ로 잡을 수 있어야 한다.

직선거리가 500m 인 A 지점과 B 지점을 연결하는 도로를 건설하려고 했지만, 경사도가 37°여서 우회도로가 필요하였다. 그래서 그림과 같이 12°의 경사도를 유지하는 도로를 건설하기로 결정하였다. A 지점에서 B 지점까지 이 우회도로의 거리는 약 몇 m 인가?
(단, $\sin 12° = 0.2$, $\sin 37° = 0.6$ 으로 계산한다.) [3점]

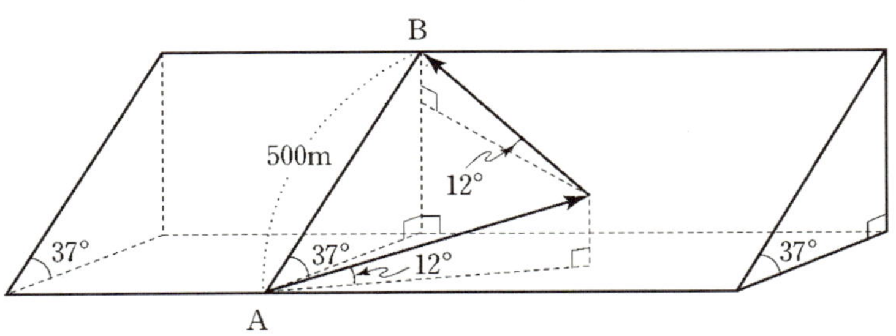

① 800 m ② 1000 m ③ 1200 m ④ 1500 m ⑤ 1800 m

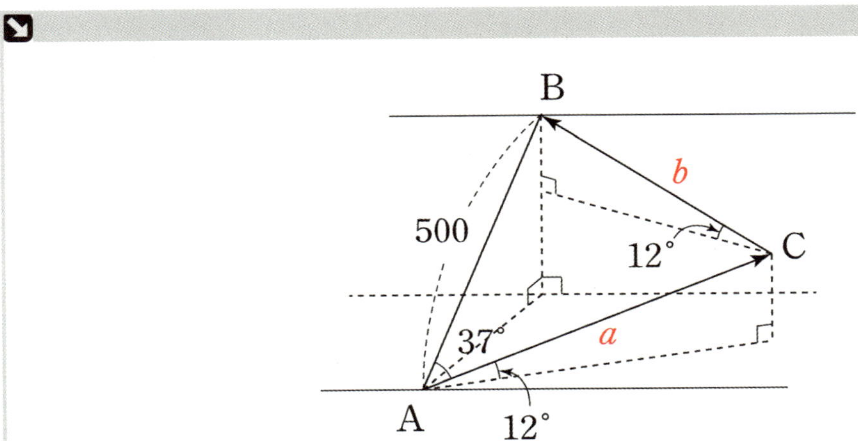

우회도로가 꺾이는 부분을 점 C라고 하자. $\overline{AC} = a$, $\overline{BC} = b$라고 하면
$500\sin 37° = a\sin 12° + b\sin 12°$ 이다.
$500 \times 0.6 = 0.2(a+b)$이므로 $a+b = 1500$이다.

답은 ④!!

함수 $y = \log_3 |2x|$ 의 그래프와 함수 $y = \log_3 (x+3)$ 의 그래프가 만나는 서로 다른 두 점을 각각 A, B 라 하자. 점 A 를 지나고 직선 AB 와 수직인 직선이 y 축과 만나는 점을 C 라 할 때, 삼각형 ABC 의 넓이는? (단, 점 A 의 x 좌표는 점 B 의 x 좌표보다 작다.) [4점]

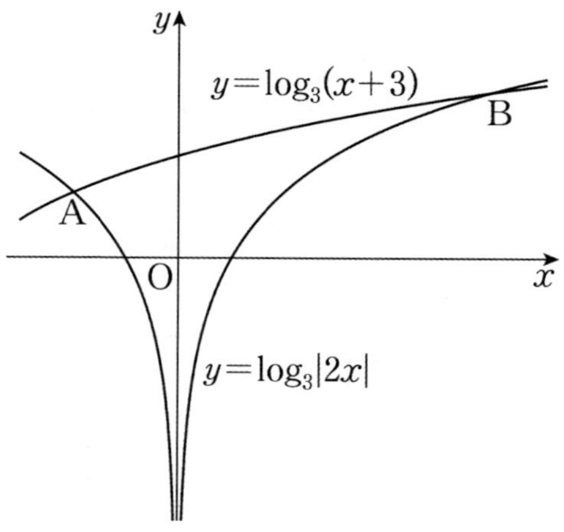

① $\dfrac{13}{2}$　　　② 7　　　③ $\dfrac{15}{2}$　　　④ 8　　　⑤ $\dfrac{17}{2}$

1. 조건에 맞는 그림을 그려주자.

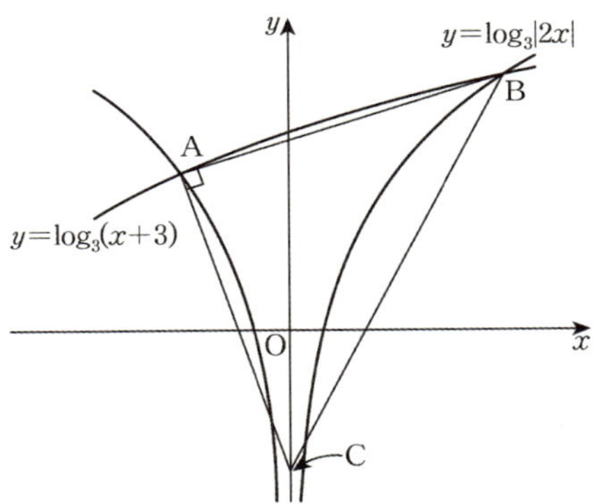

$x < 0$ 일 때의 교점 A 의 x 좌표는 방정식 $\log_3(-2x) = \log_3(x+3)$ 의 근이므로 $x = -1$ 이다.

$x > 0$ 일 때의 교점 B 의 x 좌표는 방정식 $\log_3 2x = \log_3(x+3)$ 의 근이므로 $x = 3$ 이다.

따라서 점 $A(-1, \log_3 2)$, 점 $B(3, \log_3 6)$ 이다.

2. 점 C의 좌표를 구해보자.

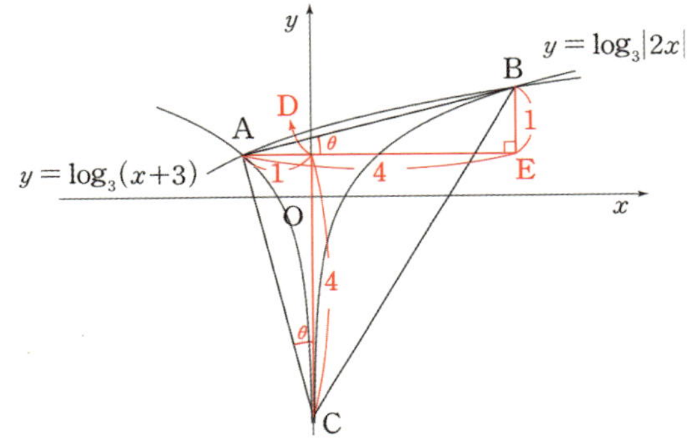

위와 같이 직각삼각형 ABE, ACD를 만들어 보자.

점 $A(-1, \log_3 2)$, 점 $B(3, \log_3 6)$ 이므로 $\overline{AE} = 4$, $\overline{BE} = 1$ 이다.

$\angle BAE = \theta$ 로 두면 $\angle BAC = \dfrac{\pi}{2}$ 이므로 $\angle ACD = \theta$ 이다.

따라서 두 직각삼각형 ABE, ACD은 닮음이다. $\tan\theta = \dfrac{1}{4}$, $\overline{AD} = 1$ 이므로 $\overline{CD} = 4$ 이다.

점 $D(0, \log_3 2)$ 이므로 점 $C(0, -4 + \log_3 2)$ 이다.

※ 무작정 직선의 방정식을 세워 점 C의 좌표를 구할 수 있으나 삼각비를 최대한 이용하도록 하자.

3. $\overline{AB} = \sqrt{4^2 + (\log_3 6 - \log_3 2)^2} = \sqrt{17}$, $\overline{AC} = \sqrt{(-1)^2 + 4^2} = \sqrt{17}$ 이다.

직각삼각형 ABC 의 넓이를 S라 하면 $S = \dfrac{1}{2} \times \overline{AB} \times \overline{AC} = \dfrac{1}{2} \times \sqrt{17} \times \sqrt{17} = \dfrac{17}{2}$ 이다.

답은 ⑤!!

세 변의 길이가 모두 다른 $\triangle ABC$ 의 내부의 점 P 에서 변 AB, BC, CA 까지의 거리를 각각 $p,\ q,\ r$ 이라 하자. 다음은 $p\overline{AB} = q\overline{BC} = r\overline{CA}$ 이면 점 P 가 $\triangle ABC$ 의 $\boxed{\text{(가)}}$ 임을 증명한 것이다.

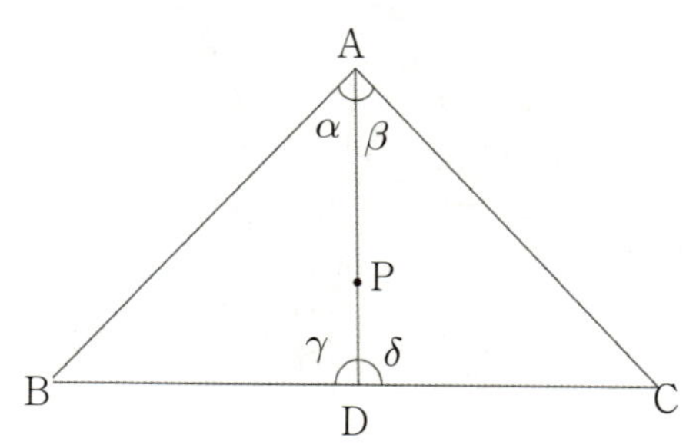

ⅰ) 점 A 에서

선분 AP 의 연장선과 변 BC 가 만나는 점을 D 라 하자.

사인 법칙에 의하여 다음 식이 성립한다.

$$\frac{\overline{BD}}{\sin\alpha} = \frac{\overline{AB}}{\sin\gamma},\ \frac{\overline{DC}}{\sin\beta} = \frac{\overline{CA}}{\sin\delta}$$

따라서 $\dfrac{\overline{BD}}{\overline{DC}} = \dfrac{\overline{AB}}{\overline{CA}}\dfrac{\sin\alpha}{\sin\beta} = \boxed{\text{(나)}}$

따라서 선분 AD 는 $\triangle ABC$ 의 $\boxed{\text{(다)}}$ 이다.

ⅱ) 점 $B,\ C$ 에서도

위와 같은 방법으로 증명하면, 점 P 가 $\triangle ABC$ 의 $\boxed{\text{(가)}}$ 임을 알 수 있다.

위의 증명에서 (가), (나), (다)에 알맞은 것은? [4점]

	(가)	(나)	(다)
①	내심	1	각의 이등분선
②	수심	2	수선
③	수심	1	수선
④	무게중심	2	중선
⑤	무게중심	1	중선

1. $\delta = \pi - \gamma$에서 $\sin\gamma = \sin\delta$이다.

따라서 $\dfrac{\overline{BD}}{\overline{DC}} = \dfrac{\overline{AB}\sin\alpha\sin\delta}{\overline{CA}\sin\beta\sin\gamma} = \dfrac{\overline{AB}\sin\alpha}{\overline{CA}\sin\beta}$ 이다. 이제 $\sin\alpha$와 $\sin\beta$를 구해보자.

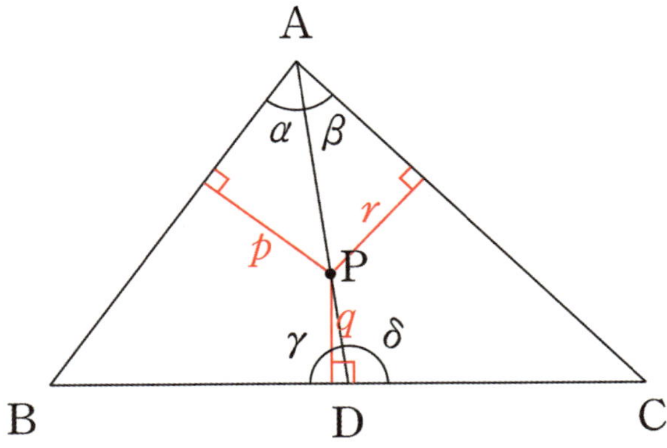

그림에서 $\sin\alpha = \dfrac{p}{\overline{AP}}$, $\sin\beta = \dfrac{r}{\overline{AP}}$ 이므로 $\dfrac{\overline{BD}}{\overline{DC}} = \dfrac{\overline{AB}\sin\alpha}{\overline{CA}\sin\beta} = \dfrac{p\,\overline{AB}}{r\,\overline{CA}} = 1$이다.

$\boxed{(\text{나})} = 1$이다.

2. $\overline{BD} = \overline{DC}$이므로 점 D는 $\overline{BC}$의 중점이다. 따라서 $\overline{AD}$는 $\triangle ABC$의 중선이다.

$\boxed{(\text{다})} = 중선$ 이다.

따라서 $\boxed{(\text{가})} = 무게중심$ 이다.

답은 ⑤!!

직각삼각형에서 피타고라스 정리를 떠올리는 것도 좋지만 삼각비를 이용한 길이 표현을 좀 더 자유자재로 다룰 줄 알아야 한다.

사각형 ABCD에서 변 AB와 변 CD는 평행이고 $\overline{BC}=2$, $\overline{AB}=\overline{AC}=\overline{AD}=3$ 일 때, 대각선 BD의 길이는? [4점]

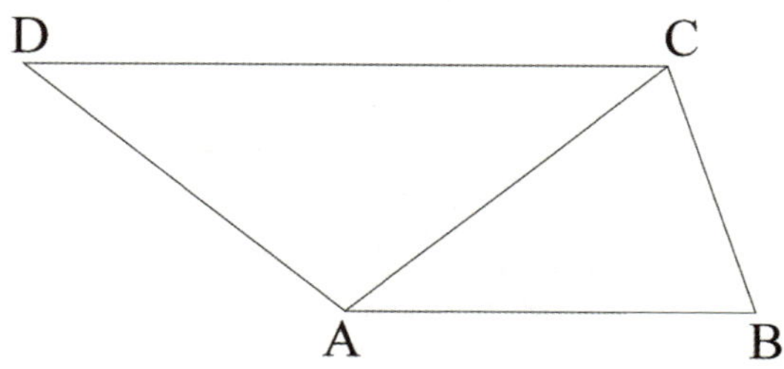

① 5   ② $4\sqrt{2}$ ③ 6   ④ $5\sqrt{2}$ ⑤ 8

$\overline{AB}=\overline{AC}=\overline{AD}$ 이므로 중심이 점 A이고 세 점 B, C, D를 지나는 원을 생각할 수 있다.

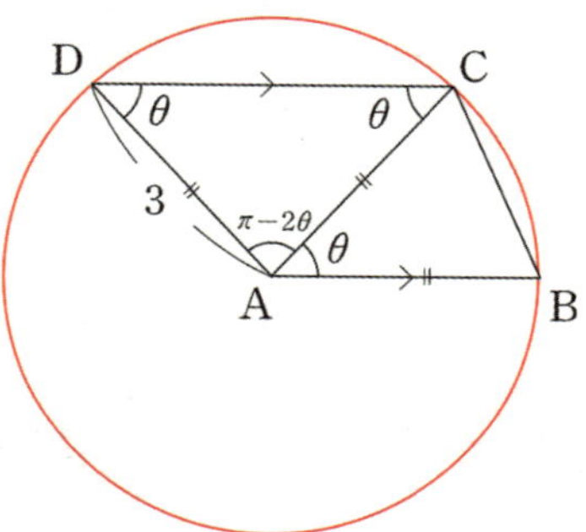

$\angle CAB = \theta$ 라 하자. $\overline{BC}$ 의 중점을 M이라 하면 $\triangle CAM$ 은 다음과 같이 그려진다.

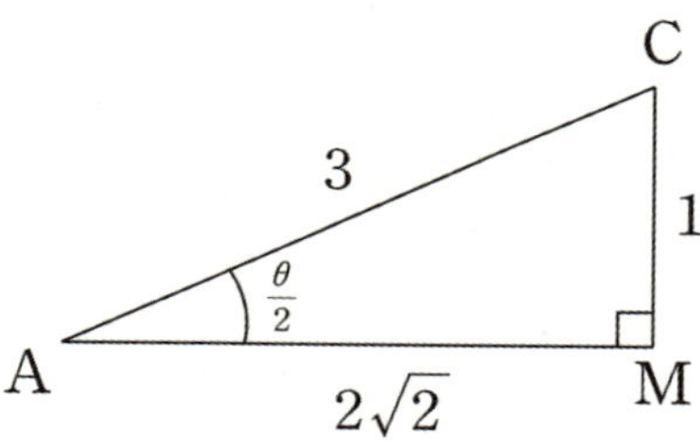

이등변삼각형 ABD에서 $\overline{BD}=2\times3\times\sin\left(\dfrac{\pi}{2}-\dfrac{\theta}{2}\right)=6\cos\dfrac{\theta}{2}=6\times\dfrac{2\sqrt{2}}{3}=4\sqrt{2}$ 이다.

답은 ②!!

직각삼각형에서 피타고라스 정리를 떠올리는 것도 좋지만 **삼각비를 이용한 길이 표현을 좀 더 자유자재로 다룰 줄 알아야 한다.**

▎꼭 표시해야 할 도형적 요소

수능에서는 심화 중학교 도형 문제처럼 특별한 보조선을 그을 필요가 없다. **구하려는 도형 넓이나 길이를 구하는 데에 필요한 것만 표시**하자. 표시해야 하는 도형적 요소는 이후에 잘 소개되어있다. **소개하지 않은 보조선 등을 그으면 오히려 그림이 더러워져 문제 풀기 힘들어진다.** 필요한 것만 표시했는데도 그림이 더러워진다면 그림을 여러 번 그리자!

1. 직각

구하려는 도형 넓이나 변의 길이 주변에 아는 각이나 길이가 있으면 모두 표시하는 것이 좋다. 표시하다 보면 어느 순간 구하려는 도형 길이나 넓이를 어떻게 구해야 할지 감이 잡힐 것이다.

각 중에서 특히 직각은 반드시 표시해줘야 한다. **필요한 경우 수선의 발을 적극적으로 내려 직각을 만들어 줘야 한다.**

예제(28) 20학년도 사관 가형 16번

그림과 같이 1보다 큰 두 상수 a, b에 대하여 점 $A(1, 0)$을 지나고 y축에 평행한 직선이 곡선 $y = a^x$과 만나는 점을 B라 하고, 점 $C(0, 1)$에 대하여 점 B를 지나고 직선 AC와 평행한 직선이 곡선 $y = \log_b x$와 만나는 점을 D라 하자. $\overline{AC} \perp \overline{AD}$이고, 사각형 ADBC의 넓이가 6일 때, $a \times b$의 값은? [4점]

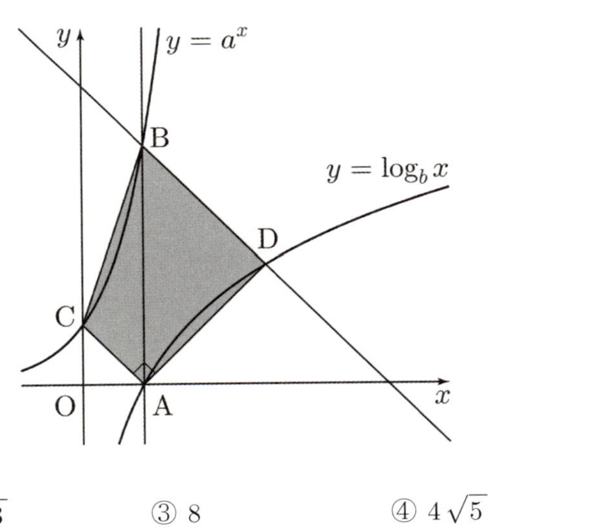

① $4\sqrt{2}$ ② $4\sqrt{3}$ ③ 8 ④ $4\sqrt{5}$ ⑤ $4\sqrt{6}$

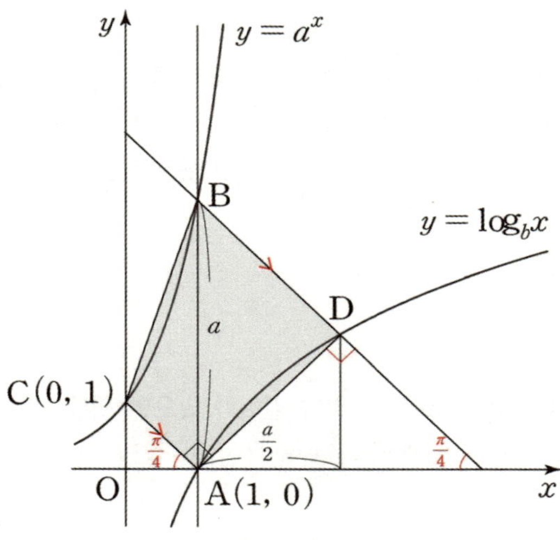

1. 점 $\mathrm{B}(1,\,a)$이므로 $\triangle \mathrm{ABC}$의 넓이는 $\dfrac{a}{2}$이다.

2. $\triangle \mathrm{ABD}$의 넓이를 구하자.

   $\overline{\mathrm{AC}} \perp \overline{\mathrm{AD}}$이고, $\overline{\mathrm{AC}} /\!/ \overline{\mathrm{BD}}$이므로 $\overline{\mathrm{AD}} \perp \overline{\mathrm{BD}}$ 이다. 따라서 $\triangle \mathrm{ABD}$는 **직각이등변삼각형이므로**

   $\overline{\mathrm{AD}} = \overline{\mathrm{BD}} = \dfrac{\sqrt{2}}{2}a$이고, 점 D에서 직선 AB까지의 거리는 $\dfrac{a}{2}$이므로 점 $\mathrm{D}\left(\dfrac{a}{2}+1,\ \dfrac{a}{2}\right)$이다.

   $\triangle \mathrm{ABD}$의 넓이는 $\dfrac{1}{2} \times a \times \dfrac{a}{2} = \dfrac{a^2}{4}$이다.

3. a와 b의 값을 구하자.

   사각형 ADBC의 넓이는 $\dfrac{a}{2} + \dfrac{a^2}{4} = 6$이므로 $a^2 + 2a - 24 = (a+6)(a-4) = 0$에서 $a=4$이다.

   $\log_b\left(\dfrac{a}{2}+1\right) = \dfrac{a}{2}$에서 $\log_b 3 = 2$이므로 $b = \sqrt{3}$이다. 따라서 $ab = 4\sqrt{3}$이다.

   답은 ②!!

좌표평면 위의 두 점 $A(-1, 0)$, $B(1, 0)$에 대하여 선분 AB를 지름으로 하는 원 C가 있다. $a > 1$인 실수 a에 대하여 함수 $y = \log_a x$의 그래프와 원 C가 만나는 두 점 중에서 B가 아닌 점을 P라 하자. $\overline{AP} = \sqrt{3}$일 때, $a^{\sqrt{3}}$의 값은? [4점]

① 3 ② 4 ③ 5 ④ 6 ⑤ 7

---

1. 점 P는 원 위의 점이므로 $\triangle APB$는 $\angle P = \dfrac{\pi}{2}$인 직각삼각형이다.

$\overline{AB} = 2$, $\overline{AP} = \sqrt{3}$이므로 $\overline{BP} = 1$이다.

2. 점 P의 좌표를 구하자.

점 P를 지나고 직선 AB와 평행한 직선과 점 B를 지나고 직선 AB와 수직인 직선이 만나는 점을 H라 하자.

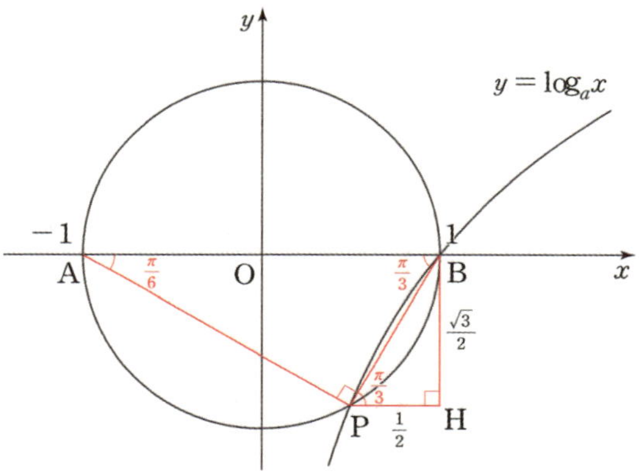

$\overline{AB} \parallel \overline{PH}$이므로 $\angle ABP = \angle BPH = \dfrac{\pi}{3}$이다.

$\overline{BP} = 1$이므로 $\overline{BH} = \dfrac{\sqrt{3}}{2}$, $\overline{PH} = \dfrac{1}{2}$이고, 점 P의 좌표는 $\left(\dfrac{1}{2}, -\dfrac{\sqrt{3}}{2} \right)$이다.

3. a의 값을 구하자.

함수 $y = \log_a x$가 점 P를 지나므로 $-\dfrac{\sqrt{3}}{2} = \log_a \dfrac{1}{2}$에서 $a^{-\frac{\sqrt{3}}{2}} = \dfrac{1}{2}$이다.

$a^{\frac{\sqrt{3}}{2}} = 2$이므로, $a^{\sqrt{3}} = 4$이다.

답은 ②!!

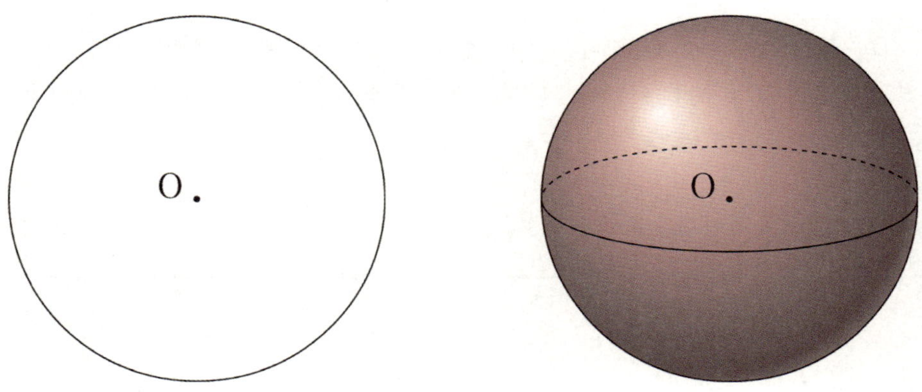

원의 정의는 '평면 위의 한 점에 이르는 거리가 일정한 평면 위 점들의 자취'이고 구의 정의는 '공간 위의 한 점에 이르는 거리가 일정한 공간 위 점들의 자취'이다. 여기에서 **'한 점'은 원과 구의 중심에 해당**하고 **'거리'는 반지름에 해당**한다. 따라서 **원과 구의 중심과 반지름은 죽었다 깨어나도 표시해야 한다.**

예제(30) 19년 9월 교육청 고2 나형 29번

그림과 같이 반지름의 길이가 6인 원 O_1이 있다. 원 O_1 위에 서로 다른 두 점 A, B를 $\overline{AB} = 6\sqrt{2}$ 가 되도록 잡고, 원 O_1의 내부에 점 C를 삼각형 ACB가 정삼각형이 되도록 잡는다. 정삼각형 ACB의 외접원을 O_2라 할 때, 원 O_1과 원 O_2의 공통부분의 넓이는 $p + q\sqrt{3} + r\pi$이다. $p + q + r$의 값을 구하시오. (단, p, q, r는 유리수이다.) [4점]

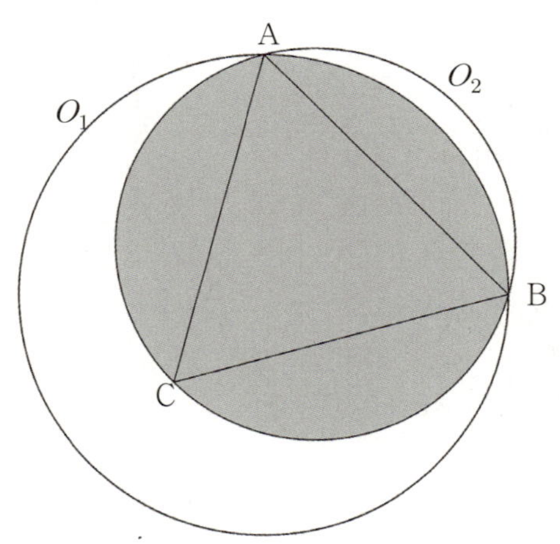

1. **원의 중심부터 표시하자. 원 O_1의 중심을 점 O_1, 원 O_2의 중심을 점 O_2라 하자.**

$\overline{AB} = 6\sqrt{2}$ 이므로 $\triangle AO_1B$는 직각이등변삼각형이다.

또, 점 O_2는 정삼각형 ABC의 외심이므로 $\triangle ABC$의 무게중심이다.

따라서 원 O_2의 반지름의 길이는 $\dfrac{2}{3} \times \dfrac{\sqrt{3}}{2} \times 6\sqrt{2} = 2\sqrt{6}$ 이다.

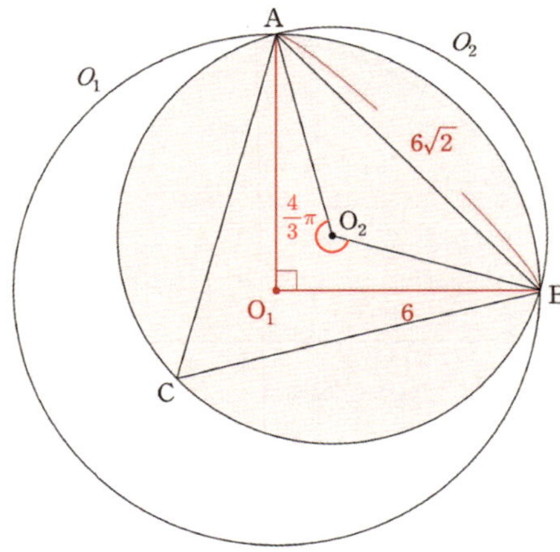

2. 색칠된 영역의 넓이를 구해보자.

(1) 원 O_2에서 부채꼴 AO_2B의 중심각의 크기는 $\dfrac{4\pi}{3}$ 이므로 부채꼴 AO_2B의 넓이는

$\dfrac{1}{2} \times (2\sqrt{6})^2 \times \dfrac{4}{3}\pi = 16\pi$ 이다.

(2) $\triangle AO_2B$의 넓이는 $\triangle ABC$의 넓이의 $\dfrac{1}{3}$ 이므로 $\dfrac{1}{3} \times \dfrac{\sqrt{3}}{4} \times (6\sqrt{2})^2 = 6\sqrt{3}$ 이다.

(3) 원 O_1에서 활꼴 AB의 넓이를 구해보자.

부채꼴 AO_1B의 넓이는 $\dfrac{1}{2} \times 6^2 \times \dfrac{\pi}{2} = 9\pi$ 이고, $\triangle AO_1B$의 넓이는 $\dfrac{1}{2} \times 6^2 = 18$ 이다.

따라서 활꼴 AB의 넓이는 $9\pi - 18$ 이다.

(1), (2), (3) 에 의해 색칠된 영역의 넓이는 $16\pi + 6\sqrt{3} + 9\pi - 18 = 25\pi + 6\sqrt{3} - 18$ 이다.

따라서 $p + q + r = -18 + 6 + 25 = 13$ 이다.

답은 13!!

그림과 같이 선분 AB를 지름으로 하는 반원의 호 AB 위에 두 점 C, D가 있다. 선분 AB의 중점 O에 대하여 두 선분 AD, CO가 점 E에서 만나고,

$$\overline{CE}=4,\ \overline{ED}=3\sqrt{2},\ \angle CEA=\frac{3}{4}\pi$$

이다. $\overline{AC}\times\overline{CD}$의 값은? [4점]

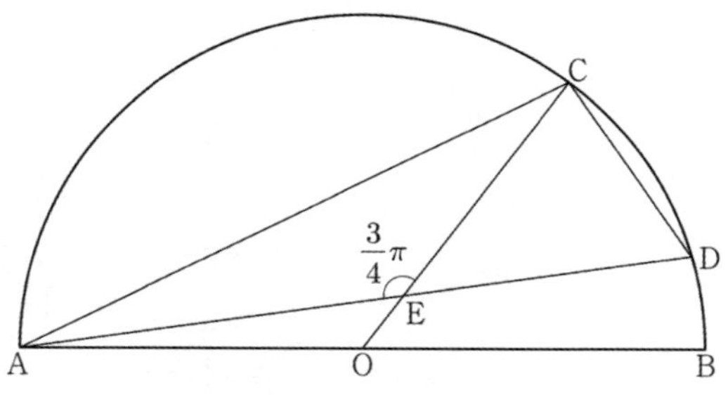

① $6\sqrt{10}$　　　② $10\sqrt{5}$　　　③ $16\sqrt{2}$　　　④ $12\sqrt{5}$　　　⑤ $20\sqrt{2}$

1. 선분 CD 의 길이를 구하기 위하여 삼각형 CDE 에서 코사인법칙을 활용하자.

$\overline{CE} = 4$, $\overline{ED} = 3\sqrt{2}$, $\angle CED = \dfrac{\pi}{4}$ 이므로 코사인법칙에 의하여

$$\overline{CD}^2 = 4^2 + (3\sqrt{2})^2 - 2\times 4 \times 3\sqrt{2} \times \cos\dfrac{\pi}{4} = 10, \quad \overline{CD} = \sqrt{10}\ \text{이다.}$$

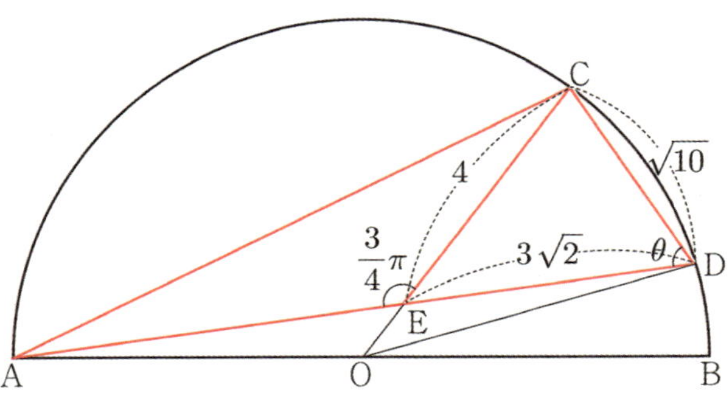

2. **원이 나오면 반지름을 꼭 표시하고 반지름의 길이를 구하려고 해야 한다.**
따라서 $\overline{OD}$ 를 이어준다.
반원의 반지름의 길이를 구하기 위하여 삼각형 EOD 에서 코사인법칙을 활용하자.

$\overline{OC} = \overline{OD} = r$ 라 하면 코사인법칙에 의하여 $\overline{OD}^2 = \overline{EO}^2 + \overline{ED}^2 - 2\times\overline{ED}\times\overline{ED}\times\cos\dfrac{3}{4}\pi$,

$r^2 = (4-r)^2 + (3\sqrt{2})^2 - 2\times(4-r)\times 3\sqrt{2}\times\dfrac{\sqrt{2}}{2}$, $r^2 = 16 - 8r + r^2 + 18 - 24 + 6r$,

$r = 5$ 이다.

3. 삼각형 ACD 에서 사인법칙을 활용하기 위하여 $\sin\theta$ 의 값을 구하자.
$\angle CDE = \theta$ 라 하면

$$\cos\theta = \dfrac{\overline{CD}^2 + \overline{DE}^2 - \overline{CE}^2}{2\times\overline{CD}\times\overline{DE}} = \dfrac{(\sqrt{10})^2 + (3\sqrt{2})^2 - 4^2}{2\times\sqrt{10}\times 3\sqrt{2}} = \dfrac{\sqrt{5}}{5}\ \text{이므로}\ \sin\theta = \dfrac{2\sqrt{5}}{5}\ \text{이다.}$$

삼각형 ACD 에서 사인법칙을 활용하면 $\dfrac{\overline{AC}}{\sin\theta} = 2\times 5$ 이므로 $\overline{AC} = 10\times\dfrac{2\sqrt{5}}{5} = 4\sqrt{5}$ 이다.

따라서 $\overline{AC}\times\overline{CD} = 4\sqrt{5}\times\sqrt{10} = 20\sqrt{2}$ 이다.

답은 ⑤!!

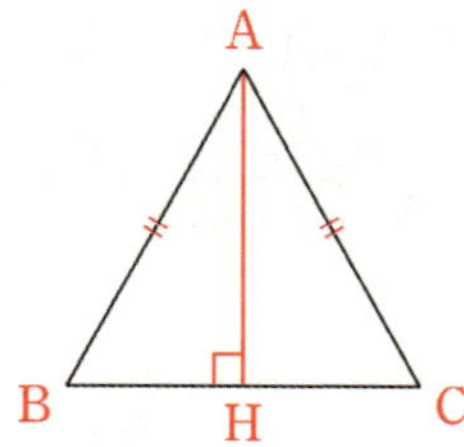

두 변의 길이가 서로 같다면 반드시 '같다'를 나타내는 표시를 해주자. 마음속으로만 생각하다가 문제를 못 풀 수 있다. 위 그림에서 $\triangle ABC$는 **이등변삼각형**이다. $\overline{AB} = \overline{AC}$를 그림에 꼭 표시하자. 더욱 중요한 것은 $\triangle ABC$의 **수직이등분선 $\overline{AH}$를 반드시 그어주어야 한다는 것이다.** 왜? **직각**이 껴있기 때문이다. 정삼각형, 이등변삼각형, 직각삼각형 등 특수한 삼각형이 나오는 경우가 많다. 특수한 삼각형에서 길이, 각 등을 구하려면 직각을 이용하는 것은 필수이다.

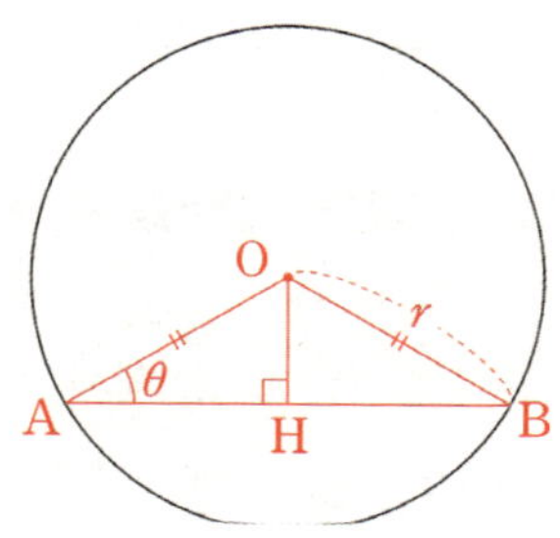

이등변삼각형의 수직이등분선이 제일 많이 활용되는 때는 원의 현의 길이를 구할 때이다. 위의 그림에서 현 AB의 길이를 구하기 위해서 $\overline{OA}$, $\overline{OB}$의 길이가 반지름 r로 각각 같다는 점을 이용하여 이등변삼각형 OAB를 만든다. $\angle AOB$의 수직이등분선 $\overline{OH}$를 그어주자. $\angle OAB = \theta$로 주어질 때 삼각비를 이용하면 현 AB의 길이는 $2r\cos\theta$라는 것을 알 수 있다.

예제(32) 11학년도 9월 평가원 나형 15번

함수 $y = \log_2 4x$의 그래프 위의 두 점 A, B와 함수 $y = \log_2 x$의 그래프 위의 점 C에 대하여 선분 AC가 y축에 평행하고 삼각형 ABC가 정삼각형일 때, 점 B의 좌표는 $(p,\ q)$이다. $p^2 \times 2^q$의 값은? [4점]

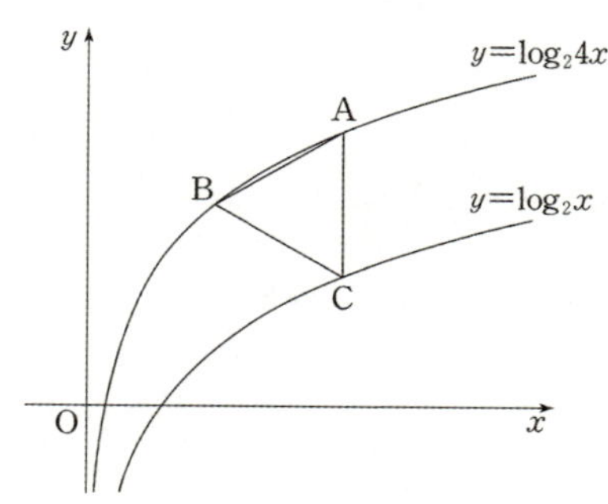

① $6\sqrt{3}$　　　② $9\sqrt{3}$　　　③ $12\sqrt{3}$　　　④ $15\sqrt{3}$　　　⑤ $18\sqrt{3}$

1. $\log_2 4x = \log_2 4 + \log_2 x = \log_2 x + 2$이므로 $\overline{\text{AC}} = 2$이다. 따라서 $\triangle \text{ABC}$는 한 변의 길이가 2인 정삼각형이다. $\triangle \text{ABC}$는 **이등변삼각형이므로 점 B에서 수직이등분선을 그어주자.**

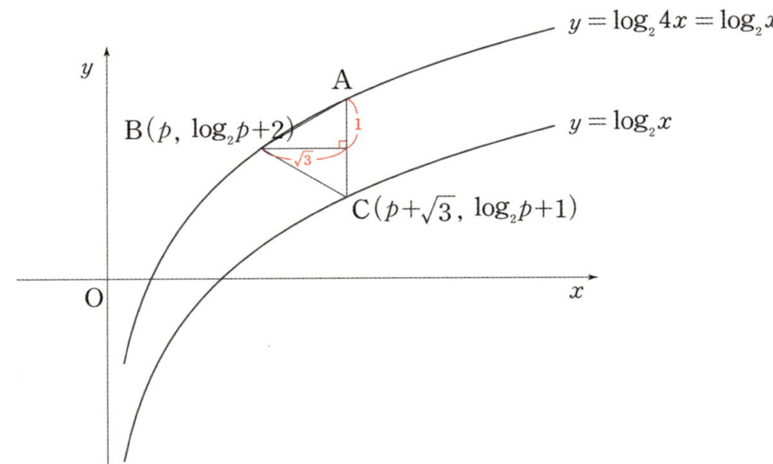

그림의 점 B$(p,\ q)$에서 $q = \log_2 p + 2$이고, 점 C의 좌표는 $(p + \sqrt{3},\ \log_2 p + 1)$이다.

점 C는 그래프 $y = \log_2 x$ 위의 점이므로 $\log_2(p + \sqrt{3}) = \log_2 p + 1 = \log_2 2p$이다.

따라서 $p + \sqrt{3} = 2p$이므로 $p = \sqrt{3}$, $q = \log_2 \sqrt{3} + 2$를 얻는다.

2. $p^2 \times 2^q$를 구하자.

$$p^2 \times 2^q = (\sqrt{3})^2 \times 2^{\log_2 \sqrt{3} + 2} = 3 \times 2^{\log_2 \sqrt{3}} \times 2^2 = 3 \times 4\sqrt{3} = 12\sqrt{3}$$ 이므로 **답은 ③!!**

함수 $y = \log_2 x + 1$의 그래프 위의 서로 다른 두 점 A, B에서 x축에 내린 수선의 발을 각각 P, Q 라 하자. 점 P의 좌표가 $\left(\dfrac{3}{2}, 0\right)$이고 $\overline{\mathrm{AB}} = \overline{\mathrm{AQ}}$일 때, $\triangle\mathrm{ABQ}$의 넓이는? [4점]

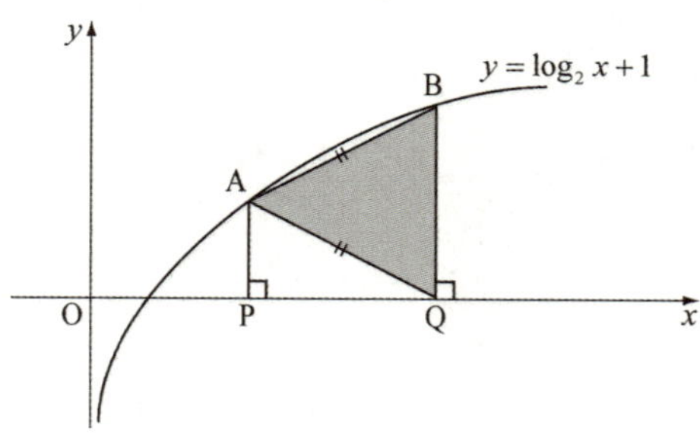

① $2\log_2 3$　　② $\dfrac{5}{2}\log_2 3$　　③ $3\log_2 3$　　④ $\dfrac{7}{2}\log_2 3$　　⑤ $4\log_2 3$

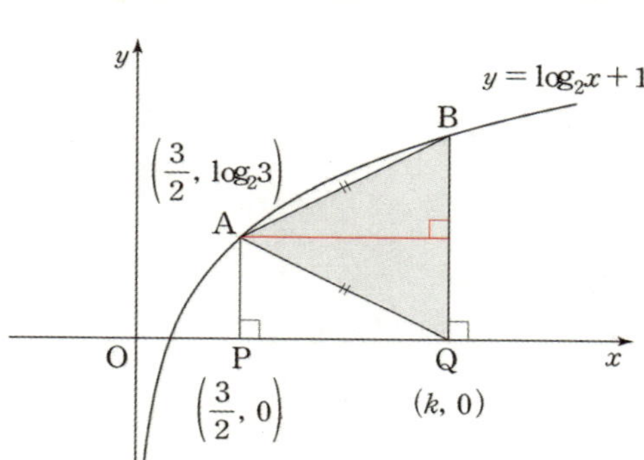

1. 점 P의 x좌표가 $\dfrac{3}{2}$이므로 점 $\mathrm{A}\left(\dfrac{3}{2},\ \log_2\dfrac{3}{2} + 1\right) = \left(\dfrac{3}{2},\ \log_2 3\right)$이다.

2. $\triangle\mathrm{ABQ}$는 **이등변삼각형이므로 점 A 에서 수직이등분선을 그어주자.**

   $\overline{\mathrm{AB}} = \overline{\mathrm{AQ}}$에서 $\overline{\mathrm{BQ}}$의 중점의 y좌표가 점 A의 y좌표이다.

   따라서 점 $\mathrm{Q}(k,\ 0)$이라 하면 점 B의 y좌표는 $\log_2 k + 1$이다.

   따라서 $\log_2 3 = \dfrac{\log_2 k + 1}{2} = \log_2 \sqrt{2k}$이므로 $\sqrt{2k} = 3$에서 $k = \dfrac{9}{2}$이다.

3. $\triangle\mathrm{ABQ}$의 넓이를 구하자.

   $\triangle\mathrm{ABQ}$의 넓이는 $\dfrac{1}{2} \times \overline{\mathrm{PQ}} \times \overline{\mathrm{BQ}} = \dfrac{1}{2} \times \left(\dfrac{9}{2} - \dfrac{3}{2}\right) \times \left(\log_2\dfrac{9}{2} + 1\right) = \dfrac{1}{2} \times 3 \times 2\log_2 3 = 3\log_2 3$ 이다.

   답은 ③!!

그림과 같이 $\overline{AB}=4$, $\overline{AC}=5$이고 $\cos(\angle BAC)=\dfrac{1}{8}$인 삼각형 ABC가 있다.

선분 AC 위의 점 D와 선분 BC 위의 점 E에 대하여

$$\angle BAC = \angle BDA = \angle BED$$

일 때, 선분 DE의 길이는? [4점]

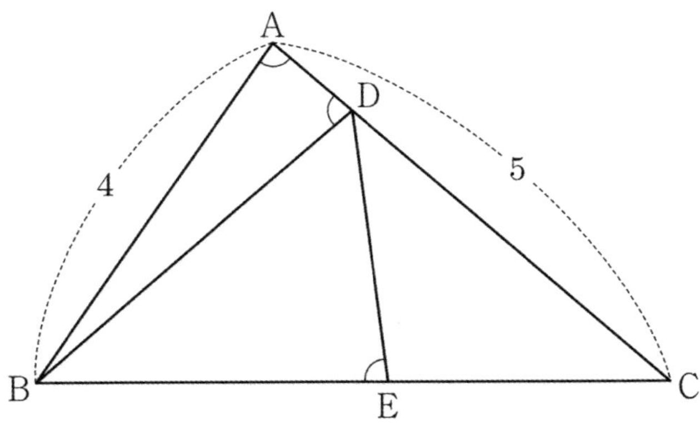

① $\dfrac{7}{3}$　　② $\dfrac{5}{2}$　　③ $\dfrac{8}{3}$　　④ $\dfrac{17}{6}$　　⑤ 3

1. $\angle\mathrm{BAC} = \angle\mathrm{BDA} = \angle\mathrm{BED} = \theta$ 라 하자.

$\overline{\mathrm{BC}}^2 = \overline{\mathrm{AB}}^2 + \overline{\mathrm{AC}}^2 - 2\times\overline{\mathrm{AB}}\times\overline{\mathrm{AC}}\cos\theta = 16+25-5 = 36$ 이므로 $\overline{\mathrm{BC}} = 6$ 이다.

이때, 이등변삼각형 ABD 에서 $\overline{\mathrm{AD}} = 2\times 4\cos\theta = 1$ 이므로 $\overline{\mathrm{CD}} = 4$ 이다.

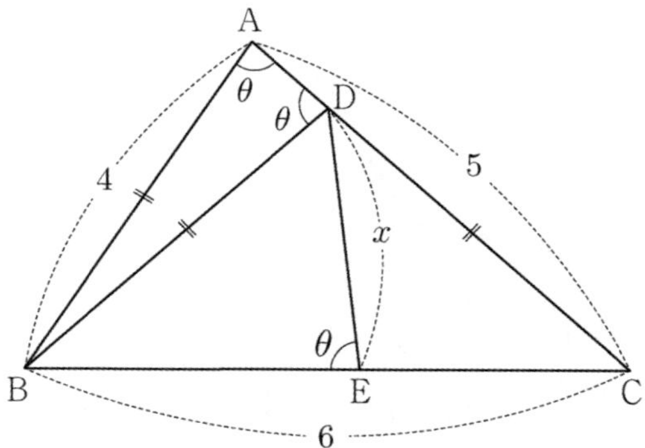

$\overline{\mathrm{DE}} = x$ 라 하자.

2. **삼각형 DBC 는 이등변삼각형이므로 점 D 에서 선분 BC 에 내린 수선의 발을 M 이라 하면 점 M 은 선분 BC 의 중점이다.**

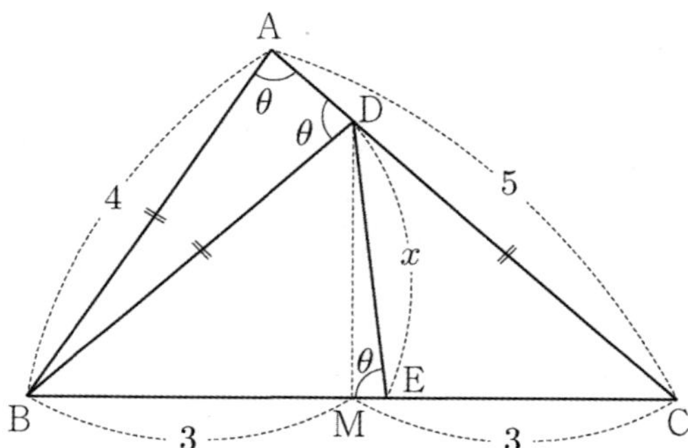

$\overline{\mathrm{BM}} = 3$ 이므로 $\overline{\mathrm{DM}}^2 = \overline{\mathrm{DB}}^2 - \overline{\mathrm{BM}}^2 = 16-9 = 7$ 에서 $\overline{\mathrm{DM}} = \sqrt{7}$ 이다.

$\cos\theta = \dfrac{1}{8}$ 이므로 $\sin\theta = \dfrac{3\sqrt{7}}{8} = \dfrac{\overline{\mathrm{DM}}}{\overline{\mathrm{DE}}} = \dfrac{\sqrt{7}}{x}$ 이고, $x = \dfrac{8}{3}$ 이다.

답은 ③!!

다른 풀이 (1) - 닮음의 활용

$\angle \mathrm{DBC} = \alpha$ 라 하자.

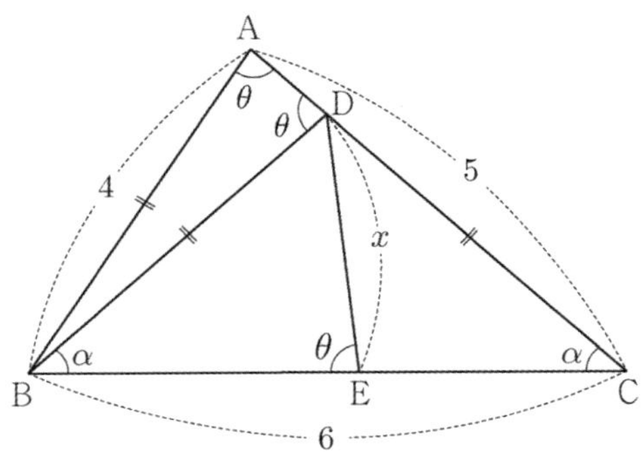

두 삼각형 ABC, EDB 는 $\angle\mathrm{BAC} = \angle\mathrm{DEB} = \theta$, $\angle\mathrm{BCA} = \angle\mathrm{DBE} = \alpha$ 이므로
AA 닮음이다. 따라서 $\overline{\mathrm{DE}} = x$ 라 하면 $\overline{\mathrm{AB}} : \overline{\mathrm{ED}} = \overline{\mathrm{BC}} : \overline{\mathrm{DB}}$ 에서 $4 : x = 6 : 4$ 이므로

$6x = 16$ 에서 $x = \dfrac{8}{3}$ 이다.

답은 ③!!

다른 풀이 (2) - 코사인법칙

$\angle \mathrm{DBC} = \alpha$ 라 하자.

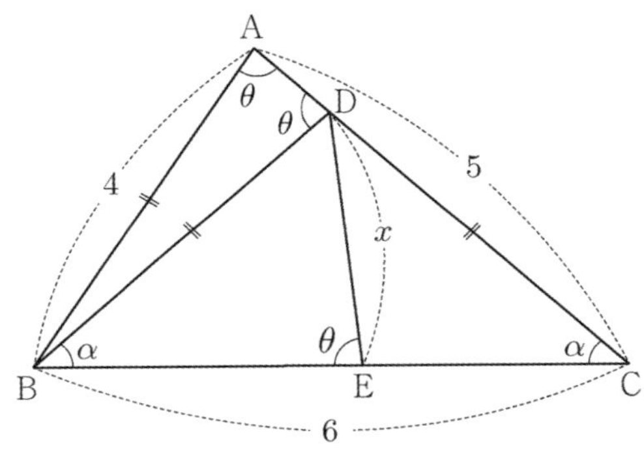

삼각형 DBE 에서 $\angle\mathrm{BDE} = \pi - \alpha - \theta$ 이므로 $\angle\mathrm{EDC} = \angle\mathrm{ECD} = \alpha$ 이다.
따라서 삼각형 ECD 는 이등변삼각형이므로 삼각형 DEC 에서 코사인법칙을 활용하자.

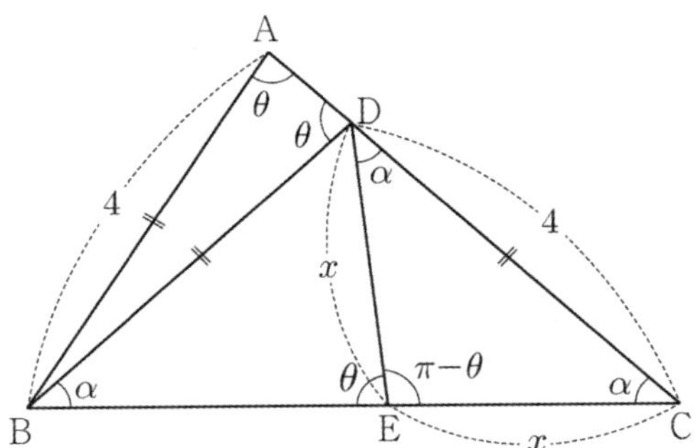

$\overline{\mathrm{CD}}^2 = \overline{\mathrm{DE}}^2 + \overline{\mathrm{EC}}^2 - 2 \times \overline{\mathrm{DE}} \times \overline{\mathrm{EC}} \times \cos(\angle\mathrm{DEC})$ 에서

$16 = 2x^2 - 2x^2 \times \left(-\dfrac{1}{8}\right) = \dfrac{9}{4}x^2$ 이므로 $x = \dfrac{8}{3}$ 이다.

답은 ③!!

다른 풀이 (3) – 삼각형의 넓이

$\cos\theta = \dfrac{1}{8}$ 에서 $\sin\theta = \dfrac{3\sqrt{7}}{8}$ 이다.

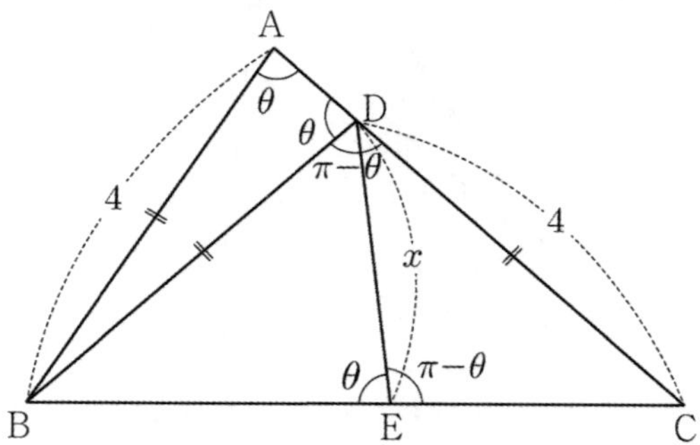

$\angle\mathrm{BDC} = \pi - \theta$ 이므로 삼각형 DBC 의 넓이는

$$\frac{1}{2} \times \overline{\mathrm{DB}} \times \overline{\mathrm{DC}} \times \sin(\angle\mathrm{BDC}) = \frac{1}{2} \times 4 \times 4 \times \sin(\pi - \theta) = 8 \times \frac{3\sqrt{7}}{8} = 3\sqrt{7} \text{ 이다.}$$

이때, 삼각형 DBC 의 넓이는 두 삼각형 DBE, DCE 의 넓이의 합과 같다.

삼각형 DBE 의 넓이는 $\dfrac{1}{2} \times \overline{\mathrm{DE}} \times \overline{\mathrm{BE}} \times \sin\theta$ 이고,

삼각형 DCE 의 넓이는 $\dfrac{1}{2} \times \overline{\mathrm{DE}} \times \overline{\mathrm{EC}} \times \sin(\pi - \theta)$ 이므로

$$\frac{1}{2} \times \overline{\mathrm{DE}} \times \overline{\mathrm{BE}} \times \sin\theta + \frac{1}{2} \times \overline{\mathrm{DE}} \times \overline{\mathrm{EC}} \times \sin(\pi - \theta)$$

$$= \frac{1}{2} \times \overline{\mathrm{DE}} \times \sin\theta \times (\overline{\mathrm{BE}} + \overline{\mathrm{EC}}) = \frac{1}{2} \times x \times \frac{3\sqrt{7}}{8} \times 6 = 3\sqrt{7} \text{ 에서 } x = \frac{8}{3} \text{ 이다.}$$

답은 ③!!

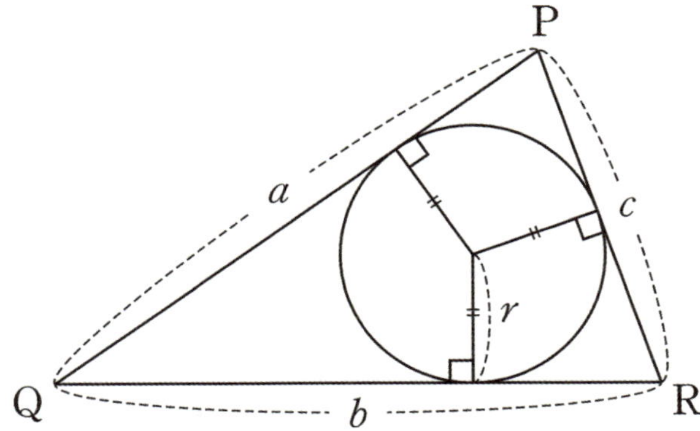

삼각형 전체와 **내접원**이 주어진다면 반사적으로 **내접원의 중심에서 접점을 잇고 직각을 표시**한다.
또한, **내접원의 중심에서 접점을 이을 때 생기는 선분**은 **모두 내접원의 반지름**이므로 **'같다'를 나타내는 표시**도 한다.

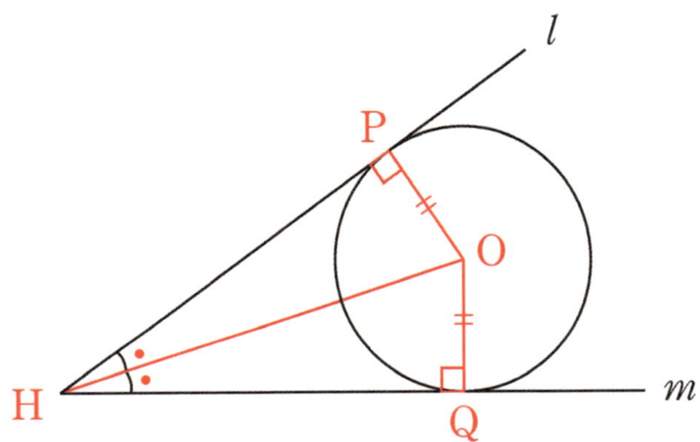

위의 그림은 두 직선이 원과 접할 때이다. **만약 원과 접하고 직선 l, 직선 m과 각각 만나도록 하는 임의의 직선 하나를 추가하면 내접원 꼴을 만들 수 있다.** 하지만 삼각형 전체와 내접원이 주어질 때와는 달리 **두 직선이 원과 접할 때는 의외로 원의 중심에서 접점을 이어 직각을 표시하지 않고 반지름이 같다는 표시를 안 하는 경우가 많다.** 이러면 $\triangle OHQ \equiv \triangle OHP$를 발견하기 힘들어 필요한 길이나 넓이를 구하는 데에 방해가 된다.

두 직선이 원과 접할 때도 위의 그림과 같이 꼭 표시해줬으면 하는 마음에서 위의 그림과 같은 꼴에 **'새 부리'**라는 이름을 붙여 주었다. 원을 앵무새의 눈, 원의 중심을 앵무새의 동공, 사각형 $OPHQ$를 앵무새의 부리라고 생각하면 된다. **앵무새의 부리를 완성하기 위해서는 $\overline{OH}$ 를 그어주어야 하고** 이를 그어준다면 앵무새의 머리가 완성되고 $\triangle OHQ \equiv \triangle OHP$를 쉽게 발견할 수 있을 것이다.

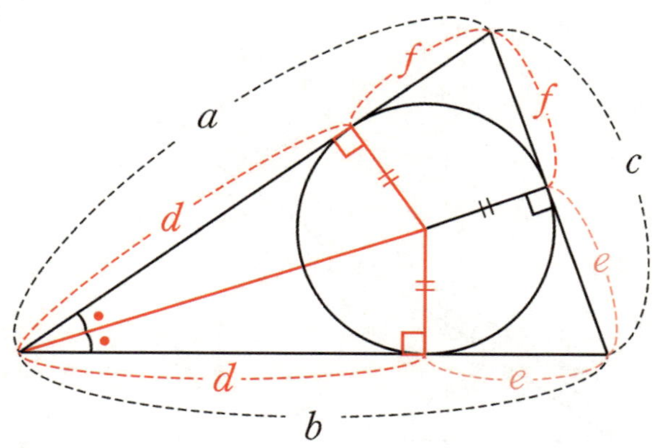

d의 길이는? $d+e+f = \dfrac{a+b+c}{2}$, $e+f=c$이므로 $d = \dfrac{a+b-c}{2}$이다.

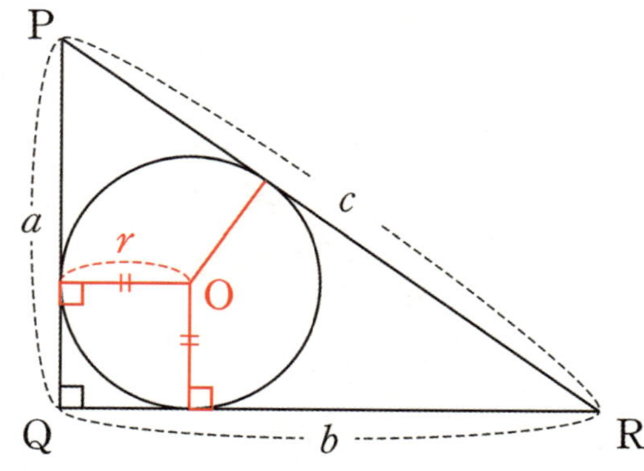

△PQR이 직각삼각형일 때, 내접원의 반지름 r의 길이는?

위에서 구한 방식으로 구하면 $r = \dfrac{a+b-c}{2}$이다. 이전에 배웠던 내접원이 있을 때 삼각형의 넓이를 구하는 방법을 이용하면 어떨까?

△PQR의 넓이는 밑변×높이를 이용하면 $\dfrac{1}{2}ab$이다. 이는 △POQ, △QOR, △POR 각각의 넓이의 합과 같아야 한다. △POQ, △QOR, △POR의 밑변은 각각 $\overline{PQ}$, $\overline{QR}$, $\overline{PR}$이고 밑변의 길이는 각각 a, b, c 이다. 이때 △POQ, △QOR, △POR의 높이는 내접원의 반지름 r로 같다. 따라서 △PQR의 넓이는 $\dfrac{1}{2}r(a+b+c)$이다. $\dfrac{1}{2}ab = \dfrac{1}{2}(a+b+c)r$이므로 $r = \dfrac{ab}{a+b+c}$이다.

$r = \dfrac{a+b-c}{2}$와 $r = \dfrac{ab}{a+b+c}$를 비교하면 $r = \dfrac{a+b-c}{2}$의 표현이 더 간단하기에 문제 풀기에 더 좋은 형태임을 알 수 있다.

그림과 같이 길이가 2 인 선분 AB 를 지름으로 하고 중심이 O 인 반원이 있다. 호 AB 위에 점 P 를 $\cos(\angle \text{BAP}) = \dfrac{4}{5}$ 가 되도록 잡는다. 부채꼴 OBP 에 내접하는 원의 반지름의 길이가 r_1, 호 AP 를 이등분하는 점과 선분 AP 의 중점을 지름의 양 끝점으로 하는 원의 반지름의 길이가 r_2 일 때, $r_1 r_2$의 값은? [4 점]

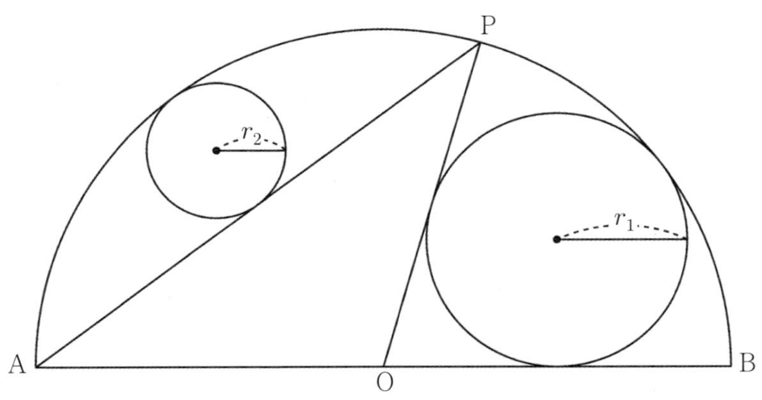

① $\dfrac{3}{40}$ ② $\dfrac{1}{10}$ ③ $\dfrac{1}{8}$ ④ $\dfrac{3}{20}$ ⑤ $\dfrac{7}{40}$

1. 새 부리를 닮은 내접원 꼴이 나왔다. 내접원의 중심과 접점을 잇고 직각을 표시하자.
   또, 내접원의 중심과 점 O를 잇는 보조선도 그어주자.

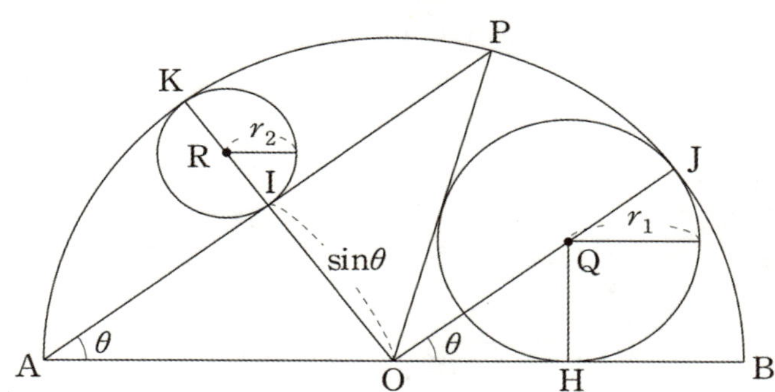

반지름의 길이가 r_1인 원의 중심을 Q, 반지름의 길이가 r_2인 원의 중심을 R이라 하고,

점 Q에서 $\overline{AB}$에 내린 수선의 발을 H, 점 R에서 $\overline{AP}$에 내린 수선의 발을 I,

각 원과 반원의 접점을 각각 J, K라 하자.

---

2. $\angle BAP = \theta$라 하면 $\angle BOJ = \theta$이다. $\overline{OJ} = \overline{OQ} + \overline{QJ} = \dfrac{r_1}{\sin\theta} + r_1 = r_1\left(1 + \dfrac{1}{\sin\theta}\right) = 1$이다.

$\cos\theta = \dfrac{4}{5}$이므로 $\sin\theta = \dfrac{3}{5}$이므로 $r_1\left(1 + \dfrac{1}{\sin\theta}\right) = r_1 \times \dfrac{8}{3} = 1$에서 $r_1 = \dfrac{3}{8}$이다.

---

3. $\overline{OK} = \overline{OI} + \overline{IK} = \sin\theta + 2r_2 = 1$이다. $r_2 = \dfrac{1}{2} \times \left(1 - \dfrac{3}{5}\right) = \dfrac{1}{5}$이다.

따라서 $r_1 r_2 = \dfrac{3}{8} \times \dfrac{1}{5} = \dfrac{3}{40}$이다.

답은 ①!!

---

comment

직각삼각형에서 피타고라스 정리를 떠올리는 것도 좋지만 **삼각비를 이용한 길이 표현을 좀 더 자유자재로 다룰 줄 알아야 한다.**

추가적 도형 성질

원과 특수한 삼각형을 제외한 중학교 도형을 완전히 잊은 경우가 있다. **무게중심, 외심, 각 이등분선, 원주각, 원에 내접하는 사각형, 원과 비례 관계 정도는 기억하자.** 또한, 원의 반지름, 중심각을 이용하여 원 위의 점의 좌표를 잡는 방법을 짚고 넘어가겠다.

1. 무게중심

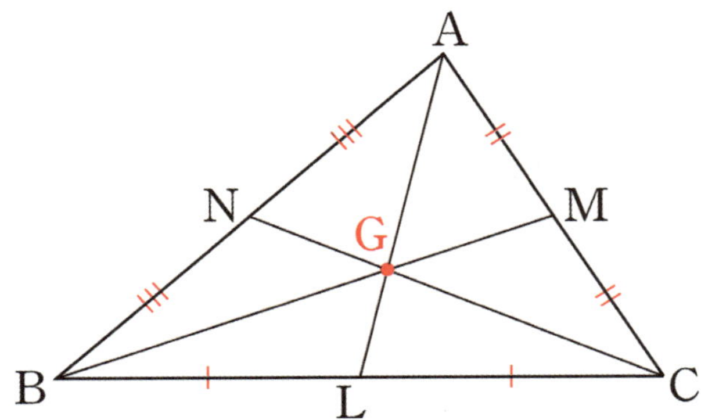

삼각형의 중선은 한 꼭짓점과 그 대변의 중점을 연결한 선을 뜻한다. 삼각형에는 세 개의 중선이 있는데, **이 세 개의 중선의 교점이 바로 무게중심이다.**

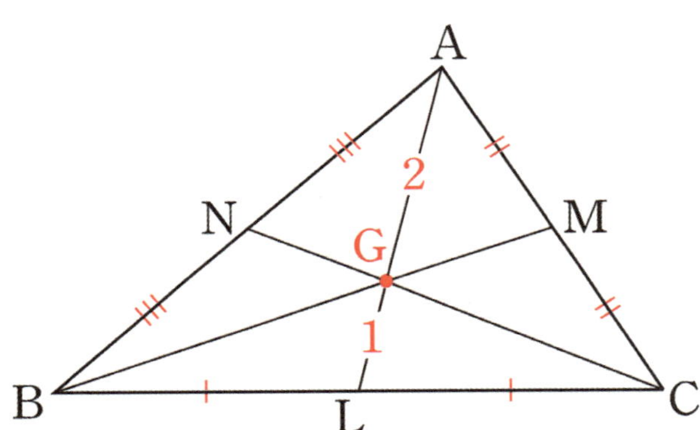

무게중심을 점 G 라 하자. $\overline{AG} : \overline{GL} = 2 : 1$ **이다. 마찬가지로** $\overline{BG} : \overline{GM} = 2 : 1$, $\overline{CG} : \overline{GN} = 2 : 1$ **이다.** 평가원에 기출을 풀기 위한 무게중심의 성질의 끝이다. 까먹지 말자.

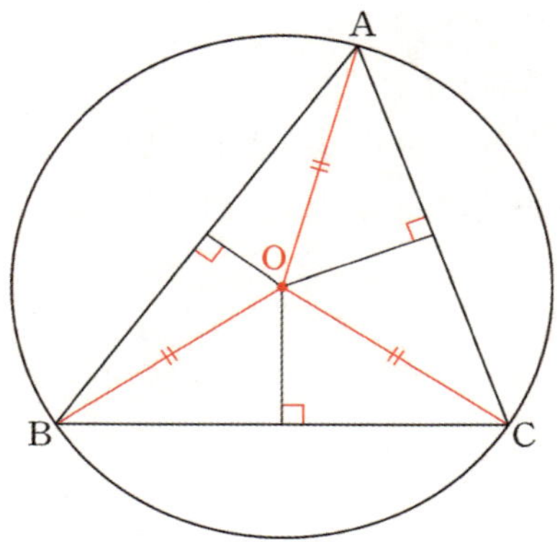

삼각형의 내심은 '새 부리를 닮은 내접원 꼴'을 다루면서 필요한 부분을 모두 다루었다. 삼각형 외심을 살펴보자.
삼각형에서 각 변의 수직이등분선의 교점을 외심이라 한다. 따라서 외심은 곧 삼각형의 외접원의 중심이다.
위 그림의 외심인 점 O에서 삼각형의 각 꼭짓점까지의 거리는 같다.

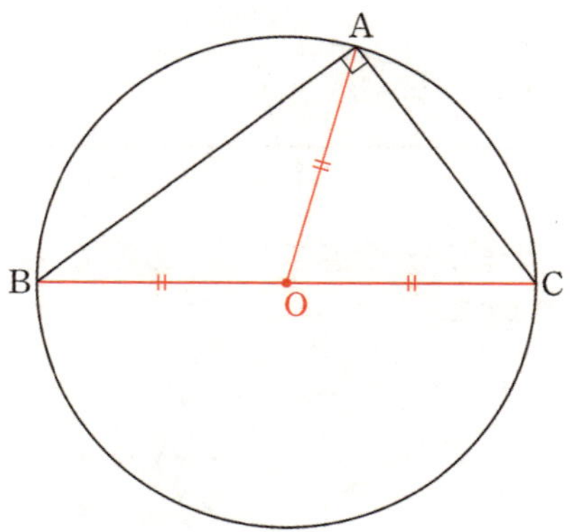

직각삼각형의 외심의 위치는 일반적인 삼각형과 달리 특이하다.
$\overline{BC}$**가 외접원의 지름이므로 직각삼각형 $\triangle ABC$의 외심은 빗변의 중점 O이다.**

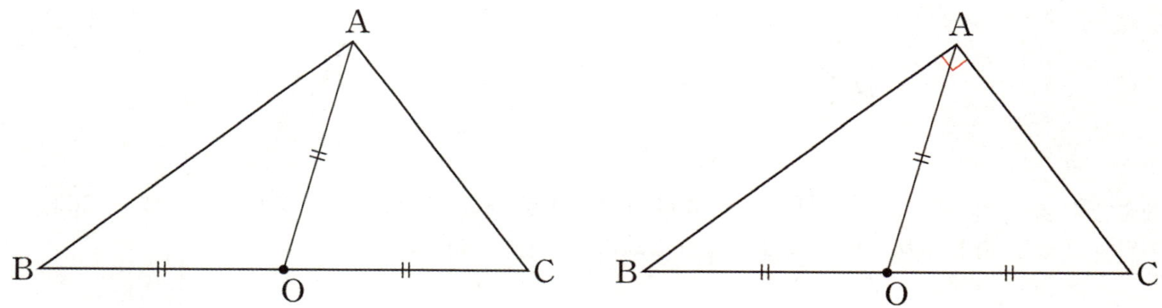

따라서 왼쪽과 같은 그림을 보면 **점 O가 외심임을 인지하고 외접원을 떠올리며** $\angle BAC = \dfrac{\pi}{2}$**임을 알아야 한다.**
이후 오른쪽 그림처럼 직각 표시를 해주자. 숨겨진 직각을 찾는 것은 중요한 과제이다.
평가원에 기출을 풀기 위한 외심의 성질의 끝이다. 까먹지 말자.

각의 이등분선의 성질을 정리해보겠다.

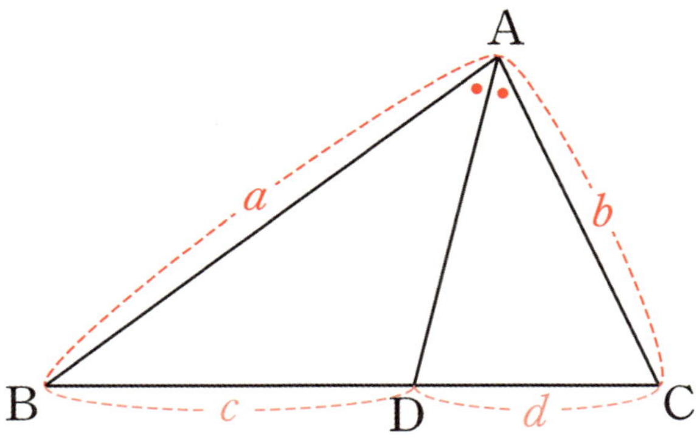

직선 AD가 $\angle\mathrm{BAC}$를 이등분하면 $a : b = c : d$**이다.**
평가원에 기출을 풀기 위한 각의 이등분선의 성질의 끝이다. 까먹지 말자.

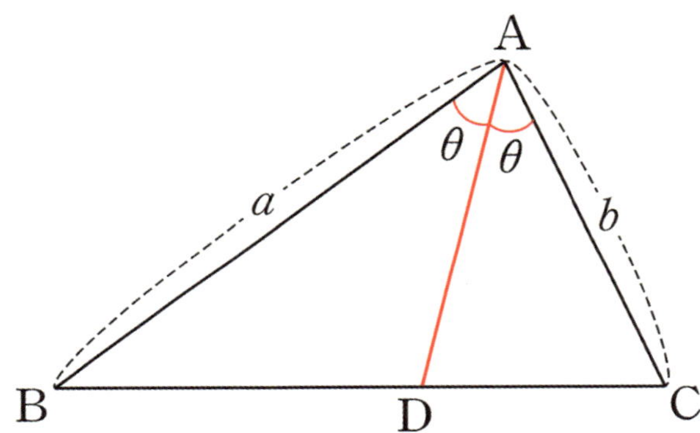

$\overline{\mathrm{AD}}$ **길이를 a, b, θ로 표현하면?** 각 이등분선의 성질을 쓰라고 낸 것 같은가? 사실 아니다.
이걸 각의 이등분선의 성질을 이용해 풀려면 코사인법칙을 이용해도 복잡하다.

넓이에서 $\triangle\mathrm{ABC} = \triangle\mathrm{ABD} + \triangle\mathrm{ADC}$를 이용하면 어떨까?
$\triangle\mathrm{ABD}, \triangle\mathrm{ADC}$**의 공통변이 $\overline{\mathrm{AD}}$이므로** $\overline{\mathrm{AD}}$ 길이를 a, b, θ로 표현할 수 있을 것 같다.

$$\triangle\mathrm{ABC} = \frac{1}{2}ab\sin 2\theta, \quad \triangle\mathrm{ABD} = \frac{1}{2}a\,\overline{\mathrm{AD}}\,\sin\theta, \quad \triangle\mathrm{ADC} = \frac{1}{2}b\,\overline{\mathrm{AD}}\,\sin\theta\text{이고}$$

$\dfrac{1}{2}ab\sin 2\theta = \dfrac{1}{2}a\,\overline{\mathrm{AD}}\,\sin\theta + \dfrac{1}{2}b\,\overline{\mathrm{AD}}\,\sin\theta$이므로 정리하면 $\overline{\mathrm{AD}} = \dfrac{ab\sin 2\theta}{(a+b)\sin\theta}$이다.

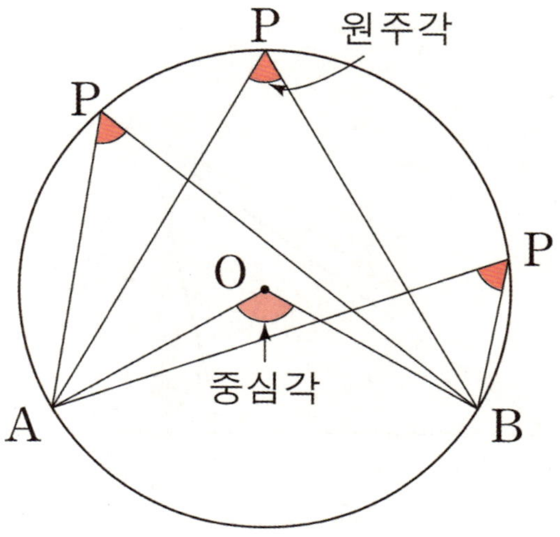

호 AB에 대한 중심각은 ∠AOB이고 호 AB에 대한 원주각은 ∠APB이다. 점 P가 원 위에 어디에 있든 **호 AB에 대한 중심각의 크기는 원주각의 크기의 2배**이다. 증명은 아래와 같다.

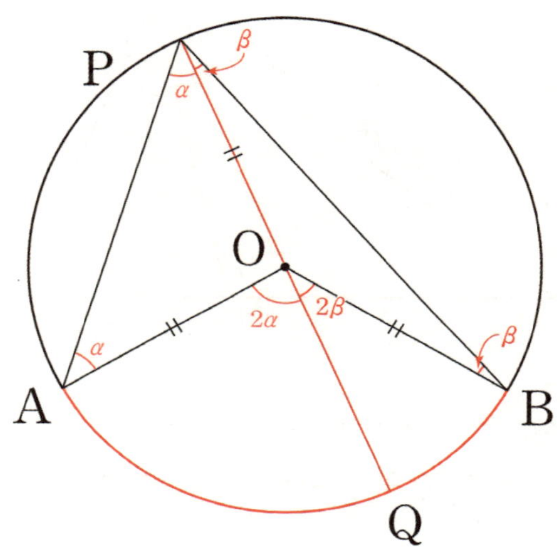

원의 반지름 길이는 모두 같으므로 △OAP, △OBP는 이등변삼각형이다. ∠OPA의 크기를 α로 두고 ∠OPB의 크기를 β로 두자. 호 AB에 대한 원주각 ∠APB의 크기는 $\alpha+\beta$이다.
△OAP의 외각 ∠AOQ의 크기는 2α이고 △OBP의 외각 ∠BOQ의 크기는 2β이다.
호 AB에 대한 중심각 ∠AOB의 크기는 $2\alpha+2\beta$이므로 호 AB에 대한 원주각 ∠APB의 크기의 2배이다.

원주각이 기억 안 난다면 원의 중심과 원 위의 서로 다른 두 점을 이어 만든 이등변삼각형을 이용해도 되지만 긋는 반지름의 수가 너무 많아지면 그림을 알아보기가 힘들다. **웬만하면 원주각을 바로 알아보고 필요한 각을 구하자.**

그림과 같이 한 원에 내접하는 두 삼각형 ABC, ABD에서 $\overline{AB} = 16\sqrt{2}$, $\angle ABD = 45°$, $\angle BCA = 30°$ 일 때, 선분 AD의 길이를 구하시오. [3점]

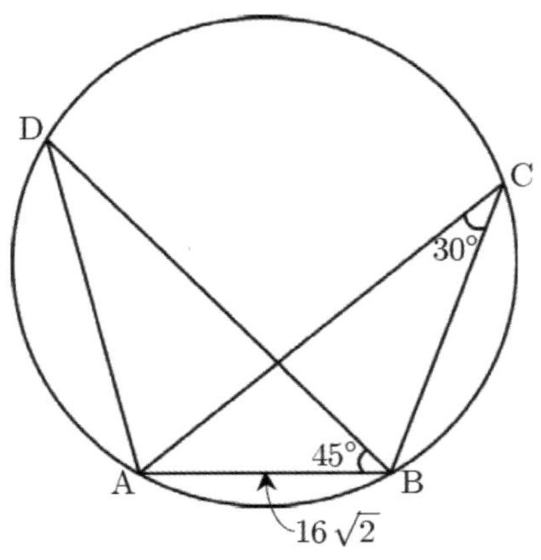

1. 원주각의 성질을 이용하여 $\angle ADB$의 크기를 구하자.

 $\overparen{AB}$의 원주각은 $\angle ACB = \angle ADB = 30°$ 이다.

2. △ABD에서 사인법칙을 이용하면 $\overline{AD}$를 구할 수 있다.

 $\dfrac{16\sqrt{2}}{\sin 30°} = \dfrac{\overline{AD}}{\sin 45°}$ 에서 $32\sqrt{2} = \overline{AD} \times \sqrt{2}$ 이다. 따라서 $\overline{AD} = 32$ 이다.

답은 32!!

그림과 같이 예각삼각형 ABC 가 한 원에 내접하고 있다. $\overline{AB}=6$ 이고, $\angle ABC=\alpha$ 라 할 때 $\cos\alpha=\dfrac{3}{4}$ 이다. 점 A 를 지나지 않는 호 BC 위의 점 D 에 대하여 $\overline{CD}=4$ 이다.

두 삼각형 ABD, CBD 의 넓이를 각각 S_1, S_2 라 할 때, $S_1 : S_2 = 9 : 5$ 이다. 삼각형 ADC 의 넓이를 S 라 할 때, S^2 의 값을 구하시오. [4점]

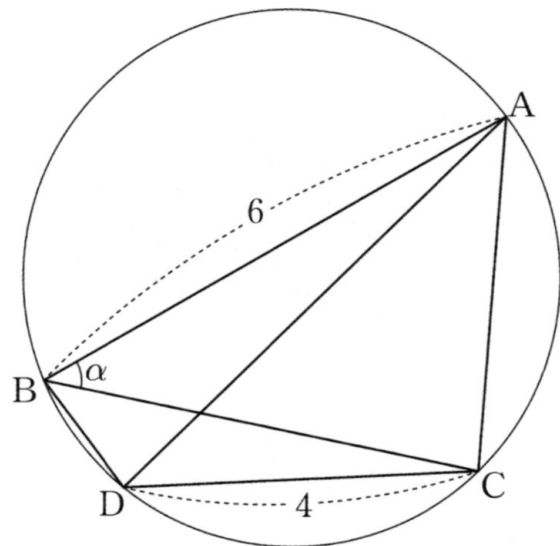

1. $\angle ABC$와 $\angle ADC$는 $\overset{\frown}{AC}$에 대한 원주각이므로 $\angle ABC = \angle ADC = \alpha$라 하자.

$\angle BAD$와 $\angle BCD$는 $\overset{\frown}{BD}$에 대한 원주각이므로 $\angle BAD = \angle BCD = \beta$라 하자.

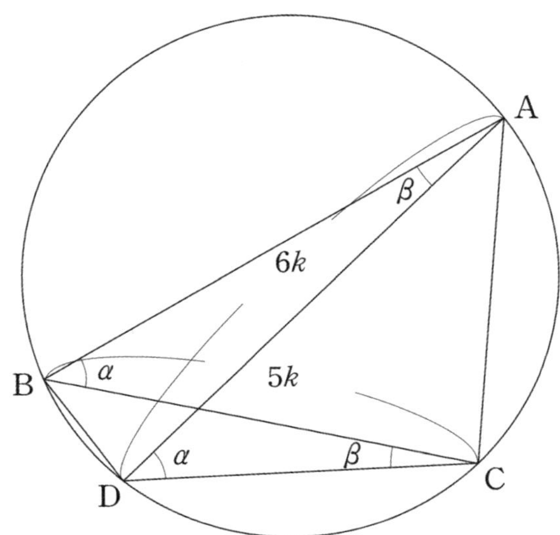

두 삼각형 ABD, CBD의 넓이 S_1, S_2는 각각

$$S_1 = \frac{1}{2} \times 6 \times \overline{AD} \times \sin\beta, \quad S_2 = \frac{1}{2} \times 4 \times \overline{BC} \times \sin\beta \text{이다.}$$

주어진 조건에서 $S_1 : S_2 = 9 : 5$ 이므로 $\overline{AD} : \overline{BC} = 6 : 5$ 이다.
$\overline{AD} = 6k$, $\overline{BC} = 5k$로 두자.

2. $\overline{AD} = 6k$를 구하면 삼각형 ADC의 넓이 S를 구할 수 있다. k를 구해보자.

삼각형 ABC에서 코사인법칙에 의해 $\overline{AC}^2 = 6^2 + (5k)^2 - 2 \times 6 \times 5k \times \cos\alpha$ 이다.

삼각형 ADC에서 코사인법칙에 의해 $\overline{AC}^2 = (6k)^2 + 4^2 - 2 \times 6k \times 4 \times \cos\alpha$ 이다.

두 식을 연립하면 $11k^2 + 9k - 20 = 0$, $(11k + 20)(k - 1) = 0$에서 $k = 1$ 이다. $(k > 0)$
따라서 $\overline{AD} = 6k = 6$ 이다.

$\overline{AD} = 6$, $\overline{CD} = 4$, $\sin\alpha = \dfrac{\sqrt{7}}{4}$ 이므로 삼각형 ADC의 넓이 S는

$$S = \frac{1}{2} \times \overline{AD} \times \overline{CD} \times \sin\alpha = \frac{1}{2} \times 6 \times 4 \times \frac{\sqrt{7}}{4} = 3\sqrt{7} \text{이다.}$$

따라서 $S^2 = (3\sqrt{7})^2 = 63$이다.

답은 63!!

그림과 같이 한 평면 위에 있는 두 삼각형 ABC, ACD 의 외심을 각각 O, O′ 이라 하고 $\angle ABC = \alpha$, $\angle ADC = \beta$ 라 할 때, $\dfrac{\sin\beta}{\sin\alpha} = \dfrac{3}{2}$, $\cos(\alpha+\beta) = \dfrac{1}{3}$, $\overline{OO'} = 1$ 이 성립한다.

삼각형 ABC 의 외접원의 넓이가 $\dfrac{q}{p}\pi$ 일 때, $p+q$ 의 값을 구하시오.
(단, p 와 q 는 서로소인 자연수이다.) [4점]

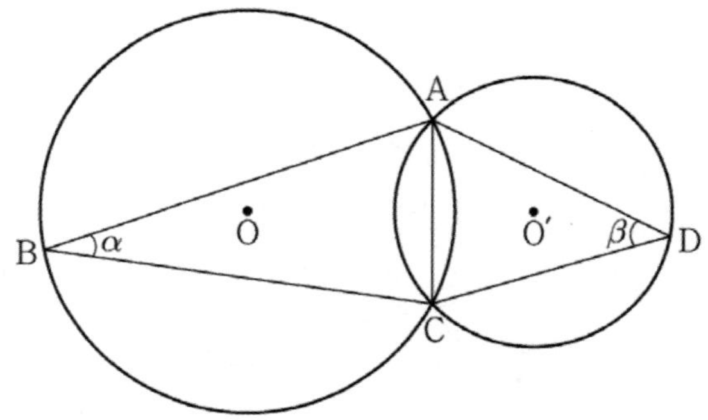

1. 두 원의 공통현은 $\overline{AC}$ 이다. 사인법칙을 이용하면 $2 \times \overline{OA} = \dfrac{\overline{AC}}{\sin \alpha}$, $2 \times \overline{O'A} = \dfrac{\overline{AC}}{\sin \beta}$ 이다.

$\dfrac{\sin \beta}{\sin \alpha} = \dfrac{3}{2}$ 이므로 두 원의 반지름의 길이의 비는 $\overline{OA} : \overline{OA'} = 3 : 2$ 이다.

각각의 반지름의 길이를 $3k$, $2k$라 하자.

2. 원주각을 이용하기 위해 세 점 A, O, O′을 이어주자.

삼각형 AOO′에서 $\angle AOO' = \alpha$, $\angle AO'O = \beta$, $\angle OAO' = \pi - (\alpha + \beta)$ 이다.

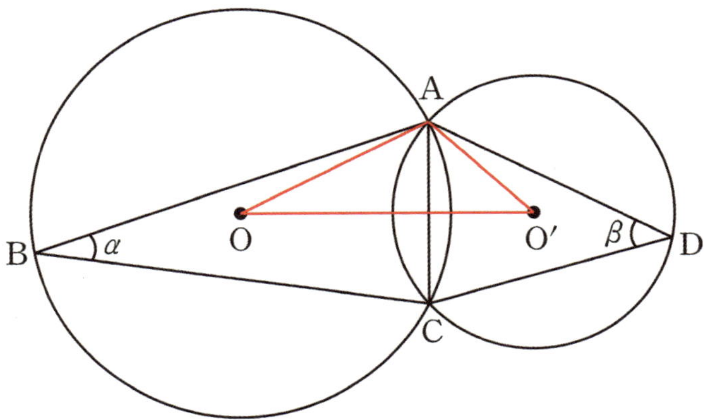

삼각형 AOO′에서 코사인법칙을 활용하면 $\cos(\pi - (\alpha + \beta)) = -\cos(\alpha + \beta) = -\dfrac{1}{3}$ 이므로

$1 = 9k^2 + 4k^2 - 12k^2 \cos(\pi - (\alpha + \beta)) = 17k^2$ 이다.

$k^2 = \dfrac{1}{17}$, $S = 9k^2\pi = \dfrac{9}{17}\pi$, $p + q = 26$ 이다.

답은 26!!

$\angle OAO'$의 크기를 표시하지 않았다면

$\cos(\alpha + \beta) = \dfrac{1}{3}$ 을 어떻게 활용해야 하는지 보이지 않았을 것이다.

$\sin(\pi - (\alpha + \beta)) = \sin(\alpha + \beta)$, $\cos(\pi - (\alpha + \beta)) = -\cos(\alpha + \beta)$ 를 바로 알아보면 좋다.

그림과 같이 반지름의 길이가 4이고 중심이 O인 원 위의 세 점 A, B, C에 대하여

$$\angle ABC = 120°, \quad \overline{AB} + \overline{BC} = 2\sqrt{15}$$

일 때, 사각형 OABC의 넓이는? [4점]

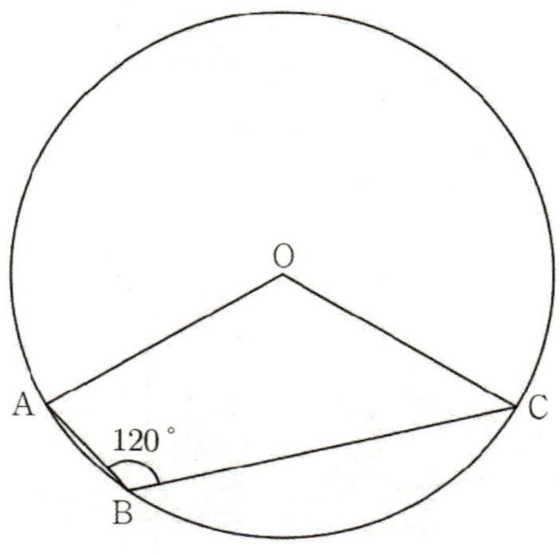

① $5\sqrt{3}$ ② $\dfrac{11\sqrt{3}}{2}$ ③ $6\sqrt{3}$ ④ $\dfrac{13\sqrt{3}}{2}$ ⑤ $7\sqrt{3}$

1. 사각형 OABC에 현 $\overline{AC}$를 그어서 $\triangle OAC$와 $\triangle ABC$로 나눠주자.

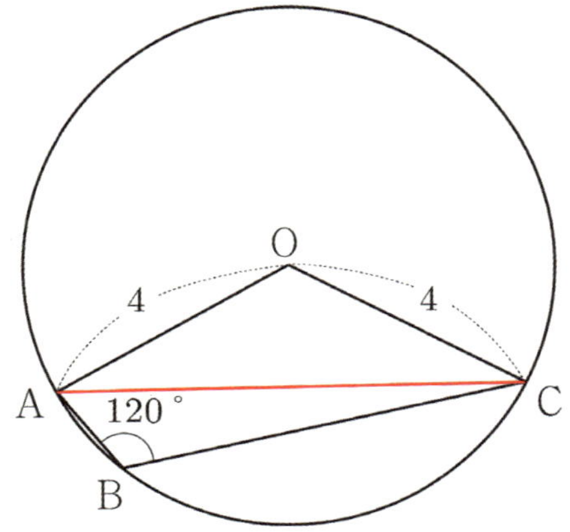

먼저 $\triangle OAC$의 넓이를 구하자.

$\overline{OA} = \overline{OC} = 4$이므로 $\angle AOC$만 구하면 삼각형 $\triangle OAC$의 넓이를 구할 수 있다.

현 AC의 중심각 $\angle AOC$의 크기는 현 AC의 원주각의 크기의 두 배이므로 원주각의 크기를 구하자.

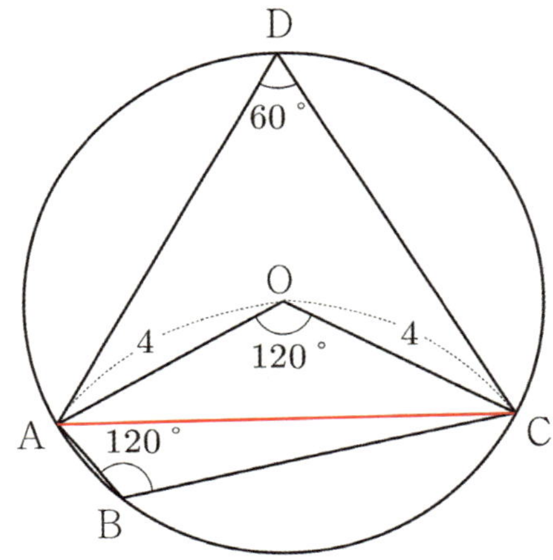

그림에서 사각형 ABCD는 원에 내접한다. $\angle ABC = 120\,^\circ$ 이므로 원에 내접하는 사각형의 성질에 의하여 $\angle ADC = 60\,^\circ$ 이므로 $\angle AOC = 120\,^\circ$ 이다.

$\triangle OAC$의 넓이는 $\dfrac{1}{2} \times 4 \times 4 \times \sin 120\,^\circ = 4\sqrt{3}$ 이고, $\overline{AC} = 2 \times 4\cos 30\,^\circ = 4\sqrt{3}$ 이다.

2. $\triangle ABC$의 넓이를 구하기 위해 $\overline{AB}$, $\overline{BC}$의 길이를 구해보자.

$\overline{AB}+\overline{BC}=2\sqrt{15}$ 이므로 $\overline{AB}=x$, $\overline{BC}=2\sqrt{15}-x$라 하자.

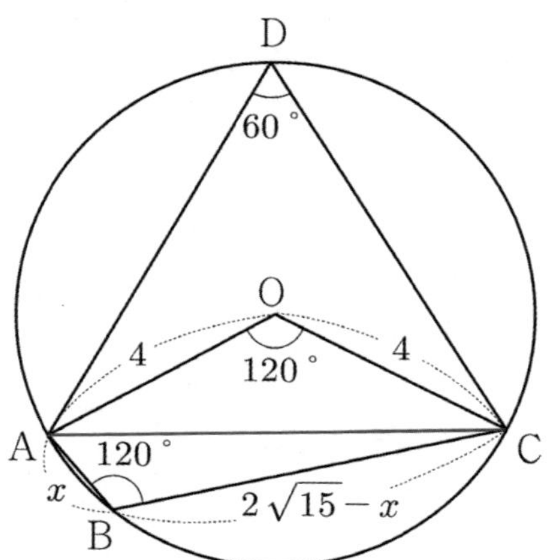

코사인법칙을 활용하자. $\overline{AC}^2=\overline{AB}^2+\overline{BC}^2-2\cdot\overline{AB}\cdot\overline{BC}\cdot\cos120°$ 에서

$$48=x^2+(2\sqrt{15}-x)^2-2\cdot x\cdot(2\sqrt{15}-x)\cdot\left(-\frac{1}{2}\right)$$
$$=x^2+x^2-4\sqrt{15}\,x+60+2\sqrt{15}\,x-x^2$$
$$=x^2-2\sqrt{15}\,x+60$$
$$=\left(x-\sqrt{15}\right)^2+45\,\text{이므로}$$

$\left(x-\sqrt{15}\right)^2=3$, $x=\sqrt{15}-\sqrt{3}\,(\because\overline{AB}<\overline{AC})$이다.

따라서 $\overline{AB}=\sqrt{15}-\sqrt{3}$, $\overline{BC}=\sqrt{15}+\sqrt{3}$ 이므로

$\triangle ABC$의 넓이는 $\dfrac{1}{2}(\sqrt{15}-\sqrt{3})(\sqrt{15}+\sqrt{3})\sin120°=\dfrac{\sqrt{3}}{4}(15-3)=3\sqrt{3}$ 이므로

사각형 $OABC$의 넓이는 $4\sqrt{3}+3\sqrt{3}=7\sqrt{3}$ 이다.

답은 ⑤!!

그림과 같이 $\overline{AB}=5$, $\overline{BC}=4$, $\cos(\angle ABC)=\dfrac{1}{8}$ 인 삼각형 ABC 가 있다. $\angle ABC$ 의 이등분선과

$\angle CAB$ 의 이등분선이 만나는 점을 D, 선분 BD 의 연장선과 삼각형 ABC 의 외접원이 만나는 점을 E 라 할 때, <보기>에서 옳은 것만을 있는 대로 고른 것은? [4점]

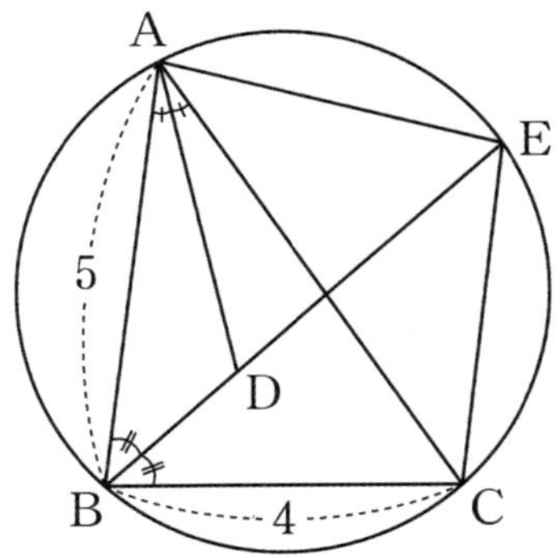

〈보 기〉

ㄱ. $\overline{AC}=6$

ㄴ. $\overline{EA}=\overline{EC}$

ㄷ. $\overline{ED}=\dfrac{31}{8}$

① ㄱ   ② ㄱ, ㄴ   ③ ㄱ, ㄷ   ④ ㄴ, ㄷ   ⑤ ㄱ, ㄴ, ㄷ

1. 주어진 도형을 살펴보자.

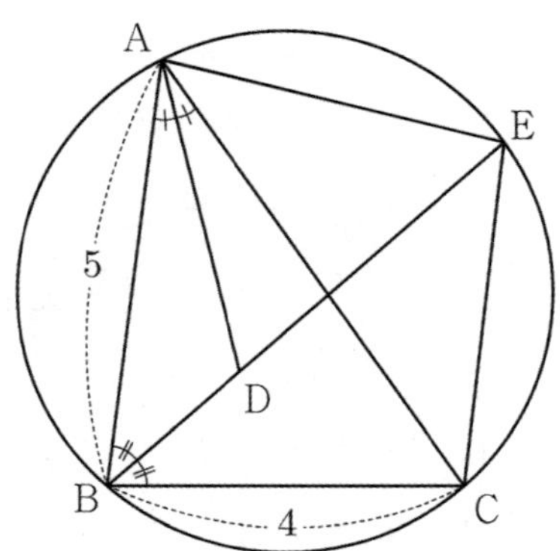

$\cos(\angle ABC) = \dfrac{1}{8}$ 이므로 $\overline{AC}$ 를 구하기 위하여 삼각형 ABC 에서 코사인법칙을 활용하자.

$\overline{AC}^{\,2} = \overline{AB}^{\,2} + \overline{BC}^{\,2} - 2 \times \overline{AB} \times \overline{BC} \times \cos(\angle ABC) = 25 + 16 - 2 \times 5 \times 4 \times \dfrac{1}{8} = 36$ 이므로

$\overline{AC} = 6$ 이다.

2. 원주각 $\angle ABE$, $\angle CBE$ 에 대하여 $\angle ABE = \angle CBE$ 이므로

원에서 원주각의 크기가 같으면 호의 길이가 같고, 호의 길이가 같으면 현의 길이가 같으므로

$\overline{EA} = \overline{EC}$ 이다.

3. $\angle EBC$ 와 $\angle EAC$ 는 호 EC 의 두 원주각이므로 $\angle EBC = \angle EAC$ 이다.

$\overline{EA}$ 를 구하자. $\overline{EA} = x$ 라 하면, $\cos(\angle ABC) = \dfrac{1}{8}$ 에서

$\cos(\angle AEC) = \cos(\pi - \angle ABC) = -\dfrac{1}{8}$ 이다.

$\overline{AC} = 6$, $\overline{EA} = \overline{EC} = x$ 이므로 삼각형 EAC 에서 코사인법칙을 활용하자.

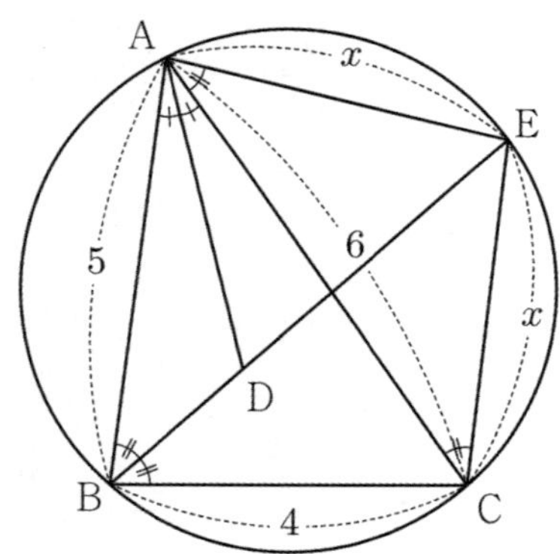

$\overline{AC}^{\,2} = \overline{EA}^{\,2} + \overline{EC}^{\,2} - 2 \times \overline{EA} \times \overline{EC} \times \cos(\angle AEC)$

$= 2x^2 + \dfrac{1}{4}x^2 = 36$ 이므로 $\dfrac{9}{4}x^2 = 36$ 에서 $x = 4$ 이다.

$\angle$ EDA 는 삼각형 ABD 에서 $\angle$ ADB 의 외각이므로 $\angle$ EDA $=$ $\angle$ DAB $+$ $\angle$ DBA 이다.

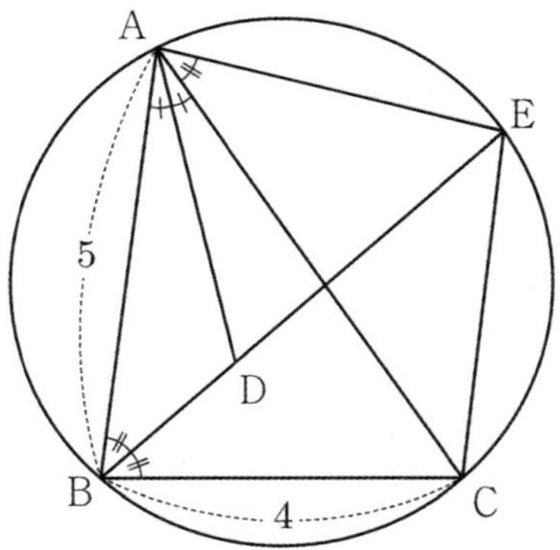

따라서 $\angle$ EAD $=$ $\angle$ EDA **이므로 삼각형** EAD **는** $\overline{EA}$ $=$ $\overline{ED}$ $=$ 4인 **이등변삼각형이다.**

답은 ②!!

사인법칙, 코사인법칙과 결합하여 종종 기출에 등장하는 도형이 있다. 바로 원에 내접하는 사각형이다. **이와 관련된 문제를 풀기 위해 원에 내접하는 사각형의 성질 하나 정도만 알면 된다.**

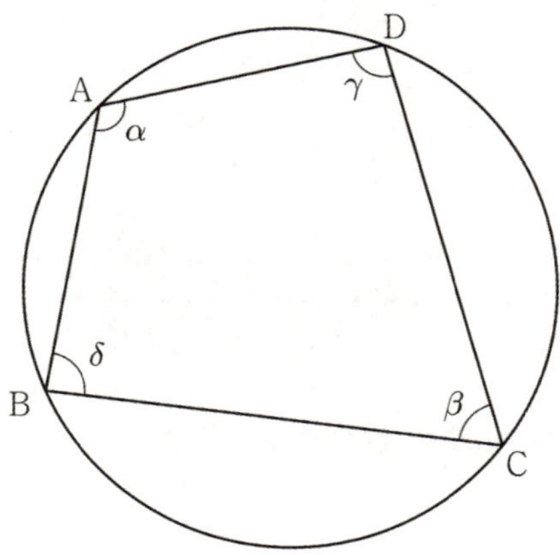

바로 원에 내접하는 사각형에서 한 쌍의 대각의 합은 $180°$ 라는 점이다.
위 그림에서 $\alpha + \beta = 180°$, $\gamma + \delta = 180°$ 이다.

증명은 다음과 같다.

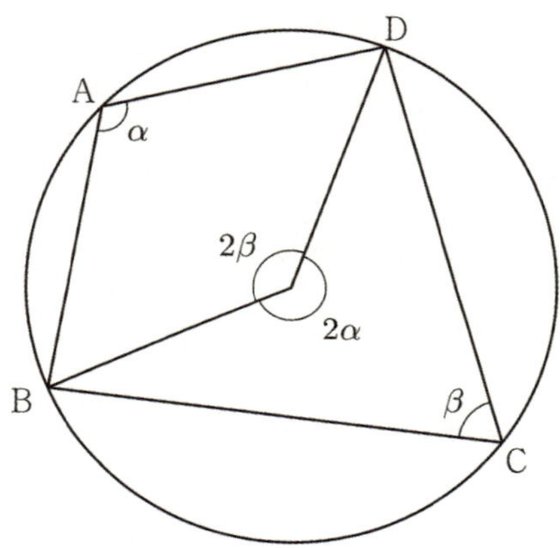

원의 중심 O를 먼저 표시하자. $\angle BAD$의 크기를 α로 두고 $\angle BCD$의 크기를 β로 두자.
$\angle BAD$는 호 BCD에 대한 원주각이므로 호 BCD의 중심각인 $\angle BOD$의 크기는 2α이다.
$\angle BCD$는 호 BAD에 대한 원주각이므로 호 BAD의 중심각인 $\angle BCD$의 크기는 2β이다.
$2\alpha + 2\beta = 360°$ 이므로 $\alpha + \beta = 180°$ 이다.
따라서 원에 내접하는 사각형에서 한 쌍의 대각의 합은 $180°$ 이다.

사각형의 '외접원'이 그려져 있지 않더라도, 대각의 합이 $180°$ 라면 외접원을 떠올릴 수 있어야 한다.

원에 내접하는 사각형 ABCD에 대하여 $\overline{AB}=1$, $\overline{BC}=3$, $\overline{CD}=4$, $\overline{DA}=6$이다. 사각형 ABCD의 넓이는? [4점]

① $5\sqrt{2}$ ② $6\sqrt{2}$ ③ $7\sqrt{2}$ ④ $8\sqrt{2}$ ⑤ $9\sqrt{2}$

1. 조건에 맞는 그림을 그려주자.

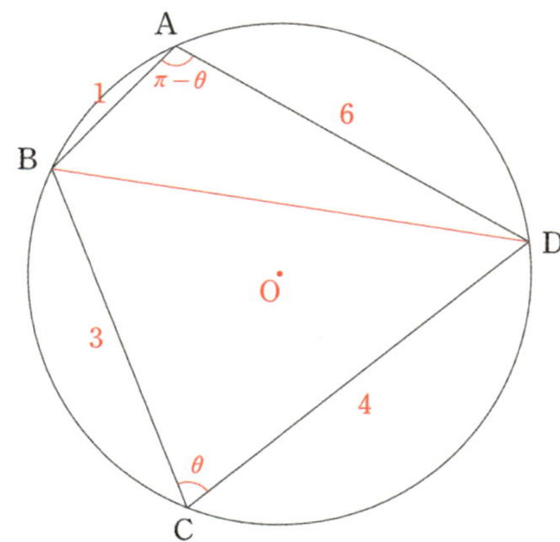

원의 중심 O를 꼭 찍어주자. 사각형 ABCD의 넓이를 구하기 위해서는 삼각형 BCD와 삼각형 ABD의 넓이를 각각 구한 후 합하면 된다. 이러기 위해서 **선분 BD를 그어 주자.**

∠BCD의 크기를 θ로 두면 사각형 ABCD는 원에 내접하는 사각형이기에
∠BCD의 대각인 ∠BAD의 크기는 $\pi-\theta$이다.

2. 선분 BD는 삼각형 BCD와 삼각형 ABD의 공통변이다.

삼각형 BCD에서 코사인법칙을 이용하면 $\overline{BD}^2 = 3^2 + 4^2 - 24\cos\theta$로 표현할 수 있다.

삼각형 ABD에서 코사인법칙을 이용하면 $\overline{BD}^2 = 1^2 + 6^2 - 12\cos(\pi-\theta)$로 표현할 수 있다.

$\overline{BD}^2 = 3^2 + 4^2 - 24\cos\theta = 1^2 + 6^2 - 12\cos(\pi-\theta)$이므로 $25 - 24\cos\theta = 37 + 12\cos\theta$이다.

이를 정리하면 $\cos\theta = -\dfrac{1}{3}$이다.

3. 삼각형 BCD의 넓이는 $\dfrac{1}{2}\times 3\times 4\times\sin\theta = 6\times\dfrac{2\sqrt{2}}{3} = 4\sqrt{2}$이고,

삼각형 ABD의 넓이는 $\dfrac{1}{2}\times 1\times 6\times\sin(\pi-\theta) = 3\times\dfrac{2\sqrt{2}}{3} = 2\sqrt{2}$이므로

사각형 ABCD의 넓이는 $4\sqrt{2} + 2\sqrt{2} = 6\sqrt{2}$이다.

답은 ②!!

그림과 같이 $\overline{AB}=10$, $\overline{BC}=6$, $\overline{CA}=8$인 삼각형 ABC와 그 삼각형의 내부에 $\overline{AP}=6$인 점 P가 있다. 점 P에서 변 AB와 변 AC에 내린 수선의 발을 각각 Q, R라 할 때, 선분 QR의 길이는? [4점]

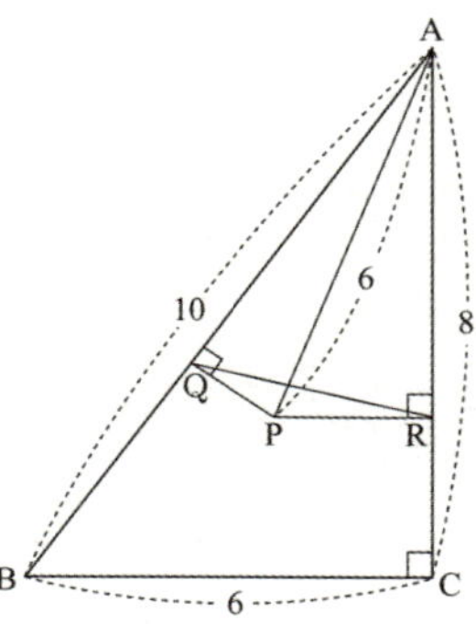

① $\dfrac{14}{5}$　　② 3　　③ $\dfrac{16}{5}$　　④ $\dfrac{17}{5}$　　⑤ $\dfrac{18}{5}$

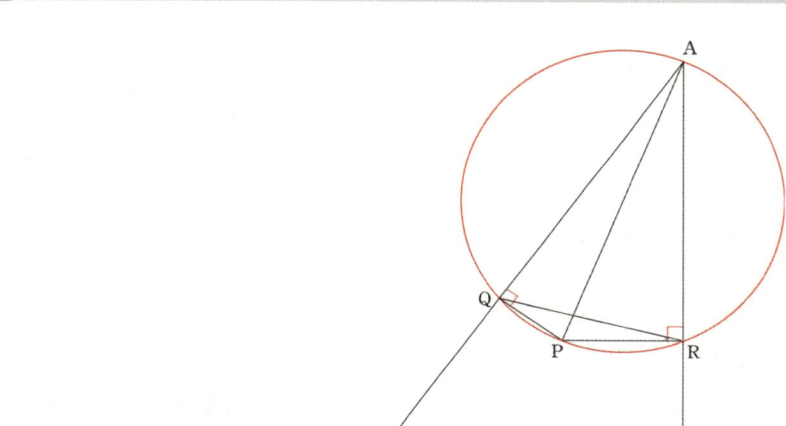

1. $\angle ARP = \angle AQP = \dfrac{\pi}{2}$이다. 사각형 AQPR에서 대각의 합이 π이므로

이 사각형은 $\overline{AP}$를 지름으로 하는 원에 내접한다. 삼각형 AQR 역시 이 원에 내접한다.

2. 삼각형 AQR에서 사인법칙을 적용하자. $\dfrac{\overline{QR}}{\sin \angle A} = 6$에서 $\sin \angle A = \dfrac{6}{10} = \dfrac{3}{5}$이므로

$\overline{QR} = 6 \times \dfrac{3}{5} = \dfrac{18}{5}$이다.

답은 ⑤!!

다음은 $\angle A$ 가 둔각인 $\triangle ABC$ 에 대하여 $\overline{AB}=c$, $\overline{BC}=a$, $\overline{AC}=b$ 라 할 때,

$\cos A = \dfrac{b^2+c^2-a^2}{2bc}$ 임을 증명하는 과정이다.

<증명>

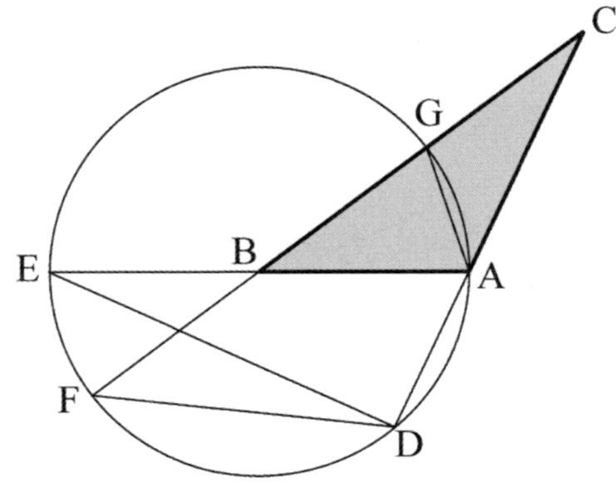

그림과 같이 점 B를 중심으로 하고 $\overline{AB}$ 를 반지름으로 하는 원을 그리고, 선분 $\overline{BC}$ 와 원이 만나는 점을 G라 하자.

$\triangle ABC$ 의 세 변 $\overline{CA}$, $\overline{AB}$, $\overline{BC}$ 의 연장선과 원이 만나는 점을 각각 D, E, F라 할 때,

$\dfrac{\overline{AD}}{\overline{AE}} = \boxed{\ \ \text{(가)} \ \ }$ 이다.

또 $\triangle ACG$ 와 $\boxed{\ \ \text{(나)} \ \ }$ 는 서로 닮음이므로

$(a-c) : b = \boxed{\ \ \text{(다)} \ \ } : (a+c)$

$\therefore\ \cos A = \dfrac{b^2+c^2-a^2}{2bc}$ 이다.

위 증명에서 (가), (나), (다)에 알맞은 것은? [4점]

	(가)	(나)	(다)
①	$\cos A$	$\triangle ABC$	$b+2c\cos A$
②	$\cos A$	$\triangle ABC$	$b-2c\cos A$
③	$-\cos A$	$\triangle ABC$	$b+2c\cos A$
④	$-\cos A$	$\triangle FCD$	$b-2c\cos A$
⑤	$-\cos A$	$\triangle FCD$	$b+2c\cos A$

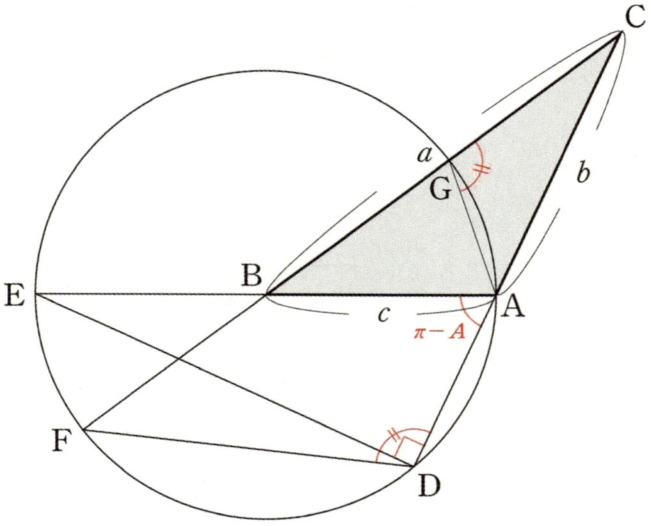

1. $\dfrac{\overline{\mathrm{AD}}}{\overline{\mathrm{AE}}} = \cos(\pi - A) = -\cos A$ 이다. $\boxed{(가)} = -\cos A$ 이다.

2. **사각형 ADFG는 원에 내접하는 사각형이므로** $\angle \mathrm{ADF} = \pi - \angle \mathrm{AGB} = \angle \mathrm{AGC}$ **이다.**
따라서 $\angle \mathrm{C}$는 공통이고 $\angle \mathrm{ADF} = \angle \mathrm{AGC}$이므로 $\triangle \mathrm{ACG}$와 $\triangle \mathrm{FCD}$는 서로 닮음이다.
$\boxed{(나)} = \triangle \mathrm{FCD}$이다.

3. $\overline{\mathrm{BA}} = \overline{\mathrm{BG}} = c$이므로 $a - c = \overline{\mathrm{CG}}$이다. $b = \overline{\mathrm{AC}}$이고, $a + c = \overline{\mathrm{CF}}$이므로
$\boxed{(다)} = \overline{\mathrm{CD}} = \overline{\mathrm{CA}} + \overline{\mathrm{AD}} = b - \overline{\mathrm{AE}}\cos A = b - 2c\cos A$이다.

답은 ④!!

좌표평면 위의 두 점 $O(0, 0)$, $A(2, 0)$과 y좌표가 양수인 서로 다른 두 점 P, Q가 다음 조건을 만족시킨다.

> (가) $\overline{AP} = \overline{AQ} = 2\sqrt{15}$ 이고 $\overline{OP} > \overline{OQ}$ 이다.
>
> (나) $\cos(\angle OPA) = \cos(\angle OQA) = \dfrac{\sqrt{15}}{4}$

사각형 OAPQ의 넓이가 $\dfrac{q}{p}\sqrt{15}$ 일 때, $p \times q$의 값을 구하시오.
(단, p와 q는 서로소인 자연수이다.) [4점]

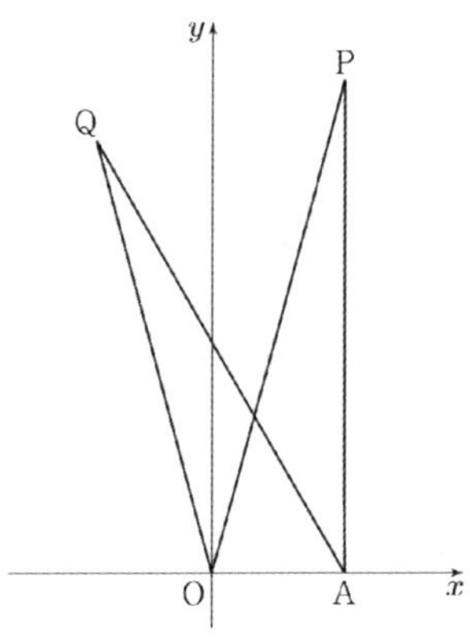

1. 조건 (가)에 의하여 삼각형 APQ 는 이등변삼각형이고, $\angle OPA = \angle OQA = \theta$ 라 하자.

두 삼각형 OAP, OAQ 를 동시에 관찰해보면,

$\overline{OP} \neq \overline{OQ}$ 이지만 $\overline{AP} = \overline{AQ}$ 이고, 선분 OA 를 공통변으로 가지고 같은 삼각비를 갖는 끼인각

θ 가 존재하므로 코사인법칙에 의한 이차방정식

$$\cos\theta = \frac{x^2 + (2\sqrt{15})^2 - 2^2}{2 \times x \times 2\sqrt{15}} = \frac{\sqrt{15}}{4} \Rightarrow x^2 - 15x + 56 = 0$$

의 두 실근이 각각 $\overline{OP}$, $\overline{OQ}$ 임을 추론할 수 있겠다.

따라서 $\overline{OP} = 8$, $\overline{OQ} = 7$ 이고, 삼각형 OAP 에서 피타고라스 정리에 의하여

$\overline{OP}^2 = \overline{OA}^2 + \overline{AP}^2$ 이 성립하므로 $\angle OAP = \dfrac{\pi}{2}$ 이다.

2. 한편, 삼각형 OAQ 에서 사인법칙에 의하여

$$\frac{2}{\sin\theta} = 2R \Rightarrow R = 4$$

(단, R는 삼각형 OAQ 의 외접원의 반지름의 길이)가 성립하므로
**세 점 O, A, P 를 지나는 원은 동시에 삼각형 OAQ 의
외접원이기도 하다.**

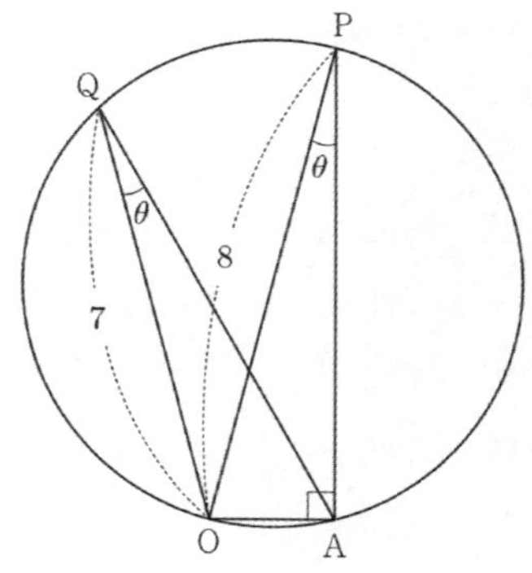

3. $\angle PAQ = \phi$ 라 하자.

삼각형 PAQ 에서 사인법칙에 의하여 $\dfrac{\overline{PQ}}{\sin\phi} = 8$ 이 성립하고,

삼각형 PAQ 에서 코사인법칙에 의하여 $\cos\phi = \dfrac{(2\sqrt{15})^2 + (2\sqrt{15})^2 - \overline{PQ}^2}{2 \times 2\sqrt{15} \times 2\sqrt{15}}$ 이 성립하므로

이를 연립하면 $\cos\phi = \dfrac{7}{8}$ 이다.

따라서 사각형 $OAPQ$ 의 넓이는 삼각형 OAQ 의 넓이와 삼각형 APQ 의 넓이의 합인

$$\frac{1}{2} \times \left\{ 7 \times 2\sqrt{15} \times \frac{1}{4} + (2\sqrt{15})^2 \times \frac{\sqrt{15}}{8} \right\} = \frac{11}{2}\sqrt{15}$$ 이다.

답은 22!!

원에서 제일 중요한 것은 다름 아닌 중심과 반지름이다.
원과 직선이 등장할 때는 앞서 설명했던 원의 중심, 수직이등분선, 원과 접점을 잇는 직선 등을 확실히 그어준다면
문제를 풀어내는 데에 전혀 지장이 없을 것이다.
다만, 원과 비례와 관련된 몇몇 공식을 기억해두면 관련 문항을 풀기에 수월하기에 소개하도록 하겠다.

(1) 두 현과 교점

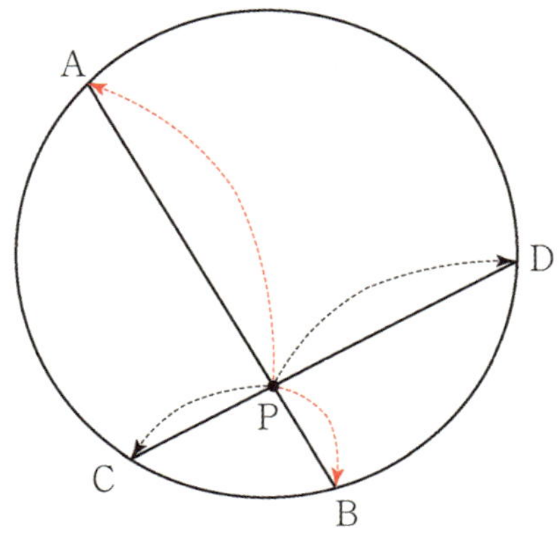

두 현 $\overline{AB}$, $\overline{CD}$의 교점을 점 P라 하자. $\overline{PA} \times \overline{PB} = \overline{PC} \times \overline{PD}$ 가 성립한다. 증명은 다음과 같다.

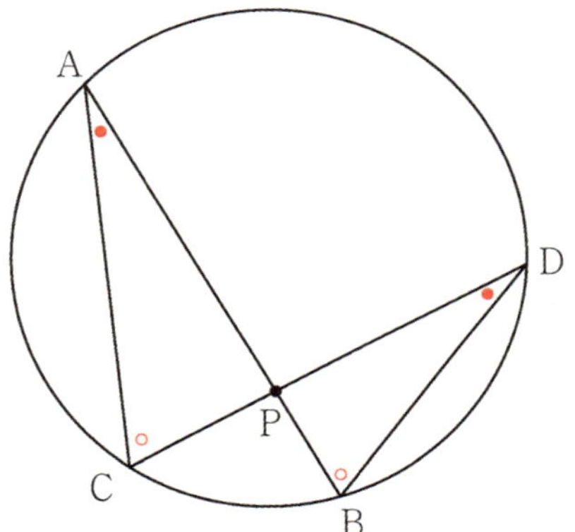

$\angle PAC = \angle PDB$ ($\because$ 호 BC의 원주각), $\angle PCA = \angle PDB$ ($\because$ 호 AD의 원주각)이므로
$\triangle PAC$, $\triangle PDB$는 AA 닮음이다. $\overline{PA} : \overline{PD} = \overline{PC} : \overline{PB}$ 이므로 $\overline{PA} \times \overline{PB} = \overline{PC} \times \overline{PD}$ 이다.

(2) 두 할선과 교점

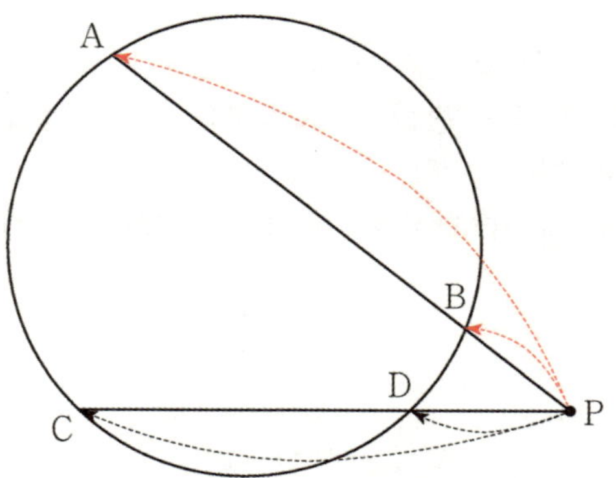

두 할선 $\overline{AB}$, $\overline{CD}$의 교점을 점 P라 하자. $\overline{PA} \times \overline{PB} = \overline{PC} \times \overline{PD}$ 가 성립한다. 증명은 다음과 같다.

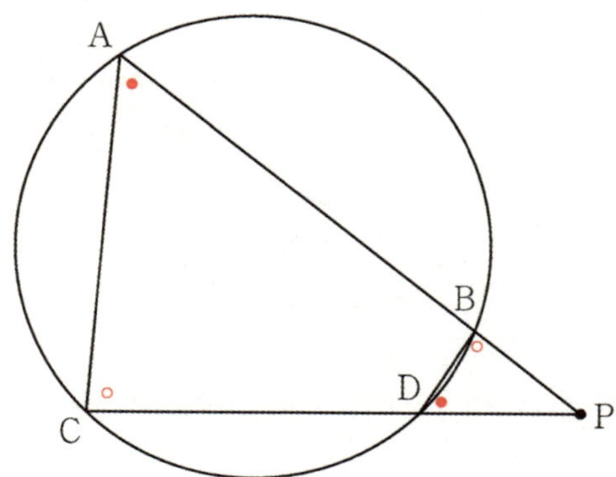

사각형 ABDC는 원에 내접하므로 $\angle CAB + \angle CDB = \pi$, $\angle ACD + \angle ABD = \pi$이다.
$\angle PAC = \angle PDB$, $\angle PAC = \angle PDB$이므로 $\triangle PAC$, $\triangle PDB$는 AA 닮음이다.
$\overline{PA} : \overline{PD} = \overline{PC} : \overline{PB}$ 이므로 $\overline{PA} \times \overline{PB} = \overline{PC} \times \overline{PD}$ 이다.

(3) 할선과 접선

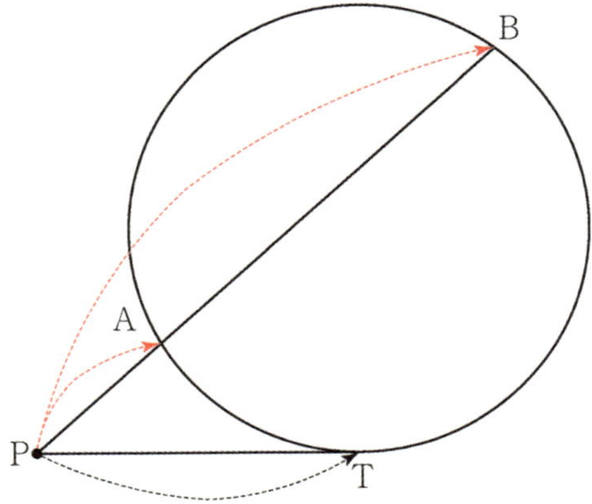

할선 $\overline{AB}$와 접선 $\overline{PT}$의 교점을 점 P라 하자. $\overline{PA} \times \overline{PB} = \overline{PT}^2$가 성립한다. 증명은 다음과 같다.

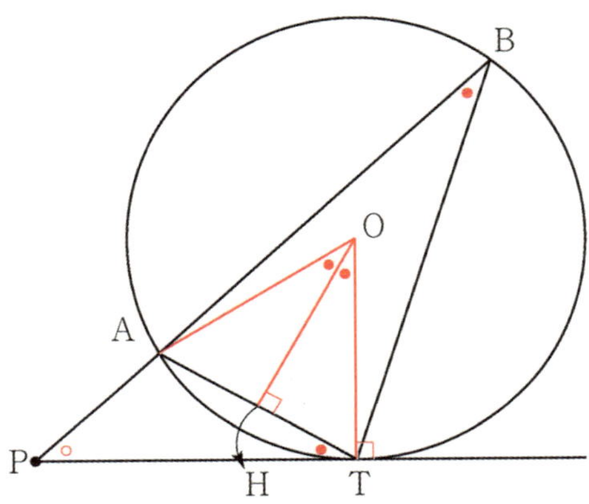

원의 중심을 점 O라 하자.

호 AT의 원주각은 $\angle ABT$이고 중심각은 $\angle AOT$이므로 $\angle AOT = 2\angle ABT$이다.

점 O에서 현 AT에 내린 수선의 발을 점 H라 하면 $\angle HOT = \angle ABT$이다.

$\angle PTO = \angle OHT = \dfrac{\pi}{2}$이므로 $\angle PTA = \angle ABT$이다.

(접현각을 아는 학생은 바로 $\angle PTA = \angle ABT$임을 알아 볼 수 있을 것이다.)

$\angle APT$는 공통이고, $\angle PTA = \angle ABT$이므로 $\triangle PAT$, $\triangle PTB$는 AA 닮음이다.

$\overline{PA} : \overline{PT} = \overline{PT} : \overline{PB}$이므로 $\overline{PA} \times \overline{PB} = \overline{PT}^2$이다.

그림과 같이 $\overline{AB}=3$, $\overline{BC}=2$, $\overline{AC}>3$이고 $\cos(\angle BAC)=\dfrac{7}{8}$인 삼각형 ABC가 있다. 선분 AC의 중점을 M, 삼각형 ABC의 외접원이 직선 BM과 만나는 점 중 B가 아닌 점을 D라 할 때, 선분 MD의 길이는? [4점]

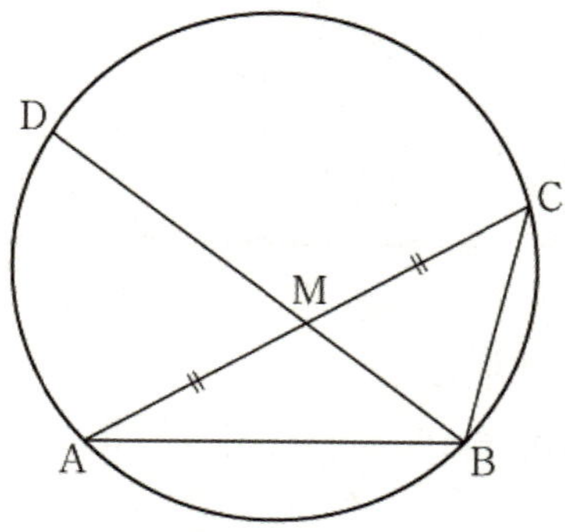

① $\dfrac{3\sqrt{10}}{5}$ ② $\dfrac{7\sqrt{10}}{10}$ ③ $\dfrac{4\sqrt{10}}{5}$ ④ $\dfrac{9\sqrt{10}}{10}$ ⑤ $\sqrt{10}$

1. 삼각형 ABC에서 코사인법칙에 의하여

$$\overline{BC}^2 = \overline{AB}^2 + \overline{AC}^2 - 2\overline{AB} \times \overline{AC} \times \cos(\angle BAC)$$이다.

선분 AC의 길이를 a, $\angle BAC = \theta$라 하면

$$\cos\theta = \frac{7}{8},\ \overline{AB} = 3,\ \overline{BC} = 2$$ 이므로

$$4 = 9 + a^2 - 2 \times 3 \times a \times \frac{7}{8}$$에서

$$4a^2 - 21a + 20 = (a-4)(4a-5) = 0$$이므로

$a = 4\ (\because a > 3)$이다.

따라서 $\overline{AC} = 4$이고 $\overline{AM} = \overline{CM} = 2$이다.

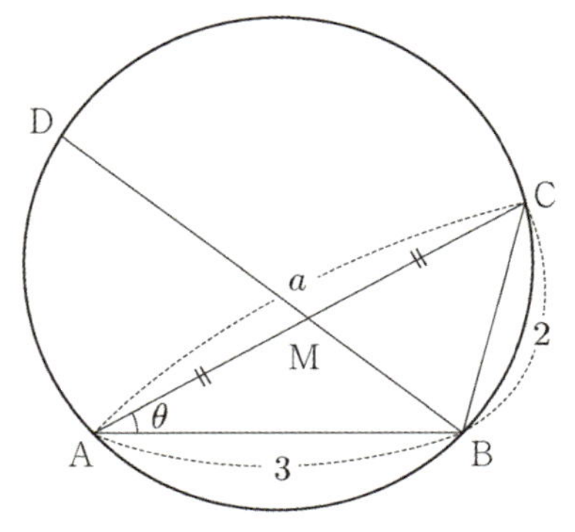

2. 삼각형 ABM에서 코사인법칙에 의하여

$$\overline{BM}^2 = \overline{AB}^2 + \overline{AM}^2 - 2\overline{AB} \times \overline{AM} \times \cos(\angle BAC)$$이다.

선분 MB의 길이를 b라 하면

$$\cos\theta = \frac{7}{8},\ \overline{AB} = 3,\ \overline{AM} = 2$$ 이므로

$$b^2 = 9 + 4 - 2 \times 3 \times 2 \times \frac{7}{8}$$에서 $b = \frac{\sqrt{10}}{2}$이다.

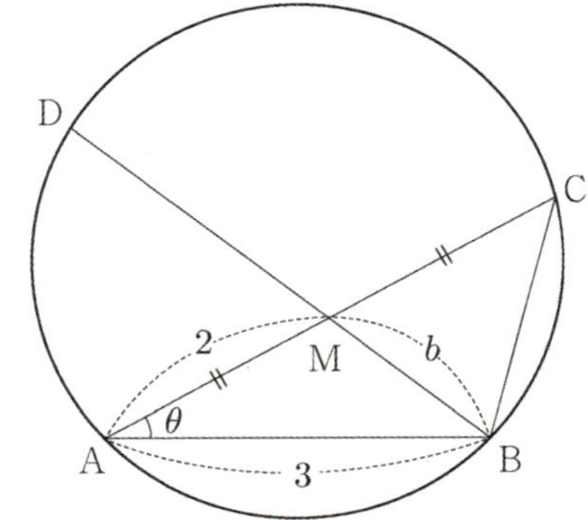

3. 원주각의 성질에 의하여 $\angle BAM = \angle CDM = \theta$,

$\angle AMB = \angle DMC$(엇각)이므로

두 삼각형 ABM, DCM은 AA 닮음이다.

따라서 $\overline{MA} : \overline{MB} = \overline{MD} : \overline{MC}$이므로

$$\overline{MD} = \frac{\overline{MA} \times \overline{MC}}{\overline{MB}} = \frac{2 \times 2}{\dfrac{\sqrt{10}}{2}} = \frac{4\sqrt{10}}{5}$$이다.

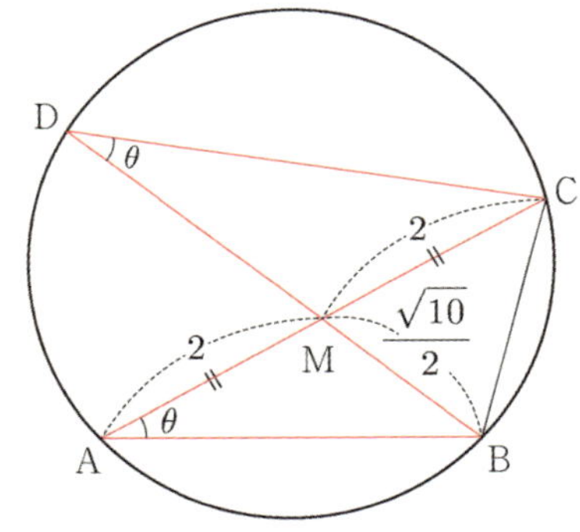

답은 ③!!

※ **할선정리에 의해 $\overline{MA} \times \overline{MC} = \overline{MB} \times \overline{MD}$ 임을 바로 이용해도 좋다.**

문제에서 도형적 요소를 발견하기 힘들거나 많은 생각 없이 마무리하고 싶을 때 좌표를 이용하면 좋다.

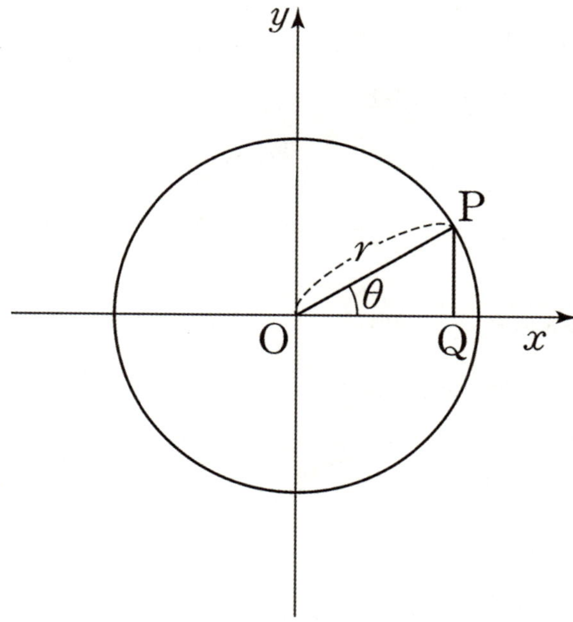

$\triangle$ OPQ에서 $\overline{OP}=r$이므로 삼각비를 이용해 점 P의 좌표를 나타낼 수 있다.

원 $x^2+y^2=r^2$ 위의 **점 P의 좌표는** $(r\cos\theta,\ r\sin\theta)$이다. θ의 값에 상관없이 항상 성립한다.

Chapter

05

수열

I 수열

1. 기본 개념

수열의 정의 : 차례로 나열된 수의 열

항 : 수열에서 나열된 각각의 수

일반항 : 수열 $a_1, a_2, a_3, \cdots, a_n, \cdots$ 에서 n번째 항 a_n을 수열의 일반항이라 한다.

표현 : 일반항이 a_n인 수열은 $\{a_n\}$으로 나타낸다.

2. 수열과 함수의 관계

수열의 기본적 정의는 차례로 나열된 수의 열이긴 하지만,
함수를 이용한다면 **수열은 자연수 전체의 집합 N을 정의역으로 갖는 함수 $f(n)$으로** 볼 수 있고,
자연수 n에 대응하는 함숫값 $f(n)$이 a_n(수열의 일반항)이 된다.

예를 들어 이차함수 $f(x) = x^2 - 2x + 3$와 수열 $\{a_n\}$에 대하여 $a_n = f(n)$이면,
수열 $\{a_n\}$의 각 항은 함수 $y = f(x)$의 정의역을 자연수의 집합으로 제한했을 때의 치역의 원소이다.

이처럼 우리가 익숙하게 알고 있는 실수 전체의 집합에서 정의된 함수들도 정의역을 '자연수의 집합'으로 한정하기만
한다면 함숫값들을 수열로 볼 수 있고, 관련 기출 문제도 많다.

> 유리함수 $f(x) = \dfrac{8x}{2x - 15}$ 와 수열 $\{a_n\}$에 대하여 $a_n = f(n)$ 이다. (16년 3월 교육청 나형 30번)
>
> $f(x) = \log_4 x$일 때, 수열 $\{f(2^n)\}$은 등차수열이다. (05학년도 6월 평가원 나형 24번 (ㄴ) 선지)

수열을 함수로 해석한다면 수열에 대한 유연한 관점을 가질 수 있다는 점에서 굉장히 유용하다.
등차, 등비수열, 수열의 합에서도 수열의 함수적 의미가 매우 중요하므로 앞으로는 계속해서 수열과 함수를 연결지어
사고하자.

등차수열

(1) 정의

첫째항부터 차례로 일정한 수를 더해 만들어지는 수열을 등차수열이라 한다.
등차수열에서 **더하는 일정한 수** 또는 **연속인 두 항의 차를 공차**라고 하고, 일반적으로 d로 표현한다.

첫째항이 a이고 공차가 d인 **등차수열 $\{a_n\}$의 일반항 a_n**은 다음과 같다.

$$a_n = a + (n-1)d \, (n = 1, 2, 3, \cdots)$$

이때, 첫째항이 a이고 공차가 d인 **등차수열의 귀납적 정의**는 다음과 같다.
(수열의 귀납적 정의는 수열을 위와 같은 일반항이 아닌 '처음의 몇 개의 항과 이웃하는 항의 관계식'을 통해 정의하는 것을 말한다. 〈Chapter 6〉에서 자세히 배운다.)

$$a_1 = a, \ a_{n+1} = a_n + d \, (n = 1, 2, 3, \cdots) \ \text{혹은} \ a_1 = a, \ a_{n+1} - a_n = d \, (n = 1, 2, 3, \cdots)$$

오른쪽 식은 왼쪽 식에서 a_n을 이항한 것뿐이지만, 실제 문제에서 만났을 때 헷갈리는 경우가 종종 있으므로 두 형태 모두 알아두자.

혹은 다음과 같이 **등차중항을 이용해서 등차수열을 귀납적으로 정의할 수도 있다.**

$$a_1 = a, \ a_2 = a + d, \ a_{n+2} + a_n = 2a_{n+1} \, (n = 1, 2, 3, \cdots) \ \text{혹은}$$
$$a_1 = a, \ a_2 = a + d, \ a_{n+2} - a_{n+1} = a_{n+1} - a_n \, (n = 1, 2, 3, \cdots)$$

※ $\{a_n\}$이 등차수열이라면 '$\{a_n\}$의 서로 다른 두 항의 값' 또는 '$\{a_n\}$의 하나의 항의 값과 공차'만 안다면 일반항 a_n을 구할 수 있다. 등차수열의 일반항은 미지수 a, d를 포함하고 있으므로 일반항을 완전히 알아내려면 서로 다른 두 개의 정보가 필요한 것이다.

태도 : 서로 다른 n개의 미지수의 값을 알아내려면 적어도 서로 다른 n개의 정보가 필요하다.

(2) 등차수열 판별 (다항식으로 보는 등차수열)

첫째항이 a이고 공차가 d인 등차수열 $\{a_n\}$의 일반항 $a_n = a + (n-1)d\,(n = 1, 2, 3, \cdots)$에서 a_n을 n에 관해 정리하면 $a_n = dn + a - d$이다.

이때
$d = 0$이면 a_n은 상수이고,
$d \neq 0$이면 a_n은 n에 관한 일차식이다.

특히 n의 계수가 $\{a_n\}$의 공차라는 점이 중요하다.

어떤 수열 $\{b_n\}$이 등차수열인지 판별하고 싶다면 해당 식이 상수 또는 n에 관한 일차식에 해당하는지 관찰하면 된다. 둘 중 어느 것에도 해당하지 않는다면 수열 $\{b_n\}$은 등차수열이 아니다. 일반항이 상수인 수열도 등차수열임을 주의하자.

(3) 등차수열과 함수의 관계

첫째항이 a이고 공차가 d인 등차수열 $\{a_n\}$의 일반항 $a_n = a + (n-1)d\,(n = 1, 2, 3, \cdots)$에서 a_n을 n에 관해 정리하면 $a_n = dn + a - d$이다.

이때, $f(x) = dx + a - d$에 대하여 $a_n = f(n)$이라 하면

등차수열 $\{a_n\}$의 항은 직선 $y = dx + a - d$ 위의 x좌표가 자연수인 점들의 y좌표와 같다.
이때, 직선 $y = dx + a - d$의 기울기 d는 $\{a_n\}$의 공차와 같다는 점이 포인트다.

d의 부호에 따라 직선 $y = dx + a - d$ 위의 x좌표가 자연수인 점들을 관찰하면 쉽게 이해할 수 있다.

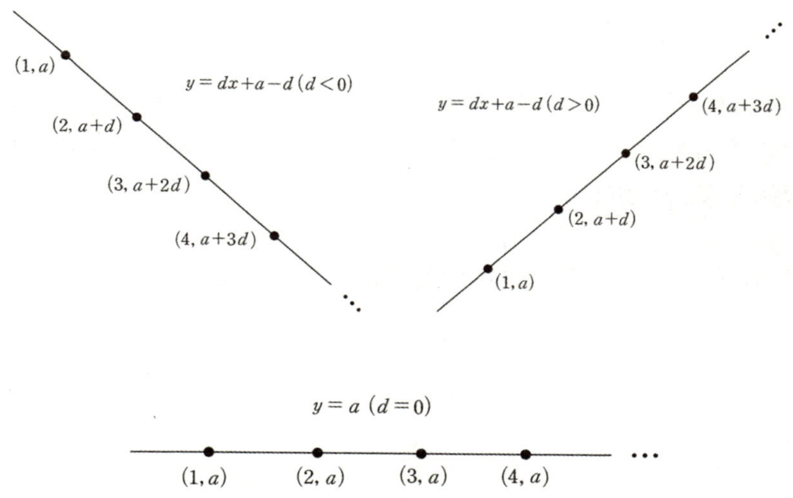

아래 예제는 수학II 내용이 주를 이루지만, 등차수열과 관련하여 중요한 포인트를 담고 있다.

최고차항의 계수가 1인 사차함수 $f(x)$에 대하여 네 개의 수 $f(-1)$, $f(0)$, $f(1)$, $f(2)$가 이 순서대로 등차수열을 이루고, 곡선 $y = f(x)$ 위의 점 $(-1, f(-1))$에서의 접선과 점 $(2, f(2))$에서의 접선이 점 $(k, 0)$에서 만난다. $f(2k) = 20$일 때, $f(4k)$의 값을 구하시오. (단, k는 상수이다.) [4점]

1. 순서대로 등차수열을 이루는 네 개의 수 $f(-1)$, $f(0)$, $f(1)$, $f(2)$의
x좌표 $-1, 0, 1, 2$ 또한 이 순서대로 등차수열을 이루므로
네 점 $(-1, f(-1))$, $(0, f(0))$, $(1, f(1))$, $(2, f(2))$는 모두 한 직선 위에 존재한다.

그림으로 이해해도 좋고, 수식으로 이해해도 좋다. $f(0)-f(-1)=f(1)-f(0)=f(2)-f(1)$에
의하여 $\dfrac{f(0)-f(-1)}{0-(-1)}=\dfrac{f(1)-f(0)}{1-0}=\dfrac{f(2)-f(1)}{2-1}$ 이다.

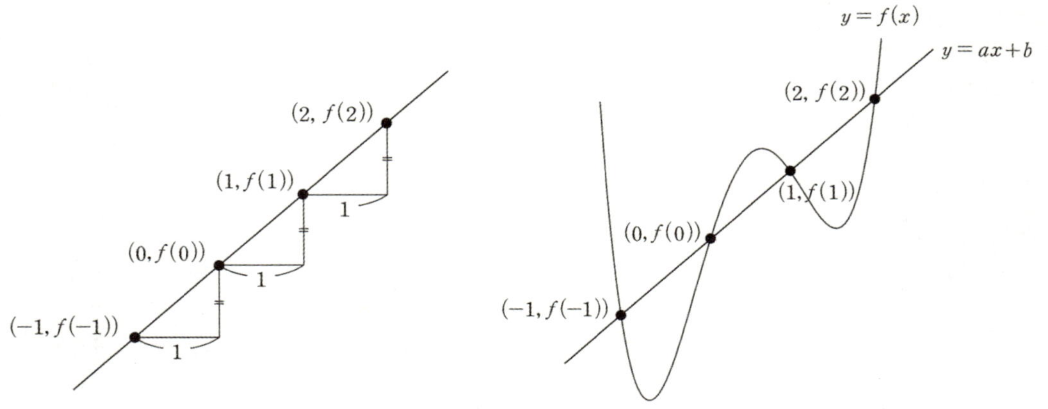

네 점 $(-1, f(-1))$, $(0, f(0))$, $(1, f(1))$, $(2, f(2))$을 모두 지나가는 직선 l의 방정식을
$y=ax+b$ (단, a, b는 상수)라 하자.

최고차항의 계수가 1인 사차함수 $f(x)$의 그래프와 직선 $y=ax+b$는 서로 다른 네 점
$(-1, f(-1))$, $(0, f(0))$, $(1, f(1))$, $(2, f(2))$에서 만나므로 **차이함수**를 이용하면
$f(x)-(ax+b)=x(x+1)(x-1)(x-2)$ 이다.

2. 곡선 $y=f(x)$ 위의 점 $(-1, f(-1))$에서의 접선과 점 $(2, f(2))$에서의 접선이 점 $(k, 0)$에서 만난다.
그래프 특성을 이용하고 싶지만 그래프 특성으로 해결하기는 어려워 보인다.
정직하게 두 접선의 방정식을 구한 다음 $(k, 0)$을 대입하자.
(무작정 조건을 식으로 표현하기보다 그래프 특성을 이용하려는 시도 자체가 중요하다.)

$f(x)-(ax+b)=x(x+1)(x-1)(x-2)$에서 $f(-1)=-a+b$, $f(2)=2a+b$

$f'(x)-a=(x+1)(x-1)(x-2)+x(x-1)(x-2)+x(x+1)(x-2)+x(x+1)(x-1)$에서
$f'(-1)=a-6$, $f'(2)=a+6$

※ 해설을 위해 $f(x)-(ax+b)=x(x+1)(x-1)(x-2)$의 양변을 x에 대하여 일일이 미분했지만,
실전에서는 곱의 미분의 특성을 바로 이용하면 된다.
$f'(x)-a=(x+1)(x-1)(x-2)+x(x-1)(x-2)+x(x+1)(x-2)+x(x+1)(x+2)$
에 $x=-1$을 대입하면 $(x+1)$을 인수로 갖는 항은 모두 사라지므로 $x(x-1)(x-2)$에만
$x=-1$을 대입하면 된다.

곡선 $y = f(x)$ 위의 점 $(-1, f(-1))$에서의 접선의 방정식 : $y = (a-6)(x+1) - a + b$

곡선 $y = f(x)$ 위의 점 $(2, f(2))$에서의 접선의 방정식 : $y = (a+6)(x-2) + 2a + b$

두 접선이 모두 점 $(k, 0)$을 지나므로

$$0 = (a-6)(k+1) - a + b,\ 0 = ak - 6k - 6 + b,\ 6(k+1) = ak + b \cdots ㉠$$

$$0 = (a+6)(k-2) + 2a + b,\ 0 = ak + 6k - 12 + b,\ 6(-k+2) = ak + b \cdots ㉡$$

$6(k+1) = 6(-k+2)$이므로

$6k + 6 = -6k + 12,\ 12k = 6$

$\therefore k = \dfrac{1}{2}$

3. a, b의 값을 구하려면 한 가지 조건이 더 필요하다. $f(2k) = 20$을 이용하자.

$f(2k) = f(1) = 20$이므로 $f(x) - (ax + b) = x(x+1)(x-1)(x-2)$에서

$f(1) = a + b = 20$

㉠에 $k = \dfrac{1}{2}$을 대입하면 $9 = \dfrac{1}{2}a + b$

$a + b = 20$와 $9 = \dfrac{1}{2}a + b$를 연립하면 $a = 22,\ b = -2$

따라서 $f(x) = x(x+1)(x-1)(x-2) + 22x - 2$이므로 $f(4k) = f(2) = 22 \times 2 - 2 = 42$

답은 42!!

등차수열과 직선을 연관 짓는 아이디어가 있다면 30번 문항치고는 무난한 문항이지만 사전에 등차수열과 직선을 연결지을 수 있다는 점을 배우지 않은 학생들은 실전에서 이를 생각하기 어려울 수 있다.

평가원은 발상적인 풀이가 유일한 풀이가 되도록 문제를 설계하지 않는다.
(등차수열과 직선을 연결짓는 게 발상이라는 것은 논쟁의 여지가 있다. 알아두긴 해야 한다.)

이 문항도 다른 방법으로 풀 수 있는데, 어떤 방법일지 고민해보고 다음 페이지를 보자.

<네 점을 지나가는 직선을 떠올리지 못했을 때의 풀이>

최고차항의 계수가 1인 사차함수 $f(x)$에 대하여 네 개의 수 $f(-1)$, $f(0)$, $f(1)$, $f(2)$가
이 순서대로 등차수열을 이룬다는 것에서 그래프 특징을 발견하기는 어렵다. 최고차항의 계수가 1인 사
차함수 $f(x)$의 일반식을 작성하여 **$f(-1)$, $f(0)$, $f(1)$, $f(2)$의 값을 일일이 식으로 나타내자.**

최고차항의 계수가 1인 사차함수 $f(x)$의 일반식을 작성하면,
$f(x) = x^4 + ax^3 + bx^2 + cx + d$ (단, a, b, c, d는 상수)

$f(-1) = 1 - a + b - c + d$
$f(0) = d$
$f(1) = 1 + a + b + c + d$
$f(2) = 16 + 8a + 4b + 2c + d$

네 개의 값이 이 순서대로 등차수열을 이루므로 $f(0) - f(-1) = f(1) - f(0) = f(2) - f(1)$
$-1 + a - b + c = 1 + a + b + c = 15 + 7a + 3b + c$ 모든 변에서 c를 빼면,
$-1 + a - b = 1 + a + b = 15 + 7a + 3b$

$-1 + a - b = 1 + a + b$에서 $2b = -2$ $\therefore b = -1$

$1 + a + b = 15 + 7a + 3b$에 $b = -1$을 대입하면 $a = 12 + 7a$, $6a = -12$ $\therefore a = -2$
c를 구할 수는 없으므로 $f(x) = x^4 - 2x^3 - x^2 + cx + d$

본 해설에서는 등차수열과 직선의 관계에 착안하여
$f(x) - (ax + b) = x(x+1)(x-1)(x-2)$을 얻었고,

여기서는 사차함수의 일반식 설정, 대입으로 $f(x) = x^4 - 2x^3 - x^2 + cx + d$을 얻었다.

두 식 모두 2개의 미지수를 가지므로 이후의 풀이는 같다. 두 풀이 모두 알아두자.

공차가 d이고 모든 항이 자연수인 등차수열 $\{a_n\}$이 다음 조건을 만족시킨다.

(가) $a_1 \leq d$

(나) 어떤 자연수 $k(k \geq 3)$에 대하여 세 항 a_2, a_k, a_{3k-1}이 이 순서대로 등비수열을 이룬다.

$90 \leq a_{16} \leq 100$일 때, a_{20}의 값을 구하시오. [4점]

1. 등차수열 $\{a_n\}$ 의 첫째항을 a 라 하자. 조건 (나)에서 등비중항을 활용하면 $a_k{}^2 = a_2 a_{3k-1}$ 이므로

$\{a + (k-1)d\}^2 = (a+d)\{a + (3k-2)d\}$ 에서

$a^2 + 2ad(k-1) + (k-1)^2 d^2 = a^2 + ad(3k-1) + (3k-2)d^2$ 이므로

$(k^2 - 5k + 3)d = a(k+1)$ 이다.

$a_{16} = a + 15d$ 에서 $0 < a \le d$ 이므로 $15d < a_{16} \le 16d$ 이다.

$90 \le a_{16} \le 100$ 이므로 자연수 d 의 값은 6 이다.

2. $6(k^2 - 5k + 3) = a(k+1)$ 을 만족시키는 $1 \le a \le 6$ 인 자연수 a 와 $k \ge 3$ 인 자연수 k 의 값을 구하자. 이때, 3가지의 풀이가 존재하는데 가장 간단한 방법은 다항식의 나눗셈을 이용하는 것이다.

$6(k^2 - 5k + 3) = a(k+1),\ \dfrac{6(k^2 - 5k + 3)}{k+1} = a$

$k^2 - 5k + 3 = (k+1)(k-6) + 9$ 이므로 $6\left(k - 6 + \dfrac{9}{k+1}\right) = a,\ 6k - 36 + \dfrac{54}{k+1} = a$

a 는 자연수이므로 $k+1$ 은 54의 약수이다.

$k = 5$ 일 때, $a = 30 - 36 + 9 = 3$ (O)

$k = 8, 17, 26, 53$ 일 때, $a > 6$ 이므로 조건을 만족시키지 못한다. (X)

3. 따라서 $a = 3, k = 5$ 이므로 $a_{20} = a + 19d = 3 + 114 = 117$ 이다. **답은 117!!**

※다른 풀이 - k에 대한 이차방정식

a 의 경우의 수가 6가지이므로 a 를 기준으로 개수를 세되, 〈Chapter 3〉에서 배운 table 그리기를 활용하자. $6(k^2 - 5k + 3) = a(k+1)$ 를 k 에 대한 이차방정식으로 정리하면

$6k^2 - (30 + a)k + 18 - a = 0$ 이다.

a	$6k^2 - (30+a)k + 18 - a = 0$	k
1	$6k^2 - 31k + 17 = 0,$	$\dfrac{31 \pm \sqrt{553}}{12}$
2	$3k^2 - 16k + 8 = 0$	$\dfrac{8 \pm 2\sqrt{10}}{3}$
3	$2k^2 - 11k + 5 = 0$ $(2k-1)(k-5) = 0$	$\dfrac{1}{2}, 5$
4	$3k^2 - 17k + 7 = 0$	$\dfrac{17 \pm \sqrt{205}}{6}$
5	$6k^2 - 35k + 13 = 0$	$\dfrac{35 \pm \sqrt{913}}{12}$
6	$k^2 - 6k + 2 = 0$	$3 \pm \sqrt{7}$

따라서 $a = 3,\ k = 5$ 이다.

※ **다른 풀이 - 부등식**

$(k^2 - 5k + 3)d = a(k+1)$ 에서

등차수열 $\{a_n\}$ 의 모든 항이 자연수이므로 $1 \leq a \leq d$ 이고,

$a(k+1) > 0$ 이므로 $k+1 \geq k^2 - 5k + 3 > 0$ 이다.

$k^2 - 5k + 3 > 0$ 에서 $k > \dfrac{5 + \sqrt{13}}{2}$ 또는 $k < \dfrac{5 - \sqrt{13}}{2}$

$k^2 - 6k + 2 \leq 0$ 에서 $3 - \sqrt{7} \leq k \leq 3 + \sqrt{7}$ 이다.

따라서 $\dfrac{5 + \sqrt{13}}{2} (= 4. \cdots) < k \leq 3 + \sqrt{7} (= 5. \cdots)$ 이므로 자연수 k의 값은 5이다.

1. 등차수열 예제이지만 이 문제의 핵심은 등차수열이 아니라

   조건 (나)에서 $6(k^2 - 5k + 3) = a(k+1)$ 를 도출하고, 이 등식을 만족시키는 자연수 a, k의 값을 구하는 것이다. 실전에서는 사고가 명확하지 않으면 이런 문제에서 노가다를 하느라 시간을 많이 잡아먹을 수 있고 복병이 될 수도 있다.

2. 세 가지 풀이 모두 중요하다. 부등식을 이용하여 $k = 5$를 바로 찾아내는 풀이는 실전에서 생각하기는 어렵지만 사고의 확장을 위해 알아두면 좋은 풀이이다.

세 수 a, b, c가 이 순서대로 등차수열을 이룰 때, b를 a와 c의 등차중항이라고 한다.

b가 a, c의 등차중항이면 $b - a = c - b = $(공차)이므로 $2b = a + c$, $b = \dfrac{a+c}{2}$가 성립한다.

이때, $\dfrac{a+c}{2}$는 a와 c의 평균이므로 b를 a, c의 평균으로 해석하자.

등차수열의 가장 중요한 특징은 등차중항이다. 등차수열의 일반항이 간단하다는 이유로 등차수열 문제를 볼 때마다 일반항부터 작성하여 문제 속 조건을 대입하여 푸는 학생들이 많은데 이제부터는 그 습관을 버리자.

등차중항을 이용하면 계산이 수월해지므로 등차수열 문제를 본다면 일반항이 아닌 등차중항부터 생각해야 한다.
등차중항으로 문제를 풀기 어려운 경우에만 일반항을 작성하면 된다.

등차중항과 관련된 팁을 주자면, **순서대로 등차수열을 이루는 세 개의 수**는 $a, a+d, a+2d$로 표현하기보다 $a-d, a, a+d$로 표현하자. 이 경우 세 수의 합은 $3a$가 된다.
순서대로 등차수열을 이루는 네 개의 수는 $a-3k, a-k, a+k, a+3k$로 표현하자. 이 경우 네 수의 합은 $4a$가 된다. 등차수열에서는 이처럼 중심을 먼저 고려하는 습관이 중요하다.

※ 등차수열에서 합(혹은 평균)이 같은 쌍들

등차수열 $\{a_n\}$에서 $a_1 + a_n = a_2 + a_{n-1} = a_3 + a_{n-2} = a_4 + a_{n-3} = \cdots$

자연수 p, q에 대해 등차수열 $\{a_n\}$의 항 a_p와 a_q가 있을 때,
$p + q$의 값이 같은 (a_p, a_q) 쌍에 대해 $a_p + a_q$의 값(혹은 a_p와 a_q의 평균)은 일정하다.

첫째항이 a이고, 공차가 d인 등차수열의 일반항을 이용하여 바로 증명할 수 있다.
$a_p = a + (p-1)d$, $a_q = a + (q-1)d$이므로 $a_p + a_q = 2a + (p+q-2)d$

이때, a, d는 상수이므로 $p + q$가 상수라면 $a_p + a_q$의 값은 상수가 된다.

등차수열에서 '합이 같은 쌍'은 '등차중항'과 더불어 등차수열 문제에서 계산을 줄일 수 있는 강력한 도구이므로 반드시 숙지하자. 이 도구를 이용하면 다음과 같은 문제의 답을 빠르게 구할 수 있다.

예시 12년 3월 교육청 나형 22번

등차수열 $\{a_n\}$에서 $a_1 = 4$, $a_2 + a_3 = 17$일 때, a_4의 값을 구하시오. [3점]

$\rightarrow$ $a_2 + a_3 = a_1 + a_4$이므로 $17 = 4 + a_4$, $a_4 = 13$이다. **답은 13!!**

3. 등차수열의 합

(1) 등차수열의 합의 원리

등차수열의 합 공식을 모르는 학생은 거의 없을 것이다.

첫째항이 a, 공차가 d인 등차수열 $\{a_n\}$의 첫째항부터 제n항까지의 합 S_n은 다음과 같다.

$$S_n = \frac{n\{2a+(n-1)d\}}{2}$$

첫째항이 a, 제n항이 l인 등차수열 $\{a_n\}$의 첫째항부터 제n항까지의 합 S_n은 다음과 같다.

$$S_n = \frac{n(a+l)}{2}$$

그러나 이를 제대로 이해하고 있는 학생은 많지 않다. 대부분 두 개의 등차수열의 합 공식을 **독립적인 공식으로 인식하고, 등차수열의 합을 구할 때 둘 중 하나의 공식에 값을 대입하는 식으로 문제를 푸는데** 이러면 수능 수학이 추구하는 자유로운 사고로부터 멀어진다.

이제부터 등차수열의 합은 다음의 공식으로 이해하자.

$$S_n = \frac{n(a_1+a_n)}{2} = \frac{n(a_2+a_{n-1})}{2} = \frac{n(a_3+a_{n-2})}{2} = \cdots$$

가장 기본이 되는 형태는 $S_n = \dfrac{n(a_1+a_n)}{2}$ 이고, **(첫째항과 끝항의 평균)×(항의 개수)로 이해**하면 된다.

$$S_n = \frac{n\{2a+(n-1)d\}}{2} = \frac{n\{a+a+(n-1)d\}}{2} = \frac{n(a_1+a_n)}{2}$$ 이므로 $S_n = \dfrac{n\{2a+(n-1)d\}}{2}$ 도 **독립적으로 외우는 것이 아니라 이러한 관점에서 자연스럽게 이해**할 수 있어야 한다.

이전 페이지에서 알아봤듯이 $a_1+a_n = a_2+a_{n-1} = a_3+a_{n-2} = a_4+a_{n-3} = \cdots$ 이므로

$$\frac{n(a_1+a_n)}{2} = \frac{n(a_2+a_{n-1})}{2} = \frac{n(a_3+a_{n-2})}{2} = \cdots$$ 이다. 아래의 그림과 함께 이해하자.

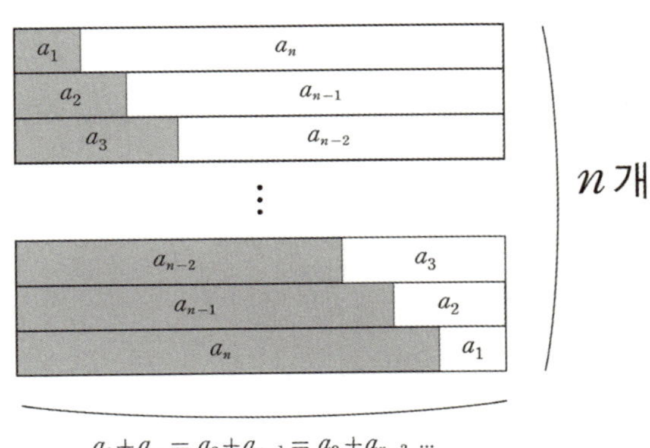

$$a_1+a_n = a_2+a_{n-1} = a_3+a_{n-2} \cdots$$

따라서 등차수열 $\{a_n\}$의 a_1부터 a_n까지의 합을 구할 때, 문제 상황에 따라 주어진 수열에서
$(a_1, a_n), (a_2, a_{n-1}), (a_3, a_{n-2}), \cdots$ 중 아무 쌍이나 하나를 선택해서 합을 구하면 된다.

단순히 등차수열의 합 공식을 외운 학생과, 등차수열의 합 공식의 원리를 이해한 학생은 풀이 속도에서 유의미한 차이를 가져온다. 등차수열의 합의 원리를 이해했다면 다음의 문제들은 손쉽게 답을 구해야 한다.

예시 15학년도 9월 평가원 A형 24번

등차수열 a_n에 대하여 $a_1 + a_{10} = 22$일 때 $\displaystyle\sum_{k=2}^{9} a_k$의 값을 구하시오. [3점]

$$\sum_{k=2}^{9} a_k = \frac{8(a_2 + a_9)}{2} = \frac{8(a_1 + a_{10})}{2} = 4 \times 22 = 88 \text{이다.}$$

답은 88!!

예시 11학년도 6월 평가원 나형 6번

1과 2사이에 n개의 수를 넣어 만든 등차수열

$$1, \, a_1, \, a_2, \, \cdots, \, a_n, \, 2$$

의 합이 24일 때, n의 값은? [3점]

① 11　　　　② 12　　　　③ 13　　　　④ 14　　　　⑤ 15

첫째항은 1, 끝항은 2, 항의 개수는 $n+2$이므로 $\dfrac{3(n+2)}{2} = 24$, $n+2 = 16$, $n = 14$이다.

답은 ④!!

등차수열 $\{a_n\}$ 의 첫째항부터 제 n 항까지의 합을 S_n 이라 하자. $a_3 = 42$ 일 때, 다음 조건을 만족시키는 4 이상의 자연수 k 의 값은? [4점]

(가) $a_{k-3} + a_{k-1} = -24$

(나) $S_k = k^2$

① 13   ② 14   ③ 15   ④ 16   ⑤ 17

1. 등차수열의 일반항 $a+(n-1)d$는 두 개의 미지수 a, d를 포함하고, 문제 속에서 새로운 미지수 k가 등장했다. 즉, 미지수는 3개다.

이때, **세 개의 미지수** a, d, k에 관한 **서로 다른 세 개의 식** $a_3 = 42$, $a_{k-3} + a_{k-1} = -24$, $S_k = k^2$이 있으므로 일반항에 적절히 숫자를 대입한 다음 세 개의 식을 연립하면 a, d, k의 **값을 모두 구할 수 있다.**

그러나 이러한 풀이는 계산이 상당히 복잡하고, 누가 봐도 출제 의도와는 거리가 먼 풀이이다. 등차수열의 합에서 배운 도구를 활용하자.

---

2. $S_k = \dfrac{k(a_1 + a_k)}{2} = \dfrac{k(a_2 + a_{k-1})}{2} = \dfrac{k(a_3 + a_{k-2})}{2} = \dfrac{k(a_4 + a_{k-3})}{2} = \cdots = k^2$

문제에서 주어진 항은 $a_3 = 42$ 이므로 $S_k = \dfrac{k(a_3 + a_{k-2})}{2} = k^2$ 을 이용하자.

이때, 출제자에 감탄해야 한다. (가)에서 $a_{k-3} + a_{k-1} = -24$이므로 등차중항에 의하여

$$\frac{a_{k-3} + a_{k-1}}{2} = a_{k-2} = -12$$

$a_3 = 42$, $a_{k-2} = -12$를 $\dfrac{k(a_3 + a_{k-2})}{2} = k^2$에 대입하자.

$$\frac{k(a_3 + a_{k-2})}{2} = \frac{k(42-12)}{2} = k^2$$

$15k = k^2$에서 양변을 k로 나누면 $(\because k \geq 4)$

$15 = k$

답은 ③!!

정말 잘 만든 문항이다. **'등차수열의 합의 원리를 생각하고 접근하는 학생'**과 **'아무 생각 없이 일반항을 작성한 뒤 대입, 계산으로 접근하는 학생'** 사이에 엄청난 풀이 시간의 차이를 만들어내기 때문이다.

지금까지 배운 내용을 바탕으로 준킬러 문항을 풀어보자.

예제(4) 20학년도 사관 나형 29번

수열 $\{a_n\}$은 a_1이 자연수이고, 모든 자연수 n에 대하여

$$a_{n+1} = \begin{cases} a_n - d \ (a_n \geq 0) \\ a_n + d \ (a_n < 0) \end{cases} \ (d\text{는 자연수})$$

이다. $a_n < 0$인 자연수 n의 최솟값을 m이라 할 때, 수열 $\{a_n\}$은 다음 조건을 만족시킨다.

(가) $a_{m-2} + a_{m-1} + a_m = 3$

(나) $a_1 + a_{m-1} = -9(a_m + a_{m+1})$

(다) $\displaystyle\sum_{k=1}^{m-1} a_k = 45$

a_1의 값을 구하시오. (단, $m \geq 3$) [4점]

1. 수열 $\{a_n\}$은 양수인 항에 대해 d만큼 빼고, 음수인 항에 대해 d만큼 더하는 수열이다.

이때, $a_n < 0$인 자연수 n의 최솟값이 m이므로 a_m 이 처음으로 음수가 되는 항이다.
즉, 수열 $\{a_n\}$의 정의에 의해 m개의 항으로 구성된 수열 $a_1,\ a_2,\ a_3,\ \cdots,\ a_{m-1},\ a_m$은 첫째항이 a_1이고 공차가 $-d$인 등차수열이다.

2. 박스 안 조건을 따져보자. 우선 (가)에서 $a_{m-2}+a_{m-1}+a_m=3$이고, a_{m-1}은 a_{m-2}와 a_m의 등차중항이므로 $a_{m-1}=1$이다.

다음으로 (나)에서 $a_1+a_{m-1}=-9(a_m+a_{m+1})$이고, (다)에서 $\displaystyle\sum_{k=1}^{m-1}a_k=45$이다.

$$\sum_{k=1}^{m-1}a_k=\frac{(m-1)(a_1+a_{m-1})}{2}=45$$ 이므로 $a_1+a_{m-1}=\dfrac{90}{m-1}$ 이다.

$a_1+a_{m-1}=\dfrac{90}{m-1}$ 을 $a_1+a_{m-1}=-9(a_m+a_{m+1})$에 대입하면 $\dfrac{90}{m-1}=-9(a_m+a_{m+1})$

$a_m=a_{m-1}-d=1-d$
$a_{m+1}=a_m+d=1\ (\because a_m<0)$이므로

$$\frac{90}{m-1}=-9(1-d+1)$$
$-10=(m-1)(2-d)$
$\therefore (m-1)(d-2)=10$

3. $(m-1)(d-2)=10$을 만족시키는 $m,\ d$의 값을 구하려면 한 가지 식이 더 필요하다. $a_1+a_{m-1}=\dfrac{90}{m-1}$를 마저 이용하자.

$a_1, a_2, a_3, \cdots, a_{m-1}, a_m$은 첫째항이 a_1, 공차가 $-d$인 등차수열이고 $a_{m-1}=1$이다.
즉, $a_{m-1}=a_1-(m-2)d=1$이므로 $a_1=1+(m-2)d$이다.

따라서 $a_1+a_{m-1}=\dfrac{90}{m-1}$ 에서
$\{1+(m-2)d\}+1=-9\{(1-d)+1\}$
$2+(m-2)d=-9(2-d)$
$(m-11)d=-20$
$\therefore d=\dfrac{20}{11-m}$

4. $d = \dfrac{20}{11-m}$ 를 $(m-1)(d-2) = 10$에 대입하여 m, d의 값을 구하자.

$$(m-1)\left(\dfrac{20}{11-m} - 2\right) = 10$$
$$(m-1)\{20 - 2(11-m)\} = 10(11-m)$$
$$(m-1)(m-1) = 5(11-m)$$

$$m^2 - 2m + 1 = 55 - 5m$$
$$m^2 + 3m - 54 = 0$$
$$(m-6)(m+9) = 0$$

$$\therefore m = 6 \text{ 또는 } m = -9$$

m은 자연수이므로 $m = 6$, $d = \dfrac{20}{11-6} = 4$

따라서 $a_1 = 1 + (m-2)d = 1 + (6-2)4 = 17$이다.

답은 17!!

---

comment

1. 수열 $\{a_n\}$이 어떤 수열인지 파악한 다음, a_1부터 a_m 까지는 공차가 $-d$인 등차수열임을 파악한다.

2. 등차중항을 이용하여 a_{m-1}의 값을 구한다.

3. 미지수의 개수는 m, d 두 개이므로 (나) 식과 (다) 식을 연립하여 m, d의 값을 구한다. 이때, 해설처럼
$$\sum_{k=1}^{m-1} a_k = \dfrac{(m-1)(a_1 + a_{m-1})}{2} = 45$$을 이용하면 계산이 비교적 간단해진다.

첫째항이 양수이고 공차가 -1보다 작은 등차수열 $\{a_n\}$에 대하여 수열 $\{b_n\}$은 다음과 같다.

$$b_n = \begin{cases} a_{n+1} - \dfrac{n}{2} & (a_n \geq 0) \\[2mm] a_n + \dfrac{n}{2} & (a_n < 0) \end{cases}$$

수열 $\{b_n\}$의 첫째항부터 제n항까지의 합을 S_n이라 할 때, 수열 $\{b_n\}$은 다음 조건을 만족시킨다.

(가) $b_5 < b_6$

(나) $S_5 = S_9 = 0$

$S_n \leq -70$을 만족시키는 자연수 n의 최솟값은? [4점]

① 13   ② 15   ③ 17   ④ 19   ⑤ 21

1. 조건 (가)를 해석하기 위해 $b_6 - b_5$를 조사해보자.

(1) $a_5 \geq 0$, $a_6 \geq 0$일 때

$$b_6 - b_5 = (a_7 - 3) - \left(a_6 - \frac{5}{2}\right) = a_7 - a_6 - \frac{1}{2} < 0 \text{이다.}$$

따라서 $b_6 < b_5$가 되어 모순이다.

(2) $a_5 < 0$, $a_6 < 0$일 때

$$b_6 - b_5 = (a_6 + 3) - \left(a_5 + \frac{5}{2}\right) = a_6 - a_5 + \frac{1}{2} < 0 \text{이다.}$$

따라서 $b_6 < b_5$가 되어 모순이다.

수열 $\{a_n\}$은 공차가 음수이므로 (1), (2)에 의하여 $a_5 \geq 0$, $a_6 < 0$이다.

따라서 $1 \leq n \leq 5$에서 $b_n = a_{n+1} - \dfrac{n}{2}$이고, $n \geq 6$에서 $b_n = a_n + \dfrac{n}{2}$이다.

2. S_5를 계산해보자. $1 \leq n \leq 5$에서 $\{b_n\}$은 등차수열이므로 등차수열의 합 공식과 등차중항을

적절히 활용하면 $S_5 = \dfrac{5}{2}(b_1 + b_5) = \dfrac{5}{2} \times 2b_3 = 0$을 얻는다. 따라서 $b_3 = 0$이다.

$b_3 = a_4 - \dfrac{3}{2} = 0$이므로 $a_4 = \dfrac{3}{2}$이다.

S_9를 계산해보자. $S_9 = S_9 - S_5 = b_6 + b_7 + b_8 + b_9$이다.

$n \geq 6$에서 $\{b_n\}$은 등차수열이므로 등차수열의 합 공식을 적절히 활용하자.

$S_9 = b_6 + b_7 + b_8 + b_9 = \dfrac{4}{2}(b_6 + b_9) = 0$을 얻는다. 따라서 $b_6 + b_9 = 0$이다.

$b_6 + b_9 = a_6 + \dfrac{6}{2} + a_9 + \dfrac{9}{2} = a_6 + a_9 + \dfrac{15}{2} = 0$이다.

3. 등차수열 $\{a_n\}$의 공차를 d라 하자.

$$a_4 = a_1 + 3d = \frac{3}{2}$$

$$a_6 + a_9 = 2a_1 + 13d = -\frac{15}{2} \text{이다.}$$

따라서 $2a_1 + 13d - 2(a_1 + 3d) = 7d = -\dfrac{15}{2} - 3 = -\dfrac{21}{2}$이므로 $d = -\dfrac{3}{2}$, $a_1 = 6$이고,

$a_n = -\dfrac{3}{2}n + \dfrac{15}{2}$이다.

4. 이제 n의 최솟값을 구해보자. $S_n = S_n - S_9 = \displaystyle\sum_{k=10}^{n} b_k = \frac{1}{2}(n-9)(b_{10} + b_n) \leq -70$에서

$$b_{10} = a_{10} + \frac{10}{2} = -\frac{5}{2}, \quad b_n = a_n + \frac{n}{2} = -\frac{3}{2}n + \frac{15}{2} + \frac{n}{2} = -n + \frac{15}{2}$$이므로

$$S_n = \frac{1}{2}(n-9)\left(-\frac{5}{2} - n + \frac{15}{2}\right) \leq -70$$이다.

따라서 $(n-9)(n-5) \geq 140$에서 $n^2 - 14n - 95 = (n+5)(n-19) \geq 0$이다.

$n \geq 19$에서 n의 최솟값은 19이다.

답은 ④!!

첫째항이 양수이고 공차가 음수인 등차수열은 기출 단골 소재이다.

이 수열은 어떤 자연수 k에 대하여 $1 \leq n \leq k$에서 $a_n \geq 0$이고 $n \geq k+1$에서 $a_n < 0$이다.

마찬가지로, 첫째항이 음수이고 공차가 양수인 등차수열은 어느 항까지는 음수이고 그 뒤로는 양수이다.

(2) 등차중항으로 구하는 등차수열의 합

등차수열 $\{a_n\}$에 대하여 $a_3 + a_4 + a_5 + a_6 + a_7$의 값은 $\dfrac{5(a_3 + a_7)}{2} = \dfrac{5(a_4 + a_6)}{2}$이다.

이때, 'a_3과 a_7의 등차중항'과 'a_4와 a_6의 등차중항'은 모두 a_5이므로 $\dfrac{a_3 + a_7}{2} = \dfrac{a_4 + a_6}{2} = a_5$이다.

즉, $a_3 + a_4 + a_5 + a_6 + a_7 = 5a_5$이다.

이제부터는 중간과정을 모두 생략하고 $a_3 + a_4 + a_5 + a_6 + a_7$을 보자마자 $5a_5$를 말할 수 있도록 연습하자.

① $a_1 + a_3 + a_5 + a_7 + a_9$의 값은 얼마인가? $5a_5$이다.

② $a_1 + a_2 + a_3$의 값은 얼마인가? $3a_2$이다.

③ $a_1 + a_2 + a_3 + a_4$의 값은 얼마인가? a_2와 a_3의 등차중항이 존재하지 않으므로

$\dfrac{4(a_1 + a_4)}{2}$ 또는 $\dfrac{4(a_2 + a_3)}{2}$으로 나타내는 수밖에 없다.

④ $a_1 + a_3 + a_5 + a_7$의 값은 얼마인가? a_3과 a_5의 등차중항이 a_4이므로 $4a_4$이다.

다시 말하지만 등차수열에서 가장 중요한 것은 등차중항이고, **등차수열의 합을 구할 때도 등차중항을 통해 사고하는 것이 유용하다.**

(3) $\displaystyle\sum_{k=p}^{q} a_k + dn(q - p + 1) = \sum_{k=p+n}^{q+n} a_k$ **(단, p, q는 $q > p$인 자연수이고 $\{a_n\}$은 공차가 d인 등차수열)**

공식을 외우려 하지 말고 이해하자.

$a_p + a_{p+1} + \cdots + a_q$가 $a_{p+n} + a_{p+n+1} + \cdots + a_{q+n}$이 되기 위한 조건을 생각하면 자연스럽게 이해할 수 있다.

$a_p + dn = a_{p+n}$

$a_{p+1} + dn = a_{p+n+1}$

$\vdots$

$a_q + dn = a_{q+n}$이므로

$a_p + a_{p+1} + \cdots + a_q + \{dn \times (q - p + 1)\} = a_{p+n} + a_{p+n+1} + \cdots + a_{q+n}$이다.

시그마를 이용하여 예쁘게 정리하면 $\displaystyle\sum_{k=p}^{q} a_k + dn(p - q + 1) = \sum_{k=p+n}^{q+n} a_k$이다.

앞으로 두 등차수열의 합이 있을 때 $\displaystyle\sum_{k=p}^{q} a_k + dn(p - q + 1) = \sum_{k=p+n}^{q+n} a_k$ 성질을 이용할 수 있는지 확인하자.

(4) 다항식으로 이해하는 등차수열의 합

첫째항이 a이고 공차가 d인 수열 $\{a_n\}$의 첫째항부터 제n항까지의 S_n을 n에 관해 정리하면 다음과 같다.

$$S_n = \frac{n\{2a+(n-1)d\}}{2} = \frac{dn^2+(2a-d)n}{2} = \frac{d}{2}n^2 + \left(a-\frac{d}{2}\right)n$$

즉, S_n은 상수항이 0인 n에 관한 이차식이다. 이를 인수의 관점으로 해석하면 S_n은 n을 인수로 가진다.
이 점을 바탕으로 등차수열의 합에 관한 기출 문제를 풀어보자.

예제(6) 09학년도 6월 평가원 나형 16번

공차가 d_1, d_2인 두 등차수열 $\{a_n\}$, $\{b_n\}$의 첫째항부터 제 n 항까지의 합을 각각 S_n, T_n이라 하자.

$$S_n T_n = n^2(n^2-1)$$

일 때, <보기>에서 항상 옳은 것을 모두 고른 것은? [4점]

<보 기>

ㄱ. $a_n = n$이면 $b_n = 4n-4$이다.
ㄴ. $d_1 d_2 = 4$
ㄷ. $a_1 \neq 0$이면 $a_n = n$이다.

① ㄱ   ② ㄴ   ③ ㄱ, ㄴ   ④ ㄱ, ㄷ   ⑤ ㄱ, ㄴ, ㄷ

1. $a_n = n$이므로 $S_n = \sum_{k=1}^{n} k = \dfrac{n(n+1)}{2}$ 이다.

(혹은 첫째항이 1이고 공차가 1인 등차수열의 합을 구하면 된다.)

$S_n T_n = n^2(n^2-1)$이므로 $T_n = 2n(n-1)$이다.

① 선지 (ㄱ)에서 $b_n = 4n-4$이라 했으므로

$\sum_{k=1}^{n} (4k-4) = 2n(n-1)$이 성립하는지 확인해도 좋고,

② 수열의 합과 일반항 사이의 관계를 이용하여

$T_1 = b_1 = 0$, $T_n - T_{n-1} = b_n\,(n \geq 2)$을 구해도 좋다.

① $\sum_{k=1}^{n} (4k-4) = 4\sum_{k=1}^{n} k - 4n = 4 \times \dfrac{n(n+1)}{2} - 4n = 2n(n-1)$

② $b_n = T_n - T_{n-1} = 2n(n-1) - 2(n-1)(n-2) = 2(n-1)\{n-(n-2)\} = 4n-4\,(n \geq 2)$

이때, $4 \times 1 - 4 = 0$이므로 $b_n = 4n-4\,(n \geq 1)$ (O)

2. 두 등차수열 $\{a_n\}$, $\{b_n\}$의 첫째항을 각각 a, b라 할 때 S_n, T_n은 다음과 같다.

$$S_n = \dfrac{n\{2a+(n-1)d_1\}}{2}, \quad T_n = \dfrac{n\{2b+(n-1)d_2\}}{2}$$

$S_n T_n = n^2(n^2-1)$이므로 위의 두 식을 서로 곱한 다음 **계수 비교법을 적용**하자.

$$\dfrac{n^2\{2a+(n-1)d_1\}\{2b+(n-1)d_2\}}{4} = n^2(n^2-1)$$

궁금한 것은 $d_1 d_2$의 값이므로 좌변의 식을 전개할 필요 없이 좌변의 식을 전개했을 때 나오는 하나의 항과 그에 대응하는 우변의 항을 비교하면 된다. **최고차항을 비교**하자.

(좌변의 최고차항)$= \dfrac{d_1 d_2}{4} n^4$

(우변의 최고차항)$= n^4$

좌·우변의 최고차항이 서로 같으므로 $\dfrac{d_1 d_2}{4} = 1$, $d_1 d_2 = 4$ (O)

3. (ㄷ)은 등차수열의 합 공식과 인수의 관점으로 풀어야 한다. 먼저, 등차수열의 합은 상수항이 없는 n에 관한 이차식이다. 즉, **등차수열의 합은 반드시 n을 인수로 갖는다.**

$S_n T_n = n^2(n^2-1)$이고, S_n, T_n은 모두 등차수열의 합이므로 이차식이다.

따라서 S_n, T_n은 4개의 인수 $n, n, n+1, n-1$ 중 두 개씩을 나눠 갖는다.

만약 S_n, T_n 중 하나라도 4개의 인수 중 두 개를 갖지 않는다면 S_n, T_n 모두 이차식이 아니게 된다.

등차수열의 합은 반드시 n을 인수로 가지므로 S_n, T_n은 각각 n을 인수로 갖는다.

따라서 남은 두 인수 $n+1, n-1$ 중 하나는 S_n이 갖고, 남은 하나는 T_n이 갖는다.

그런데 $a_1 \neq 0$이면 $S_1 \neq 0$이므로 인수정리에 의해 S_n은 $(n-1)$을 인수로 갖지 않는다.

따라서 S_n은 $n, n+1$을 인수로 가지므로 $S_n = kn(n+1)$ (단, k는 0이 아닌 실수)

$$a_n = S_n - S_{n-1} = kn(n+1) - k(n-1)n$$
$$= kn^2 + kn - kn^2 + kn = 2kn \ (n \geq 2)$$

$a_1 = S_1 = 2k$이므로 $a_n = 2kn$

이때, 'a_n, b_n이 등차수열, $S_n T_n = n^2(n^2-1)$' 이외의 조건이 없으므로

k는 0이 아닌 모든 실수가 가능하다. $k \neq \dfrac{1}{2}$이면 $a_n \neq n$이다.

즉, $a_1 \neq 0$이라고 해서 반드시 $a_n = n$인 것은 아니다. (X)

옳은 것은 ㄱ, ㄴ이므로 답은 ③!!

※ 선지 (ㄷ)은 대우 명제를 통해서도 풀 수 있다.

'$a_1 \neq 0$이면 $a_n = n$이다.' (명제)
'$a_n \neq n$이면 $a_1 = 0$이다.' (대우 명제)

대우 명제인 '$a_n \neq n$이면 $a_1 = 0$이다.'가 참이면 기존 명제도 참이고, 대우 명제가 거짓이면 기존 명제도 거짓이다. $a_n = n$일 때 $S_n = \dfrac{n(n+1)}{2}$이므로 $a_n \neq n$일 때 $S_n \neq \dfrac{n(n+1)}{2}$이다.

따라서 $S_n \neq \dfrac{n(n+1)}{2}$일 때 $a_1 = S_1 = 0$인지 따지면 된다.

$S_n = \dfrac{n(n+1)}{p} \ (p \neq 2)$일 때 $a_1 = S_1 \neq 0$이므로 반례가 존재한다.

즉, 대우 명제가 거짓이므로 명제 (ㄷ)도 거짓이다. (X)

(5) 상수항이 0이 아닌 n에 관한 이차식

이렇게 해서 등차수열의 합 S_n이 상수항이 0인 n에 관한 이차식이라는 것을 알아보았다.
그렇다면 **상수항이 0이 아닌 n에 관한 이차식은 무엇을 의미할까?**

결론부터 말하자면 수열 $\{a_n\}$의 첫째항부터 제n항까지의 합을 S_n이라 할 때,
'$S_n = an^2 + bn + c \,(c \neq 0)$'와 '수열 $\{a_n\}$이 둘째 항부터 등차수열을 이룬다.'는 서로가 참이 되기 위한 필요충분조건이다. 다음 문제를 풀어보면서 그 이유를 생각해보자.

예제(7) 11년 10월 교육청 나형 30번

수열 $\{a_n\}$이

$$a_1 = 3, \ a_n = 8n - 4 \ (n = 2,\ 3,\ 4,\ \cdots)$$

를 만족시키고, 수열 $\{a_n\}$의 첫째항부터 제n항까지의 합을 S_n이라 하자. $\displaystyle\sum_{n=1}^{10} \frac{1}{S_n} = \frac{q}{p}$ 일 때, $p+q$ 의 값을 구하시오. (단, p와 q는 서로소인 자연수이다.) [4점]

1. $\dfrac{1}{S_1}+\dfrac{1}{S_2}+\cdots+\dfrac{1}{S_{10}}$ 을 일일이 구하기는 매우 힘들므로 S_n 의 식을 구하자.

$a_1=3,\ a_n=8n-4\,(n=2,3,4,\cdots)$이므로 **수열** $\{a_n\}$**은 둘째 항부터 등차수열**을 이룬다.

$$S_n=a_1+\sum_{k=2}^{n}(8k-4)=a_1+\sum_{k=1}^{n}(8k-4)-4$$

$(k=1$부터 정의된 시그마로 고쳤으니 $(8-4)$에 해당하는 값을 빼야 한다.)

$$=-1+8\sum_{k=1}^{n}k-4n$$

$$=-1+4n(n+1)-4n=4n^2-1$$

2. $\displaystyle\sum_{n=1}^{10}\dfrac{1}{S_n}=\sum_{n=1}^{10}\dfrac{1}{4n^2-1}=\sum_{n=1}^{10}\dfrac{1}{(2n-1)(2n+1)}=\dfrac{1}{2}\sum_{n=1}^{10}\left(\dfrac{1}{2n-1}-\dfrac{1}{2n+1}\right)$

$$=\dfrac{1}{2}\left(\dfrac{1}{1}-\dfrac{1}{3}+\dfrac{1}{3}-\dfrac{1}{5}+\cdots+\dfrac{1}{19}-\dfrac{1}{21}\right)=\dfrac{1}{2}\left(\dfrac{1}{1}-\dfrac{1}{21}\right)=\dfrac{1}{2}\times\dfrac{20}{21}=\dfrac{10}{21}$$

$p=21,\ q=10$이므로 $p+q=31$이다.

답은 31!!

그렇게 어려운 문항은 아니므로 답은 수월하게 맞힐 수 있다. 다음 페이지에서 이를 상수항이 0이 아닌 S_n과 연결 지어보자.

이 문제에서 주목해야 할 것은 $S_n = 4n^2 - 1$ 이다.

둘째 항부터 등차수열을 이루는 수열 $\{a_n\}$에 대해 S_n은 상수항이 0이 아닌 이차식이다.

하지만 **문제에서 주어진 수열 $\{a_n\}$에 한해 S_n이 우연히 상수항을 가졌을 가능성도 존재한다.**
미지수를 사용하여 다시 증명해보자.

> 수열 $\{a_n\}$이 $a_1 = a$, $a_n = bn - c\,(n = 2, 3, 4, \cdots)$을 만족시키고 $a \neq b - c$일 때,
> 수열 $\{a_n\}$은 둘째 항부터 등차수열을 이룬다. 이때, S_n은 다음과 같다.

$$S_n = a_1 + \sum_{k=2}^{n} (bk - c) = a + \sum_{k=1}^{n} (bk - c) - (b - c)$$
$$= b \sum_{k=1}^{n} k - cn + a - (b - c)$$
$$= \frac{bn(n+1)}{2} - cn + a - (b - c)$$

> S_n의 상수항은 $a - (b - c)$이다. 그런데 $a \neq b - c$이므로 상수항은 0이 아니다.

그런데 위의 증명은
'수열 $\{a_n\}$이 둘째 항부터 등차수열을 이루면 $S_n = an^2 + bn + c\,(c \neq 0)$이다.'가 참임을 증명한 것이므로
'$S_n = an^2 + bn + c\,(c \neq 0)$'와 '수열 $\{a_n\}$은 둘째 항부터 등차수열을 이룬다.'가 서로가 참이 되기 위한 필요충분조건임을 증명하기 위해서는

'$S_n = an^2 + bn + c\,(c \neq 0)$이면 수열 $\{a_n\}$은 둘째 항부터 등차수열을 이룬다.'도 참임을 증명해야 한다.
수열의 합과 일반항 사이의 관계를 이용하자.

$S_n = an^2 + bn + c\,(c \neq 0)$일 때 $a_1 = S_1$, $S_n - S_{n-1} = a_n\,(n \geq 2)$이다.

$$a_n = S_n - S_{n-1} = an^2 + bn + c - \{a(n-1)^2 + b(n-1) + c\}$$
$$= an^2 + bn + c - \{an^2 + n(b - 2a) + a - b + c\}$$
$$= 2an - a + b\,(n \geq 2)$$
$$a_1 = S_1 = a + b + c$$

이때, $a_n = 2an - a + b$에 $n = 1$을 대입한 값인 $a + b$와 $a_1 = a + b + c$가 서로 다르므로
수열 $\{a_n\}$은 둘째 항부터 등차수열을 이룬다.

따라서 '$S_n = an^2 + bn + c\,(c \neq 0)$'와 '수열 $\{a_n\}$이 둘째 항부터 등차수열을 이룬다.'는 서로가 참이 되기 위한
필요충분조건이다.

(6) 함수로 이해하는 등차수열의 합

첫째항이 a이고 공차가 d인 수열 $\{a_n\}$의 첫째항부터 제n항까지의 S_n을 n에 관해 정리하면 다음과 같다.

$$S_n = \frac{n\{2a+(n-1)d\}}{2} = \frac{dn^2+(2a-d)n}{2} = \frac{d}{2}n^2 + \left(a - \frac{d}{2}\right)n$$

이를 함수와 연결지으면,

수열 $\{S_n\}$의 항은 원점을 지나고 최고차항의 계수가 $\dfrac{d}{2}$인 이차함수 $y = \dfrac{d}{2}x^2 + \left(a - \dfrac{d}{2}\right)x$ 위의 x좌표가 자연수인 점의 y좌표와 같다.

{등차수열}의 각 항이 **직선 위의** x**좌표가 자연수인 점의** y**좌표와 같다면,**
{등차수열의 합 수열}의 각 항은 **이차함수의 위의** x**좌표가 자연수인 점의** y**좌표와 같다.**

예제(8) 13년 3월 교육청 A형 30번

첫째항이 60인 등차수열 $\{a_n\}$에 대하여 수열 $\{T_n\}$을

$$T_n = \left| a_1 + a_2 + a_3 + \cdots + a_n \right|$$

이라 하자. 수열 $\{T_n\}$이 다음 조건을 만족시킨다.

(가) $T_{19} < T_{20}$	(나) $T_{20} = T_{21}$

$T_n > T_{n+1}$을 만족시키는 n의 최솟값과 최댓값의 합을 구하시오. [4점]

1. T_n을 함수로 바라보자. 원점을 지나가는 어떤 이차함수 $f(x)$에 대해

$a_1 + a_2 + \cdots + a_n = f(n)$이라 할 수 있고 이때 $T_n = |f(n)|$이다.

$T_{19} < T_{20}$, $T_{20} = T_{21}$를 모두 만족시키는 $y = |f(x)|$의 그래프와 $x = 20$, $x = 21$의 위치를 좌표평면에 나타내자.

$y = |f(x)|$가 x축과 만나는 점의 0이 아닌 x좌표를 k라 할 때, **아래와 같이 $21 < k$인 경우와 $k < 21$인 경우가 가능하다.**

$21 < k$일 때 이차함수 $y = f(x)$의 대칭축은 $x = \dfrac{20 + 21}{2} = \dfrac{41}{2} = \dfrac{k}{2}$이므로 $k = 41$이다.

(i) $21 < k$ **(ii)** $k < 21$

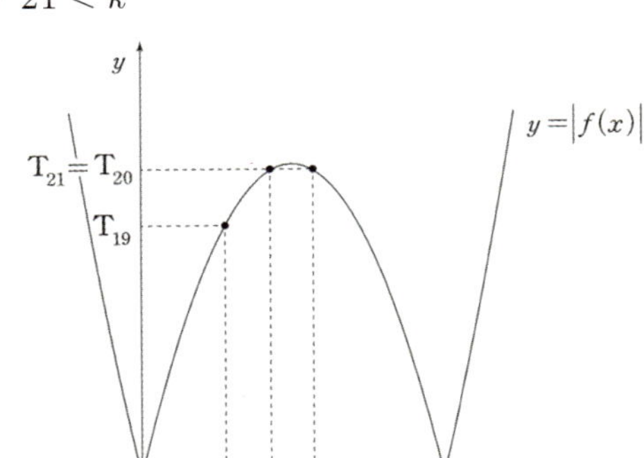

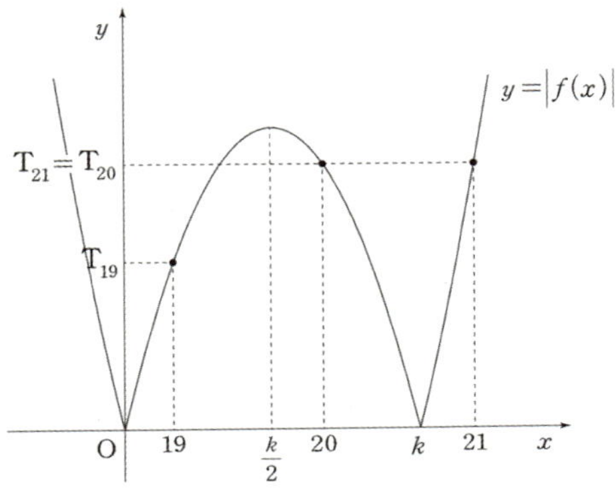

※ $T_n = f(n)$이라면 이차함수의 대칭성에 의하여 (i)만 가능하지만,

$T_n = |f(n)|$이므로 (ii)와 같이 $k < 21$인 경우도 가능함에 주의하자.

((ii)에서 20이 대칭축의 왼쪽에 있는 경우도 가능하다.)

하지만 (ii) $k < 21$인 경우 모순이 발생한다.

$y = f(x)$의 대칭축은 $x = \dfrac{k}{2} < \dfrac{21}{2} = 10.5$이므로 $T_{19} < T_{20} = T_{21}$을 만족시킬 수 없다.

즉, $k < 21$인 경우 $19, 20, 21$은 모두 대칭축의 오른쪽에 존재해야 하므로 $T_{20} = T_{21}$이라면 아래 그림과 같이 $T_{19} > T_{20} = T_{21}$일 수밖에 없으므로 조건을 만족시키지 못한다.

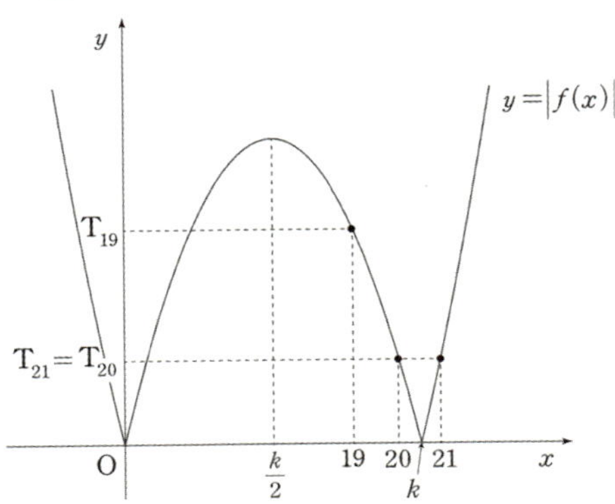

따라서 (i)이 답인 경우이다.

2. 함수 $y=|f(x)|$의 그래프는 $x=\dfrac{41}{2}$에 대하여 대칭이고 x축과 $x=0$, $x=41$에서 만난다.

 $y=|f(x)|$의 그래프 상에서 $T_n > T_{n+1}$을 만족시키는 n의 최솟값과 최댓값의 합을 구하자.

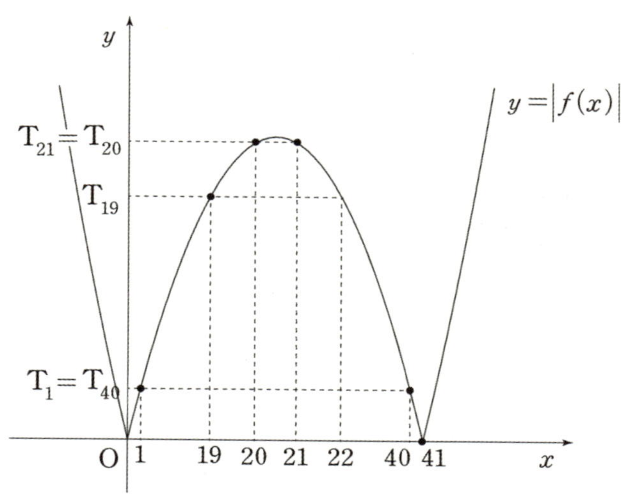

$n \leq 19$일 때 $T_n < T_{n+1}$

$n = 20$일 때 $T_n = T_{n+1}$

$21 \leq n \leq 40$일 때 $T_n > T_{n+1}$

$41 \leq n$일 때 $T_n < T_{n+1}$

따라서 $T_n > T_{n+1}$을 만족시키는 n의 최솟값과 최댓값의 합은 $21+40=61$이다.

답은 61 !!

1. 등차수열의 합의 수열을 '이차함수'의 관점에서 해석하고, 각 항을 이차함수의 그래프 위의 점으로 파악해야 한다.

2. 그래프 해석을 하지 않는다면 식으로도 풀 수 있지만, 본 풀이보다 계산이 상당히 많아진다.
$T_n = \left| \dfrac{n\{2\times 60 + (n-1)d\}}{2} \right|$ 로 일반항을 세운 다음 $T_{20}=T_{21}$을 통해 가능한 d의 두 가지 값을 구하고 각각의 경우에서 $n=19, 20$을 대입하여 $T_{19} < T_{20}$을 만족시키는지 확인하면 된다.
각자 계산해보자.

수열 $\{a_n\}$의 첫째항부터 제n항까지의 합을 S_n이라 하자. 두 자연수 p, q에 대하여 $S_n = pn^2 - 36n + q$일 때, S_n이 다음 조건을 만족시키도록 하는 p의 최솟값을 p_1이라 하자.

> 임의의 두 자연수 i, j에 대하여 $i \neq j$이면 $S_i \neq S_j$이다.

$p = p_1$일 때, $|a_k| < a_1$을 만족시키는 자연수 k의 개수가 3이 되도록 하는 모든 q의 값의 합은?

① 372　　　　② 377　　　　③ 382　　　　④ 387　　　　⑤ 392

1. S_n의 값을 이차함수 n에 관한 이차함수 $y = pn^2 - 36n + q$의 그래프를 통하여 관찰할 수 있다.

일반성을 잃지 않고 $i < j$라 하자. $S_i = S_j$가 될 수 있는 i, j는 $1 \leq i < j \leq \dfrac{36}{p}$임을 그래프를 통하여 추론할 수 있고, 이차함수의 그래프의 대칭성에 의하여 $S_i = S_j \left(1 \leq i < j \leq \dfrac{36}{p}\right)$이 성립할 때는 $\dfrac{36}{p}$이 자연수일 때이다.

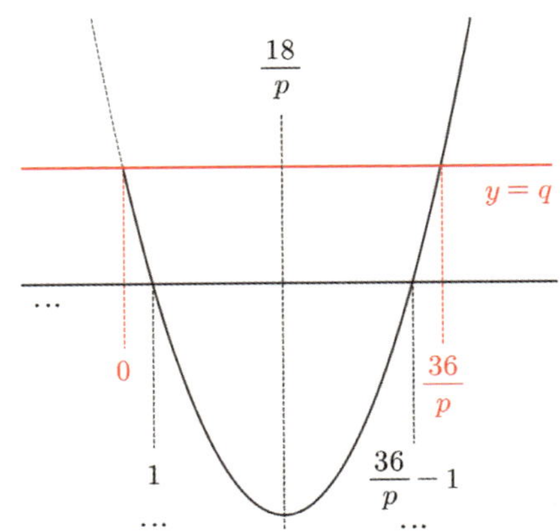

따라서 조건을 만족하려면 $\dfrac{36}{p}$은 자연수가 되면 안 되므로 p는 36의 양의 약수가 아니다.

$p_1 = 5$ 이다.

2. $S_n = 5n^2 - 36n + q$ 에서 수열의 합과 일반항의 관계에 의하여

$S_1 = a_1 = q - 31$, $a_n = S_n - S_{n-1} = 10n - 41$ $(n \geq 2)$ 이므로

2 이상의 자연수 k 에 대하여 $a_k = 10k - 41$ 이다.

$|a_k| < a_1$ 을 만족시키는 2 이상의 자연수 k 가 존재하므로 $a_1 = q - 31 > 0 \Leftrightarrow q > 31$ 이고,

$|a_k| < a_1 \Leftrightarrow |10k - 41| < q - 31$ 을 만족시키는 자연수 k 의 개수가 3 일 때,

$k = 3$ 또는 $k = 4$ 또는 $k = 5$ 이다.

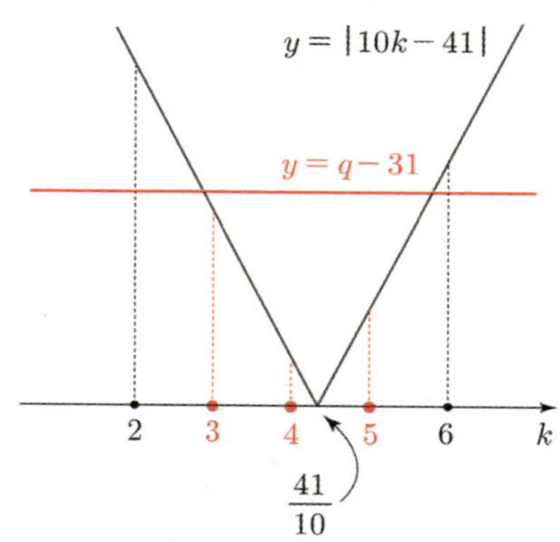

따라서 $q - 31$ 의 범위는 $|a_3| < q - 31 \leq |a_6| \Leftrightarrow 43 \leq q \leq 50$ 이므로

모든 q 의 값의 합은 등차중항의 성질에 의하여 $93 \times 4 = 372$ 이다.

답은 ①!!

※ 등차수열의 합에 대한 조건은 이차함수의 그래프를, 등차수열의 일반항에 대한 조건은 일차함수
의 그래프를 빌려 생각하면 상황을 쉽게 해석할 수 있다.

※ 다른 풀이

1. $S_i \neq S_j$ 이므로 $S_i - S_j \neq 0$ 이다.

$S_i - S_j = p(i^2 - j^2) - 36(i - j) = (i - j)\{p(i + j) - 36\}$ 이고 $i \neq j$ 이므로 $p(i + j) \neq 36$ 이다.

즉, $p \neq \dfrac{36}{i + j}$ 이므로 p 는 36 의 양의 약수가 아닌 자연수이므로 $p_1 = 5$ 이다.

▌등비수열

(1) 정의

이웃하는 두 항 사이의 비(공비)가 일정한 수열을 등비수열이라 한다. 이름에서도 알 수 있듯이 등차는 '차가 일정', 등비는 '비가 일정'하다는 것을 나타낸다.

첫째항이 a이고 공비가 r $(r \neq 0)$인 **등비수열 $\{a_n\}$의 일반항** a_n은 다음과 같다.

$$a_n = ar^{n-1} \, (n = 1, 2, 3, \cdots)$$

이때, 첫째항이 a이고 공비가 r인 **등비수열 $\{a_n\}$의 귀납적 정의**는 다음과 같다. (단, $a \neq 0$, $r \neq 0$)

$$a_1 = a, \ a_{n+1} = ra_n \, (n = 1, 2, 3, \cdots) \ \text{혹은}$$

$$a_1 = a, \ \frac{a_{n+1}}{a_n} = r \, (n = 1, 2, 3, \cdots)$$

$\dfrac{a_{n+1}}{a_n} = r$은 $a_{n+1} = ra_n$에서 양변을 a_n으로 나눈 것뿐이지만, 실제 문제에서 만났을 때 헷갈리는 경우가 종종 있으므로 두 형태 모두 알아두자.

혹은 다음과 같이 등비중항을 이용하여 등비수열 $\{a_n\}$을 귀납적으로 정의할 수도 있다.

$$a_1 = a, \ a_2 = ar, \ a_{n+2}a_n = (a_{n+1})^2 \, (n = 1, 2, 3, \cdots) \ \text{혹은}$$

$$a_1 = a, \ a_2 = ar, \ \frac{a_{n+2}}{a_{n+1}} = \frac{a_{n+1}}{a_n} \, (n = 1, 2, 3, \cdots)$$

(2) 등비수열의 판별

첫째항이 a이고 공비가 r인 등비수열 $\{a_n\}$의 일반항 $a_n = ar^{n-1}$에서
$r = 1$이면 $a_n = a$이고, $r \neq 1$이면 a_n은 밑이 r인 지수 꼴이다.
특히 n을 지수로 갖는 밑이 $\{a_n\}$의 공비라는 점이 중요하다.

어떤 수열 $\{b_n\}$이 '등비수열'인지 판별하고 싶다면 해당 식이 상수 또는 지수 n에 관한 꼴에 해당하는지 관찰하면 된다.
둘 중 어느 것에도 해당하지 않는다면 수열 $\{b_n\}$은 등비수열이 아니다.

단, 일반항이 상수인 수열은 등차수열인 동시에 등비수열이라는 점을 주의하자.

(3) 등비수열과 함수의 관계

일반항이 $a_n = ar^{n-1}$인 등비수열은 지수함수 $y = ar^{x-1}$와 연결지을 수 없다.
지수함수의 밑은 무조건 양수여야 하지만, 등비수열에서 공비는 양수가 아닐 수도 있기 때문이다.

단, $r > 0$인 경우 일반항이 $a_n = ar^{n-1}$인 등비수열의 항은 지수함수 $y = ar^{x-1}$ 위의 x좌표가 자연수인 점들의 y좌표와 같다.

이는 지수함수의 정의역의 항들이 순서대로 등차수열을 이루는 경우, 정의역에 대응하는 치역의 원소들은 순서대로 등비수열을 이룬다는 점과도 연결된다.

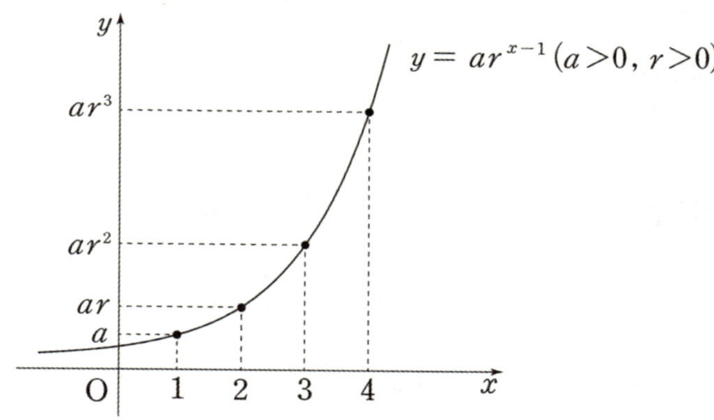

※ 지수함수와 역함수 관계에 있는 로그함수의 정의역의 항들이 순서대로 등비수열을 이루는 경우, 정의역에 대응하는 치역의 원소들은 순서대로 등차수열을 이룬다.

(4) $\{a_n\}$이 등차, 등비수열일 때 수열 $\left\{\dfrac{1}{a_n}\right\}$

① $\{a_n\}$이 등차수열일 때 수열 $\left\{\dfrac{1}{a_n}\right\}$은 등차수열이 아니다. $\displaystyle\sum_{k=1}^{n}\dfrac{1}{a_k}$를 구하는 공식도 존재하지 않는다.

만약 등차수열 $\{a_n\}$에 관해 수열 $\left\{\dfrac{1}{a_n}\right\}$이 주어졌다면, 이를 해결하는 기막힌 공식은 없으므로 다른 조건과 연결지어 문제를 풀어나가야 한다.

교육청에서 등차수열 $\{a_n\}$에 대하여 $\displaystyle\sum_{k=1}^{n}\dfrac{1}{a_k}$의 값을 물어본 적이 있으나 직접적인 값이 아니라 부등식을 만족시키는 n의 최댓값을 물어봤고, 출제 의도는 '대칭성'을 이용한 계산이었다. 이 문제는 수열의 합 파트에서 예제로 만나볼 것이다.

② 반면, $\{a_n\}$이 등비수열일 때 수열 $\left\{\dfrac{1}{a_n}\right\}$은 등비수열이다.

$\{a_n\}$의 일반항이 ar^{n-1}일 때, $\left\{\dfrac{1}{a_n}\right\}$의 일반항은 $\dfrac{1}{a}\left(\dfrac{1}{r}\right)^{n-1}$이기 때문이다. (단, $a\neq 0$, $r\neq 0$이다.)

2. 등비중항

0이 아닌 세 수 a, b, c가 이 순서대로 등비수열을 이룰 때, b를 a와 c의 등비중항이라고 한다.

b가 a, c의 등비중항이면 $\dfrac{b}{a}=\dfrac{c}{b}=$(공비)이므로 $b^2=ac$가 성립한다.

a, b, c가 모두 양수이면 $b=\sqrt{ac}$으로 b를 a, c의 기하평균이라 할 수 있지만, 음수인 항이 포함된 경우 그러한 해석은 가능하지 않다.

등차중항만큼 중요하지는 않지만, 등비중항을 이용할 경우 계산이 간단해지는 문제도 많이 출제되므로 때에 따라 적절히 사용할 준비는 돼 있어야 한다.

※ 등비수열에서 곱이 같은 쌍들

등비수열 $\{a_n\}$**에서** $a_1 a_n = a_2 a_{n-1} = a_3 a_{n-2} = a_4 a_{n-3} = \cdots$

자연수 p, q에 대해 등비수열 $\{a_n\}$의 항 a_p와 a_q가 있을 때, $p+q$의 값이 같은 (a_p, a_q) 쌍에 대해 $a_p a_q$의 값은 일정하다.

(증명)

등비수열 $\{a_n\}$의 첫째항을 a, 공비를 r이라 하면 $a_p = ar^{p-1}$, $a_q = ar^{q-1}$이므로 $a_p a_q = a^2 r^{p+q-2}$이다. 이때, a, r은 상수이므로 $p+q$가 상수이면 $a_p a_q$도 상수이다.

예제(10) 12학년도 6월 평가원 나형 8번

등비수열 $\{a_n\}$ 에 대하여 $a_3 = \sqrt{5}$ 일 때, $a_1 \times a_2 \times a_4 \times a_5$ 의 값은? [3점]

① $\sqrt{5}$　　　② 5　　　③ $5\sqrt{5}$　　　④ 25　　　⑤ $25\sqrt{5}$

$a_1 \times a_5 = a_2 \times a_4 = (a_3)^2 = 5$이므로

$a_1 \times a_2 \times a_4 \times a_5 = 5 \times 5 = 25$이다.

답은 ④!!

다섯 개의 실수 a, b, c, d, e 를 적당히 배열하여 공비가 1보다 큰 등비수열을 만들었다. a, b, c, d, e 가 다음 조건을 만족시킬 때 b 가 이 수열의 제n 항이라면, n 의 값은? [4점]

(가) $e = \sqrt{cd}$

(나) $\dfrac{a}{e} = \dfrac{c}{d}$

(다) $a < b$

① 1   ② 2   ③ 3   ④ 4   ⑤ 5

1. (가) $e = \sqrt{cd}$ 에서 $e^2 = cd$ 이므로 e 는 c, d 의 등비중항이다.

(나) $\dfrac{a}{e} = \dfrac{c}{d}$ 에서 $ad = ec$ 이다.

2. (가), (나)를 모두 만족시키는 a, d, c, e 의 순서를 알아보자.

우선, e 는 c, d 의 등비중항이므로 c, e, d **의 순서대로 등비수열**을 이루거나 d, e, c **의 순서대로 등비수열**을 이룬다.

(i) c, e, d **의 순서대로 등비수열**을 이룰 때 $ad = ec$ 를 만족시키려면 a, c, e, d 순으로 등비수열을 이뤄야 한다.

(ii) d, e, c **의 순서대로 등비수열**을 이룰 때 $ad = ec$ 를 만족시키려면 d, e, c, a 순으로 등비수열을 이뤄야 한다.

(다)에서 $a < b$ 이므로

(i)에서 a, c, e, d, b **의 순서대로 등비수열**을 이루거나

(ii)에서 d, e, c, a, b **의 순서대로 등비수열**을 이룬다.

어느 쪽을 택하든 b 는 이 수열의 제5항이므로 $n = 5$ 이다.

답은 ⑤!!

c, e, d **의 순서대로 등비수열**을 이룰 때 $ad = ec$ 를 만족시키려면 a, c, e, d 순으로 등비수열을 이뤄야 한다는 것을 잘 이해하자. '등차수열'에서는 '합이 같은 쌍'이 중요하고, '등비수열'에서는 '곱이 같은 쌍'이 중요하다.

(1) 첫째항이 a, 공비가 r인 등비수열 $\{a_n\}$의 첫째항부터 제n항까지의 합 S_n은 다음과 같다.

$$(\text{i})\ \ r \neq 1 \text{일 때},\ S_n = \frac{a(1-r^n)}{1-r} = \frac{a(r^n-1)}{r-1}$$

$$(\text{ii})\ \ r = 1 \text{일 때},\ S_n = na$$

저자는 $r < 1$이면 $\dfrac{a(1-r^n)}{1-r}$을 이용하고 $r > 1$이면 $\dfrac{a(r^n-1)}{r-1}$을 이용하는 편이다. 크게 중요한 것은 아니다. 또한, 일반적으로 $r \neq 1$이지만 $r = 1$인 경우도 등장할 수 있으므로 가능성을 배제하지 말자!

(2) $S_n = a + ar + ar^2 + \cdots + ar^{n-1} = a(1 + r + r^2 + \cdots + r^{n-1})$

등비수열 $\{a_n\}$의 첫째항부터 제n항까지의 합을 구할 때 항상 $S_n = \dfrac{a(r^n-1)}{r-1}$을 이용해야 하는 것은 아니다.

$S_n = a + ar + ar^2 + \cdots + ar^{n-1} = a(1 + r + r^2 + \cdots + r^{n-1})$**으로 항을 나열하여 수열의 합을 표현할 수도 있다.**

그렇다고 해서 두 식이 서로 다른 의미인 것은 아니다.

고등학교 저학년 인수분해 파트에서 배웠듯이 $r^n - 1 = (r-1)(r^{n-1} + r^{n-2} + \cdots + r + 1)$이므로
$$S_n = \frac{a(r^n-1)}{r-1} = \frac{a(r-1)(r^{n-1} + r^{n-2} + \cdots + r + 1)}{r-1} = a(r^{n-1} + r^{n-2} + \cdots r + 1) \text{이다.}$$

예제(12) 08년 3월 교육청 나형 9번

등비수열 $\{a_n\}$에서 첫째항부터 제 5항까지의 합이 $\dfrac{31}{2}$이고 곱이 32일 때,

$\dfrac{1}{a_1} + \dfrac{1}{a_2} + \dfrac{1}{a_3} + \dfrac{1}{a_4} + \dfrac{1}{a_5}$ 의 값은? [3점]

① $\dfrac{31}{4}$ ② $\dfrac{31}{8}$ ③ $\dfrac{31}{12}$ ④ $\dfrac{8}{31}$ ⑤ $\dfrac{4}{31}$

1. $\{a_n\}$이 등비수열이므로 $\left\{\dfrac{1}{a_n}\right\}$도 등비수열이다.

$a_n = ar^{n-1}$으로 놓으면 $\dfrac{1}{a_n} = \dfrac{1}{a} \times \left(\dfrac{1}{r}\right)^{n-1}$

등비수열 $\{a_n\}$에서 첫째항부터 제 5항까지의 합이 $\dfrac{31}{2}$이고 곱이 32이므로

$\dfrac{a(1-r^5)}{1-r} = \dfrac{31}{2}$

$a \times ar \times ar^2 \times ar^3 \times ar^4 = a^5 r^{10} = 32 = 2^5,\ ar^2 = 2$

2. $\dfrac{1}{a_1} + \dfrac{1}{a_2} + \dfrac{1}{a_3} + \dfrac{1}{a_4} + \dfrac{1}{a_5} = \dfrac{\dfrac{1}{a}\left\{1-\left(\dfrac{1}{r}\right)^5\right\}}{1-\dfrac{1}{r}}$

$$= \dfrac{\dfrac{1}{a}\left(\dfrac{r^5-1}{r^5}\right)}{\dfrac{r-1}{r}} = \dfrac{r^5-1}{a(r-1)} \times \dfrac{1}{r^4} \cdots \text{㉠}$$

$\dfrac{a(1-r^5)}{1-r} = \dfrac{31}{2}$의 양변에 $\dfrac{1}{a^2}$을 곱하면 $\dfrac{1-r^5}{a(1-r)} = \dfrac{r^5-1}{a(r-1)} = \dfrac{31}{2a^2}$

이를 ㉠에 대입하면 $\dfrac{31}{2a^2} \times \dfrac{1}{r^4} = \dfrac{31}{2} \times \left(\dfrac{1}{ar^2}\right)^2 = \dfrac{31}{2} \times \left(\dfrac{1}{2}\right)^2 = \dfrac{31}{8}$

답은 ②!!

등비수열의 합 공식을 이용하지 않고도 풀 수 있다.

$\dfrac{1}{a_1} + \dfrac{1}{a_2} + \dfrac{1}{a_3} + \dfrac{1}{a_4} + \dfrac{1}{a_5} = \dfrac{1}{a} + \dfrac{1}{ar} + \dfrac{1}{ar^2} + \dfrac{1}{ar^3} + \dfrac{1}{ar^4}$

$$= \dfrac{1}{ar^4}(r^4 + r^3 + r^2 + r + 1) \cdots \text{㉠}$$

등비수열 $\{a_n\}$에서 첫째항부터 제 5항까지의 합은 $\dfrac{31}{2}$이므로 $a(1 + r + r^2 + r^3 + r^4) = \dfrac{31}{2}$

$1 + r + r^2 + r^3 + r^4 = \dfrac{31}{2a}$를 ㉠에 대입하면

$\dfrac{1}{ar^4}(r^4 + r^3 + r^2 + r + 1) = \dfrac{1}{a^2 r^4} \times \dfrac{31}{2} = \left(\dfrac{1}{ar^2}\right)^2 \times \dfrac{31}{2} = \dfrac{31}{8}$

(3) $r^n \times \displaystyle\sum_{k=p}^{q} a_k = \sum_{k=p+n}^{q+n} a_k$ **(단, p, q는 $q > p$인 자연수이고 $\{a_n\}$은 공비가 r인 등비수열)**

등차수열에서 배운 공식 $\displaystyle\sum_{k=p}^{q} a_k + dn(q-p+1) = \sum_{k=p+n}^{q+n} a_k$와 비슷한 느낌이지만, 이 공식이 훨씬 중요하다.

마찬가지로 공식을 외우려 하지 말고 이해하자.

$a_p + a_{p+1} + \cdots + a_q$가 $a_{p+n} + a_{p+n+1} + \cdots + a_{q+n}$**이 되기 위한 조건이 생각하면 자연스레 이해할 수 있다.**

$a_p \times r^n = a_{p+n}, \ a_{p+1} \times r^n = a_{p+n+1}, \ \cdots, \ a_q \times r^n = a_{q+n}$이므로
$(a_p + a_{p+1} + \cdots + a_q) \times r^n = a_{p+n} + a_{p+n+1} + \cdots + a_{q+n}$이다.

시그마를 이용하여 예쁘게 정리하면 $r^n \times \displaystyle\sum_{k=p}^{q} a_k = \sum_{k=p+n}^{q+n} a_k$이다.

앞으로 두 등비수열의 합이 있을 때 $r^n \times \displaystyle\sum_{k=p}^{q} a_k = \sum_{k=p+n}^{q+n} a_k$ 성질을 이용할 수 있는지 확인하자.

e.g. 공비가 r인 등비수열 $\{a_n\}$에 대하여 $r^2 \times \displaystyle\sum_{k=1}^{10} a_k = \sum_{k=3}^{12} a_k$이다.

　　공비가 r인 등비수열 $\{a_n\}$의 첫째항부터 제n항까지의 합을 S_n이라 할 때,

　　$\dfrac{S_6}{S_3} = \dfrac{S_3 + r^3 \times S_3}{S_3} = 1 + r^3$이다.

한편, 이 성질을 이용하면 등비수열의 합을 굉장히 유연하게 바라볼 수 있다.

예를 들어, 공비가 r인 등비수열 $\{a_n\}$에 대하여

수열 $a_1 + a_2, \ a_2 + a_3, \ a_3 + a_4, \ \cdots$의 공비는 r이다. (수열 $\{a_n + a_{n+1}\}$)
수열 $a_2 - a_1, \ a_3 - a_2, \ a_4 - a_3, \ \cdots$의 공비는 r이다. (수열 $\{a_{n+1} - a_n\}$)
수열 $a_1 + a_2, \ a_3 + a_4, \ a_5 + a_6, \ \cdots$의 공비는 r^2이다. (수열 $\{a_{2n-1} + a_{2n}\}$)

이때, 수열 $a_1 + a_2, \ a_2 + a_3, \ a_3 + a_4, \ \cdots$의 공비가 r이라는 점을 수식적으로도 증명할 수 있다.

수열 $a_1 + a_2, \ a_2 + a_3, \ a_3 + a_4, \ \cdots$은 수열 $\{a_n + a_{n+1}\}$이다. 등비수열 $\{a_n\}$의 첫째항을 a, 공비를 r이라 할 때 $a_n = ar^{n-1}$이다. 따라서 $a_n + a_{n+1} = ar^{n-1} + ar^n = ar^{n-1}(r+1) = (ar + a)r^{n-1}$에서 수열 $\{a_n + a_{n+1}\}$은 첫째항이 $a + ar(= a_1 + a_2)$이고 공비가 r인 등비수열이다.

수열 $\{a_{n+1} - a_n\}$과 수열 $\{a_{2n-1} + a_{2n}\}$에서도 똑같이 증명하면 된다. 스스로 해보자.

단, $r^n \times \displaystyle\sum_{k=p}^{q} a_k = \displaystyle\sum_{k=p+n}^{q+n} a_k$ 와 관련하여 주의할 부분이 있다.

예를 들어, 공비가 r인 등비수열 $\{a_n\}$에 대하여 $16\displaystyle\sum_{k=1}^{10} a_k = \displaystyle\sum_{k=5}^{14} a_k$라 할 때, (단, $r \neq 1$)

$r^4 \times \displaystyle\sum_{k=1}^{10} a_k = \displaystyle\sum_{k=5}^{14} a_k$이므로 $16 \times \displaystyle\sum_{k=1}^{10} a_k = r^4 \times \displaystyle\sum_{k=1}^{10} a_k$에서 $16 = r^4$, $r = \pm 2$일까?

아니다. $\displaystyle\sum_{k=1}^{10} a_k = 0$인 경우에도 $16 \times \displaystyle\sum_{k=1}^{10} a_k = r^4 \times \displaystyle\sum_{k=1}^{10} a_k$은 성립한다.

(이런 실수를 방지하려면 이항하여 인수분해하는 것이 가장 좋다.)

즉, $\displaystyle\sum_{k=1}^{10} a_k = \dfrac{a(r^{10}-1)}{r-1} = 0$에서 $r^{10} = 1$, $r = -1(\because r \neq 1)$인 경우도 고려해야 한다.

($r = -1$인 경우 $\displaystyle\sum_{k=1}^{10} a_k = a - a + a - a + \cdots + a - a = 0$이 된다.)

예제(13) 17년 3월 교육청 고2 가형 18번

첫째항이 2인 등비수열 $\{a_n\}$의 첫째항부터 제n항까지의 합 S_n이 다음 조건을 만족시킬 때, a_4의 값은? [4점]

> (가) $S_{12} - S_2 = 4S_{10}$
> (나) $S_{12} < S_{10}$

① -24 ② -16 ③ -8 ④ 16 ⑤ 24

1. 등비수열 $\{a_n\}$ 의 공비를 r이라 하자.

(가) $S_{12} - S_2 = 4S_{10}$ 에서 $a_3 + \cdots + a_{12} = 4(a_1 + \cdots + a_{10})$

$a_3 + \cdots + a_{12} = r^2 \times (a_1 + \cdots + a_{10})$ 이므로 $r^2 \times (a_1 + \cdots + a_{10}) = 4 \times (a_1 + \cdots + a_{10})$

$\therefore r^2 = 4$ 또는 $a_1 + \cdots + a_{10} = 0$

$a_1 + \cdots + a_{10} = 0$ 일 때의 r의 값을 구하자. $\{a_n\}$ 은 첫째항이 2 인 등비수열이므로

$r = 1$ 인 경우 $a_1 + \cdots + a_{10} = 20$ (X)

$r \neq 1$ 인 경우 $a_1 + \cdots + a_{10} = \dfrac{2(r^{10} - 1)}{r - 1} = 0$ 에서 $r^{10} = 1$, $r = -1$ $(\because r \neq 1)$

2. 따라서 $r = 2$ 또는 $r = -2$ 또는 $r = -1$ 이다. 조건 (나)를 통해 r의 값을 구하자.

$S_{12} < S_{10}$ 에서 $S_{12} - S_{10} < 0$, $a_{11} + a_{12} < 0$

$2r^{10}(1 + r) < 0$, $1 + r < 0$

$r < -1$

$\therefore r = -2$, $a_4 = ar^3 = 2 \times (-2)^3 = -16$

답은 ②!!

comment

조건 (가)를 통해 $r^2 = 4$ 또는 $a_1 + \cdots + a_{10} = 0$ 을 도출한 다음, 조건 (나)를 만족시키는 r의 값을 구하면 된다. 특히 $S_{12} < S_{10}$ 에서 S_{10} 을 이항하여 $S_{12} - S_{10} = a_{11} + a_{12} < 0$ 을 관찰하는 것은 '수열의 합과 일반항의 관계'를 이용하는 중요한 테크닉이므로 반드시 숙지하자.

모든 항이 양수인 등비수열 $\{a_n\}$이 다음 조건을 만족시킬 때, a_3의 값은? [4점]

> (가) $\displaystyle\sum_{k=1}^{4} a_k = 45$
>
> (나) $\displaystyle\sum_{k=1}^{6} \frac{a_2 \times a_5}{a_k} = 189$

① 12   ② 15   ③ 18   ④ 21   ⑤ 24

1. (가)에서 $a_1 + a_2 + a_3 + a_4 = 45$이다.

등비수열 $\{a_n\}$의 첫째항을 a, 공비를 r이라 하면 $(a > 0, r > 0)$

(나)에서 $a_2 \times a_5 \times \dfrac{1}{a_k} = ar \times ar^4 \times a^{-1}r^{1-k} = ar^{6-k}$이므로

$$\sum_{k=1}^{6} ar^{6-k} = ar^5 + ar^4 + ar^3 + ar^2 + ar + a$$
$$= a_1 + a_2 + a_3 + a_4 + a_5 + a_6 = 189$$

따라서 $a_5 + a_6 = 144$

2. $a_1 + a_2,\ a_3 + a_4,\ a_5 + a_6$은 이 순서대로 공비가 r^2인 등비수열을 이룬다.

$a_1 + a_2 = t$라고 하면 $t + tr^2 = 45$, $tr^4 = 144$이다.

따라서 $t = \dfrac{144}{r^4}$를 $t + tr^2 = 45$에 대입하면 $\dfrac{144}{r^4} + \dfrac{144}{r^2} = 45$, $\dfrac{1}{r^4} + \dfrac{1}{r^2} = \dfrac{45}{144} = \dfrac{5}{16}$

양변에 $16r^4$을 곱하면 $(\because r > 0)$ $16 + 16r^2 = 5r^4$이다. $r^2 = k\,(k > 0)$라 하면
$5k^2 - 16k - 16 = 0$, $(5k+4)(k-4) = 0$ $\therefore k = 4\,(\because k > 0)$

$r^2 = 4$에서 $r > 0$이므로 $r = 2$이다.

3. $a_5 + a_6 = 144$에서 $16a + 32a = 48a = 144$이므로 $a = \dfrac{144}{48} = 3$이다.

따라서 $a_3 = ar^2 = 3 \times 4 = 12$이다.

답은 ①!!

무작정 (가), (나) 조건을 보고 등비수열의 합 공식을 이용하려 하면 계산이 꽤 복잡해진다.
항상 조건 간 관계를 관찰하면서 책에서 배운 도구를 적용할 수 있는지 살펴보자.

지금까지 배운 등차, 등비수열의 태도와 도구를 생각하면서 다음 준킬러 문항을 풀어보자.

예제(15) 19학년도 수능 나형 29번

첫째항이 자연수이고 공차가 음의 정수인 등차수열 $\{a_n\}$과 첫째항이 자연수이고 공비가 음의 정수인 등비수열 $\{b_n\}$이 다음 조건을 만족시킬 때, $a_7 + b_7$의 값을 구하시오. [4점]

(가) $\displaystyle\sum_{n=1}^{5} (a_n + b_n) = 27$

(나) $\displaystyle\sum_{n=1}^{5} (a_n + |b_n|) = 67$

(다) $\displaystyle\sum_{n=1}^{5} (|a_n| + |b_n|) = 81$

1. (나) 식에서 (가) 식을 변끼리 빼면 $\displaystyle\sum_{n=1}^{5}(|b_n|-b_n)=40$ 이다.

$\{b_n\}$은 첫째항이 자연수이고 공비가 음의 정수인 등비수열이므로
$b_1, b_3, b_5 > 0, \ b_2, b_4 < 0$이다.

$b_n > 0$이면 $|b_n|-b_n=0$,
$b_n < 0$이면 $|b_n|-b_n=-2b_n$이므로

$$\sum_{n=1}^{5}(|b_n|-b_n)=-2b_2-2b_4=40$$
$$b_2+b_4=-20$$

$\{b_n\}$의 첫째항을 b, 공비를 r이라 하면
$br+br^3=-20$
$br(1+r^2)=-20$

이때, $br(1+r^2)=-20$을 통해 b, r의 값을 구할 수 없다고 생각하면 안 된다.
b는 자연수, r은 음의 정수이므로 $br(1+r^2)=-20$을 만족하는 b, r의 값은 유의미할 정도로 적다.

$1+r^2$이 20의 양의 약수여야 하므로 $r=-1$ 또는 $r=-2$ 또는 $r=-3$이다.

$r=-1$일 때 $b=10$
$r=-2$일 때 $b=2$
$r=-3$일 때 $b=\dfrac{2}{3}$ (X)

$\therefore b_n=10\times(-1)^{n-1}$ 또는 $b_n=2\times(-2)^{n-1}$

2. $b_n=10\times(-1)^{n-1}$ 또는 $b_n=2\times(-2)^{n-1}$을 $\displaystyle\sum_{n=1}^{5}(a_n+b_n)=27$에 대입하자.

(i) $b_n=10\times(-1)^{n-1}$인 경우

$$\sum_{n=1}^{5}(a_n+b_n)=\sum_{n=1}^{5}a_n+10=27$$
$$\sum_{n=1}^{5}a_n=17$$

$\{a_n\}$은 등차수열이므로 등차중항을 이용하면 $\displaystyle\sum_{n=1}^{5} a_n = 5a_3 = 17$, $a_3 = \dfrac{17}{5}$ (X)

$\{a_n\}$의 첫째항은 자연수이고 공차는 음의 정수이므로 $\{a_n\}$의 모든 항은 정수이다.

따라서 이 경우는 조건을 만족시키지 못한다.

(ii) $b_n = 2 \times (-2)^{n-1}$인 경우

$$\sum_{n=1}^{5} (a_n + b_n) = \sum_{n=1}^{5} a_n + 22 = 27$$

$$\sum_{n=1}^{5} a_n = 5$$

마찬가지로 등차중항을 이용하면 $5a_3 = 5$, $a_3 = 1$ (O)

a_3은 자연수이므로 조건을 만족시킨다.

---

3. (나) $\displaystyle\sum_{n=1}^{5} (a_n + |b_n|) = 67$, (다) $\displaystyle\sum_{n=1}^{5} (|a_n| + |b_n|) = 81$를 이용하여 a_n의 나머지 항을 구하자.

(다) 식에서 (나) 식을 변끼리 빼면 $\displaystyle\sum_{n=1}^{5} (|a_n| - a_n) = 14$**이다.**

$\{a_n\}$의 공차는 음의 정수이고 $a_3 = 1$이므로 $a_1, a_2, a_3 > 0$, $a_4, a_5 \le 0$이다.

$a_n > 0$이면 $|a_n| - a_n = 0$, $a_n < 0$이면 $|a_n| - a_n = -2a_n$이므로

$$\sum_{n=1}^{5} (|a_n| - a_n) = -2a_4 - 2a_5 = 14$$

$a_4 + a_5 = -7$

$(1 + d) + (1 + 2d) = -7$, $3d = -9$

$\therefore d = -3$

따라서 $a_7 = a_3 + 4d = 1 - 12 = -11$, $b_7 = br^6 = 2 \times (-2)^6 = 128$이므로

$a_7 + b_7 = -11 + 128 = 117$이다.

답은 117!!

---

comment

실전에서 마주치면 꽤 까다로운 문항이다. 이 문항 해결에 필요한 행동은 다음과 같다.

1. (가), (나), (다) 식을 적절히 변끼리 빼서 b_n에 관한 식과 a_n에 관한 식 얻기

2. b, r은 각각 실수보다 작은 범위인 자연수, 음의 정수이므로 $br(1 + r^2) = -20$을 만족시키는 b, r의 값 얻기

3. 등차중항을 이용하여 등차수열의 합 표현하기

수열을 다루는 유연한 관점 : 치환

옛 교육과정에서 귀납적으로 정의된 수열의 일반항을 구할 때는 치환을 자유자재로 사용할 수 있어야 했다.
하지만 현 교육과정에서는 귀납적으로 정의된 수열의 일반항을 구하지 않고, 치환이 출제 의도인 문항도 최근에 출제된 적이 없으므로 수열에서의 치환은 그 중요도가 떨어진다.
수열을 유연하게 바라볼 수 있다는 점에서만 알아두면 될 것 같다. (아래 문제가 전하고자 하는 바만 캐치하면 된다.)

예시 10년 3월 교육청 나형 26번

다음과 같이 정의된 수열 $\{a_n\}$ 이 있다.

$$a_1 = 1, \quad \frac{1}{a_{n+1}} - \frac{1}{a_n} = \frac{1}{2} \ (n = 1, 2, 3, \cdots)$$

a_{20} 의 값은? [3점]

① $\dfrac{2}{21}$　　② $\dfrac{4}{21}$　　③ $\dfrac{5}{21}$　　④ $\dfrac{2}{7}$　　⑤ $\dfrac{3}{7}$

$n = 1, 2, 3, \cdots, 19$를 대입하여 a_{20}의 값을 구하는 것이 출제 의도일 리는 없다. 계산이 너무 복잡하다.

이때, $\dfrac{1}{a_n} = b_n$ **으로 치환**하면 $b_1 = \dfrac{1}{a_1} = 1$, $b_{n+1} - b_n = \dfrac{1}{2}$ 이므로

$\{b_n\}$**은 첫째항이 1 이고 공차가 $\dfrac{1}{2}$ 인 등차수열**이다.

$b_{20} = 1 + \dfrac{1}{2} \times 19 = \dfrac{21}{2}$ 이므로 $\dfrac{1}{a_{20}} = \dfrac{21}{2}$

$\therefore a_{20} = \dfrac{2}{21}$

답은 ①!!

▌수열의 합과 일반항 사이의 관계

수열 $\{a_n\}$의 첫째항부터 제n항까지의 합을 S_n이라 할 때,

$$a_1 = S_1, \ a_n = S_n - S_{n-1} \, (n \geq 2)$$

① $S_n \rightarrow a_n$

수열의 합 S_n이 주어졌을 때 일반항 a_n을 구하는 도구로,
일반항을 통해 S_n을 구하는 것의 역과정이라 생각하면 된다.

② $a_n = S_n - S_{n-1}$은 $n \geq 2$에서 정의됨을 주의하자.

$a_n = S_n - S_{n-1}$에 $n = 1$을 대입한 값과 S_1의 값이 서로 같음을 확인한 후에야
$a_n = S_n - S_{n-1} \, (n \geq 1)$을 써줄 수 있다.

제한 조건 $n \geq 2$를 고려하기 귀찮다면 $a_{n+1} = S_{n+1} - S_n$을 사용할 수도 있다.
하지만 이 공식을 사용하더라도 수열 $\{a_{n+1}\}$의 일반항을 얻는 셈이므로 $\{a_n\}$에 관한 값을 구할 때 n에 관해
고려할 수밖에 없다. 본 책에서는 $a_n = S_n - S_{n-1} \, (n \geq 2)$, $a_1 = S_1$을 사용한다.

③ 이때의 수열 $\{a_n\}$은 등차, 등비수열일 필요가 전혀 없다.

④ 도구 : n 자리에 $n-1$ 대입

S_n을 포함한 등식이 있을 때 해당 등식이 S_{n-1}을 포함하지 않았다면,
n 자리에 $n-1$을 대입하여 S_{n-1}을 포함한 등식을 얻을 수 있다.
단, 이때는 등식의 옆에 $n \geq 2$를 써줘야 한다.

n 자리에 $n-1$ 대입 테크닉은 〈Chapter 6〉에서 배우는 '수열의 귀납적 정의'에서도 유용하게 쓰이는 도구이므
로 숙지하자.

첫째항이 2 이고, 각 항이 양수인 수열 $\{a_n\}$ 의 첫째항부터 제 n 항까지의 합을 S_n 이라 하자.

$\displaystyle\sum_{k=1}^{10} \frac{a_{k+1}}{S_k S_{k+1}} = \frac{1}{3}$ 일 때, S_{11} 의 값은? [3점]

① 6 　　② 7 　　③ 8 　　④ 9 　　⑤ 10

부분분수 공식을 이용하자.

$$\sum_{k=1}^{10} \frac{a_{k+1}}{S_k S_{k+1}} = \sum_{k=1}^{10} \frac{a_{k+1}}{S_{k+1} - S_k}\left(\frac{1}{S_k} - \frac{1}{S_{k+1}}\right)$$

$$= \sum_{k=1}^{10} \frac{a_{k+1}}{a_{k+1}}\left(\frac{1}{S_k} - \frac{1}{S_{k+1}}\right)$$

$$= \sum_{k=1}^{10} \left(\frac{1}{S_k} - \frac{1}{S_{k+1}}\right)$$

$$= \left(\frac{1}{S_1} - \frac{1}{S_2}\right) + \left(\frac{1}{S_2} - \frac{1}{S_3}\right) + \cdots + \left(\frac{1}{S_9} - \frac{1}{S_{10}}\right) + \left(\frac{1}{S_{10}} - \frac{1}{S_{11}}\right)$$

$$= \frac{1}{S_1} - \frac{1}{S_{11}} = \frac{1}{a_1} - \frac{1}{S_{11}} = \frac{1}{2} - \frac{1}{S_{11}} = \frac{1}{3}$$

$\dfrac{1}{S_{11}} = \dfrac{1}{2} - \dfrac{1}{3} = \dfrac{1}{6}$ 이므로 $S_{11} = 6$ 이다.

답은 ①!!

각 항이 양수인 수열 $\{a_n\}$의 첫째항부터 제n항까지의 합을 S_n이라 할 때, $S_n + S_{n+1} = (a_{n+1})^2$이 성립한다. $a_1 = 10$일 때, a_{10}의 값을 구하시오. [4점]

1. '수열 $\{a_n\}$의 각 항은 양수, $S_n + S_{n+1} = (a_{n+1})^2$, $a_1 = 10$'만을 가지고 a_{10}의 값을 구해야 한다. 그런데 수열 $\{a_n\}$이 등차수열, 등비수열이라는 조건이 없으므로 a_n, S_n의 일반항을 구할 수 없다. **즉, 사용할 수 있는 도구는 '수열의 합과 일반항 사이의 관계' 뿐이다.**

$S_n - S_{n-1} = a_n\,(n \geq 2)$이므로 $S_n + S_{n+1} = (a_{n+1})^2$의 n 자리에 $n-1$을 대입하자.

$$S_n + S_{n+1} = (a_{n+1})^2 \cdots \text{㉠}$$
$$S_{n-1} + S_n = (a_n)^2 \,(n \geq 2) \cdots \text{㉡}$$

㉠에서 ㉡을 변끼리 빼면
$$S_{n+1} - S_{n-1} = (a_{n+1})^2 - (a_n)^2 \,(n \geq 2)$$
$$a_{n+1} + a_n = (a_{n+1})^2 - (a_n)^2 \,(n \geq 2)$$

수열 $\{a_n\}$의 각 항은 양수이므로 $a_{n+1} + a_n > 0$이다.
등식의 양변을 $a_{n+1} + a_n$으로 나누면 $1 = a_{n+1} - a_n \,(n \geq 2)$

수열 $\{a_n\}$은 두 번째 항부터 공차가 1인 등차수열이다.

2. $S_n + S_{n+1} = (a_{n+1})^2$을 통해 a_2의 값을 구하자.
$n = 1$을 대입하면 $S_1 + S_2 = (a_2)^2$, $2a_1 + a_2 = (a_2)^2$
$(a_2)^2 - a_2 - 20 = 0$, $(a_2 - 5)(a_2 + 4) = 0$ $\therefore a_2 = 5 \,(\because a_n > 0)$

따라서 $a_{10} = a_2 + 8 \times 1 = 5 + 8 = 13$

답은 13!!

꽤 까다로운 문항이다.

수열의 합과 일반항 사이의 관계가 출제 의도임을 파악한 후 능동적으로 $S_n + S_{n+1} = (a_{n+1})^2$의 n 자리에 $n-1$을 대입하여 a_n에 관한 식을 얻어야 했다.

그렇게 해서 $1 = a_{n+1} - a_n$을 잘 얻었다고 하더라도 $n \geq 2$을 놓쳤다면 답을 틀리게끔 설계했다. $a_2 - a_1 = -5$이므로 $1 = a_{n+1} - a_n\,(n \geq 2)$은 $n = 1$일 때 성립하지 않기 때문이다.

출제 의도를 파악했더라도 답을 구하기 전까지는 항상 긴장의 끈을 놓치지 말자.

▌수열의 합

(1) $\sum$의 성질

$$\sum_{k=m}^{n} a_k = \sum_{k=1}^{n} a_k - \sum_{k=1}^{m-1} a_k$$

$$\sum_{k=1}^{n} (a_k \pm b_k) = \sum_{k=1}^{n} a_k \pm \sum_{k=1}^{n} b_k$$

$$\sum_{k=1}^{n} ca_k = c \sum_{k=1}^{n} a_k \quad (\text{단, } c\text{는 상수})$$

$$\sum_{k=1}^{n} c = cn \quad (\text{단, } c\text{는 상수})$$

$$\sum_{k=1}^{n} a_k b_k \neq \sum_{k=1}^{n} a_k \times \sum_{k=1}^{n} b_k \text{임에 주의하자. 나누기도 마찬가지다.}$$

참고로 $\sum$의 성질은 적분기호인 $\int$의 성질과 유사하다.

(2) 자연수의 거듭제곱의 합

$$\sum_{k=1}^{n} k = 1 + 2 + 3 + \cdots + n = \frac{n(n+1)}{2}$$

$$\sum_{k=1}^{n} k^2 = 1^2 + 2^2 + 3^2 + \cdots + n^2 = \frac{n(n+1)(2n+1)}{6}$$

$$\sum_{k=1}^{n} k^3 = 1^3 + 2^3 + 3^3 + \cdots + n^3 = \left\{ \frac{n(n+1)}{2} \right\}^2$$

수능 수학에서 이용할 수 있는 수열의 합 공식은 **'등차, 등비수열의 합 공식'과 '자연수의 거듭제곱의 합 공식'뿐이다.**
공식을 적용할 수 없는 수열의 합의 경우 이웃한 항이 상쇄되어 '합이 간단해지게끔 설계'하거나 '일반항 자체가
수열의 합을 구하기 좋은 형태로 제시'되거나 (예를 들어 $a_n + a_{n+1} = f(n)$) '정확한 값이 아닌 부등식을 만족시
키는 값'을 물을 수밖에 없다.

(3) 항이 상쇄되는 경우

① 부분분수

$\dfrac{1}{AB} = \dfrac{1}{B-A}\left(\dfrac{1}{A} - \dfrac{1}{B}\right)$ (단, $A \neq B$)을 이용하여 공통된 항을 상쇄하는 방법이다.

$$\sum_{k=1}^{n} \frac{1}{k(k+1)} = \sum_{k=1}^{n}\left(\frac{1}{k} - \frac{1}{k+1}\right) = \left(\frac{1}{1} - \frac{1}{2}\right) + \left(\frac{1}{2} + \frac{1}{3}\right) + \cdots + \left(\frac{1}{n-1} - \frac{1}{n}\right) + \left(\frac{1}{n} - \frac{1}{n+1}\right)$$

$$= \frac{1}{1} - \frac{1}{n+1} = \frac{n}{n+1}$$

$$\sum_{k=1}^{n} \frac{1}{(2k-1)(2k+1)} = \frac{1}{2}\sum_{k=1}^{n}\left(\frac{1}{2k-1} - \frac{1}{2k+1}\right)$$

$$= \frac{1}{2}\left(\frac{1}{1} - \frac{1}{3} + \frac{1}{3} - \frac{1}{5} + \cdots \frac{1}{2n-3} - \frac{1}{2n-1} + \frac{1}{2n-1} - \frac{1}{2n+1}\right)$$

$$= \frac{1}{2}\left(1 - \frac{1}{2n+1}\right) = \frac{1}{2} \times \frac{2n}{2n+1} = \frac{n}{2n+1}$$

② 유리화

$$\sum_{k=1}^{n} \frac{1}{\sqrt{k+1} + \sqrt{k}} = \sum_{k=1}^{n} \frac{(\sqrt{k+1} - \sqrt{k})}{(\sqrt{k+1} + \sqrt{k})(\sqrt{k+1} - \sqrt{k})} = \sum_{k=1}^{n}(\sqrt{k+1} - \sqrt{k})$$

$$= -\sqrt{1} + \sqrt{2} - \sqrt{2} + \sqrt{3} - \cdots - \sqrt{n-1} + \sqrt{n} - \sqrt{n} + \sqrt{n+1}$$

$$= \sqrt{n+1} - 1$$

위의 공식들의 결괏값을 외우지는 말자. 부분분수 또는 유리화를 이용할 수 있는 문제가 나오면 그 자리에서 직접 계산하면 된다. 단, **상쇄되는 항을 조심하자.** 위의 두 식에서는 **첫째항과 마지막 항이 남았지만, 항상 그런 것은 아니다.** 아래가 그 예시이다.

$$\sum_{k=1}^{n} \frac{1}{k(k+2)} = \frac{1}{2}\sum_{k=1}^{n}\left(\frac{1}{k} - \frac{1}{k+2}\right)$$

$$= \frac{1}{2}\left(\frac{1}{1} - \frac{1}{3} + \frac{1}{2} - \frac{1}{4} + \frac{1}{3} - \frac{1}{5} + \cdots + \frac{1}{n-2} - \frac{1}{n} + \frac{1}{n-1} - \frac{1}{n+1} + \frac{1}{n} - \frac{1}{n+2}\right)$$

$$= \frac{1}{2}\left(1 + \frac{1}{2} - \frac{1}{n+1} - \frac{1}{n+2}\right)$$

수열 $\{a_n\}$의 일반항은

$$a_n = \log_2 \sqrt{\frac{2(n+1)}{n+2}}$$

이다. $\displaystyle\sum_{k=1}^{m} a_k$의 값이 100 이하의 자연수가 되도록 하는 모든 자연수 m의 값의 합은? [4점]

① 150　　　② 154　　　③ 158　　　④ 162　　　⑤ 166

1. $a_n = \log_2 \sqrt{\dfrac{2(n+1)}{n+2}} = \dfrac{1}{2} + \dfrac{1}{2}\log_2\left(\dfrac{n+1}{n+2}\right)$이므로

$$\sum_{k=1}^{m} a_k = \dfrac{m}{2} + \dfrac{1}{2}\log_2\left(\dfrac{2 \times 3 \times 4 \times \cdots \times m \times (m+1)}{3 \times 4 \times 5 \times \cdots \times (m+1)(m+2)}\right)$$

$$= \dfrac{m}{2} + \dfrac{1}{2}\log_2\dfrac{2}{m+2} = \dfrac{1}{2}\{m+1-\log_2(m+2)\}\ \text{이다.}$$

2. $\sum\limits_{k=1}^{m} a_k = \dfrac{1}{2}\{m+1-\log_2(m+2)\}$가 100 이하의 자연수가 되려면

$(m+1)-\log_2(m+2)$가 200 이하의 짝수여야 한다.

(1) m은 자연수이므로 $m+1$은 자연수이다. 따라서 $\log_2(m+2)$가 자연수가 되어야 한다.

$\log_2(m+2)=t$라고 하면 $m+2=2^t$이므로 $m=2^t-2$에서 m은 짝수이다.

(2) m은 짝수이므로 $m+1$은 홀수이다. $(m+1)-\log_2(m+2)$가 짝수가 되게 하려면

$\log_2(m+2)=t$ 또한 홀수여야 한다.

3. t에 홀수를 대입하여 해결하자.

$t=1$일 때, $m=0$이다. m은 자연수라는 조건에 모순이다.
$t=3$일 때, $m=6$이므로 $(m+1)-t=4 \leq 200$이다.
$t=5$일 때, $m=30$이므로 $(m+1)-t=26 \leq 200$이다.
$t=7$일 때, $m=126$이므로 $(m+1)-t=120 \leq 200$이다.
$t=9$일 때, $m=510$이므로 $(m+1)-t=502 > 200$이므로 조건에 모순이다.

따라서 모든 자연수 m의 값의 합은 $6+30+126=162$이다.

답은 ④!!

해설의 논리를 완벽히 이해하자.

단, 실전에서 $\sum\limits_{k=1}^{m} a_k = \dfrac{1}{2}\{m+1-\log_2(m+2)\}$까지 구했고 위의 논리가 쉽게 떠오르지 않으면 귀납적으로 $m+2=2, 2^2, 2^3, 2^4, \cdots$일 때를 살펴보면서 규칙을 발견해도 좋다.

2. 수열의 합을 바라보는 유연한 사고

(1) 나머지를 이용한 일반항 조작

중요한 도구이므로 집중하자. **일반적으로 수열 $\{a_n\}$의 첫째항부터 20번째 항까지의 합은 $\displaystyle\sum_{k=1}^{20} a_k$로 나타낸다.**

그러나 이것이 첫째항부터 20번째 항까지의 합을 표현할 수 있는 유일한 방법이라고 착각하면 안 된다.
수열은 '유연한 사고'가 매우 중요하다.
일반항을 조작한다면 똑같은 합이더라도 얼마든지 다른 방식으로 표현할 수 있다.

모든 자연수는 2로 나눴을 때 나머지가 1인 것과 0인 것으로 분류할 수 있고
$\qquad\qquad$ 3으로 나눴을 때 나머지가 2인 것, 1인 것, 0인 것으로 분류할 수 있고
$\qquad\qquad$ 4로 나눴을 때 나머지가 3인 것, 2인 것, 1인 것, 0인 것으로 분류할 수 있고
$\qquad\qquad\vdots$
$\qquad\qquad$ p로 나눴을 때 나머지가 $p-1$인 것, $p-2$인 것, $\cdots$, 0인 것으로 분류할 수 있다.
$\qquad\qquad$ (단, p는 자연수)

즉, $a_{pn-p+1},\, a_{pn-p+2},\, \cdots,\, a_{pn-2},\, a_{pn-1},\, a_{pn}$ **과 $\sum$ 를 이용하여 a_1 부터 a_{pn} 까지의 연속된 항을 표현할 수 있다.** $\displaystyle\sum_{k=1}^{pn} a_k = \sum_{k=1}^{n}\left(a_{pk-p+1} + a_{pk-p+2} + \cdots + a_{pk-2} + a_{pk-1} + a_{pk}\right)$

예를 들어, 수열 $\{a_n\}$의 첫째항부터 20번째 항까지의 합은 홀수 번째 항들과 짝수 번째 항들의 합으로 표현할 수 있다.

$$a_1 + a_2 + \cdots + a_{19} + a_{20} = (a_1 + a_3 + \cdots + a_{19}) + (a_2 + a_4 + \cdots + a_{20})$$
$$= \sum_{k=1}^{10} a_{2k-1} + \sum_{k=1}^{10} a_{2k}$$
$$= \sum_{k=1}^{10}\left(a_{2k-1} + a_{2k}\right)$$

혹은 다음과 같이 표현할 수도 있다.

$$a_1 + \cdots + a_{20} = (a_1 + a_5 + a_9 + a_{13} + a_{17}) + (a_2 + a_6 + a_{10} + a_{14} + a_{18})$$
$$+ (a_3 + a_7 + a_{11} + a_{15} + a_{19}) + (a_4 + a_8 + a_{12} + a_{16} + a_{20})$$
$$= \sum_{k=1}^{5} a_{4k-3} + \sum_{k=1}^{5} a_{4k-2} + \sum_{k=1}^{5} a_{4k-1} + \sum_{k=1}^{5} a_{4k}$$

그러면 **수열 $\{a_n\}$의 첫째항부터 21번째 항까지의 합 $a_1 + \cdots + a_{21}$** 은 어떻게 표현할 수 있을까?

$\displaystyle a_1 + a_2 + \cdots + a_{20} + a_{21} = \sum_{n=1}^{21} a_n = \sum_{n=1}^{7}\left(a_{3n-1} + a_{3n-2} + a_{3n}\right)$ 으로 표현할 수 있겠다.

(2) 일반항 기반 사고에서 벗어나기

$\sum\limits_{k=1}^{n} a_k$의 값을 구해야 할 때, 맹목적으로 일반항 a_n을 구해 공식으로 풀려는 습관에서 벗어나자.

 이 태도를 새긴 학생과 그렇지 않은 학생이 문제를 바라보는 시선과 퀄리티는 하늘과 땅 차이이다.

$a_n + a_{n+1} = p$일 때, $\sum\limits_{k=1}^{20} a_k$는 어떻게 구할 수 있을까?

수열은 수의 나열일뿐이므로 잘 모르겠다면 등식에 $n = 1, 2, 3, \cdots$ 을 대입하여 나열해보는 것도 매우 좋은 태도다.
$a_n + a_{n+1} = p$에서 n에 $1, 2, 3, \cdots, 18, 19$를 차례대로 대입해보면

$$a_1 + a_2 = p$$
$$a_3 + a_4 = p$$
$$\vdots$$
$$a_{17} + a_{18} = p$$
$$a_{19} + a_{20} = p$$

밑줄 친 것을 모두 더하면 결국 수열 $\{a_n\}$의 첫째항부터 제n항까지의 합이므로 $\sum\limits_{n=1}^{20} a_n = 10p$이다.

예제(19) 자작 문항

수열 $\{a_n\}$이 $a_2 = 2$, $a_n + a_{n+1} = 2n+1 \ (n = 1, 2, 3, \cdots)$을 만족시킬 때, $\sum\limits_{k=1}^{15} a_k$의 값을 구하시오.

$$\sum_{k=1}^{15} a_k = a_1 + (a_2 + a_3) + (a_4 + a_5) + \cdots + (a_{14} + a_{15}) = a_1 + (5 + 9 + 13 + \cdots + 29)$$

$(5 + 9 + \cdots + 29)$는 첫째항이 5, 마지막 항이 29, 항의 개수가 7인 등차수열의 합이므로

$$(5 + 9 + \cdots + 29) = \frac{7 \times (5 + 29)}{2} = 119$$

$a_n + a_{n+1} = 2n + 1 \, (n = 1, 2, 3, \cdots)$에 $n = 1$을 대입하면 $a_1 + a_2 = 3$에서 $a_2 = 2$이므로 $a_1 = 1$이다.

따라서 $\displaystyle\sum_{k=1}^{15} a_k = a_1 + 119 = 1 + 119 = 120$이다.

답은 120!!

1. 다음과 같은 방법도 있다. $\displaystyle\sum_{k=1}^{15} a_k$의 값을 구하려면 $a_n + a_{n+1} = 2n + 1 \, (n = 1, 2, 3, \cdots)$에 $n = 2, 4, 6, \cdots, 14$를 대입해야 한다.

이때, n은 짝수이므로 $n = 2p$로 치환한다면 자연수 p를 통해 짝수인 n을 표현할 수 있다.

$$a_{2p} + a_{2p+1} = 4p + 1 \text{이므로} \quad \sum_{k=1}^{15} a_k = a_1 + \sum_{p=1}^{7} (4p + 1)$$

$$= 1 + 4 \sum_{p=1}^{7} p + 7 = 8 + 4 \times \frac{7 \times 8}{2} = 8(1 + 14) = 120$$

2. $\displaystyle\sum_{k=1}^{15} a_k = (a_1 + a_2) + (a_3 + a_4) + \cdots + (a_{13} + a_{14}) + a_{15}$로 놓으면 계산이 꽤 복잡하다.

마지막 항인 a_{15}의 값을 구하는 과정을 거쳐야 하기 때문이다.

(3) 대칭성

계속해서 유연한 사고를 유지하자. **수열의 합을 공식 또는 일반항을 통해서만 구할 수 있다고 생각하면 안 된다.**
'대칭성'을 이용하여 수열의 합을 구하는 것도 가능하다.

예제(20) 16년 3월 교육청 나형 30번

유리함수 $f(x) = \dfrac{8x}{2x-15}$ 와 수열 $\{a_n\}$ 에 대하여 $a_n = f(n)$ 이다. $\displaystyle\sum_{n=1}^{m} a_n \leq 73$ 을 만족시키는 자연수 m 의 최댓값을 구하시오. [4점]

---

1. a_n은 낯선 수열이므로 일단 $n = 1, 2, 3, \cdots$ 을 대입해보자.

$$a_1 = -\frac{8}{13}, \ a_2 = -\frac{16}{11}, \ a_3 = -\frac{8}{3}, \ \cdots$$

대입을 통해 $\displaystyle\sum_{n=1}^{m} a_n \leq 73$ 을 만족시키는 자연수 m의 최댓값을 구하는 것은 매우 힘들다.

따라서 단순 대입이 아닌 **유리함수 $f(x) = \dfrac{8x}{2x-15}$ 의 특징**을 이용해야 한다.

---

2. 분모, 분자가 모두 일차식으로 이루어진 유리함수는 점근선과 개형 파악이 가능한 형태로 변형하자.

$$f(x) = \frac{8x}{2x-15} = \frac{4(2x-15)+60}{2x-15} = \frac{60}{2x-15} + 4 \text{이므로}$$

(점근선의 방정식) : $x = \dfrac{15}{2}, \ y = 4$

(그래프 개형) : 두 점근선의 교점인 점 $\left(\dfrac{15}{2}, 4\right)$를 기준으로 (우측 상단)과 (좌측 하단)에 그려진다.

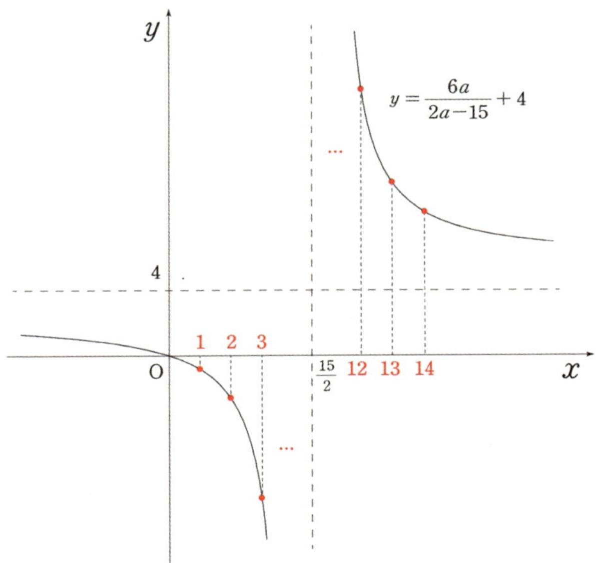

이때, $y = f(x)$의 그래프는 **점 $\left(\dfrac{15}{2}, 4\right)$를 기준으로 점대칭**이므로

$$a_1 + a_{14} = a_2 + a_{13} = a_3 + a_{12} = \cdots = a_7 + a_8 = 8$$

$$\therefore \sum_{n=1}^{14} a_n = 7 \times 8 = 56$$

a_{15}부터는 대칭성을 이용할 수 없으므로 직접 그 값을 알아내야 한다.

$$a_{15} = \frac{60}{2 \times 15 - 15} + 4 = 4 + 4 = 8$$

$$a_{16} = \frac{60}{2 \times 16 - 15} + 4 = \frac{60}{17} + 4 = 7. \cdots$$

$$a_{17} = \frac{60}{2 \times 17 - 15} + 4 = \frac{60}{19} + 4 = 7. \cdots$$

$$\sum_{n=1}^{16} a_n = 56 + 8 + 7. \cdots = 71. \cdots$$

$$\sum_{n=1}^{17} a_n = 71. \cdots + 7. \cdots > 78$$

따라서 $\displaystyle\sum_{n=1}^{16} a_n < 73 < \sum_{n=1}^{17} a_n$ 이므로 $\displaystyle\sum_{n=1}^{m} a_n \leq 73$ 을 만족시키는 자연수 m 의 최댓값은 16이다.

답은 16!!

다음과 같은 문제에서는 대부분 시그마의 성질을 이용하여 등식의 양변에 $\sum$ 를 취한다.

예시 14년 3월 교육청 A형 18번

수열 $\{a_n\}$ 에 대하여 $\displaystyle\sum_{n=1}^{20} a_n = p$ 라 할 때, 등식

$$2a_n + n = p \ (n \geq 1)$$

가 성립한다. a_{10} 의 값은? (단, p 는 상수이다.) [4점]

① $\dfrac{2}{3}$ ② $\dfrac{3}{4}$ ③ $\dfrac{5}{6}$ ④ $\dfrac{11}{12}$ ⑤ 1

$2a_n + n = p$ 의 양변에 $\displaystyle\sum_{n=1}^{20}$ 를 취하면

$$\sum_{n=1}^{20}(2a_n + n) = \sum_{n=1}^{20} p, \ 2\sum_{n=1}^{20} a_n + \sum_{n=1}^{20} n = 20p$$

$$2p + \frac{20 \times 21}{2} = 20p, \ 18p = 210, \ p = \frac{35}{3}$$

$2a_{10} + 10 = p$ 이므로 $a_{10} = \dfrac{p-10}{2} = \dfrac{\frac{35}{3}-10}{2} = \dfrac{\frac{5}{3}}{2} = \dfrac{5}{6}$ 이다.

답은 ③!!

이렇게 대놓고 $\sum$ 를 취하라고 말하는 문항에서는 큰 문제가 없지만, **$\sum$ 를 취하는 것이 출제 의도인 문항에서 $\sum$ 를 대놓고 드러내지 않는 경우를 대비해야 한다.** 그러므로 항상 $\sum$ 를 취하는 것을 의식하고 있어야 한다.

특히, **수열의 각 항의 값은 알 수 없으나 각 항의 합의 값은 알 수 있는 경우라면 거의 무조건 $\sum$ 를 취해야 한다.** 기출 문제를 풀어보면서 $\sum$ 취하기의 느낌을 알아보자.

수열 $\{a_n\}$이 모든 자연수 n에 대하여 다음 조건을 만족시킨다.

(가) $a_{2n} = a_n - 1$
(나) $a_{2n+1} = 2a_n + 1$

$a_{20} = 1$일 때, $\displaystyle\sum_{n=1}^{63} a_n$의 값은? [4점]

① 704　　　② 712　　　③ 720　　　④ 728　　　⑤ 736

1. (가), (나)를 통해 수열 $\{a_n\}$의 일반항을 구하기는 힘들다. $\displaystyle\sum_{n=1}^{63} a_n$의 값을 묻고 있으므로 수열의 합에 집중하자.

(가), (나)를 k에 관한 식이라 보고 양변에 $\displaystyle\sum_{k=1}^{n}$를 취하자.

(가)에서 $\displaystyle\sum_{k=1}^{n} a_{2k} = \sum_{k=1}^{n} (a_k - 1)$ $\cdots$ ㉠

(나)에서 $\displaystyle\sum_{k=1}^{n} a_{2k+1} = \sum_{k=1}^{n} (2a_k + 1)$ $\cdots$ ㉡

㉠의 좌변은 수열 $\{a_n\}$의 **제2 항부터 제2n 항까지의 짝수번째 항들의 합을 의미**하고,
㉡의 좌변은 수열 $\{a_n\}$의 **제3 항부터 제2$n+1$ 항까지의 홀수번째 항들의 합을 의미**한다.

즉, ㉠과 ㉡의 좌변을 더하면 $\displaystyle\sum_{k=2}^{2n+1} a_k$**과 같아진다.** $\displaystyle\sum_{k=1}^{2n+1} a_k$**이 아닌** $\displaystyle\sum_{k=2}^{2n+1} a_k$**과 같아짐에 주의하자.**

※ (가), (나) 식을 먼저 더한 다음에 $\displaystyle\sum$를 취해도 좋다. 결국 a_{2n}은 짝수번째 항, a_{2n+1}은 홀수번째 항을 나타낸다는 점이 포인트다.

$$\sum_{k=1}^{n} (a_{2k} + a_{2k+1}) = \sum_{k=1}^{n} (3a_k)$$

$$\sum_{k=2}^{2n+1} a_k = 3 \sum_{k=1}^{n} a_k$$

$$\therefore \sum_{k=1}^{2n+1} a_k = a_1 + \sum_{k=2}^{2n+1} a_k = a_1 + 3 \sum_{k=1}^{n} a_k$$

좀 더 간결하게 나타내기 위해 수열 $\{a_n\}$**의 첫째항부터 제n항까지의 합을** S_n**이라 하면,**
$S_{2n+1} = a_1 + 3S_n$ **이다.**

2. $\displaystyle\sum_{n=1}^{63} a_n = S_{63}$이므로 $S_{2n+1} = a_1 + 3S_n$에 $n=31$을 대입하면 $S_{63} = a_1 + 3S_{31}$이다.

a_1과 S_{31}의 값을 구하자.

(a_1의 값 구하기)

$a_{20} = 1$이므로

$a_{20} = a_{10} - 1$에서 $a_{10} = 2$

$a_{10} = a_5 - 1$에서 $a_5 = 3$

$a_5 = 2a_2 + 1$에서 $a_2 = 1$

$a_2 = a_1 - 1$에서 $a_1 = 2$

(S_{31}의 값 구하기)

S_{31}의 값은 $S_{2n+1} = a_1 + 3S_n$을 이용하여 구하면 된다.

$S_{63} = a_1 + 3S_{31}$

$S_{31} = a_1 + 3S_{15}$

$S_{15} = a_1 + 3S_7$

$S_7 = a_1 + 3S_3$

$S_3 = a_1 + 3S_1 = 4a_1$

$S_3 = 4a_1$를 차례대로 위의 식에 대입해 나가면서 S_{63}의 값을 구하자.

$S_7 = a_1 + 3 \times 4a_1 = 13a_1$

$S_{15} = a_1 + 3 \times 13a_1 = 40a_1$

$S_{31} = a_1 + 3 \times 40a_1 = 121a_1$

$S_{63} = a_1 + 3 \times 121a_1 = 364a_1$

$$\therefore S_{63} = 364a_1 = 364 \times 2 = 728$$

답은 ④!!

1. 21번치고는 쉬운 문항이다.

포인트는 $a_{2n} = a_n - 1$, $a_{2n+1} = 2a_n + 1$에서 a_{2n}은 짝수 번째 항, a_{2n+1}은 홀수 번째 항임을 파악한 후 양변에 $\displaystyle\sum$을 취하여 $\displaystyle\sum_{n=1}^{63} a_n$의 값을 구해야겠다고 생각하는 것이다.

이번 챕터의 〈2. 수열의 합을 바라보는 유연한 사고〉와도 연결되는 내용이다.

2. 수열 관련 문제에서 별다른 풀이가 생각나지 않는다면 $\displaystyle\sum$을 취해보자.

3. 한편, $\displaystyle\sum$을 취하지 않고 a_n의 규칙성을 발견하여 $\displaystyle\sum_{n=1}^{63} a_n$의 값을 구할 수도 있다.

어떤 방법일지 고민해보고 다음 페이지를 보자.

※ **다른 풀이**

a_n의 규칙을 발견해보자. 낯선 수열의 규칙은 항을 나열하여 귀납적으로 발견해야 한다.
(관련 내용은 〈Chapter 6〉에서 배운다.)

우선, 첫째항부터 구하자. $a_{20} = 1$이므로

$a_{20} = a_{10} - 1$에서 $a_{10} = 2$

$a_{10} = a_5 - 1$에서 $a_5 = 3$

$a_5 = 2a_2 + 1$에서 $a_2 = 1$

$a_2 = a_1 - 1$에서 $a_1 = 2$

$a_1 = 2$, $a_{2n} = a_n - 1$,
$a_{2n+1} = 2a_n + 1$을 통해
$a_1, a_2, a_3, \cdots$을 나열해보자. 이때, 단순히 일렬로 나열하는 것이 아니라 a_n을 기준으로 a_{2n}, a_{2n+1}로 가지를 치면서 나열하자.

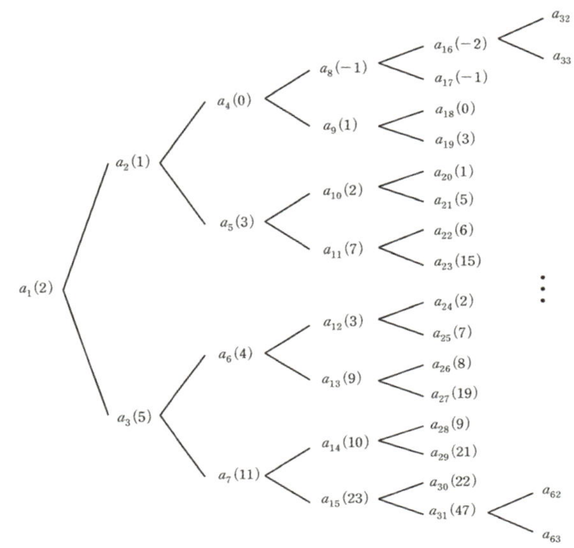

규칙이 쉽게 보이지 않는다. 나열된 항만 가지고 규칙을 발견하기 위해서는 경험과 약간의 발상이 필요하다.

세로로 나열된 항들을 각각 더하면 그 값은
$2, 6, 18, 54, 162, \cdots$이다.

즉, **'세로로 더한 값들은 순서대로 공비가 3이고 첫째항이 2인 등비수열'**을 이룬다.

따라서 $\displaystyle\sum_{n=1}^{63} a_n = 2 + 6 + 18 + 54 + 162 + 486$

$$= \frac{2(3^6 - 1)}{3 - 1} = 729 - 1 = 728$$

1. 출제 의도는 첫 번째 풀이로 보이지만, **'더한 것끼리 규칙이 있을 수도 있다'**는 점은 경험적으로 알아 둘 필요가 있다.
2. 나열된 항들에서 세로로 더한 값끼리 공비가 3인 등비수열을 이루는 것은 첫 번째 풀이의
   $S_{2n+1} = a_1 + 3S_n$으로 설명할 수 있다.

집합 $U=\{\,x\,|\,x$ 는 30 이하의 자연수 $\}$ 의 부분집합 $A=\{a_1,\ a_2,\ a_3,\ \cdots\ ,\ a_{15}\}$ 가 다음 조건을 만족시킨다.

(가) 집합 A 의 임의의 두 원소 $a_i,\ a_j\,(i \neq j)$ 에 대하여 $a_i + a_j \neq 31$

(나) $\displaystyle\sum_{i=1}^{15} a_i = 264$

$\displaystyle\frac{1}{31}\sum_{i=1}^{15} a_i^2$ 의 값을 구하시오. [4점]

1. 집합 A의 임의의 두 원소 a_i, $a_j(i \neq j)$에 대하여 $a_i + a_j \neq 31$이므로 집합 A는

$1, 30$ 中 택1
$2, 29$ 中 택1
$3, 28$ 中 택1
$\vdots$
$15, 16$ 中 택1
한 15개의 수를 원소로 가진다.
즉, 집합 A의 원소 $a_i\,(1 \leq i \leq 15)$에 대하여 $31 - a_i$는 집합 A에 속하지 않는다.

2. 이러한 집합 A가 $\displaystyle\sum_{i=1}^{15} a_i = 264$를 만족시킨다. 이 조건만 가지고는 절대로 **집합 A의 구체적인 원소를 알 수 없다.** 그래서 이 문제에서도 구체적인 원소의 값이 아닌 원소의 제곱의 '합'인 $\dfrac{1}{31}\displaystyle\sum_{i=1}^{15} a_i^2$의 값을 묻고 있다.

$\dfrac{1}{31}\displaystyle\sum_{i=1}^{15} a_i^2$의 값은 두 가지 방법으로 구할 수 있고, 두 방법을 관통하는 논리는 서로 같다.

3. 첫 번째로 $\displaystyle\sum_{i=1}^{15} a_i^2 + \sum_{i=1}^{15} (31 - a_i)^2 = \sum_{i=1}^{30} i^2$이다. '**집합 A의 원소를 모두 제곱하여 더한 값**'과 '**집합 U에 속하면서 집합 A에 속하지 않는 원소를 모두 제곱하여 더한 값**'을 서로 더하면 결국 '**집합 U의 원소를 모두 제곱하여 더한 값**'과 같아진다.

$$\sum_{i=1}^{15} a_i^2 + \sum_{i=1}^{15} 31^2 - 62\sum_{i=1}^{15} a_i + \sum_{i=1}^{15} a_i^2 = \frac{30 \times 31 \times 61}{6}$$

$$2\sum_{i=1}^{15} a_i^2 = 5 \times 31 \times 61 - \sum_{i=1}^{15} 31^2 + 62\sum_{i=1}^{15} a_i$$

(나)에서 $\displaystyle\sum_{i=1}^{15} a_i = 264$이므로

$$2\sum_{i=1}^{15} a_i^2 = 5 \times 31 \times 61 - 15 \times 31^2 + 62 \times 264$$

$$\sum_{i=1}^{15} a_i^2 = \frac{31}{2}(5 \times 61 - 15 \times 31 + 2 \times 264)$$

$$= \frac{31}{2} \times 368 = 31 \times 184$$

$$\therefore \frac{1}{31}\sum_{i=1}^{15} a_i^2 = \frac{1}{31} \times 31 \times 184 = 184$$

답은 184!!

4. 두 번째로 $\displaystyle\sum_{i=1}^{15}(31-a_i)a_i = \sum_{i=1}^{15}(31-i)i$ 이다.

집합 A가

1, 30 中 택1

2, 29 中 택1

3, 28 中 택1

$\vdots$

15, 16 中 택1

한 15개의 수를 원소로 가진다는 점을 생각하면 쉽게 이해할 수 있다.

$a_1,\ a_2,\ a_3,\ \cdots$ 각각의 값은 알 수 없지만 $\displaystyle\sum_{i=1}^{15}(31-a_i)a_i$의 값은

$(1\times30)+(2\times29)+\cdots+(15\times16)$와 같다.

$$\sum_{i=1}^{15}(31-a_i)a_i = \sum_{i=1}^{15}(31-i)i$$

$$31\sum_{i=1}^{15}a_i - \sum_{i=1}^{15}a_i^2 = 31\sum_{i=1}^{15}i - \sum_{i=1}^{15}i^2$$

$$\sum_{i=1}^{15}a_i^2 = 31\sum_{i=1}^{15}a_i - 31\sum_{i=1}^{15}i + \sum_{i=1}^{15}i^2$$

(나)에서 $\displaystyle\sum_{i=1}^{15}a_i = 264$ 이므로

$$\sum_{i=1}^{15}a_i^2 = 31\times264 - 31\times\frac{15\times16}{2} + \frac{15\times16\times31}{6}$$
$$= 31(264 - 15\times8 + 40)$$
$$= 31\times184$$

$$\therefore \frac{1}{31}\sum_{i=1}^{15}a_i^2 = 184$$

1. 정말 중요한 문항이다. **'더하면 비로소 보이는 것'**이 존재한다.
   각 항의 구체적인 값을 알 수 없는 경우에는 더한 값을 관찰할 수 있다.

2. **수열 문항은 고난도 문항일수록 '수열의 합'을 활용해야 하는 문제가 많다.**
   수열 문제에서 막힐 때는 수열의 합을 생각해보자.

3. 여러 번 풀고, 해설을 읽으면서 **해설 속 논리를 완벽히 습득**하자.
   언제든지 이러한 논리를 포함한 문항이 출제될 수 있다.

수열의 합 자체도 하나의 수열이 될 수 있다. 틀에 박힌 사고에서 벗어나자. 수열의 합을 하나의 수열로 보는 도구는 좌표 찾기와 같은 수열 응용문제에서도 많이 사용되므로 자유자재로 활용할 수 있어야 한다. 참고로 좌표 찾기는 Chapter 6에서 다룬다.

예제(23) 19학년도 9월 평가원 나형 29번

좌표평면에서 그림과 같이 길이가 1 인 선분이 수직으로 만나도록 연결된 경로가 있다. 이 경로를 따라 원점에서 멀어지도록 움직이는 점 P 의 위치를 나타내는 점 A_n 을 다음과 같은 규칙으로 정한다.

> (i) A_0 은 원점이다.
>
> (ii) n 이 자연수일 때, A_n 은 점 A_{n-1} 에서 점 P 가 경로를 따라 $\dfrac{2n-1}{25}$ 만큼 이동한 위치에 있는 점이다.

예를 들어, 점 A_2 와 A_6 의 좌표는 각각 $\left(\dfrac{4}{25},\, 0\right)$, $\left(1,\, \dfrac{11}{25}\right)$ 이다. 자연수 n 에 대하여 A_n 중 직선 $y = x$ 위에 있는 점을 원점에서 가까운 순서대로 나열할 때, 두 번째 점의 x 좌표를 a 라 하자. a 의 값을 구하시오. [4점]

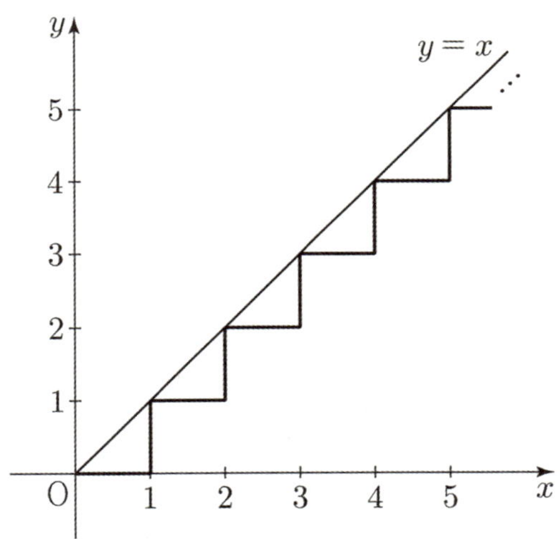

1. 원점에서 출발한 점 A_n 이 직선 $y = x$ 위에 있으려면 점 P가 경로를 따라 이동한 거리가 짝수이어야 한다.

점 A_0에서 점 A_n까지 점 P가 이동한 거리는

$$\sum_{k=1}^{n} \frac{2k-1}{25} = \frac{1}{25}\left\{2 \times \frac{n(n+1)}{2} - n\right\} = \frac{n^2}{25} = \left(\frac{n}{5}\right)^2$$

2. $\left(\dfrac{n}{5}\right)^2$ 이 짝수이려면 $\dfrac{n}{5}$도 짝수이어야 하므로 $\dfrac{n}{5} = 2m$, $n = 10m$ (단, m은 자연수)

직선 $y = x$ 위에 있는 점 A_n 중 원점에서 두 번째로 가까운 점은 $m = 2$, $n = 20$일 때이다.
즉 A_{20}이다.

점 A_0에서 점 A_{20}까지 점 P가 경로를 따라 이동한 거리는 $\left(\dfrac{n}{5}\right)^2 = (2m)^2 = 4^2 = 16$
따라서 점 A_{20}의 좌표는 $(8, 8)$이므로 $a = 8$

답은 8!!

1. 현장에서 이 문제를 풀 때 $n = 1, 2, 3, \cdots$ 을 대입하여 $\dfrac{1}{25} + \dfrac{3}{25} + \dfrac{5}{25} + \cdots$의 값을 일일이 계산한 학생들이 꽤 많았는데, 그런 노가다 계산이 출제 의도가 아님을 파악하고 빠르게 풀이를 바꿔야 한다.

2. 점 A_n 의 x좌표와 y좌표의 합을 '(등차)수열의 합'으로 볼 수 있고, 그러한 (등차)수열의 합이 핵심 수열이다.

3. 수열 문항은 고난도 문항일수록 '수열의 합'을 활용해야 하는 문제가 많다.
수열 문제에서 막힐 때는 수열의 합을 생각해 보자.

4. $\left(\dfrac{n}{5}\right)^2$ 이 짝수이려면 $\dfrac{n}{5}$도 짝수이어야 한다는 것을 파악하지 못했더라도 다른 방법이 존재한다.
$\left(\dfrac{n}{5}\right)^2 = 2l$ (단, l은 자연수)에서 $n^2 = 2 \times 5^2 \times l$이므로 n은 10의 배수이다.
n은 2와 5를 소인수로 가져야 하기 때문이다.

5. TIP) 아래의 수열의 합 공식은 외우면 꽤 쏠쏠하지만, 선택은 자유다.
$$\sum_{k=1}^{n} (2k-1) = n^2, \quad \sum_{k=1}^{n} k(k+1) = \frac{n(n+1)(n+2)}{3}$$

Chapter 06

수학적 귀납법과 낯선 수열

06 수학적 귀납법과 낯선 수열

▌수열의 귀납적 정의

1. 수열의 귀납적 정의의 기본 개념

(1) 정의

수열 $\{a_n\}$을 처음 몇 개의 항의 값과 이웃하는 여러 항 사이의 관계식으로 나타내는 것을 수열의 귀납적 정의라고 한다. 일반적으로 수열을 귀납적으로 정의한다면 a_1의 값과 a_n과 a_{n+1} 사이의 관계식을 이용한다. 대표적으로 등차수열과 등비수열의 귀납적 정의는 〈Chapter 5〉에서 이미 살펴보았다.

수열을 정의하는 방식은 크게 **일반항을 통해 정의하기**와 **귀납적으로 정의하기**가 존재한다.

첫째항이 a이고 공차가 d인 등차수열 $\{a_n\}$을
일반항을 통해 정의하면 $a_n = a + (n-1)d\,(n = 1, 2, 3, \cdots)$이고,
귀납적으로 정의하면 $a_1 = a,\ a_{n+1} = a_n + d\,(n = 1, 2, 3, \cdots)$이다.

어떤 방식으로 정의되든 정의된 형태를 보고 $\{a_n\}$이 등차수열임을 파악할 수 있어야 한다.

(2) 기본 태도

귀납적으로 정의된 수열의 일반항을 구하던 시절도 있었지만 현 교육과정에서는 배우지 않는다.
(그러나 대입, 나열의 관점에서 일반항을 구할 수 있는 경우도 존재하는데, 그 방법은 알아두면 꽤 쏠쏠하므로 이번 챕터에서 배울 예정이다.)

대신 현 교육과정에서 강조하는 바는 **'대입, 나열, 규칙 발견'**이다.

귀납적으로 정의된 수열 $\{a_n\}$에 대하여
a_5와 같이 **크기가 작은 항**을 묻는다면 $n = 1, 2, 3, \cdots$을 **직접 대입**하여 그 값을 구하면 된다.
a_{40}과 같이 **크기가 큰 항**을 묻는다면 **n에 연속적인 몇 개의 값만 대입하여 '수열의 규칙성(대부분 주기성)'**을 발견한 다음 a_{40}의 값을 찾으면 된다. 규칙은 무조건 존재할 것이므로 걱정하지 말자.

첫째항이 a인 수열 $\{a_n\}$ 은 모든 자연수 n에 대하여

$$a_{n+1} = \begin{cases} a_n + (-1)^n \times 2 & (n\text{이 3의 배수가 아닌 경우}) \\ a_n + 1 & (n\text{이 3의 배수인 경우}) \end{cases}$$

를 만족시킨다. $a_{15} = 43$일 때, a의 값은? [4점]

① 35   ② 36   ③ 37   ④ 38   ⑤ 39

a_{15}면 꽤 크기가 큰 항이다. $\{a_n\}$의 규칙을 발견하자.

$a_2 = a + (-1)^1 \times 2 = a - 2$

$a_3 = (a-2) + (-1)^2 \times 2 = a$

$a_4 = a + 1$

$a_5 = (a+1) + (-1)^4 \times 2 = a + 3$

$a_6 = (a+3) + (-1)^5 \times 2 = a + 1$

$a_7 = a + 2$

$\vdots$

$a_{3k+1} = a + k$ (k는 0 이상의 정수)이므로 $a_{10} = a + 3$, $a_{13} = a + 4$, $a_{16} = a + 5$이다.

$a_{15} = 43$, $a_{16} = a_{15} + 1$이므로 $a + 5 = 43 + 1$

$\therefore a = 39$

답은 ⑤!!

comment

$a_{3k+1} = a + k$을 파악한 후 a_{15}와 a_{16}의 관계를 통해 a의 값을 구하면 된다.
'귀납적으로 정의된 수열'의 기초적이고 정석적인 문항이다.

수열 $\{a_n\}$은 모든 자연수 n에 대하여

$$a_{n+2} = \begin{cases} 2a_n + a_{n+1} & (a_n \leq a_{n+1}) \\ a_n + a_{n+1} & (a_n > a_{n+1}) \end{cases}$$

을 만족시킨다. $a_3 = 2$, $a_6 = 19$가 되도록 하는 모든 a_1의 값의 합은? [4점]

① $-\dfrac{1}{2}$ ② $-\dfrac{1}{4}$ ③ 0 ④ $\dfrac{1}{4}$ ⑤ $\dfrac{1}{2}$

1. 우리가 구해야 하는 값은 a_1 이다. $a_3 = 2$ 의 값을 알고 있으므로 $a_2 = k$ 로 설정하자.
   k 의 값에 따라 a_4 의 값이 변한다. **k 의 값의 범위를 나눠보자.**

(1) $k > 2$

$a_2 > a_3$ 이므로 $a_4 = a_2 + a_3$ 이다.

$a_3 \leq a_4$ 이므로 $a_5 = 2a_3 + a_4$ 이다.

$a_4 \leq a_5$ 이므로 $a_6 = 2a_4 + a_5$ 이다.

이를 표로 나타내면 다음과 같다.

a_2	a_3	a_4	a_5	a_6
k	2	$k+2$	$k+6$	$3k+10 = 19$

따라서 $k = 3$ 이므로 $k > 2$ 를 만족시킨다.

$$a_3 = \begin{cases} 2a_1 + a_2 & (a_1 \leq a_2) \\ a_1 + a_2 & (a_1 > a_2) \end{cases} \text{에서} \quad 2 = \begin{cases} 2a_1 + 3 & (a_1 \leq 3) \\ a_1 + 3 & (a_1 > 3) \end{cases} \text{이므로} \ a_1 = -\frac{1}{2} \text{ 이다.}$$

(2) $0 \leq k \leq 2$

$a_2 \leq a_3$ 이므로 $a_4 = 2a_2 + a_3$ 이다.

$a_3 \leq a_4$ 이므로 $a_5 = 2a_3 + a_4$ 이다.

$a_4 \leq a_5$ 이므로 $a_6 = 2a_4 + a_5$ 이다.

이를 표로 나타내면 다음과 같다.

a_2	a_3	a_4	a_5	a_6
k	2	$2k+2$	$2k+6$	$6k+10 = 19$

따라서 $k = \dfrac{3}{2}$ 이므로 $0 \leq k \leq 2$ 를 만족시킨다.

$$a_3 = \begin{cases} 2a_1 + a_2 & (a_1 \leq a_2) \\ a_1 + a_2 & (a_1 > a_2) \end{cases} \text{에서} \quad 2 = \begin{cases} 2a_1 + \dfrac{3}{2} & \left(a_1 \leq \dfrac{3}{2}\right) \\ a_1 + \dfrac{3}{2} & \left(a_1 > \dfrac{3}{2}\right) \end{cases} \text{이므로} \ a_1 = \frac{1}{4} \text{ 이다.}$$

(3) $k < 0$

$a_2 \leq a_3$ 이므로 $a_4 = 2a_2 + a_3$ 이다.

$a_3 > a_4$ 이므로 $a_5 = a_3 + a_4$ 이다.

$a_4 \leq a_5$ 이므로 $a_6 = 2a_4 + a_5$ 이다.

이를 표로 나타내면 다음과 같다.

a_2	a_3	a_4	a_5	a_6
k	2	$2k+2$	$2k+4$	$6k+8 = 19$

따라서 $k = \dfrac{11}{6}$ 이므로 $k < 0$ 에 모순된다.

2. (1), (2), (3)에 의하여

$a_1 = -\dfrac{1}{2}$ or $a_1 = \dfrac{1}{4}$ 이므로 모든 a_1 의 값의 합은 $-\dfrac{1}{2} + \dfrac{1}{4} = -\dfrac{1}{4}$ 이다.

답은 ②!!

1. $a_4 = k$로 두고 $2 \leq k$일 때와 $2 > k$일 때로 CASE를 분류해도 좋다. 이 경우 $k = 5$이다.

2. **Q)** a_1이나 a_5의 값을 k로 두면 안 되는 이유?

　A) 실전에서는 당연히 고려해야 하지만 직접 풀어보면 해설보다 훨씬 까다로워진다.

　　　실전에서는 직접 시행착오를 겪으면서 출제자가 의도한 항을 미지수로 두는 능력이 중요하다.

3. 쉬운 귀납적으로 정의된 수열 문항이라면 $n = 1, 2, 3, \cdots$을 대입하면 되겠지만, 항을 순서대로 관찰하기 어려운 문항은 특정항을 미지수로 설정해야 한다.

양수 k에 대하여 $a_1 = k$인 수열 $\{a_n\}$이 다음 조건을 만족시킨다.

> (가) $a_2 \times a_3 < 0$
>
> (나) 모든 자연수 n에 대하여 $\left(a_{n+1} - a_n + \dfrac{2}{3}k\right)\left(a_{n+1} + ka_n\right) = 0$이다.

$a_5 = 0$이 되도록 하는 서로 다른 모든 양수 k에 대하여 k^2의 값의 합을 구하시오. [4점]

1. 수열 $\{a_n\}$ 은 모든 자연수 n 에 대하여 $a_{n+1}=a_n-\dfrac{2}{3}k$ 또는 $a_{n+1}=-ka_n$ 을 만족시키므로

$a_2=k-\dfrac{2}{3}k=\dfrac{k}{3}$ 이거나 $a_2=k\times(-k)=-k^2$

조건 (가)에 의하여

$a_2=\dfrac{k}{3}$ 이면 $a_3<0$ 이므로 $a_3=\dfrac{k}{3}-\dfrac{2}{3}k=-\dfrac{k}{3}$ 또는 $a_3=\dfrac{k}{3}\times(-k)=-\dfrac{k^2}{3}$,

$a_2=-k^2$ 이면 $a_3>0$ 이므로 $a_3=-k^2\times(-k)=k^3$

2. 이와 같은 과정을 반복하여 주어진 조건을 만족시킬 수 있는 a_5 의 값을 표로 나타낸 것은 다음과 같다.

a_3	a_4	a_5
$-\dfrac{k}{3}$	$\dfrac{k^2}{3}$	$\dfrac{k^2}{3}-\dfrac{2}{3}k$
$-\dfrac{k^2}{3}$	$\dfrac{k^3}{3}$	$\dfrac{k^3}{3}-\dfrac{2}{3}k$
k^3	$k^3-\dfrac{2}{3}k$	$k^3-\dfrac{4}{3}k$
		$-k^4+\dfrac{2}{3}k^2$

$\dfrac{k^2}{3}-\dfrac{2}{3}k=0$ 에서 $k=2$ 이고 $k^2=4$, $\dfrac{k^3}{3}-\dfrac{2}{3}k=0$ 에서 $k=\sqrt{2}$ 이고 $k^2=2$,

$k^3-\dfrac{4}{3}k=0$ 에서 $k=\sqrt{\dfrac{4}{3}}$ 이고 $k^2=\dfrac{4}{3}$, $-k^4+\dfrac{2}{3}k^2=0$ 에서 $k=\sqrt{\dfrac{2}{3}}$ 이고 $k^2=\dfrac{2}{3}$

따라서 주어진 조건을 만족시키는 모든 양수 k 에 대하여 k^2 의 값의 합은

$4+2+\dfrac{2}{3}+\dfrac{4}{3}=8$

답은 8!!

수열 $\{a_n\}$은 $0 < a_1 < 1$이고, 모든 자연수 n에 대하여 다음 조건을 만족시킨다.

> (가) $a_{2n} = a_2 \times a_n + 1$
> (나) $a_{2n+1} = a_2 \times a_n - 2$

$a_8 - a_{15} = 63$일 때, $\dfrac{a_8}{a_1}$의 값은? [4점]

① 91   ② 92   ③ 93   ④ 94   ⑤ 95

1. 박스 안의 조건과 $a_8 - a_{15} = 63$을 활용하기 위해 a_8, a_{15}를 먼저 구해보자.

$a_8 = a_2 \times a_4 + 1$, $a_{15} = a_2 \times a_7 - 2$

$a_4 = a_2 \times a_2 + 1$, $a_7 = a_2 \times a_3 - 2$

$a_2 = a_2 \times a_1 + 1$, $a_3 = a_2 \times a_1 - 2 = a_2 - 3$ 이다.

모든 항을 a_2에 대하여 정리하면

$a_4 = a_2{}^2 + 1$, $a_8 = a_2{}^3 + a_2 + 1$, $a_7 = a_2{}^2 - 3a_2 - 2$, $a_{15} = a_2{}^3 - 3a_2{}^2 - 2a_2 - 2$ 이므로

$a_8 - a_{15} = 3a_2{}^2 + 3a_2 + 3 = 63$ 에서 $3a_2{}^2 + 3a_2 - 60 = 3(a_2 - 4)(a_2 + 5) = 0$ 이다.

※ 원한다면 a_8과 a_{15}를 a_2 대신 a_1을 기준으로 정리할 수 있다. 다만, a_1을 기준으로 한다면

$a_2 = \dfrac{1}{1 - a_1}$ 이기에 식 정리가 복잡해진다. 따라서 a_8과 a_{15}를 a_2에 대하여 정리하는 것이 효율적이다.

2. $0 < a_1 < 1$ 이므로 CASE를 분류하여 a_1을 구해보자.

(1) $a_2 = 4$

$a_2 = a_2 \times a_1 + 1$에서 $4 = 4a_1 + 1$, $a_1 = \dfrac{3}{4}$ 이다.

(2) $a_2 = -5$

$a_2 = a_2 \times a_1 + 1$에서 $-5 = -5a_1 + 1$, $a_1 = \dfrac{6}{5}$ 이므로 $0 < a_1 < 1$ 라는 조건에 모순이다.

(1), (2)에 의하여 $a_1 = \dfrac{3}{4}$, $a_2 = 4$이므로 $a_8 = a_2{}^3 + a_2 + 1 = 4^3 + 4 + 1 = 69$,

$\dfrac{a_8}{a_1} = \dfrac{69}{\dfrac{3}{4}} = 92$ 이다.

답은 ②!!

모든 항이 정수이고 다음 조건을 만족시키는 모든 수열 $\{a_n\}$에 대하여 $|a_1|$의 값의 합을 구하시오. [4점]

> (가) 모든 자연수 n에 대하여
> $$a_{n+1} = \begin{cases} a_n - 3 & (|a_n|\text{이 홀수인 경우}) \\ \dfrac{1}{2}a_n & (a_n = 0 \text{ 또는 } |a_n|\text{이 짝수인 경우}) \end{cases}$$
> 이다.
> (나) $|a_m| = |a_{m+2}|$인 자연수 m의 최솟값은 3이다.

1. $|a_3|$과 $|a_5|$는 모두 정수이고, 조건 (나)에 의하여 $|a_3| = |a_5|$

$|a_3|$이 홀수이면 $a_4 = a_3 - 3$이므로 $|a_4|$는 짝수이고, $a_5 = \dfrac{a_4}{2} = \dfrac{a_3 - 3}{2}$

$|a_3| = \left| \dfrac{a_3 - 3}{2} \right|$, $a_3 = -3$ 또는 $a_3 = 1$

$a_3 = -3$이면 $a_2 = a_4 = -6$이므로 조건 (나)를 만족시키지 않는다.

$a_3 = 1$이면 $a_2 = 2$, $a_4 = -2$이므로 조건 (나)를 만족시키지 않는다.

2. $|a_3|$이 짝수이면 $a_3 = 0$ 또는 $|a_3| = 2^m k$ (단, m은 자연수이고 k는 홀수)

$a_3 = 0$이면 $a_n = 0 \ (n \geq 3)$, $a_2 = 3$, $a_1 = 6$이므로 조건 (나)를 만족시킨다.

$|a_3| = 2k$이면 $|a_4| = k$, $a_5 = -k - 3$ 또는 $a_5 = k - 3$

$2k = |-k-3| = k + 3$, $k = 3$ 또는 $2k = |k - 3|$, $k = 1$

조건 (나)를 만족시키는 경우를 표로 나타내면 다음과 같다.

a_1	a_2	a_3	a_4	a_5
-24	-12	-6	-3	-6
-9				
10	5			
7	4	2	1	-2
8				

$|a_3| = 2^m k \ (m \geq 2)$이면 $|a_4| = 2^{m-1} k$, $|a_5| = 2^{m-2} k$

$2^m k \neq 2^{m-2} k$이므로 조건 (나)를 만족시키지 않는다.

따라서 구하는 모든 $|a_1|$의 값의 합은 $6 + (24 + 9 + 10 + 7 + 8) = 64$

답은 64!!

자연수 k에 대하여 다음 조건을 만족시키는 수열 $\{a_n\}$이 있다.

$a_1 = 0$이고, 모든 자연수 n에 대하여

$$a_{n+1} = \begin{cases} a_n + \dfrac{1}{k+1} & (a_n \le 0) \\[2mm] a_n - \dfrac{1}{k} & (a_n > 0) \end{cases}$$

이다.

$a_{22} = 0$이 되도록 하는 모든 k의 값의 합은? [4점]

① 12   ② 14   ③ 16   ④ 18   ⑤ 20

1. 수열 $\{a_n\}$ 의 항을 차례로 나열하면서 $a_{22} = 0$을 만족시키는지 확인해보자.

$$a_{n+1} = \begin{cases} a_n + \dfrac{k}{k(k+1)} & (a_n \le 0) \\[2mm] a_n - \dfrac{k+1}{k(k+1)} & (a_n > 0) \end{cases}$$

$a_1 = 0$ 에서 $a_2 = a_1 + \dfrac{k}{k(k+1)} = \dfrac{k}{k(k+1)} > 0$,

$a_3 = a_2 - \dfrac{k+1}{k(k+1)} = \dfrac{-1}{k(k+1)} < 0$, $a_4 = a_3 + \dfrac{k}{k(k+1)} = \dfrac{k-1}{k(k+1)}$ 이다.

이때, $k = 1$이면 $a_4 = 0$이므로 $\{a_n\}$: $0,\ \dfrac{1}{2},\ -\dfrac{1}{2},\ 0,\ \cdots$ 으로 주기가 3인 수열이 되고,

모든 자연수 m에 대하여 $a_{3m-2} = 0$이 되어 $a_{22} = 0$이므로 조건을 만족시킨다.

이제 $k > 1$ 인 경우를 살펴보자.

2. $k > 1$이면 $a_4 > 0$이므로 $a_5 = a_4 - \dfrac{k+1}{k(k+1)} = \dfrac{-2}{k(k+1)} < 0$,

$a_6 = a_5 + \dfrac{k}{k(k+1)} = \dfrac{k-2}{k(k+1)}$ 이다.

이때, $k = 2$이면 $a_6 = 0$이므로

$\{a_n\} : 0,\ \dfrac{1}{3},\ -\dfrac{1}{6},\ \dfrac{1}{6},\ -\dfrac{1}{3},\ 0,\ \cdots$으로 주기가 5인 수열이 되고,

모든 자연수 m에 대하여 $a_{5m-3} \neq 0$, $a_{5m-4} = 0$이 되어 $a_{22} \neq 0$이므로 조건을 만족시키지 않는다.

$k > 2$이면 $a_6 > 0$이므로

$a_7 = a_6 - \dfrac{k+1}{k(k+1)} = \dfrac{-3}{k(k+1)} < 0$, $a_8 = a_7 + \dfrac{k}{k(k+1)} = \dfrac{k-3}{k(k+1)}$ 이다.

이때, $k = 3$이면 $a_8 = 0$이므로

$\{a_n\} : 0,\ \dfrac{1}{4},\ -\dfrac{1}{12},\ \dfrac{1}{6},\ -\dfrac{1}{6},\ \dfrac{1}{12},\ -\dfrac{1}{4},\ 0,\ \cdots$ 으로 주기가 7인 수열이 되고,

모든 자연수 m에 대하여 $a_{7m-6} = 0$이 되어 $a_{22} = 0$이므로 조건을 만족시킨다.

$k = 1$일 때 $a_{3m-2} = 0$, $k = 2$일 때 $a_{5m-4} = 0$, $k = 3$일 때 $a_{7m-6} = 0$이므로
자연수 α에 대하여 $k = \alpha$일 때 $a_{(2\alpha+1)m-2\alpha} = 0$임을 알 수 있다.

---

3. $(2\alpha+1)m - 2\alpha = 22$를 만족시키는 두 자연수 m, α의 순서쌍 $(m,\ \alpha)$를 찾아보자.
$(2\alpha+1)m - (2\alpha+1) + 1 = 22$, $(2\alpha+1)(m-1) = 21$에서
$(m-1,\ 2\alpha+1) = (1,\ 21),\ (3,\ 7),\ (7,\ 3)$이므로 $(m,\ \alpha) = (2,\ 10),\ (4,\ 3),\ (8,\ 1)$이다.

따라서 $k = 10,\ 3,\ 1$이므로 모든 자연수 k의 값의 합은 $10 + 3 + 1 = 14$이다.

답은 ②!!

※ 다른 풀이 1

1. $a_{n+1} = \begin{cases} a_n + \dfrac{k}{k(k+1)} & (a_n \leq 0) \\[2mm] a_n - \dfrac{k+1}{k(k+1)} & (a_n > 0) \end{cases}$ 이므로

a_1에서 a_{22}까지 나열하는 과정에서 $\dfrac{1}{k+1}$이 더해지는 횟수와 $-\dfrac{1}{k}$이 더해지는 횟수의 합은 21이다.

따라서 $p + q = 21$을 만족시키는 음이 아닌 두 정수 p, q에 대하여 $a_{22} = a_1 + \dfrac{p}{k+1} - \dfrac{q}{k}$이다.

이때, $a_1 = a_{22} = 0$이므로 $\dfrac{p}{k+1} - \dfrac{q}{k} = 0$, $pk = qk + q$, $k = \dfrac{q}{p-q} = \dfrac{q}{21-2q}$이다.

2. $k = \dfrac{q}{21-2q}$ 는 자연수이므로 $0 < 21-2q \leq q$에서 $7 \leq q < \dfrac{21}{2}$ 이다.

따라서 가능한 q의 값은 7, 8, 9, 10이다.
이때, 음이 아닌 두 정수 p, q의 순서쌍은 $(p, q) = (14, 7), (13, 8), (12, 9), (11, 10)$이고,
$k = 1, \dfrac{8}{5}, 3, 10$이므로 모든 자연수 k의 값의 합은 $10 + 3 + 1 = 14$이다.

답은 ②!!

※ 다른 풀이 2

1. $a_{n+1} = \begin{cases} a_n + \dfrac{k}{k(k+1)} & (a_n \leq 0) \\[2mm] a_n - \dfrac{k+1}{k(k+1)} & (a_n > 0) \end{cases}$ 이므로

a_1에서 a_{22}까지 나열하는 과정에서 $\dfrac{1}{k+1}$ 이 더해지는 횟수와 $-\dfrac{1}{k}$ 이 더해지는 횟수의 합은 21이다.

따라서 $p + q = 21$을 만족시키는 음이 아닌 두 정수 p, q에 대하여 $a_{22} = a_1 + \dfrac{p}{k+1} - \dfrac{q}{k}$ 이다.

이때, $a_1 = a_{22} = 0$이므로 $\dfrac{p}{k+1} - \dfrac{q}{k} = 0$이다.

---

2. $\dfrac{p}{k+1} - \dfrac{q}{k} = 0$, $kp = (k+1)q$에서

k와 $k+1$의 최대공약수가 1이므로 $\begin{cases} p = (k+1)m \\ q = km \end{cases}$ 이다. (단, m은 자연수)

$p + q = 21$에서 $(2k+1)m = 21$이므로, 자연수 m, k의 순서쌍은 $(m, k) = (7, 1), (3, 3), (1, 10)$이므로 모든 자연수 k의 값의 합은 $10 + 3 + 1 = 14$이다.

답은 ②!!

---

comment

본 풀이는 대입, 나열을 통해 규칙을 발견하는 정석적인 풀이이며, 다른 풀이는 미지수를 도입하여 부정방정식을 설정한 다음 이를 만족시키는 자연수 쌍을 발견하는 풀이이다.

본 풀이의 핵심은 수열 $\{a_n\}$의 주기의 발견이며, 다른 풀이의 핵심은 $\{a_n\}$이 $\dfrac{1}{k+1}$ 또는 $-\dfrac{1}{k}$를 더하는 수열임에 주목하여 부정방정식 $\dfrac{p}{k+1} - \dfrac{q}{k} = 0$을 설정하는 것이다.
다른 풀이도 숙지하도록 하자.

(3) 귀납적으로 정의된 수열의 2가지 도구

① 계산 남기기 vs 계산 완료하기

귀납적으로 정의된 수열의 규칙을 찾기 위해 n에 $1, 2, 3, \cdots$을 대입할 때

계산을 남겨놓은 것에서 규칙이 존재할 수도 있고,
계산을 완료한 것에서 규칙이 존재할 수도 있으므로 두 가지를 모두 고려해야 한다.

예제(7) 13학년도 6월 평가원 나형 28번

수열 $\{a_n\}$에서 $a_1 = 2$이고, $n \geq 1$일 때, a_{n+1}은 $\dfrac{1}{n+2} < \dfrac{a_n}{k} < \dfrac{1}{n}$을 만족시키는 자연수 k의 개수이다. a_{10}의 값을 구하시오. [4점]

1. $\dfrac{1}{n+2} < \dfrac{a_n}{k} < \dfrac{1}{n}$ 에서 $\dfrac{1}{n+2} > 0$, $\dfrac{a_k}{k} > 0$, $\dfrac{1}{n} > 0$이므로 **역수를 취하면 부등호 방향이 반대가** 된다.

$$n < \dfrac{k}{a_n} < n+2 \ ,$$
$$na_n < k < (n+2)a_n$$

따라서 자연수 k의 개수는 $(n+2)a_n - na_n - 1 = 2a_n - 1$이다.

$$\therefore a_{n+1} = 2a_n - 1 \ (n \ge 1)$$

2. **수열 $\{a_n\}$은 귀납적으로 정의되었다. $n = 1, 2, 3, \cdots$ 을 대입하여 규칙을 발견하자.**

$$a_1 = 2$$
$$a_2 = 2a_1 - 1 = 3$$
$$a_3 = 2a_2 - 1 = 5$$
$$a_4 = 2a_3 - 1 = 9$$

계산을 마친 결과를 통해서는 규칙을 발견하기 힘들다. 계산을 남겨놓자.

$$a_1 = 2$$
$$a_2 = 2a_1 - 1 = 2^2 - 1$$
$$a_3 = 2a_2 - 1 = 2(2^2 - 1) - 1 = 2^3 - 2 - 1$$
$$a_4 = 2a_3 - 1 = 2(2^3 - 2 - 1) - 1 = 2^4 - 2^2 - 2 - 1$$
$$\vdots$$
$$a_{10} = 2^{10} - 2^8 - 2^7 - \cdots - 2 - 1 = 2^{10} - (2^8 + 2^7 + \cdots + 2 + 1)$$
$$= 2^{10} - \dfrac{1 \times (2^9 - 1)}{2 - 1}$$
$$= 1024 - 512 + 1$$
$$= 513$$

답은 513!!

② 역 관찰

귀납적으로 정의된 수열의 n에 반드시 $1, 2, 3, \cdots$의 순서대로 대입해야 할 이유는 없다.
만약 $1, 2, 3, \cdots$을 순서대로 대입하기 어려운 경우라면 멀리 떨어진 곳에서부터 역으로 숫자를 대입할 수도 있다.

예제(8) 19년 10월 교육청 나형 29번

첫째항이 짝수인 수열 $\{a_n\}$은 모든 자연수 n에 대하여

$$a_{n+1} = \begin{cases} a_n + 3 & (a_n \text{이 홀수인 경우}) \\ \dfrac{a_n}{2} & (a_n \text{이 짝수인 경우}) \end{cases}$$

를 만족시킨다. $a_5 = 5$일 때, 수열 $\{a_n\}$의 첫째항이 될 수 있는 모든 수의 합을 구하시오. [4점]

---

a_1의 값이 미정이므로 $n = 1$부터 대입하면 a_1이 홀수인 경우와 짝수인 경우로 나눠야 한다.

값이 정해진 $a_5 = 5$부터 역으로 관찰하자.

a_4가 홀수인 경우 $a_4 + 3 = 5$에서 $a_4 = 2$이므로 모순이 발생한다.

따라서 a_4는 짝수이고 $\dfrac{a_4}{2} = 5$이므로 $a_4 = 10$이다.

a_3부터는 두 가지 CASE가 존재한다.

a_{n+1}에서 위로 올라가는 작대기는 a_n이 홀수인 경우이고, 아래로 내려가는 작대기는 a_n이 짝수인 경우이다.

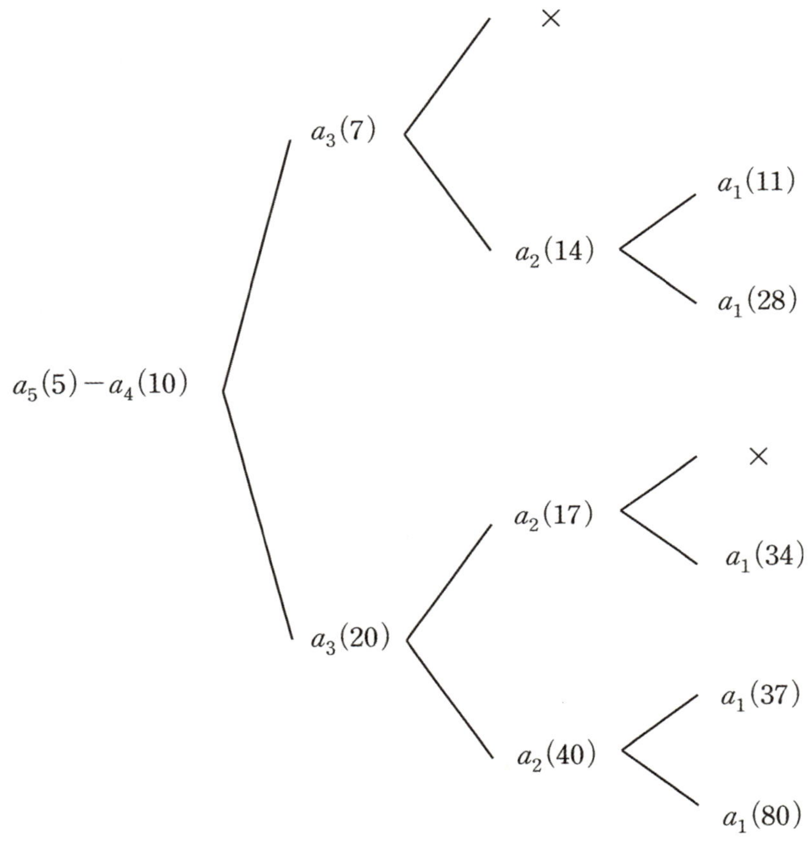

$\{a_n\}$ 은 첫째항이 짝수인 수열이므로 가능한 a_1의 값은 $28, 34, 80$이다.

따라서 수열 $\{a_n\}$의 첫째항이 될 수 있는 모든 수의 합은 $28 + 34 + 80 = 142$

답은 142!!

수열 $\{a_n\}$ 은 $|a_1| \le 1$ 이고, 모든 자연수 n에 대하여

$$a_{n+1} = \begin{cases} -2a_n - 2 & \left(-1 \le a_n < -\dfrac{1}{2}\right) \\[2mm] 2a_n & \left(-\dfrac{1}{2} \le a_n \le \dfrac{1}{2}\right) \\[2mm] -2a_n + 2 & \left(\dfrac{1}{2} < a_n \le 1\right) \end{cases}$$

을 만족시킨다. $a_5 + a_6 = 0$ 이고, $\displaystyle\sum_{k=1}^{5} a_k > 0$ 이 되도록 하는 모든 a_1의 값의 합은? [4점]

① $\dfrac{9}{2}$ ② 5 ③ $\dfrac{11}{2}$ ④ 6 ⑤ $\dfrac{13}{2}$

1. $a_5 + a_6 = 0$ 이므로 a_5 의 값의 범위에 따라 a_6 의 값을 관찰하자.

(1) $-1 \leq a_5 < -\dfrac{1}{2}$ 일 때

$a_6 = -2a_5 - 2$ 이므로 $a_5 + a_6 = -a_5 - 2$ 이다. 따라서 $-\dfrac{3}{2} < a_5 + a_6 \leq -1$ 이므로
조건을 만족시키지 않는다.

(2) $-\dfrac{1}{2} \leq a_5 \leq \dfrac{1}{2}$ 일 때

$a_6 = 2a_5$ 이므로 $a_5 + a_6 = 3a_5$ 이다. 따라서 $-\dfrac{3}{2} \leq a_5 + a_6 \leq \dfrac{3}{2}$ 이므로 조건을 만족시키고,
$a_5 = a_6 = 0$ 이다.

(3) $\dfrac{1}{2} < a_5 \leq 1$ 일 때

$a_6 = -2a_5 + 2$ 이므로 $a_5 + a_6 = -a_5 + 2$ 이다. 따라서 $1 \leq a_5 + a_6 < \dfrac{3}{2}$ 이므로
조건을 만족시키지 않는다.

(1)~(3)에 의하여 $a_5 = a_6 = 0$ 이다.

2. $a_5 = 0$ 이므로 $\displaystyle\sum_{k=1}^{5} a_k = \sum_{k=1}^{4} a_k > 0$ 이 되는 a_1 의 값을 찾기 위해 a_4 의 값을 관찰하자.

$-1 \leq a_4 < -\dfrac{1}{2}$ 일 때 : $a_5 = -2a_4 - 2 = 0$ 에서 $a_4 = -1$ 이고,

$-\dfrac{1}{2} \leq a_4 \leq \dfrac{1}{2}$ 일 때 : $a_5 = 2a_4 = 0$ 에서 $a_4 = 0$ 이고,

$\dfrac{1}{2} < a_4 \leq 1$ 일 때 : $a_5 = -2a_4 + 2 = 0$ 에서 $a_4 = 1$ 이다.

각각의 a_4 의 값에 따라 a_3, a_2, a_1 의 값을 대입하고 관찰하여 나열하자.

(1) $a_4 = -1$ 일 때

a_3	a_2	a_1	$\displaystyle\sum_{k=1}^{5} a_k > 0$
$-\dfrac{1}{2}$	$-\dfrac{1}{4}$	$-\dfrac{1}{8}$	(X)
		$-\dfrac{7}{8}$	(X)
	$-\dfrac{3}{4}$	$-\dfrac{3}{8}$	(X)
		$-\dfrac{5}{8}$	(X)

(2) $a_4 = 0$일 때

a_3	a_2	a_1	$\displaystyle\sum_{k=1}^{5} a_k > 0$
0	0	-1	(X)
		0	(X)
		1	(O)
	1	$\dfrac{1}{2}$	(O)
1	$\dfrac{1}{2}$	$\dfrac{1}{4}$	(O)
		$\dfrac{3}{4}$	(O)

(3) $a_4 = 1$일 때

a_3	a_2	a_1	$\displaystyle\sum_{k=1}^{5} a_k > 0$
$\dfrac{1}{2}$	$\dfrac{1}{4}$	$\dfrac{1}{8}$	(O)
		$\dfrac{7}{8}$	(O)
	$\dfrac{3}{4}$	$\dfrac{3}{8}$	(O)
		$\dfrac{5}{8}$	(O)

따라서 $\displaystyle\sum_{k=1}^{5} a_k > 0$ 일 때, 가능한 모든 a_1 의 값의 합은

$$1 + \dfrac{1}{2} + \left(\dfrac{1}{4} + \dfrac{3}{4}\right) + \left(\dfrac{1}{8} + \dfrac{7}{8}\right) + \left(\dfrac{3}{8} + \dfrac{5}{8}\right) = \dfrac{9}{2}$$ 이다.

답은 ①!!

※다른 풀이 – 수열의 그래프를 이용한 풀이

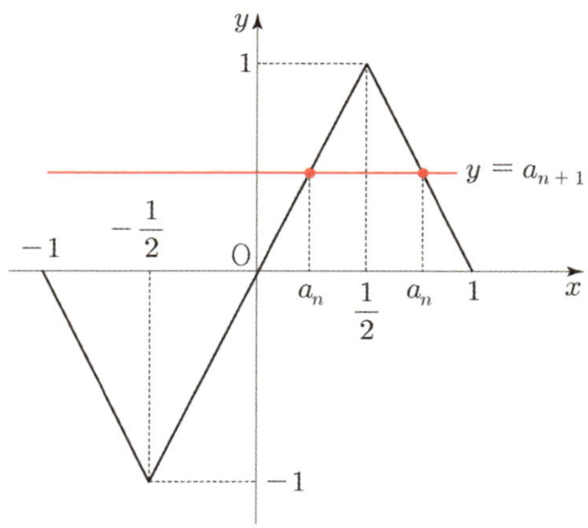

그래프 위에 직선 $y = a_{n+1}$을 그어가면서 a_n의 값을 관찰해보자. $|a_n| \leq 1$임을 쉽게 알 수 있다.

1) $a_{n+1} = 1$일 때 $a_n = \dfrac{1}{2}$이고, $a_{n+1} = -1$일 때 $a_n = -\dfrac{1}{2}$이다.

2) $a_{n+1} = 0$일 때 $a_n = -1, 0, 1$이다.

3) $0 < a_{n+1} < 1$일 때, a_n은 $\dfrac{1}{2}$에 대칭인 두 개의 값이 존재한다.

4) $-1 < a_{n+1} < 0$일 때, a_n은 $-\dfrac{1}{2}$에 대칭인 두 개의 값이 존재한다.

이를 이용하면

1) $a_2 = 1$일 때 $a_1 = \dfrac{1}{2}$이다.

2) $a_2 = 0$일 때 $\displaystyle\sum_{k=1}^{5} a_k > 0$을 만족시키는 a_1의 값은 1이다.

3) $a_2 = \dfrac{1}{2}, \dfrac{1}{4}, \dfrac{3}{4}$일 때 각각 가능한 a_1의 값의 합은 1이다.

4) $a_{n+1} < 0$일 때 $a_n < 0$이므로 $\displaystyle\sum_{k=1}^{5} a_k > 0$을 만족시킬 수 없다.

따라서 조건을 만족시키는 모든 a_1의 값의 합은 $\dfrac{1}{2} + 1 \times 4 = \dfrac{9}{2}$이다.

사실 위의 해설은 단순 계산을 잘해서 답을 구하라는 것과 다름없다. 수열과 함수의 관계를 기억하는가.
**복잡한 수열은 함수로 바라보면 간단할 때가 많은데, 이 문제도 그래프를 그려서 관찰해보면 훨씬
간단하게 파악할 수 있다.** 직접 시도해보고 해설을 보자.

모든 항이 자연수이고 다음 조건을 만족시키는 모든 수열 $\{a_n\}$에 대하여 a_9의 최댓값과 최솟값을 각각 M, m이라 할 때, $M+m$의 값은? [4점]

(가) $a_7 = 40$

(나) 모든 자연수 n에 대하여

$$a_{n+2} = \begin{cases} a_{n+1} + a_n & (a_{n+1}\text{이 3의 배수가 아닌 경우}) \\ \dfrac{1}{3}a_{n+1} & (a_{n+1}\text{이 3의 배수인 경우}) \end{cases}$$

이다.

① 216　　　② 218　　　③ 220　　　④ 222　　　⑤ 224

1. $a_7 = 40 = 13 \times 3 + 1$ 이므로 a_7 은 3 의 배수가 아니다.

조건 (나)를 직접적으로 활용하기 위하여 $n = 6$ 을 대입해 보면,

$a_8 = a_7 + a_6 = 40 + a_6$ 이고, 구하는 값이 a_9 와 관련된 값이므로 a_6 을 3 으로 나눈 나머지에

따라 다음과 같이 분류하자. (단, k_1, k_2, k_3 은 0 이상의 정수)

$a_6 = 3k_2 + 1$	$a_6 = 3k_3 + 2$	$a_6 = 3k_1 + 3$
$a_9 = a_8 + a_7 = 3k_2 + 81$	$a_9 = \dfrac{1}{3}a_8 = k_3 + 14$	$a_9 = a_8 + a_7 = 3k_1 + 83$

2. 역시 조건 (나)를 직접적으로 활용하기 위하여 $n = 5$ 를 대입하고 **역추적**해보면

$a_6 = 3k_2 + 1$	$a_6 = 3k_3 + 2$	$a_6 = 3k_1 + 3$
$40 = a_6 + a_5 = 3k_2 + 1 + a_5$ $a_5 = 39 - 3k_2$ (3 의 배수) 조건 (나)에 $n = 4$ 대입 $a_6 = \dfrac{1}{3}a_5 = 13 - k_2$ $k_2 = 3$ (가능)	$40 = a_6 + a_5 = 3k_3 + 2 + a_5$ $a_5 = 38 - 3k_3$ 조건 (나)에 $n = 4$ 대입 $a_6 = a_5 + a_4$ $a_4 = 6k_3 - 36$ (3 의 배수) 조건 (나)에 $n = 3$ 대입 $a_5 = \dfrac{1}{3}a_4 = 2k_3 - 12$ $k_3 = 10$ (가능)	$40 = \dfrac{1}{3}a_6 = k_1 + 1$

따라서 $k_1 = 39$, $k_2 = 3$, $k_3 = 10$ 이므로 가능한 a_9 의 값은 200, 90, 24 이고,

$M = 200$, $m = 24$ 이다.

답은 ⑤!!

CASE 분류와 역추적이 중요한 문항이다. a_{n+1} 이 3의 배수인지 아닌지에 따라 a_{n+2} 이 결정되므로,

CASE 분류의 기준은 당연히 3의 배수의 여부가 된다. 모든 자연수는 p 로 나눴을 때 나머지가

$p-1$ 인 것, $p-2$ 인 것, $\cdots$, 0인 것으로 분류할 수 있음을 기억하자. (단, p 는 자연수)

현 교육과정에서는 귀납적으로 정의된 수열의 일반항을 구하는 법은 가르치지 않지만,
'대입, 나열'의 관점에서 일반항을 구할 수 있는 경우는 알아둬도 나쁘지 않다.
더 제대로 표현하자면, '대입, 나열을 해봤더니 항이 상쇄되어 일반항이 구해지네?'와 같은 느낌이다.

(1) $a_{n+1} = a_n + f(n)$ 꼴로 정의된 수열 $\{a_n\}$

수열은 수의 나열일뿐이므로 제시된 수열을 잘 모르겠다면 n에 $1, 2, 3, \cdots$을 차례로 대입하여 수열을 순수하게 관찰하는 태도도 중요하다.

$a_{n+1} = a_n + f(n)$에서 n에 $1, 2, 3, \cdots, n-1$을 순서대로 대입하면

$a_2 = a_1 + f(1)$
$a_3 = a_2 + f(2)$
$a_4 = a_3 + f(3)$
$\vdots$
$a_n = a_{n-1} + f(n-1)$

이때, ① 위의 식들을 변끼리 더해도 좋고, ② 바로 전 항을 다음 항에 대입해도 좋다.

① 위의 식들을 변끼리 더하면 $a_2, a_3, \cdots, a_{n-1}$은 모두 상쇄되어 없어지므로 $a_n = a_1 + \sum\limits_{k=1}^{n-1} f(k)$이다.

② $a_3 = a_2 + f(2)$에 $a_2 = a_1 + f(1)$을 대입하면 $a_3 = a_1 + f(1) + f(2)$이고,
$a_4 = a_3 + f(3)$에 $a_3 = a_1 + f(1) + f(2)$을 대입하면 $a_4 = a_1 + f(1) + f(2) + f(3)$이다.
$\cdots$

$$a_n = a_1 + \sum\limits_{k=1}^{n-1} f(k)$$

※ 아는 학생도 있겠지만, $a_{n+1} = a_n + f(n)$ 꼴로 정의된 수열은 사실 '계차수열'이라 불리고, 계차수열은 현 교육과정에서는 배우지 않는다. 그러나 '대입, 나열'의 관점에서는 현 교육과정에서도 이 꼴로 정의된 수열의 일반항을 구하는 법을 알아두면 나쁘지 않기에 공부하고 넘어가는 것이다.

(2) $a_{n+1} + a_n = f(n)$ 꼴로 정의된 수열 $\{a_n\}$: n 자리에 $n-1$ 대입

(i) 수열의 합

$\displaystyle\sum_{k=1}^{n} a_k$의 값을 구해야 한다면 수열의 합 파트에서 배웠듯이

n이 짝수일 때는
$$(a_1 + a_2) + (a_3 + a_4) + \cdots + (a_{n-1} + a_n) = f(1) + f(3) + \cdots + f(n-1)$$이고,

n이 홀수일 때는
$$a_1 + (a_2 + a_3) + \cdots + (a_{n-1} + a_n) = a_1 + f(2) + f(4) + \cdots + f(n-1)$$이다.

(ii) 일반항

수열의 합이 아닌 일반항을 구하고 싶다면 $a_{n+1} + a_n = f(n)$을 이 형태 그대로 놔두면 안 된다.
n 자리에 $n-1$을 대입하여 $a_{n+1} - a_{n-1}$을 구한 다음 강제로 항을 상쇄시키자.
대신 $n-1$을 대입한 등식은 $n \geq 2$에서 정의됨을 주의하자!

$$a_{n+1} + a_n = f(n) \cdots \text{㉠}$$
$$a_n + a_{n-1} = f(n-1)\,(n \geq 2) \cdots \text{㉡}$$

㉠에서 ㉡을 변끼리 빼면 $a_{n+1} - a_{n-1} = f(n) - f(n-1)\,(n \geq 2)$이다.
이때, 항을 상쇄시키려면 n에 2 이상의 연속된 자연수인 $2, 3, 4, \cdots$를 대입하지 않고
$$2, 4, 6, \cdots, n-1 \ (n\text{은 3 이상의 홀수})\text{를 대입하거나}$$
$$3, 5, 7, \cdots, n-1 \ (n\text{은 4 이상의 짝수})\text{를 대입해야 한다.}$$

① n 자리에 $2, 4, 6 \cdots, n-1$을 대입하면 (n은 3 이상의 홀수)

$$a_3 - a_1 = f(2) - f(1)$$
$$a_5 - a_3 = f(4) - f(3)$$
$$\vdots$$
$$a_{n-2} - a_{n-4} = f(n-3) - f(n-4)$$
$$a_n - a_{n-2} = f(n-1) - f(n-2)$$

위의 식들을 변끼리 더하면
$$a_n - a_1 = \{f(2) + f(4) + \cdots + f(n-3) + f(n-1)\} - \{f(1) + f(3) + \cdots + f(n-4) + f(n-2)\}$$
(n은 3 이상의 홀수)

② n 자리에 $3, 5, 7, \cdots, n-1$을 대입하면 (n은 4 이상의 짝수)

$$a_4 - a_2 = f(3) - f(2)$$
$$a_6 - a_4 = f(5) - f(4)$$
$$\vdots$$
$$a_{n-2} - a_{n-4} = f(n-3) - f(n-4)$$
$$a_n - a_{n-2} = f(n-1) - f(n-2)$$

위의 식들을 변끼리 더하면
$$a_n - a_2 = \{f(3) + f(5) + \cdots + f(n-3) + f(n-1)\} - \{f(2) + f(4) + \cdots + f(n-4) + f(n-2)\}$$
(n은 4 이상의 짝수)

이렇게 해서 $a_{n+1} + a_n = f(n)$ 꼴로 정의된 수열 $\{a_n\}$의 일반항을 구해봤는데 **두 가지 주의점**이 존재한다.

첫 번째로,
n에 $2, 4, 6 \cdots, n-1$을 대입했을 때 도출된 일반항은 n이 **3 이상의 홀수**일 때만 사용할 수 있고,
n에 $3, 5, 7, \cdots, n-1$을 대입했을 때 도출된 일반항은 n이 **4 이상의 짝수**일 때만 사용할 수 있다.

예시를 통해 이해하자.
구해야 할 항이 a_{20}과 같은 **짝수 번째 항**이라면 $a_{n+1} - a_{n-1} = f(n) - f(n-1) \, (n \geq 2)$을 구한 다음 n에 $3, 5, 7, \cdots, 19$를 대입해서 a_{20}을 구하면 되고,

구해야 할 항이 a_{21}과 같은 **홀수 번째 항**이라면 $a_{n+1} - a_{n-1} = f(n) - f(n-1) \, (n \geq 2)$을 구한 다음 n에 $2, 4, 6, \cdots, 20$을 대입해서 a_{21}을 구하면 된다.

두 번째로,
$a_{n+1} = a_n + f(n)$ 꼴에서 구한 $\{a_n\}$의 일반항은 굉장히 간단했지만 $a_{n+1} + a_n = f(n)$ 꼴에서 구한 $\{a_n\}$의 일반항은 $f(n)$이 조금 복잡한 경향이 있으므로 계산할 때 주의하자.

※ 'n 자리에 $n-1$ 대입 도구'는 $S_n - S_{n-1} = a_n \, (n \geq 2)$을 이용할 때나 귀납적으로 정의된 수열을 다룰 때 사용할 수 있음을 알아두자.

(3) $a_{n+1} = a_n \times f(n)$ 꼴로 정의된 수열 $\{a_n\}$

이번에는 $n = 1, 2, 3, \cdots$ 을 대입한 다음 변끼리 '곱해야'겠다는 감이 들지 않는가?

$$a_2 = a_1 \times f(1)$$
$$a_3 = a_2 \times f(2)$$
$$\vdots$$
$$a_{n-1} = a_{n-2} \times f(n-2)$$
$$a_n = a_{n-1} \times f(n-1) \, (n \geq 2)$$

위의 식들을 변끼리 곱하면 $a_2, a_3, \cdots, a_{n-1}$은 모두 상쇄되어 없어지므로
$a_n = a_1 f(1) f(2) \cdots f(n-1) \, (n \geq 2)$ 이다.

이렇게 대입, 상쇄를 통해 일반항을 구할 수 있는 귀납적으로 정의된 수열의 세 가지 유형을 살펴보았다. 실제 문제를 풀 때는 세 유형을 보고 '일반항을 구할 수 있음'을 파악하는 것이 중요하다.

또한, 변끼리 더하거나 곱해서 항을 상쇄하는 테크닉은 귀납적으로 정의한 수열의 빈칸 문제에서도 자주 나오는 도구이다.

수열 $\{a_n\}$이 $a_{n+1} - a_n = 2n$을 만족시킨다. $a_{10} = 94$일 때, a_1의 값은? [3점]

① 5   ② 4   ③ 3   ④ 2   ⑤ 1

$a_{n+1} - a_n = 2n$에 $n = 1, 2, 3, \cdots, n-1$을 대입하자.

$a_2 - a_1 = 2$

$a_3 - a_2 = 4$

$a_4 - a_3 = 6$

$\vdots$

$a_n - a_{n-1} = 2(n-1)$

위의 식들을 변끼리 모두 더하면

$$a_n = a_1 + 2 + 4 + \cdots + 2(n-1) = a_1 + \sum_{k=1}^{n-1} 2k = a_1 + (n-1)n$$

$a_{10} = a_1 + 90 = 94$이므로 $a_1 = 4$이다.

답은 ②!!

수열 $\{a_n\}$이 모든 자연수 n에 대하여

$$a_{n+1} + a_n = 3n - 1$$

을 만족시킨다. $a_3 = 4$일 때, $a_1 + a_5$의 값을 구하시오. [3점]

1. 구하는 항의 크기가 작으므로 $n = 1, 2, 3, 4$을 대입한 네 개의 식을 통해 $a_1 + a_5$의 값을 구해도 아무 상관없다. 그래도 본문 내용을 적용해 보자.

$$a_{n+1} + a_n = 3n - 1 \cdots \text{㉠}$$
$$a_n + a_{n-1} = 3n - 4 \ (n \geq 2) \cdots \text{㉡}$$

㉠에서 ㉡을 변끼리 빼면 $a_{n+1} - a_{n-1} = 3 \ (n \geq 2)$이다.

2. 여기서 n에 $2, 4$를 대입하여 a_5에 관한 식을 얻을 수도 있다. 하지만 **유연한 사고**가 중요하다. $a_{n+1} - a_{n-1} = 3 \ (n \geq 2)$이 의미하는 바가 무엇인가?

$a_1, a_3, a_5, \cdots$은 이 순서대로 공차가 3인 등차수열을 이루고,
$a_2, a_4, a_6, \cdots$은 이 순서대로 공차가 3인 등차수열을 이룬다.

※ 배운 내용을 정확히 이해하고 적용하는 것도 중요하지만, 이처럼 주어진 식의 의미를 능동적으로 해석하려고 하는 태도도 중요하다.

따라서 **a_1, a_5의 등차중항이 a_3이므로 $a_1 + a_5 = 2a_3 = 8$** 이다.

답은 8!!

comment

사실 실전에서는 $n = 1, 2, 3, 4$을 대입하여 푸는 것이 가장 빠른 방법이기는 하다.

다음은 수열의 귀납적 정의에서 출제된 기출 문항 중 꽤 어려운 문항에 속한다. 출제 의도가 무엇일지 생각하면서 문제를 풀어보자.

예제(13) 18학년도 9월 평가원 나형 19번

두 수열 $\{a_n\}$, $\{b_n\}$은 $a_1 = a_2 = 1$, $b_1 = k$이고, 모든 자연수 n에 대하여

$$a_{n+2} = (a_{n+1})^2 - (a_n)^2, \qquad b_{n+1} = a_n - b_n + n$$

을 만족시킨다. $b_{20} = 14$일 때, k의 값은? [4점]

① -3 ② -1 ③ 1 ④ 3 ⑤ 5

두 가지 방법이 존재한다. 하나씩 살펴보자.

〈첫 번째 방법 : 귀납적 방법〉

1. $a_{n+2} = (a_{n+1})^2 - (a_n)^2$, $b_{n+1} = a_n - b_n + n$에서 n에 $1, 2, 3, \cdots$을 **대입하면서 규칙성을 발견**하자.

$$a_1 = a_2 = 1, \quad a_{n+2} = (a_{n+1})^2 - (a_n)^2$$

$$a_3 = (a_2)^2 - (a_1)^2 = 1^2 - 1^2 = 0$$
$$a_4 = (a_3)^2 - (a_2)^2 = 0^2 - 1^2 = -1$$
$$a_5 = (a_4)^2 - (a_3)^2 = (-1)^2 - 0^2 = 1$$
$$a_6 = (a_5)^2 - (a_4)^2 = 1^2 - (-1)^2 = 0$$
$$a_7 = (a_6)^2 - (a_5)^2 = 0^2 - 1^2 = -1$$
$$\vdots$$

$\{a_n\}$은 **주기성**을 가진다.

a_2**부터** $1, 0, -1$**이 반복**된다고 할 수도 있고, a_3**부터** $0, -1, 1$**이 반복**된다고 할 수도 있다.

2. $b_1 = k$, $b_{n+1} = a_n - b_n + n$

$$b_2 = a_1 - b_1 + 1 = 2 - k$$
$$b_3 = a_2 - b_2 + 2 = 1 + k$$
$$b_4 = a_3 - b_3 + 3 = 2 - k$$
$$b_5 = a_4 - b_4 + 4 = 1 + k$$
$$b_6 = a_5 - b_5 + 5 = 5 - k$$
$$b_7 = a_6 - b_6 + 6 = 1 + k$$
$$b_8 = a_7 - b_7 + 7 = 5 - k$$
$$b_9 = a_8 - b_8 + 8 = 4 + k$$
$$\vdots$$

도저히 $\{b_n\}$의 규칙이 보이지 않는다. 뭔가 반복되는 값들이 보이기는 하지만 변칙적으로 변한다.

계산을 완료한 값에서 규칙이 보이지 않으므로 계산을 남겨보자.

3. $b_1 = k$, $b_{n+1} = a_n - b_n + n$

$\underline{b_2 = a_1 - b_1 + 1 = 1 - k + 1}$

$b_3 = a_2 - b_2 + 2 = 1 - (1 - k + 1) + 2 = k - 1 + 2$

$b_4 = a_3 - b_3 + 3 = 0 - (k - 1 + 2) + 3 = -k + 1 - 2 + 3$

$b_5 = a_4 - b_4 + 4 = -1 - (-k + 1 - 2 + 3) + 4 = -1 + k - 1 + 2 - 3 + 4$

$b_6 = a_5 - b_5 + 5 = 1 - (-1 + k - 1 + 2 - 3 + 4) + 5 = 2 - k + 1 - 2 + 3 - 4 + 5$

$b_7 = a_6 - b_6 + 6 = 0 - (2 - k + 1 - 2 + 3 - 4 + 5) + 6 = -2 + k - 1 + 2 - 3 + 4 - 5 + 6$

$\underline{b_8 = a_7 - b_7 + 7 = -1 - (-2 + k - 1 + 2 - 3 + 4 - 5 + 6) + 7 = 1 - k + 1 - 2 + 3 - 4 + 5 - 6 + 7}$

$b_9 = a_8 - b_8 + 8 = 1 - (1 - k + 1 - \cdots + 7) + 8 = k - 1 + 2 - \cdots - 7 + 8$

k를 포함한 항의 앞에 있는 수는 b_2부터 $1, 0, 0, -1, 2, -2$가 이 순서대로 반복된다.
즉, 주기를 가진다.

k를 포함한 항 이하의 수들은 n이 짝수인 경우 $-k + 1 - 2 + 3 - \cdots + (n-1)$,
n이 홀수인 경우 $k - 1 + 2 - 3 + \cdots - (n-1)$

$$\therefore b_{20} = (1) + (-k + 1 - 2 + \cdots + 17 - 18 + 19)$$
$$= 1 - k + (1 - 2) + (3 - 4) + \cdots + (17 - 18) + 19$$
$$= 1 - k + (-1) \times 9 + 19$$
$$= 11 - k$$

$b_{20} = 14$이므로 $11 - k = 14$
$$\therefore k = -3$$

답은 ①!!

⟨두 번째 방법 : 일반항 구하기⟩

1. $b_{n+1} = a_n - b_n + n$ 에서 $b_{n+1} + b_n = a_n + n$

$b_{n+1} + b_n = a_n + n$ 은 **앞에서 배운 ⟨$a_{n+1} + a_n = f(n)$ 꼴로 정의된 수열⟩** 에 속한다. n 자리에 $n-1$ 을 대입하여 항을 상쇄하자.

$b_{n+1} + b_n = a_n + n \cdots ㉠$
$b_n + b_{n-1} = a_{n-1} + (n-1)\,(n \geq 2) \cdots ㉡$

㉠에서 ㉡을 변끼리 빼면 $\color{red}{b_{n+1} - b_{n-1} = a_n - a_{n-1} + 1\,(n \geq 2)}$

2. n 에 $3, 5, 7, \cdots 17, 19$ 를 대입하면

$b_4 - b_2 = a_3 - a_2 + 1$
$b_6 - b_4 = a_5 - a_4 + 1$
$b_8 - b_6 = a_7 - a_6 + 1$
$\vdots$
$b_{18} - b_{16} = a_{17} - a_{16} + 1$
$b_{20} - b_{18} = a_{19} - a_{18} + 1$

위의 식들을 변끼리 모두 더하면
$b_{20} - b_2 = (a_3 + a_5 + \cdots + a_{17} + a_{19}) - (a_2 + a_4 + \cdots + a_{16} + a_{18}) + 9$
$b_{20} - b_2 = 9$

$b_{20} = 14$ 이므로 $b_2 = 5$
$b_2 = a_1 - b_1 + 1 = 1 - k + 1 = 5 \qquad \therefore k = -3$

comment

이렇게 해서 두 가지 풀이를 모두 살펴봤는데, 어떤 풀이가 출제 의도인지는 애매한 부분이 있다.
두 풀이 모두 완벽히 소화하자.

수열 $\{a_n\}$이 모든 자연수 n에 대하여 다음 조건을 만족시킨다.

(가) $\displaystyle\sum_{k=1}^{2n} a_k = 17n$

(나) $|a_{n+1} - a_n| = 2n - 1$

$a_2 = 9$일 때, $\displaystyle\sum_{n=1}^{10} a_{2n}$의 값을 구하시오. [4점]

1. 조건 (가)와 조건 (나)를 연결짓기 위하여 수열의 합과 일반항의 관계를 이용하자.

   조건 (가)에 $n=1$ 을 대입하면 $a_1 + a_2 = 17$ 이고,

   $n \geq 2$ 인 모든 자연수 n 에 대하여 $\displaystyle\sum_{k=1}^{2n} a_k - \sum_{k=1}^{2n-2} a_k = 17n - 17(n-1) = 17 = a_{2n-1} + a_{2n}$ 이다.

   따라서 **모든 자연수 n 에 대하여 $a_{2n-1} + a_{2n} = 17$ 임을 알 수 있고,**

   $a_2 = 9$ 이므로 $a_1 = 8$ 이다. $\cdots$ (①)

2. 조건 (나)를 보자.

   이웃한 두 항의 차이가 홀수라는 것은, 이웃한 두 항의 절댓값이 모두 짝수일 수 없고,

   모두 홀수일 수도 없다는 것과 같다.

   즉, 수열 $\{|a_n|\}$ 은 짝수를 첫째항으로 짝수와 홀수가 순서대로 반복되어 나타나는 수열이다. $\cdots$ (②)

3. 조건 (나)에 $n = 2k-1$ 을 대입하면 $\cdots$ (③)

   $|a_{2k} - a_{2k-1}| = 4k - 3$ 이고, k 는 자연수이므로 모든 자연수 n 에 대하여

   $|a_{2n} - a_{2n-1}| = 4n - 3$ 이 성립한다고 봐도 무방하다.

   즉, $a_{2n} - a_{2n-1} = \pm(4n-3)$ 이다.

   i) $a_{2n} - a_{2n-1} = 4n - 3$ 일 때

   $a_{2n} - a_{2n-1} = 4n - 3$ 과 $a_{2n} + a_{2n-1} = 17$ 을 연립하면

   $a_{2n-1} = -2n + 10$, $a_{2n} = 2n + 7$ 이다.

   이때 $|a_{2n-1}|$ 은 짝수이고 $|a_{2n}|$ 은 홀수이다. 따라서 이 경우는 (①)과 (②)에 모순되지

   않으므로 $a_{2n} = 2n + 7$ 이고, $\displaystyle\sum_{n=1}^{10} a_{2n} = \sum_{n=1}^{10} (2n + 7) = 180$ 이다.

   ii) $a_{2n} - a_{2n-1} = -4n + 3$ 일 때

   $a_{2n} - a_{2n-1} = -4n + 3$ 과 $a_{2n} + a_{2n-1} = 17$ 을 연립하면

   $a_{2n-1} = -2n + 7$, $a_{2n} = -2n + 10$ 이다. 이때 $|a_{2n-1}|$ 은 홀수이고 $|a_{2n}|$ 은 짝수이다.

   따라서 이 경우는 (①)에 모순이다.

   답은 180!!

시험 현장에서 위와 같이 일반항을 구하는 것은 어려울 수도 있다.

그럴 때는 차분히 대입, 나열하여 a_{2n} 은 공차가 2, a_{2n-1} 은 공차가 -2 인 등차수열임을 귀납적으로 알아내어 해결하면 된다.

현 교육과정에서 수열 단원의 목표 중 하나가 **수열과 관련된 여러 가지 문제를 귀납적으로 표현할 수 있는 능력**이다. 즉, 어떤 수열에서 특정 항과 바로 전 항의 관계에 주목할 수 있어야 한다.

그런데 **모든 수열 응용문제에서 수열의 귀납적 정의를 사용해야 하는 것은 아니다.**

일반항을 깔끔하게 구할 수 있는 경우도 많고,
귀납적으로 정의하기도, 일반항을 구하기 힘들어 단순히 **규칙성을 귀납적으로 추론**하여 답을 구해야 하는 경우도 더러 있다.

따라서 출제 의도가 수열의 귀납적 정의인 문제에서 **'출제 의도가 수열의 귀납적 정의인 것을 파악'**할 수 있는 능력이 중요하다. 그러한 문제는 '특정 항과 바로 전 항이 어떠한 관계를 형성'한다.

예제(15) 14학년도 9월 평가원 A형 29번

그림과 같이 직사각형에서 세로를 각각 이등분하는 점 2개를 연결하는 선분을 그린 그림을 [그림 1] 이라 하자. [그림 1] 을 $\dfrac{1}{2}$ 만큼 축소시킨 도형을 [그림 1] 의 오른쪽 맨 아래 꼭짓점을 하나의 꼭짓점으로 하여 오른쪽에 이어 붙인 그림을 [그림 2] 라 하자.

이와 같이 3 이상의 자연수 k 에 대하여 [그림 1] 을 $\dfrac{1}{2^{k-1}}$ 만큼 축소시킨 도형을 [그림 $k-1$] 의 오른쪽 맨 아래 꼭짓점을 하나의 꼭짓점으로 하여 오른쪽에 이어 붙인 그림을 [그림 k] 라 하자. 자연수 n 에 대하여 [그림 n] 에서 왼쪽 맨 위 꼭짓점을 A_n , 오른쪽 맨 아래 꼭짓점을 B_n 이라 할 때, 점 A_n 에서 점 B_n 까지 선을 따라 최단거리로 가는 경로의 수를 a_n 이라 하자. a_7 의 값을 구하시오. [4점]

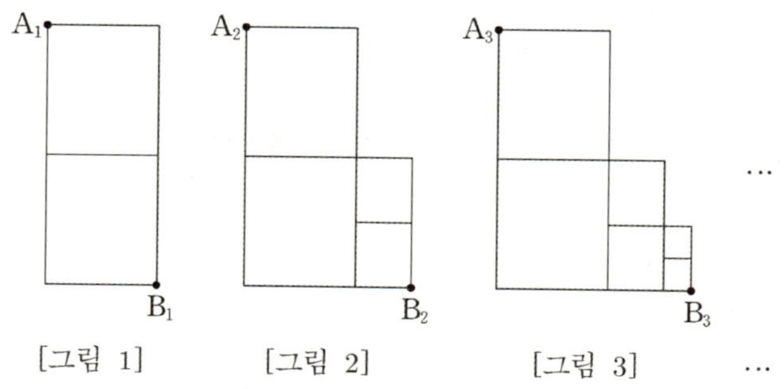

수열의 귀납적 정의를 활용하면서 두 가지 방법으로 풀 수 있다. 하나씩 살펴보자.

1. 첫 번째 방법

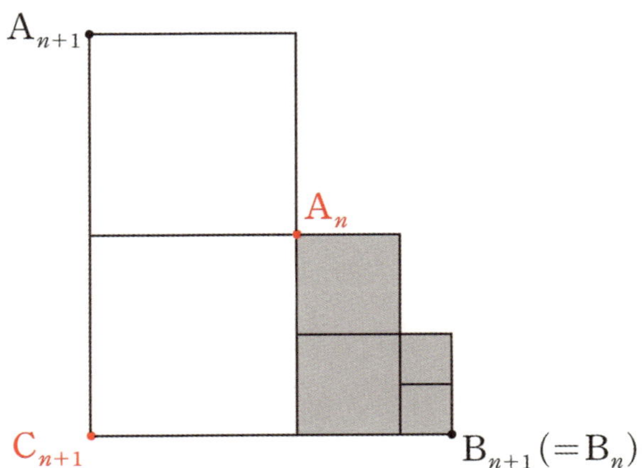

점 A_{n+1}에서 점 B_{n+1}까지 선을 따라 최단경로로 가려면
점 A_n 또는 점 C_{n+1}을 반드시 거쳐야 한다.

즉, $a_{n+1}=(A_{n+1}\to A_n\to B_{n+1}$인 경로의 수$)+(A_{n+1}\to C_{n+1}\to B_{n+1}$인 경로의 수$)$이다.

$(A_{n+1}\to A_n\to B_{n+1}$인 경로의 수$)$
A_{n+1}에서 A_n까지 가는 경로의 수는 2이고, A_n에서 B_{n+1}까지 가는 경로의 수는 A_n에서 B_n까지 가는 경로의 수인 a_n과 같다. 따라서 이때의 경로의 수는 $2a_n$ 가지이다.

$(A_{n+1}\to C_{n+1}\to B_{n+1}$인 경로의 수$)$
한 가지밖에 존재하지 않는다.

$$\therefore a_{n+1}=2a_n+1$$

$a_1=3$이므로
$$a_2=2\times 3+1$$
$$a_3=2\times(2\times 3+1)+1=2^2\times 3+2+1$$
$$a_4=2\times(2^2\times 3+2+1)+1=2^3\times 3+2^2+2+1$$
$$\vdots$$
$$a_7=2^6\times 3+2^5+\cdots+2+1=2^6\times(2+1)+2^5+\cdots+2+1$$
$$=2^7+2^6+2^5+\cdots+2+1$$
$$=\frac{1(2^8-1)}{2-1}=255$$

답은 255!!

2. 두 번째 방법

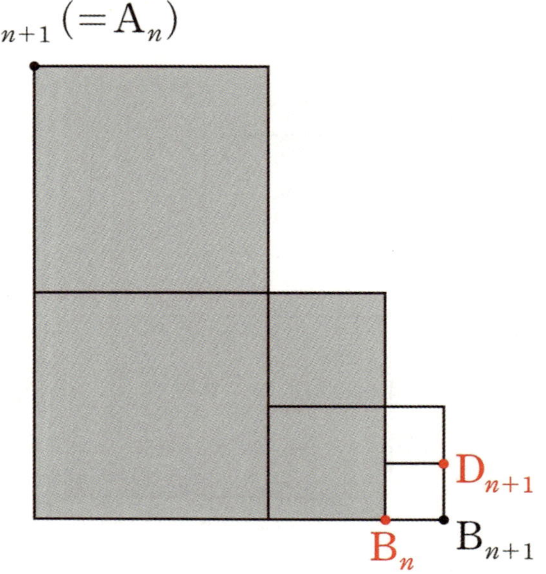

점 B_{n+1}에 도착하기 바로 전에 위치하는 점 B_n과 점 D_{n+1}에 주목하자. 점 A_{n+1}에서 점 B_{n+1}까지 선을 따라 최단경로로 가기 위해서, **점 B_n 또는 점 D_{n+1}을 반드시 거쳐야 한다.**

즉, $a_{n+1}=(A_{n+1}{\rightarrow}B_n$ 인 경로의 수$)+(A_{n+1}{\rightarrow}D_{n+1}$ 인 경로의 수$)$이다.

이때, $A_{n+1}{\rightarrow}B_n$인 경로의 수는 a_n과 같고, $A_{n+1}{\rightarrow}D_{n+1}$인 경로의 수는 2^n이다.

$$\therefore a_{n+1}=a_n+2^{n+1}$$

$a_1=2+1$이므로
$$a_2=a_1+2^2=1+2+2^2$$
$$a_3=a_2+2^3=1+2+2^2+2^3$$
$$\vdots$$
$$a_n=1+2+\cdots+2^n$$

$$\therefore a_7=1+2+\cdots+2^7=\frac{1(2^8-1)}{2-1}=255$$

수열의 귀납적 정의를 활용한 좋은 문항이다. **[그림 $n+1$] 속에 [그림 n]이 존재한다는 점에서 착안하여 a_{n+1}과 a_n의 관계를 파악**하는 것이 출제 의도이다.
[그림 $n+1$] 속에 검은색으로 칠해진 [그림 n]이 어떻게 위치하느냐에 따라 두 가지 풀이로 풀 수 있다.

▌수학적 귀납법

수열의 귀납적 정의와 비슷하지만 다르다.

수학적 귀납법은 자연수 n에 대한 명제의 증명 방법이고,
수열의 귀납적 정의는 수열을 정의하는 방식 중 하나이다.

수학 I 과정에서는 수학적 귀납법을 이용하여 **자연수 n에 대한 명제의 증명을 '이해'**하는 정도면 충분하다.
수학적 귀납법을 이용한 명제의 증명은 빈칸 문제로 출제되고, 대부분의 증명 과정은 이미 다 서술되어 있으므로
'논리 + 독해' 문제라고 생각하면 된다.

1. 수학적 귀납법의 빈칸 문제를 다루는 태도

(1) 기본 논리

수학적 귀납법을 이용한 명제의 증명은 다음의 구조를 가진다. 모든 자연수 n에 대하여 등식 또는 부등식이 성립함을 증명할 때,

> (i) $n = 1$일 때, (부)등식이 성립함을 증명한다.
> (ii) $n = k$일 때 (부)등식이 성립한다고 가정하면, $n = k + 1$일 때 (부)등식이 성립함을 확인한다.
> (i)~(ii)에 의하여 모든 자연수 n에 대하여 (부)등식이 성립한다.

이것만으로 어떻게 자연수 n에 대한 명제가 증명되는 것일까?

(i)에서 $n = 1$일 때 이 명제가 성립함을 보이면
(ii)에 의해 $n = 2$일 때도 이 명제가 성립할 것이며 연쇄적으로 $n = 3, 4, 5, \cdots$일 때도 성립함을 보일 수 있다.

빈칸을 통해 출제되는 수학적 귀납법 문제에서 시간 단축을 위해 빈칸 주변만 둘러보고 답만 찾아내는 것도 좋지만
수학적 귀납법의 흐름을 이해하며 빈칸을 채워 넣는 것이 공부에 더 도움이 될 것이다.

다음 페이지에서 시그마를 이용한 간단한 예시를 통해 수학적 귀납법의 흐름 과정을 익혀보도록 하자.

$a_n = f(n)$일 때, 모든 자연수 n에 대하여 $\sum\limits_{k=1}^{n} a_k = g(n)$를 보여보자.

(ⅰ) 먼저 $\sum\limits_{k=1}^{n} a_k = g(n)$에 $n=1$을 대입하여 $a_1 = g(1)$인지 확인하면 된다.

$a_1 = f(1)$이므로 $f(1) = g(1)$**이라면** $n=1$**일 때,** $\sum\limits_{k=1}^{n} a_k = g(n)$**은 성립한다.**

(ⅱ) $n=m$일 때 $\sum\limits_{k=1}^{n} a_k = g(n)$이 성립한다고 가정하면 $\sum\limits_{k=1}^{m} a_k = g(m)$이다.

$n=m+1$일 때 성립함을 보이자. $\sum\limits_{k=1}^{m+1} a_k$ **에서** $\sum\limits_{k=1}^{m} a_k = g(m)$**은 성립한다고 가정했으므로**

이를 이용하기 위해 $\sum\limits_{k=1}^{m+1} a_k = \sum\limits_{k=1}^{m} a_k + a_{m+1}$**으로 바라보자.**

$\sum\limits_{k=1}^{m} a_k = g(m)$, $a_{m+1} = f(m+1)$이므로

$g(m+1) = g(m) + f(m+1)$**이라면** $n=m+1$**일 때,** $\sum\limits_{k=1}^{n} a_k = g(n)$**은 성립한다.**

※ 참고로 '**A일 때 B가 성립함을 보이는 증명**'에서 A 식을 주의하자. 다음과 같이 사용되는 경우가 많다.

    (ⅰ) B가 $n=1$일 때 성립한다.
    (ⅱ) $n=k$일 때 B가 성립한다고 가정하자. 이때, $A(k)$는 ~이므로 (또는 $A(k+1)$은 ~이므로)
        ~이고, 따라서 $n=k+1$일 때 B도 성립한다.

즉, A일 때 B가 성립함을 증명한다는 것은 **이미 A가 성립한다는 것을 의미한다.**
따라서 **증명 도중에 A 식에 k 또는 $k+1$을 대입한 식을 아무 언질도 없이 바로 활용**하므로 의식하고 있어야 한다.

(2) (선지에 후보가 있는 경우) 선지로부터 역으로 추론하기

빈칸에 들어갈 알맞은 숫자, 문자, 식을 고르는 문제에서 빈칸을 포함한 식과 전후 식의 관계를 잘 모르겠다면 선지의 후보를 바탕으로 역으로 추론해도 좋다.

선지 속 후보를 **빈칸에 대입**해도 좋고, 선지 속에 있는 **식의 형태를 바탕으로 빈칸에 들어갈 것을 추론**해도 좋다. 하지만 최근 기출에서 선지에 후보를 적어놓는 경우는 거의 없으므로 논리력 자체를 길러 증명 논리를 파악하는 연습이 필수적이다.

① $A = B + C$ 에서 C 가 빈칸이 존재하는 항이라면 $A - B$를 관찰하자.

② $A = BC$ 에서 C 가 빈칸이 존재하는 항이라면 $\dfrac{A}{B}$ 를 관찰하자. (단, $B \neq 0$)

수학적 귀납법을 이용하여 부등식을 증명할 때는 '$A < B$ 이고 $B < C$ 이므로 $A < C$ 이다.'의 논리를 많이 사용한다.

'$A < B$ 이고 $B \leq C$ 이므로 $A < C$ 이다.'도 많이 사용한다. 이때, $B = C$인 경우에도 $A < B$이므로 $A \leq C$가 아닌 $A < C$임을 주의하자.

또한,
부등식의 증명에서도 등식에서 배운 두 가지 도구를 써먹어야 한다.

① $A = B + C$에서 C 가 빈칸이 존재하는 항이라면 $A - B$를 관찰하자.

② $A = BC$에서 C 가 빈칸이 존재하는 항이라면 $\dfrac{A}{B}$ 를 관찰하자. (단, $B \neq 0$)

단, 수학적 귀납법을 활용한 빈칸 문제에서 항상 '이항'을 통해서만 해결하려고 하면 안 된다.
이항이 매우 편한 도구이기는 하지만, 증명 논리를 제대로 이해하려고 하자.

다음은 모든 자연수 n 에 대하여

$$1 \cdot n + 2 \cdot (n-1) + 3 \cdot (n-2) + \cdots + (n-1) \cdot 2 + n \cdot 1 = \frac{n(n+1)(n+2)}{6}$$

이 성립함을 수학적 귀납법으로 증명한 것이다.

<증명>

(i) $n=1$ 일 때, (좌변)$=1$, (우변)$=1$ 이므로 주어진 식은 성립한다.

(ii) $n=k$ 일 때 성립한다고 가정하면

$$1 \cdot k + 2 \cdot (k-1) + 3 \cdot (k-2) + \cdots + k \cdot 1$$

$$= \frac{k(k+1)(k+2)}{6}$$

이다. $n=k+1$ 일 때 성립함을 보이자.

$$1 \cdot (k+1) + 2 \cdot k + 3 \cdot (k-1) + \cdots + (k+1) \cdot 1$$

$$= 1 \cdot k + 2 \cdot (k-1) + 3 \cdot (k-2) + \cdots + k \cdot 1 + (1+2+3+\cdots+k) + \boxed{\text{(가)}}$$

$$= \frac{k(k+1)(k+2)}{6} + \boxed{\text{(나)}}$$

$$= \boxed{\text{(다)}}$$

그러므로 $n=k+1$ 일 때도 성립한다.

따라서 모든 자연수 n 에 대하여 주어진 등식은 성립한다.

위의 증명에서 (가), (나), (다)에 알맞은 것을 차례로 나열한 것은? [4점]

	(가)	(나)	(다)
①	k	$\dfrac{k(k+1)}{2}$	$\dfrac{(k+1)(k+2)(k+3)}{6}$
②	k	$\dfrac{k(k+3)}{2}$	$\dfrac{(k+1)(k+2)(k+3)}{6}$
③	k	$\dfrac{(k+1)(k+2)}{2}$	$\dfrac{k(k+1)(k+2)}{6}$
④	$k+1$	$\dfrac{(k+1)(k+2)}{2}$	$\dfrac{(k+1)(k+2)(k+3)}{6}$
⑤	$k+1$	$\dfrac{(k+1)(k+2)}{2}$	$\dfrac{k(k+1)(k+2)}{6}$

1. $1 \cdot (k+1) + 2 \cdot k + 3 \cdot (k-1) + \cdots + (k+1) \cdot 1$

$= 1 \cdot k + 2 \cdot (k-1) + 3 \cdot (k-2) + \cdots + k \cdot 1$
$\qquad + (1+2+3+\cdots+k) + \boxed{\text{(가)}}$

위의 등식의 우변에서 **(가)를 제외한 항들을 모두 이항**하여 계산하면 **(가)**는 $k+1$ **이다.**

혹은 우변의 $1 \cdot k + 2 \cdot (k-1) + 3 \cdot (k-2) + \cdots + k \cdot 1 + (1+2+3+\cdots+k)$ 에서
1이 곱해진 항끼리 묶고, 2가 곱해진 항끼리 묶고, $\cdots$, k가 곱해진 항끼리 묶으면

$1 \cdot (k+1) + 2 \cdot k + 3 \cdot (k-1) + \cdots + k \cdot 2$ 가 되고 이를 좌변의
$1 \cdot (k+1) + 2 \cdot k + 3 \cdot (k-1) + \cdots + k \cdot 2 + (k+1) \cdot 1$
과 비교하면 **(가)** $= k+1$

2. $1 \cdot k + 2 \cdot (k-1) + 3 \cdot (k-2) + \cdots + k \cdot 1 + (1+2+3+\cdots+k) + (k+1)$

$= \dfrac{k(k+1)(k+2)}{6} + \boxed{\text{(나)}}$

$1 \cdot k + 2 \cdot (k-1) + 3 \cdot (k-2) + \cdots + k \cdot 1 = \displaystyle\sum_{p=1}^{k} p(k-p+1)$

$\displaystyle\sum_{p=1}^{k} p(k-p+1) = (k+1)\sum_{p=1}^{k} p - \sum_{p=1}^{k} p^2 = \dfrac{k(k+1)^2}{2} - \dfrac{k(k+1)(2k+1)}{6}$

$\qquad\qquad\qquad\qquad\qquad = \dfrac{k(k+1)}{6}\{3(k+1) - (2k+1)\}$

$\qquad\qquad\qquad\qquad\qquad = \dfrac{k(k+1)(k+2)}{6}$

$(1+2+3+\cdots+k) + (k+1) = \dfrac{k(k+1)}{2} + (k+1) = \dfrac{(k+1)(k+2)}{2}$

$\therefore$ **(나)** $= \dfrac{(k+1)(k+2)}{2}$

3. $\dfrac{k(k+1)(k+2)}{6} + \dfrac{(k+1)(k+2)}{2} = \boxed{\text{(다)}}$, '그러므로 $n = k+1$ 일 때도 성립한다.'

이때, $\dfrac{k(k+1)(k+2)}{6} + \dfrac{(k+1)(k+2)}{2}$ **를 계산할 필요가 없다.**

(다) 이후에 '그러므로 $n = k+1$ 일 때도 성립한다.'고 했으므로

$\dfrac{n(n+1)(n+2)}{6}$ 에서 $n = k+1$을 대입하기만 하면 된다.

$\therefore$ **(다)** $= \dfrac{(k+1)(k+2)(k+3)}{6}$

답은 ④!!

수열 $\{a_n\}$이

$$\begin{cases} a_1 = \dfrac{1}{2} \\ (n+1)(n+2)a_{n+1} = n^2 a_n \quad (n=1, 2, 3, \cdots) \end{cases}$$

일 때, 다음은 모든 자연수 n에 대하여

$$\sum_{k=1}^{n} a_k = \sum_{k=1}^{n} \frac{1}{k^2} - \frac{n}{n+1} \quad \cdots\cdots (*)$$

이 성립함을 수학적 귀납법으로 증명한 것이다.

<증명>

(1) $n=1$일 때, (좌변)$=\dfrac{1}{2}$, (우변)$=1-\dfrac{1}{2}=\dfrac{1}{2}$이므로 $(*)$이 성립한다.

(2) $n=m$일 때, $(*)$이 성립한다고 가정하면 $\displaystyle\sum_{k=1}^{m} a_k = \sum_{k=1}^{m} \frac{1}{k^2} - \frac{m}{m+1}$

이다. $n=m+1$일 때, $(*)$이 성립함을 보이자.

$$\sum_{k=1}^{m+1} a_k = \sum_{k=1}^{m} \frac{1}{k^2} - \frac{m}{m+1} + a_{m+1} = \sum_{k=1}^{m} \frac{1}{k^2} - \frac{m}{m+1} + \boxed{\text{(가)}}\, a_m$$

$$= \sum_{k=1}^{m} \frac{1}{k^2} - \frac{m}{m+1} + \frac{m^2}{(m+1)(m+2)} \cdot \frac{(m-1)^2}{m(m+1)} \cdot \cdots \cdot \frac{1^2}{2 \cdot 3}\, a_1$$

$$= \sum_{k=1}^{m} \frac{1}{k^2} - \frac{m}{m+1} + \boxed{\text{(나)}}$$

$$= \sum_{k=1}^{m} \frac{1}{k^2} - \frac{m}{m+1} + \frac{1}{(m+1)^2} - \boxed{\text{(다)}} = \sum_{k=1}^{m+1} \frac{1}{k^2} - \frac{m+1}{m+2}$$

그러므로 $n=m+1$일 때도 $(*)$이 성립한다. 따라서 모든 자연수 n에 대하여 $(*)$이 성립한다.

위 증명에서 (가), (나), (다)에 들어갈 식으로 알맞은 것은? [3점]

	(가)	(나)	(다)
①	$\dfrac{m}{(m+1)(m+2)}$	$\dfrac{1}{(m+1)^2(m+2)}$	$\dfrac{1}{(m+1)(m+2)^2}$
②	$\dfrac{m}{(m+1)(m+2)}$	$\dfrac{m}{(m+1)^2(m+2)}$	$\dfrac{1}{(m+1)(m+2)}$
③	$\dfrac{m^2}{(m+1)(m+2)}$	$\dfrac{1}{(m+1)^2(m+2)}$	$\dfrac{1}{(m+1)(m+2)^2}$
④	$\dfrac{m^2}{(m+1)(m+2)}$	$\dfrac{1}{(m+1)^2(m+2)}$	$\dfrac{1}{(m+1)(m+2)}$
⑤	$\dfrac{m^2}{(m+1)(m+2)}$	$\dfrac{m}{(m+1)^2(m+2)}$	$\dfrac{1}{(m+1)(m+2)^2}$

1. $\displaystyle\sum_{k=1}^{m+1} a_k = \sum_{k=1}^{m} \frac{1}{k^2} - \frac{m}{m+1} + a_{m+1} = \sum_{k=1}^{m} \frac{1}{k^2} - \frac{m}{m+1} + \boxed{\ \text{(가)}\ }\, a_m$

등식의 좌·우변을 비교했을 때 $a_{m+1} = \boxed{\ \text{(가)}\ }\, a_m$ 이다. 이때,
주변의 증명 과정을 관찰해도 a_{m+1}과 a_m 의 관계식은 얻을 수 없다.
즉, 애초에 증명 이전에 a_{m+1}과 a_m의 관계식이 주어졌다는 말이 된다.

$$\begin{cases} a_1 = \dfrac{1}{2} \\ (n+1)(n+2)\,a_{n+1} = n^2 a_n \quad (n = 1, 2, 3, \ \dots\ ) \end{cases}$$

에서 $(m+1)(m+2)a_{m+1} = m^2 a_m$ 이므로 $a_{m+1} = \dfrac{m^2}{(m+1)(m+2)} a_m$ 이다.

$$\therefore \ \text{(가)} = \frac{m^2}{(m+1)(m+2)}$$

2. $\displaystyle\sum_{k=1}^{m} \frac{1}{k^2} - \frac{m}{m+1} + \frac{m^2}{(m+1)(m+2)} \cdot \frac{(m-1)^2}{m(m+1)} \cdot \cdots \cdot \frac{1^2}{2\cdot 3} a_1$

$$= \sum_{k=1}^{m} \frac{1}{k^2} - \frac{m}{m+1} + \boxed{\ \text{(나)}\ }$$

$$\frac{m^2}{(m+1)(m+2)} \cdot \frac{(m-1)^2}{m(m+1)} \cdot \cdots \cdot \frac{1^2}{2\cdot 3} a_1 = \boxed{\ \text{(나)}\ }$$

선지를 보면 (나) 식은 비교적 간단하게 표현된다.
즉, $\dfrac{m^2}{(m+1)(m+2)} \cdot \dfrac{(m-1)^2}{m(m+1)} \cdot \cdots \cdot \dfrac{1^2}{2\cdot 3} a_1$ 에서
약분을 통해 대부분의 항을 소거할 수 있다.

$$\frac{m^2}{(m+1)(m+2)} \times \frac{(m-1)^2}{m(m+1)} \times \frac{(m-2)^2}{(m-1)(m)} \times \frac{(m-3)^2}{(m-2)(m-1)} \times \cdots$$

$$\times \frac{3^2}{4\times 5} \times \frac{2^2}{3\times 4} \times \frac{1^2}{2\times 3} a_1$$

$$= \frac{1}{(m+1)(m+2)} \times \frac{1}{(m+1)} \times 2a_1$$

$$= \frac{2a_1}{(m+1)^2(m+2)} = \frac{1}{(m+1)^2(m+2)}$$

$$\therefore \ \text{(나)} = \frac{1}{(m+1)^2(m+2)}$$

3. $\displaystyle\sum_{k=1}^{m} \frac{1}{k^2} - \frac{m}{m+1} + \frac{1}{(m+1)^2(m+2)}$

$\displaystyle = \sum_{k=1}^{m} \frac{1}{k^2} - \frac{m}{m+1} + \frac{1}{(m+1)^2} - \boxed{\text{(다)}}$

$$\frac{1}{(m+1)^2(m+2)} = \frac{1}{(m+1)^2} - \boxed{\text{(다)}}$$

에서 **적절히 이항**해주면

$$\boxed{\text{(다)}} = \frac{1}{(m+1)^2} - \frac{1}{(m+1)^2(m+2)}$$

$$= \frac{(m+2)-1}{(m+1)^2(m+2)} = \frac{m+1}{(m+1)^2(m+2)} = \frac{1}{(m+1)(m+2)}$$

$$\therefore \text{(다)} = \frac{1}{(m+1)(m+2)}$$

답은 ④!!

---

1. $\displaystyle\sum_{k=1}^{m} \frac{1}{k^2} - \frac{m}{m+1} + \frac{1}{(m+1)^2} - \boxed{\text{(다)}} = \sum_{k=1}^{m+1} \frac{1}{k^2} - \frac{m+1}{m+2}$ 를 이용하여 (다)를 구할 수도 있다.

$\displaystyle\sum_{k=1}^{m} \frac{1}{k^2} + \frac{1}{(m+1)^2} = \sum_{k=1}^{m+1} \frac{1}{k^2}$ 이므로 $-\dfrac{m}{m+1} - \boxed{\text{(다)}} = -\dfrac{m+1}{m+2}$

$\therefore \text{(다)} = \dfrac{m+1}{m+2} - \dfrac{m}{m+1} = \dfrac{(m+1)^2 - m(m+2)}{(m+2)(m+1)} = \dfrac{1}{(m+1)(m+2)}$

2. $\displaystyle\sum_{k=1}^{m} \frac{1}{k^2} - \frac{m}{m+1} + \frac{m^2}{(m+1)(m+2)} a_m$

$\displaystyle = \sum_{k=1}^{m} \frac{1}{k^2} - \frac{m}{m+1} + \frac{m^2}{(m+1)(m+2)} \cdot \frac{(m-1)^2}{m(m+1)} \cdot \cdots \cdot \frac{1^2}{2 \cdot 3} a_1$

증명 과정에서 위의 등식에 의문을 가질 수도 있다. $a_{m+1} = \dfrac{m^2}{(m+1)(m+2)} a_m$ 을 이용하면

등식이 성립함을 보일 수 있다. ($a_{n+1} = a_n \times f(n)$꼴로 정의된 수열 $\{a_n\}$의 일반항 구하기)

$a_m = \dfrac{(m-1)^2}{m(m+1)} a_{m-1}, \ a_{m-1} = \dfrac{(m-2)^2}{(m-1)m} a_{m-2}, \cdots a_3 = \dfrac{2^2}{3 \times 4} a_2, \ a_2 = \dfrac{1^2}{2 \times 3} a_1$

이므로 항을 연쇄적으로 대입하여 정리하면

$a_m = \dfrac{(m-1)^2}{m(m+1)} \cdot \dfrac{(m-2)^2}{(m-1)m} \cdot \cdots \cdot \dfrac{2^2}{3 \cdot 4} \cdot \dfrac{1^2}{2 \cdot 3} a_1$

다음은 모든 자연수 n 에 대하여 부등식

$$\sum_{i=1}^{2n+1} \frac{1}{n+i} = \frac{1}{n+1} + \frac{1}{n+2} + \cdots + \frac{1}{3n+1} > 1$$

이 성립함을 수학적 귀납법으로 증명한 것이다.

<증명>
자연수 n 에 대하여

$a_n = \dfrac{1}{n+1} + \dfrac{1}{n+2} + \cdots + \dfrac{1}{3n+1}$ 이라 할 때,

$a_n > 1$ 임을 보이면 된다.

(1) $n = 1$ 일 때 $a_1 = \dfrac{1}{2} + \dfrac{1}{3} + \dfrac{1}{4} > 1$ 이다.

(2) $n = k$ 일 때 $a_k > 1$ 이라고 가정하면

$n = k+1$ 일 때

$$a_{k+1} = \frac{1}{k+2} + \frac{1}{k+3} + \cdots + \frac{1}{3k+4}$$

$$= a_k + \left(\frac{1}{3k+2} + \frac{1}{3k+3} + \frac{1}{3k+4} \right) - \boxed{\text{(가)}}$$

한편, $(3k+2)(3k+4)$ $\boxed{\text{(나)}}$ $(3k+3)^2$ 이므로

$$\frac{1}{3k+2} + \frac{1}{3k+4} > \boxed{\text{(다)}}$$

그런데 $a_k > 1$ 이므로

$$a_{k+1} > a_k + \left(\frac{1}{3k+3} + \boxed{\text{(다)}} \right) - \boxed{\text{(가)}} > 1$$

그러므로 (1), (2)에 의하여 모든 자연수 n 에 대하여 $a_n > 1$ 이다.

위의 증명에서 (가), (나), (다)에 알맞은 것은? [3점]

	(가)	(나)	(다)
①	$\dfrac{1}{k+1}$	$>$	$\dfrac{2}{3k+3}$
②	$\dfrac{1}{k+1}$	$<$	$\dfrac{2}{3k+3}$
③	$\dfrac{1}{k+1}$	$<$	$\dfrac{4}{3k+3}$
④	$\dfrac{2}{k+1}$	$>$	$\dfrac{4}{3k+3}$
⑤	$\dfrac{2}{k+1}$	$<$	$\dfrac{1}{k+1}$

1. $a_{k+1} = \dfrac{1}{k+2} + \dfrac{1}{k+3} + \cdots + \dfrac{1}{3k+4}$

$\quad = a_k + \left(\dfrac{1}{3k+2} + \dfrac{1}{3k+3} + \dfrac{1}{3k+4} \right) - \boxed{\text{(가)}}$

$\textbf{(가)} = \left(\dfrac{1}{k+1} + \dfrac{1}{k+2} + \cdots + \dfrac{1}{3k+1} \right) + \left(\dfrac{1}{3k+2} + \dfrac{1}{3k+3} + \dfrac{1}{3k+4} \right)$

$\qquad - \left(\dfrac{1}{k+2} + \dfrac{1}{k+3} + \cdots + \dfrac{1}{3k+1} + \dfrac{1}{3k+2} + \dfrac{1}{3k+3} + \dfrac{1}{3k+4} \right)$

$\qquad = \dfrac{1}{k+1}$

---

2. $(3k+2)(3k+4) \quad \boxed{\text{(나)}} \quad (3k+3)^2$

대소를 비교하기 위해 $(3k+2)(3k+4)$ 와 $(3k+3)^2$ 의 차를 관찰하자.

$(3k+2)(3k+4) - (3k+3)^2$
$= (9k^2 + 18k + 8) - (9k^2 + 18k + 9)$
$= -1 < 0$

따라서 $(3k+2)(3k+4) < (3k+3)^2$이므로 **(나)** $= \, <$

---

3. $(3k+2)(3k+4) < (3k+3)^2$ 이므로 $\dfrac{1}{3k+2} + \dfrac{1}{3k+4} > \boxed{\text{(다)}}$

$\dfrac{1}{3k+2} + \dfrac{1}{3k+4} > \boxed{\text{(다)}}$

$\dfrac{6k+6}{(3k+2)(3k+4)} > \boxed{\text{(다)}}$

$(3k+2)(3k+4) < (3k+3)^2$ 에서 $\dfrac{6k+6}{(3k+2)(3k+4)} > \boxed{\text{(다)}}$ 를 도출해야 하므로 역수를 관찰하자.

$(3k+2)(3k+4) > 0$, $(3k+3)^2 > 0$이므로 $\dfrac{1}{(3k+2)(3k+4)} > \dfrac{1}{(3k+3)^2}$

부등식의 양변에 $6k+6$를 곱하면 $\dfrac{6k+6}{(3k+2)(3k+4)} > \dfrac{6k+6}{(3k+3)^2} = \dfrac{2}{3k+3}$

$\therefore$ **(다)** $= \dfrac{2}{3k+3}$

답은 ②!!

▍낯선 수열

문제에서 등차수열, 등비수열이 직접적으로 제시된 경우 해당 수열의 규칙을 알고 있는 채로 문제를 풀어나가지만, **시험장에서 처음 마주하는 낯선 수열의 규칙은 직접 밝혀내야 한다.**

지금까지 공부한 내용이 모두 낯선 수열을 해결하는 도구로 볼 수 있고, 이번 파트에서는 지금까지 공부하지 않은 도구들인 **주기성, 수열 속의 수열, 특이한 규칙, 좌표 찾기**를 살펴볼 것이다.

본격적으로 들어가기에 앞서 **낯선 수열의 규칙을 발견하는 귀납적 방법과 연역적 방법**을 알아보자.

귀납적 방법은 $a_1,\ a_2,\ a_3,\ a_4,\ \cdots$ 의 값을 관찰하여 수열 $\{a_n\}$의 규칙을 추론하는 것이고,
연역적 방법은 (수식적으로) 수열 $\{a_n\}$의 일반항 a_n을 도출하는 것이다.

보통 귀납적으로 정의된 낯선 수열은 귀납적 방법을 이용하는 경우가 많지만, 어떤 것이 출제 의도인지는 문제에 따라 다르므로 다양한 경험이 중요하다.

한편, 귀납적 방법을 통해 발견한 규칙으로는 일반항을 도출할 수도 있고 그러지 못할 수도 있다.
또한, 귀납적 방법에서 단순히 항의 값에만 주목하여 발견한 규칙은 일반화의 문제가 있으므로 규칙의 원인을 이해하고 넘어가는 것이 좋다.

공부할 때는 모든 규칙의 원인을 분석하되, 실전에서는 원인을 분석할 여유가 없다면 발견한 규칙을 일반화해 버리는 것도 좋은 선택이다.

TIP) 귀납적 방법을 사용할 때는 '계산을 남겨뒀을 때' 규칙이 보이는 경우가 있으므로 주의하자.
　　〈귀납적으로 정의된 수열〉에서 이미 배운 적 있다.

낯선 수열이 갖는 규칙 중 출제 빈도가 가장 높은 규칙은 주기성이다.
주기는 반복되는 단위 중 가장 작은 것이다.

수열 $0, 1, 0, 1, 0, 1, 0, 1 \cdots$은 주기가 2이고
수열 $0, 1, 2, 0, 1, 2, 0, 1, 2, \cdots$은 주기가 3이다.

좌표 찾기 문제나 그래프를 이용한 수열 문제에서 주기성을 이용하거나
귀납적으로 정의된 수열에서 n에 $1, 2, 3, \cdots$을 순서대로 대입한 값을 나열, 관찰했을 때 주기성을 보이는 경우가 많다.

주기성을 파악했다면 **나머지를 이용하여 원하는 항의 값**을 구한다.
예를 들어, 주기가 3인 수열 $\{a_n\}$에 대하여 a_{37}의 값을 구해보자. $37 = 12 \times 3 + 1$, 즉 37을 3으로 나눴을 때 나머지가 1이므로 $a_{37} = a_{3 \times 12 + 1} = a_1$이다.

예제(19) 05학년도 9월 평가원 나형 30번

방정식 $x^3 + 1 = 0$의 한 허근을 ω라 하자. 자연수 n에 대하여 $f(n)$을 ω^n의 실수 부분으로 정의할 때, $\displaystyle\sum_{k=1}^{999} \left\{ f(k) + \dfrac{1}{3} \right\}$의 값을 구하시오. [3점]

---

1. **오개념을 살펴보자.** w는 허근, 즉 허수이므로 w의 실수 부분은 0일까?
아니다. 계수가 모두 실수인 다항 방정식이 허근을 가질 때, 허근은 켤레복소수의 형태로 존재한다.
따라서 근의 공식을 통해 허근을 구하여 실수 부분을 직접 구해봐야 한다.

> ※ 켤레복소수는 $a \pm bi$의 꼴로 나타낼 수 있는 수를 말하고, 수능 수학에서 등장하는 모든 수
> 는 켤레복소수를 벗어나지 않는다. (단, a, b는 모두 실수)

$x^3 + 1 = (x+1)(x^2 - x + 1) = 0$ 이므로 **방정식** $x^2 - x + 1 = 0$**이 허근** w**를 가진다.**

근의 공식을 이용하면 $w = \dfrac{1 \pm \sqrt{3}\,i}{2}$ 이므로 w**의 허수 부분은** $\pm \dfrac{\sqrt{3}}{2}$ **이고, 실수 부분은** $\dfrac{1}{2}$ 이다.

$$\therefore f(1) = \frac{1}{2}$$

---

2. w^2의 실수 부분은 $w^2 = \left(\dfrac{1 \pm \sqrt{3}\,i}{2} \right)^2$의 실수 부분을 구하면 될까? 상관은 없지만, 굳이 그럴 필요가

없다. 방정식 $x^2 - x + 1 = 0$의 한 허근이 w이므로 $w^2 - w + 1 = 0$, $w^2 = w - 1$이다.

w^2**의 실수 부분은** $w - 1$**의 실수 부분과 같으므로** $\therefore f(2) = -\dfrac{1}{2}$

w^3의 실수 부분은 $w^3 = \left(\dfrac{1 \pm \sqrt{3}\,i}{2} \right)^3$의 실수 부분을 구하면 될까? 상관은 없지만, 계산이 매우 복잡

하다. **방정식** $x^3 + 1 = 0$**의 한 허근이** w**이므로** $w^3 + 1 = 0$, $w^3 = -1$**이다.**

$$\therefore f(3) = -1$$

---

3. $w^4 = w \times w^3 = -w$이므로 w^4**의 실수 부분은** $-\dfrac{1}{2}$이다. $\therefore f(4) = -\dfrac{1}{2}$

$w^5 = w^2 \times w^3 = -w^2$이므로 w^5의 실수 부분은 $-\left(-\dfrac{1}{2} \right) = \dfrac{1}{2}$이다. $\therefore f(5) = \dfrac{1}{2}$

$w^6 = (w^3)^2$이므로 w^6**의 실수 부분은** $(-1)^2 = 1$이다. $\therefore f(6) = 1$

$w^7 = w \times (w^3)^2 = w$이므로 w^7**의 실수 부분은** $\dfrac{1}{2}$이다. $\therefore f(7) = \dfrac{1}{2}$

여기서 멈춰야 한다. $w^6 = 1$이므로 $w^{a+6m} = w^a \times (w^6)^m = w^a$이다.
(단, m, a는 자연수, $1 \le a \le 6$) (물론 실전에서 이 수식을 쓸 필요까지는 없다.)

즉, $a_n = f(n) = (w^n$의 실수 부분$)$이라 하면
수열 $\{a_n\}$**은** $\dfrac{1}{2}, -\dfrac{1}{2}, -1, -\dfrac{1}{2}, \dfrac{1}{2}, 1$ **이 이 순서대로 반복되어 나타나는 주기가** 6**인 수열**이다.

$4. \, 999 = 6 \times 166 + 3$ 이므로 $\displaystyle\sum_{k=1}^{999}\left\{f(k) + \frac{1}{3}\right\}$ 의 값은 다음과 같다.

$$\sum_{k=1}^{999}\left\{f(k) + \frac{1}{3}\right\} = \sum_{k=1}^{999}f(k) + \sum_{k=1}^{999}\frac{1}{3}$$

$$= 166\sum_{k=1}^{6}f(k) + f(1) + f(2) + f(3) + 333$$

$$= 0 + \frac{1}{2} - \frac{1}{2} - 1 + 333 = 332$$

답은 332!!

1. 실전에서는 다음의 순서로 푸는 경우가 많다. '방정식 $x^3 + 1 = 0$ 의 한 허근 w'을 보자마자 방정식에 w를 대입하여 $w^3 + 1 = 0$을 얻는다. 그리고 $x^3 + 1 = 0$을 인수분해한 다음, 방정식 $x^2 - x + 1 = 0$ 에 근의 공식을 적용하여 w의 값을 구한다.

2. $w^n \, (n = 2, 3, 4, 5, 6)$의 실수 부분은 모두 $w^3 = -1$, $w^2 - w + 1 = 0$을 이용하여 손쉽게 구할 수 있다. 직접 $w^n = \left(\dfrac{1 \pm \sqrt{3}\,i}{2}\right)^n$ 을 계산할 필요가 전혀 없다.

3. 계수가 모두 실수인 다항 방정식이 허근을 가질 때, 허근은 켤레복소수 $a \pm bi \, (a, b$ 는 실수)의 형태로 존재한다. 즉, 다항 방정식의 허근의 개수는 홀수일 수 없다.

수열 $\{a_n\}$에서 $a_n = 3 + (-1)^n$ 일 때, 좌표평면 위의 점 P_n을

$$P_n\left(a_n \cos\frac{2n\pi}{3},\ a_n \sin\frac{2n\pi}{3}\right)$$

라 하자. 점 P_{2009} 와 같은 점은? [3점]

① P_1 ② P_2 ③ P_3 ④ P_4 ⑤ P_5

1. $a_n = 3 + (-1)^n$ 이므로 $a_1 = 2$, $a_2 = 4$, $a_3 = 2$, $a_4 = 4$, $\cdots$

즉, **수열 $\{a_n\}$은 2, 4가 반복되어 나타나는 주기가 2인 수열**이다.

한편, 점 P_{2009} 와 같은 점을 묻고 있으므로 점 P_n의 좌표가 주기성을 보일 것이라 예상해볼 수 있다.

n에 $1, 2, 3, \cdots$을 대입해보자.

$$\mathrm{P}_1\left(2\cos\frac{2\pi}{3}, 2\sin\frac{2\pi}{3}\right) = \mathrm{P}_1(-1, \sqrt{3})$$

$$\mathrm{P}_2\left(4\cos\frac{4\pi}{3}, 4\sin\frac{4\pi}{3}\right) = \mathrm{P}_2(-2, -2\sqrt{3})$$

$$\mathrm{P}_3\left(2\cos\frac{6\pi}{3}, 2\sin\frac{6\pi}{3}\right) = \mathrm{P}_3(2, 0)$$

$$\mathrm{P}_4\left(4\cos\frac{8\pi}{3}, 4\sin\frac{8\pi}{3}\right) = \mathrm{P}_4(-2, 2\sqrt{3})$$

$$\mathrm{P}_5\left(2\cos\frac{10\pi}{3}, 2\sin\frac{10\pi}{3}\right) = \mathrm{P}_5(-1, -\sqrt{3})$$

$$\mathrm{P}_6\left(4\cos\frac{12\pi}{3}, 4\sin\frac{12\pi}{3}\right) = \mathrm{P}_6(4, 0)$$

$$\mathrm{P}_7\left(2\cos\frac{14\pi}{3}, 2\sin\frac{14\pi}{3}\right) = \mathrm{P}_7(-1, \sqrt{3})$$

$$\mathrm{P}_8\left(4\cos\frac{16\pi}{3}, 4\sin\frac{16\pi}{3}\right) = \mathrm{P}_8(-2, -2\sqrt{3})$$

$$\vdots$$

점 P_n의 좌표는 점 P_1의 좌표부터 점 P_6까지의 좌표가 이 순서대로 반복되어 나타난다.

즉, **점 P_n의 좌표는 주기가 6**이다.

2. $2009 = 6 \times 334 + 5$이므로 점 $\mathrm{P}_{2009} = \mathrm{P}_{6 \times 334 + 5}$의 좌표는 점 P_5의 좌표와 같다.

답은 ⑤!!

실전에서는 항의 값에서 귀납적으로 파악한 규칙을 그대로 밀어붙여도 좋지만, 엄밀하게는 규칙의 원인을 찾아야 한다고 했다. 이렇게 생각하는 건 어떨까? **수열 $\{a_n\}$은 주기는 2**이다.

또한 $b_n = \cos\frac{2n\pi}{3}$, $c_n = \sin\frac{2n\pi}{3}$이라 할 때, **수열 $\{b_n\}$과 수열 $\{c_n\}$의 주기는 모두 3**이다.

따라서 수열 $\{a_n b_n\}$과 수열 $\{a_n c_n\}$의 주기는 모두 6이다.

$\mathrm{P}_n\left(a_n \cos\frac{2n\pi}{3}, \ a_n \sin\frac{2n\pi}{3}\right) = \mathrm{P}_n(a_n b_n, a_n c_n)$이므로 점 P_n의 좌표는 주기가 6이다.

→ 이 문제에서는 맞는 설명이지만, 주기를 갖는 두 수열을 곱했을 때 항상 위의 설명이 맞는 것은 아니므로 주의할 필요가 있는 설명이다.

예제(21) 20학년도 사관 나형 14번

수열 $\{a_n\}$은 $a_1 = 4$이고, 모든 자연수 n에 대하여

$$a_{n+1} = \begin{cases} \dfrac{a_n}{2 - a_n} & (a_n > 2) \\[2mm] a_n + 2 & (a_n \leq 2) \end{cases}$$

이다. $\displaystyle\sum_{k=1}^{m} a_k = 12$를 만족시키는 자연수 m의 최솟값은? [4점]

① 7   ② 8   ③ 9   ④ 10   ⑤ 11

$\{a_n\}$은 귀납적으로 정의된 낯선 수열이므로 n에 $1, 2, 3, \cdots$을 순서대로 대입해보자.

$a_1 = 4$

$a_2 = \dfrac{a_1}{2 - a_1} = \dfrac{4}{2 - 4} = -2$

$a_3 = a_2 + 2 = -2 + 2 = 0$

$a_4 = a_3 + 2 = 0 + 2 = 2$

$a_5 = a_4 + 2 = 2 + 2 = 4$

$a_6 = \dfrac{a_5}{2 - a_5} = \dfrac{4}{2 - 4} = -2$

$\vdots$

$\{a_n\}$이 $4, -2, 0, 2$가 반복되는 주기가 4인 수열임을 쉽게 알 수 있다.

이때, $\displaystyle\sum_{k=1}^{4} a_k = 4$, $\displaystyle\sum_{k=5}^{8} a_k = 4$, $\displaystyle\sum_{k=9}^{12} a_k = 4$이므로 $\displaystyle\sum_{k=1}^{m} a_k = 12$를 만족시키는 자연수 m의 최솟값이 12라고 답하는 것을 조심해야 한다.

$\displaystyle\sum_{k=1}^{8} a_k = 8$인 상황에서 $a_9 = 4$이므로 m의 최솟값은 12가 아니라 9이다. 선지에는 12가 없기 때문에 m의 최솟값이 그보다 더 작다는 것을 사후적으로 눈치챌 수는 있지만, 만약 위의 문제가 **주관식이거나 선지에 12가 있었더라면** 위 문제의 정답률은 유의미하게 낮아졌을 것이다.

답은 ③!!

예제(22) 07학년도 수능 나형 16번

좌표평면에서 자연수 n에 대하여 A_n을 4개의 점

$$(n^2,\ n^2),\ (4n^2,\ n^2),\ (4n^2,\ 4n^2),\ (n^2,\ 4n^2)$$

을 꼭짓점으로 하는 정사각형이라 하자. 정사각형 A_n과 함수 $y=k\sqrt{x}$의 그래프가 만나도록 하는 자연수 k의 개수를 a_n이라 할 때, <보기>에서 옳은 것을 모두 고른 것은? [4점]

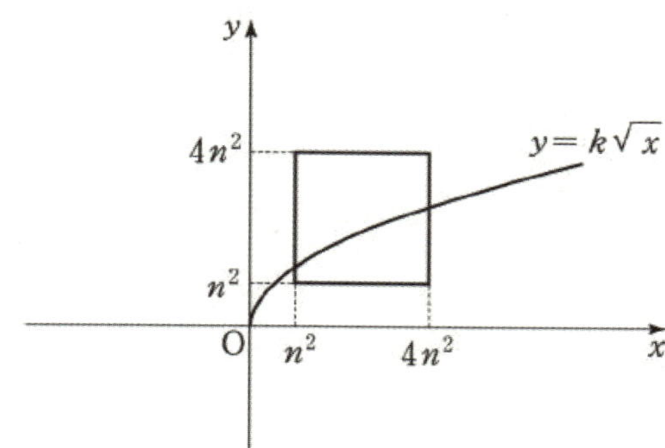

<보 기>

ㄱ. $a_5 = 15$

ㄴ. $a_{n+2} - a_n = 7$

ㄷ. $\displaystyle\sum_{k=1}^{10} a_k = 200$

① ㄴ   ② ㄷ   ③ ㄱ, ㄴ   ④ ㄴ, ㄷ   ⑤ ㄱ, ㄴ, ㄷ

정사각형 A_n 과 함수 $y = k\sqrt{x}$ 의 그래프가 만나려면 $y = k\sqrt{x}$ 가 다음을 만족시켜야 한다.

(i) $x = n^2$일 때 $y = k\sqrt{x}$ 의 함숫값은 $4n^2$보다 작거나 같아야 한다. 즉, $kn \leq 4n^2$이다.

(ii) $x = 4n^2$일 때 $y = k\sqrt{x}$ 의 함숫값은 n^2보다 크거나 같아야 한다. 즉, $n^2 \leq 2kn$이다.

두 부등식을 정리하면 $\dfrac{n}{2} \leq k \leq 4n$이다. $\cdots$ ㉠

따라서 a_n은 $\dfrac{n}{2} \leq k \leq 4n$을 만족시키는 자연수 k의 개수이다.

> ※ $x = n^2$일 때 $y = k\sqrt{x}$ 의 함숫값이 n^2보다 크거나 같고,
> $x = 4n^2$일 때 $y = k\sqrt{x}$ 의 함숫값이 $4n^2$보다 작거나 같으면 안 될까?
>
> 이 경우 부등식을 정리해보면 $n \leq k \leq 2n$이 나온다. $\cdots$ ㉡
>
> ㉡은 ㉠에 포함되면서 ㉠보다는 범위가 더 작다.
> 즉, $x = n^2$일 때 $y = k\sqrt{x}$ 의 함숫값이 n^2보다 크거나 같고, $x = 4n^2$일 때 $y = k\sqrt{x}$ 의 함숫값이 $4n^2$보다 작거나 같은 경우는 A_n 과 $y = k\sqrt{x}$ 의 그래프가 만나는 모든 경우를 포함하지 못한다는 말이다.
>
> 실제로 $y = k\sqrt{x}$ 의 그래프와 정사각형 A_n 의 위치 관계가 아래의 그림과 같을 때, $y = k\sqrt{x}$ 의 그래프와 A_n 는 만나지만 $y = k\sqrt{x}$ 는 $x = n^2$일 때 함숫값이 n^2보다 작다.

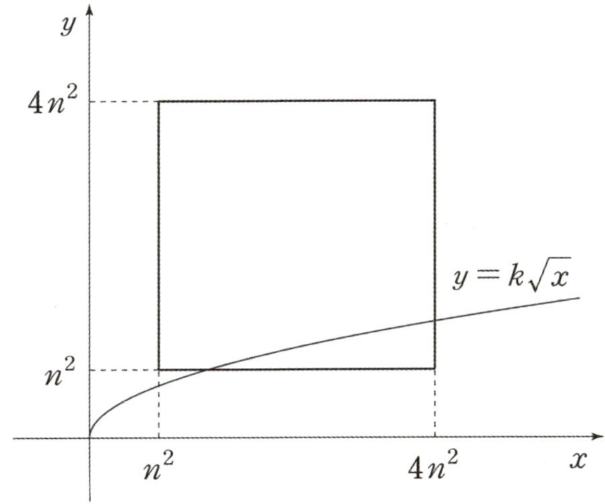

1. ㉠에서 $n = 5$일 때 $\dfrac{5}{2} \leq k \leq 20$이므로 $3 \leq k \leq 20$를 만족시키는 자연수 k의 개수를 구하면 된다.
   $a_5 = 20 - 3 + 1 = 18$이다. (X)

2. $a_{n+2} - a_n = 7$은 어떻게 따질까? 귀납적 방법과 연역적 방법이 있다. 우선, $\frac{n}{2} \leq k \leq 4n$에서 n에 $1, 2, 3, 4, \cdots$를 대입하여 $a_{n+2} - a_n = 7$을 만족하는지 **귀납적으로 따져보자.**

$a_1 : \dfrac{1}{2} \leq k \leq 4$를 만족시키는 k의 개수는 $4 - 1 + 1 = 4$

$a_2 : 1 \leq k \leq 8$을 만족시키는 k의 개수는 $8 - 1 + 1 = 8$

$a_3 : \dfrac{3}{2} \leq k \leq 12$를 만족시키는 k의 개수는 $12 - 2 + 1 = 11$

$a_4 : 2 \leq k \leq 16$를 만족시키는 k의 개수는 $16 - 2 + 1 = 15$

$a_5 : \dfrac{5}{2} \leq k \leq 20$를 만족시키는 k의 개수는 $20 - 3 + 1 = 18$

$a_6 : 3 \leq k \leq 24$를 만족시키는 k의 개수는 $24 - 3 + 1 = 22$

$\vdots$

$a_5 - a_3 = 7$, $a_3 - a_1 = 7$이고,
$a_6 - a_4 = 7$, $a_4 - a_2 = 7$이다.

비록 귀납적이긴 하지만 이 정도만 확인하면 $a_{n+2} - a_n = 7$이 옳다고 판단해도 나쁘지는 않다. 다만, 귀납적으로 발견한 규칙의 이유까지 설명할 수 있다면 더욱 좋다.

n이 짝수일 때 k의 가능한 가장 작은 값은 1씩 증가하고, 가장 큰 값은 8씩 증가한다.
n이 홀수일 때 k의 가능한 가장 작은 값은 1씩 증가하고, 가장 큰 값은 8씩 증가한다.

따라서 모든 자연수 n에 대하여 $a_{n+2} - a_n = 7$이다. (O)

※ **연역적 풀이**

$a_{n+2} - a_n$의 값을 연역적으로도 구해보자.

부등식 $\dfrac{n}{2} \leq k \leq 4n$은 $\dfrac{n}{2}$을 포함했으므로 가능한 자연수 k의 개수인 a_n의 일반항을 모든 자연수 n에 대하여 표현할 수 없다. n이 홀수일 때와 짝수일 때가 다른 규칙의 지배를 받기 때문이다.

이때, $n = 2l$(l은 자연수)로 놓으면 짝수인 n을 표현할 수 있다.
$n = 2l - 1$(l은 자연수)로 놓으면 홀수인 n을 표현할 수 있다.

(i) $n = 2l$ (l은 자연수)

$\dfrac{n}{2} \leq k \leq 4n$에 $n = 2l$을 대입하면 $l \leq k \leq 8l$이므로 $a_n = a_{2l} = 7l + 1$

$a_{n+2} - a_n = a_{2l+2} - a_{2l} = (7l + 8) - (7l + 1) = 7 \; (\because 2l + 2 = 2(l+1))$

(ii) $n = 2l - 1$ (l은 자연수)

$\dfrac{n}{2} \leq k \leq 4n$에 $n = 2l - 1$을 대입하면 $l - \dfrac{1}{2} \leq k \leq 8l - 4$

이를 만족시키는 자연수 k의 개수는 $l \leq k \leq 8l - 4$을 만족시키는 자연수 k의 개수와 같으므로
$a_n = a_{2l-1} = 7l - 3$이다.

$$a_{n+2} - a_n = a_{2l+1} - a_{2l-1} = (7l + 4) - (7l - 3) = 7 \; (\because 2l + 1 = 2(l+1) - 1)$$

따라서 (i), (ii)에 의하여 모든 자연수 n에 대하여 $a_{n+2} - a_n = 7$이다. (O)

---

3. $\displaystyle\sum_{k=1}^{10} a_k = \sum_{l=1}^{5} (a_{2l} + a_{2l-1})$

$a_{2l} = 7l + 1$이고 $a_{2l-1} = 7l - 3$이므로

$$\sum_{l=1}^{5} (a_{2l} + a_{2l-1}) = \sum_{l=1}^{5} (14l - 2) = 14 \times \dfrac{5 \times 6}{2} - 10 = 210 - 10 = 200 \text{ (O)}$$

옳은 것은 ㄴ, ㄷ이므로 답은 ④!!

1. 위의 문제와 같이 $a_{n+2} - a_n = 7$이면 수열 $\{a_n\}$ 속에는 공차가 7인 서로 다른 두 가지의 등차수열 $\{a_{2n-1}\}$, $\{a_{2n}\}$이 존재하는 셈이다.
   이처럼 **수열 속에 규칙적인 수열이 존재하는 경우**가 기출에서 종종 등장했다.

2. $a_{n+2} - a_n = k$이면 수열 $\{a_{2n-1}\}$, 수열 $\{a_{2n}\}$은 각각 공차가 k인 등차수열이다.
   $a_{n+3} - a_n = k$이면 수열 $\{a_{3n-2}\}$, 수열 $\{a_{3n-1}\}$, 수열 $\{a_{3n}\}$는 각각 공차가 k인 등차수열이다.
   $a_{n+p} - a_n = k$이면 수열 $\{a_{pn-p+1}\}$, $\cdots$, 수열 $\{a_{pn-1}\}$, 수열 $\{a_{pn}\}$는 각각 공차가 k인 등차수열이다.

대부분의 낯선 수열의 규칙은 특정한 유형에 속하지만, **문제에서 새롭게 제시한 특이한 규칙을** 갖는 경우도 당연히 존재한다. **어떠한 도구나 태도가 존재하는 유형이 아니므로** 본인의 사고력으로 최대한 빠르게 해결하는 방법밖에 없다.

한 가지의 팁을 주자면, 예제(21)과 같은 문제는 **하나하나 나열하는 방법**이 가장 빠른데, 풀이공간에 하나씩 끄적이는 것보다는 Chapter 3에서 배운 것처럼 **table을 그려 예쁘게 적는 것**이 실수도 적어지고 검산하기도 좋다.

예제(23) 15년 10월 교육청 A형 18번

수열 $\{a_n\}$ 에 대하여

$$n = 2^p \times q \,(p \text{는 음이 아닌 정수}, \, q \text{는 홀수})$$

일 때, $a_n = p$ 이다. 예를 들어, $20 = 2^2 \times 5$ 이므로 $a_{20} = 2$ 이다. $a_m = 1$ 일 때, $a_m + a_{2m} + a_{3m} + a_{4m} + a_{5m} + a_{6m} + a_{7m} + a_{8m} + a_{9m} + a_{10m}$ 의 값은? [4점]

① 15　　　　② 16　　　　③ 17　　　　④ 18　　　　⑤ 19

예제(24) 20학년도 수능 나형 17번

자연수 n의 양의 약수의 개수를 $f(n)$ 이라 하고, 36 의 모든 양의 약수를 $a_1, a_2, a_3, \cdots, a_9$ 라 하자. $\displaystyle\sum_{k=1}^{9}\left\{(-1)^{f(a_k)} \times \log a_k\right\}$ 의 값은? [4점]

① $\log 2 + \log 3$　　　　② $2\log 2 + \log 3$　　　　③ $\log 2 + 2\log 3$
④ $2\log 2 + 2\log 3$　　　　⑤ $3\log 2 + 2\log 3$

$a_m = 1$ 이므로 $m = 2q$ (q는 홀수)이다. n, p, q는 모두 상수가 아니므로 n에 값에 따라 p, q의 값이 정해진다는 점이 까다로우므로 $a_m, a_{2m}, a_{3m}, \cdots$ 의 값을 직접 구해보자.

$a_m = 1$

$2m = 2^2 \times q$이므로 $a_{2m} = 2$

$3m = 2 \times 3q$이므로 $a_{3m} = 1$

$4m = 2^3 \times q$이므로 $a_{4m} = 3$

$5m = 2 \times 5q$이므로 $a_{5m} = 1$

$6m = 2^2 \times 3q$이므로 $a_{6m} = 2$

$7m = 2 \times 7q$이므로 $a_{7m} = 1$

$8m = 2^4 \times q$이므로 $a_{8m} = 4$

$9m = 2 \times 9q$이므로 $a_{9m} = 1$

$10m = 2^2 \times 5q$이므로 $a_{10m} = 2$

따라서 $a_m + a_{2m} + \cdots + a_{10m} = 1 \times 5 + 2 \times 3 + 3 + 4 = 18$이다.

답은 ④!!

구하는 항의 개수가 그렇게 크지 않으므로 각 항의 값을 일일이 구하는 것도 좋은 선택이고, 그것이 출제 의도일 수 있다.

하지만 $a_m + a_{2m} + \cdots + a_{50m}$ **의 값을 구해야 한다면 각 항의 값을 일일이 구할 수 없다. 규칙을 발견해야 한다.**

a_{km} (k는 자연수)의 규칙은 복잡해 보이지만 간단하다.
r이 음이 아닌 정수이고 s가 홀수일 때
$k = 2^r \times s$로 놓으면 $km = (2^r \times s) \times 2q = 2^{r+1} \times sq$**이므로** $a_{km} = r + 1$**이다.**

예를 들어
k가 홀수이면 $r = 0$이므로 $a_{km} = 1$이다.
k가 $2 \times s$이면 $r = 1$이므로 $a_{km} = 2$이다.
k가 $2^2 \times s$이면 $r = 2$이므로 $a_{km} = 3$이다.

1. $\displaystyle\sum_{k=1}^{9}\left\{(-1)^{f(a_k)}\times\log a_k\right\}$ 에서 $(-1)^{f(a_k)}\times\log a_k$는 k에 관한 식으로 나타낼 수 없다.

즉, $k=1,2,3,\cdots,9$일 때 $(-1)^{f(a_k)}\times\log a_k$의 값을 직접 구하여 모두 더하는 수밖에 없다.

실수를 방지하기 위해 table을 그리자.

a_k	$f(a_k)$	$(-1)^{f(a_k)}$	$(-1)^{f(a_k)}\times\log a_k$
1	1	-1	$-\log 1$
2	2	1	$\log 2$
3	2	1	$\log 3$
4	3	-1	$-\log 4$
6	4	1	$\log 6$
9	3	-1	$-\log 9$
12	6	1	$\log 12$
18	6	1	$\log 18$
36	9	-1	$-\log 36$

2. 음수인 것들끼리 계산하고, 양수인 것들끼리 계산하자.

$$\sum_{k=1}^{9}\left\{(-1)^{f(a_k)}\times\log a_k\right\}$$

$$=-\left(\log 1+\log 4+\log 9+\log 36\right)+\left(\log 2+\log 3+\log 6+\log 12+\log 18\right)$$

$$=-\log\left(1\times 4\times 9\times 16\right)+\log\left(2\times 3\times 6\times 12\times 18\right)$$

$$=\log\frac{2\times 3\times 6\times 12\times 18}{1\times 4\times 9\times 36}=\log 6=\log 2+\log 3$$

답은 ①!!

긴장되는 상황 속에서 **실수하기 굉장히 좋은 문항**이다.

a_k와 $f(a_k)$를 정확히 구분해야 하고 그에 따라 $(-1)^{f(a_k)}\times\log a_k$의 값을 정확히 구해야 한다.

table을 그리는 게 귀찮아 보일 수 있지만 가장 깔끔하고 빠른 방법이다.

다음의 3가지 예제를 완벽하게 풀어낸다면, 좌표 찾기 문제는 큰 어려움이 없을 것이다.

팁을 주자면, 좌표 찾기 문제는 '기준'을 잡아서 해결한다. 즉, 모든 좌표에 주목하는 것이 아니라 주기를 가지는 특정한 좌표들에 주목하여 해결한다. 또한, 좌표 찾기에서는 '수열의 합'을 이용하는 경우가 많다.

직접 부딪혀보고 해설을 꼼꼼하게 읽어보자.

예제(25) 08학년도 6월 평가원 나형 23번

다음 그림은 동심원 O_1, O_2, O_3, $\cdots$ 과 직선 l_1, l_2, l_3, l_4의 교점 위에 자연수를 1부터 차례로 적은 것이다.

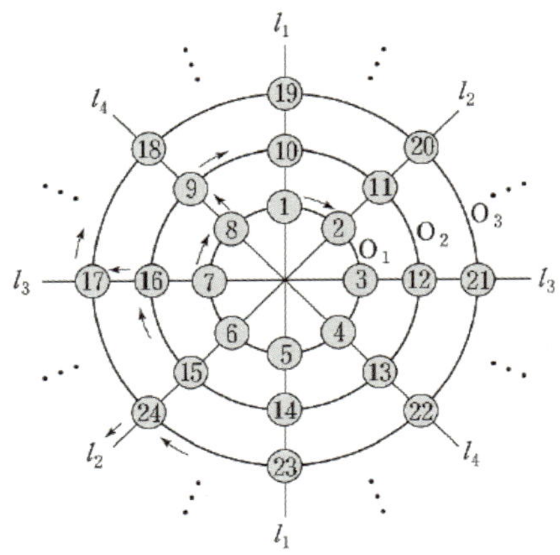

이미 채워진 수들의 규칙에 따라 계속하여 적어 나가면 475는 원 O_m과 직선 l_n의 교점 위에 있다. $m+n$의 값을 구하시오. [4점]

1. 우선 m의 **값**을 구하자. 각 원 위에 존재하는 **가장 작은 숫자를 기준으로 설정**하여, 475가 존재하는 원의 가장 작은 숫자를 알아내자.

   각 원의 가장 작은 숫자는 $1, 9, 17, \cdots$로 첫째항이 1, 공차가 8인 등차수열을 이룬다.
   이 등차수열의 일반항을 구해주면 $1 + (a-1) \times 8 = 8a - 7$이다. (단, $a = 1, 2, 3, \cdots$)

   (n은 문제 속에서 이미 사용되었으므로 등차수열의 일반항을 a에 관해 나타내었다.)

   $a = 1$일 때 1은 원 O_1 위에 존재하고,
   $a = 2$일 때 9는 원 O_2 위에 존재하고,
   $a = 3$일 때 17은 원 O_3 위에 존재하고,
   $\vdots$
   $a = m$일 때 $8m - 7$은 원 O_m 위에 존재한다.

   이때, $8 \times 60 - 7 = 473$이므로 473은 원 O_{60} 위에 존재하는 가장 작은 숫자이고,
   473부터 시계 방향으로 $474, 475$이 존재한다. 따라서 475는 원 O_{60} 위에 존재하므로 $m = 60$이다.

2. 다음으로 n의 **값**을 구하자. 이때는 '**주기성**'을 이용하면 된다. 각 원 위의 가장 작은 숫자가 차례대로 존재하게 되는 l_n의 위치는 l_1, l_4, l_3, l_2가 이 순서대로 반복된다. 즉, 주기가 4이다.

   이때, **473이 존재하는 l_n의 위치는 $473 = 4 \times 118 + 1$로 계산하는 것이 아니라 $60 = 4 \times 15$로 계산해야 한다.** l_n의 위치가 주기가 4라는 점은 '각 원 위의 가장 작은 숫자가 존재하게 되는 l_n의 위치'에서 나온 것이고, 473은 원 O_{60} 위에 존재하는 가장 작은 숫자이기 때문이다.

   $60 = 4 \times 15$이므로 원 O_{60} 위에 존재하는 가장 작은 숫자 473은 직선 l_2 위에 존재한다.
   475는 473부터 시계 방향으로 두 번 이동한 곳에 존재하므로 직선 l_4 위에 존재한다.
   따라서 $n = 4$이다. $\therefore m + n = 60 + 4 = 64$ **답은 64!!**

1. 해설을 보면 그렇게 어렵지 않은 문항이지만, **체감 난이도는 꽤 높다.** 주관식이므로 실수를 하면 안 되고, 좌표 찾기 유형은 실수가 굉장히 잦기 때문이다. 많은 연습이 요구된다.

2. 이 문제에서는 '등차수열'과 '주기성'을 이용하여 475가 존재하는 위치(좌표)를 찾으면 된다.
   기준으로 잡은 숫자가 커짐에 따라 숫자들이 존재하게 되는 원 O_p의 반지름도 커지므로 p의 값은 점점 커진다. 이 점에서 m의 값은 등차수열을 이용하여 구했다.

   반면, 기준으로 잡은 숫자가 커짐에 따라 숫자들이 존재하게 되는 직선 l_q에서 q의 값은 8을 주기로 반복된다. 따라서 n의 값은 주기성을 이용하여 구했다.

좌표평면의 원점에 점 P가 있다. 한 개의 동전을 1번 던질 때마다 다음 규칙에 따라 점 P를 이동시키는 시행을 한다.

> (가) 앞면이 나오면 x축의 방향으로 1만큼 평행이동시킨다.
> (나) 뒷면이 나오면 y축의 방향으로 1만큼 평행이동시킨다.

시행을 1번 한 후 점 P가 위치할 수 있는 점들을 x좌표가 작은 것부터 차례로 P_1, P_2라 하고, 시행을 2번 한 후 점 P가 위치할 수 있는 점들을 x좌표가 작은 것부터 차례로 P_3, P_4, P_5라 하자. 예를 들어, 점 P_5의 좌표는 $(2,\ 0)$이고 점 P_6의 좌표는 $(0,\ 3)$이다. 이와 같은 방법으로 정해진 점 P_{100}의 좌표를 $(a,\ b)$라 할 때, $a-b$의 값은? [4점]

① 1   ② 3   ③ 5   ④ 7   ⑤ 9

1. 점 P_n의 위치를 좌표평면 위에 표시하면 다음과 같다.

그림과 같이 점 P_n은 직선 $y = -x + k \ (k = 1, 2, 3, \cdots)$ 위에 존재한다.
점 P_{100}이 존재하는 직선부터 구하자.
기준은 x 축 위에 존재하는 점들이다.

x **축 위에 존재하는 점은 순서대로** P_2, P_5, P_9, P_{14}, $\cdots$
이고, 이 점들의 규칙은 다음과 같다.

$$2 = 2,$$
$$5 = 2 + 3,$$
$$9 = 2 + 3 + 4,$$
$$14 = 2 + 3 + 4 + 5$$
$$\vdots$$

즉, '수열의 합'이 하나의 수열을 이룬다.

$$\sum_{k=2}^{m+1} k = \frac{(m+1)(m+2)}{2} - 1 = \frac{m^2 + 3m}{2} = \frac{m(m+3)}{2} \text{이므로}$$

x **축 위에 존재하는 점** $\mathrm{P}_{\frac{m(m+3)}{2}} \ (m = 1, 2, 3, \cdots)$**의 좌표는** $(m, 0)$이다.

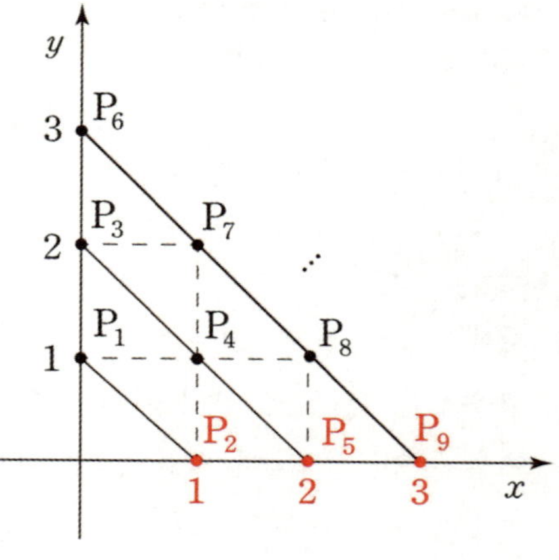

2. $m = 13$일 때 점 $\mathrm{P}_{\frac{13 \times 16}{2}} = \mathrm{P}_{104}$의 좌표는
$(13, 0)$이다.

점 $\mathrm{P}_{104}(13, 0)$은 직선 $y = -x + 13$ 위에
존재하고, 점 P_{100} 또한 같은 직선 위에 존재한다.

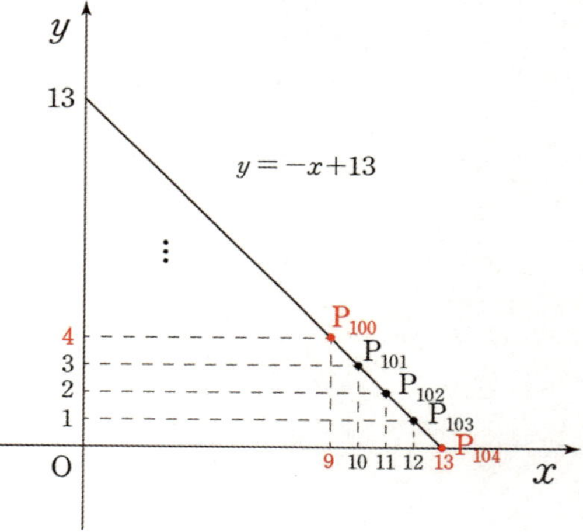

따라서 점 P_{100}의 좌표는 $(9, 4)$이므로
$a - b = 9 - 4 = 5$이다.

답은 ③!!

자연수 n에 대하여 좌표평면 위의 점 $P_n(x_n, y_n)$을 다음 규칙에 따라 정한다.

> (가) $x_1 = y_1 = 1$
>
> (나) $\begin{cases} x_{n+1} = x_n + (n+1) \\ y_{n+1} = y_n + (-1)^n \times (n+1) \end{cases}$ $(n \geq 1)$

점 Q는 원점 O를 출발하여 $\overline{OP_1}$을 따라 점 P_1에 도착한다. 자연수 n에 대하여 점 P_n에 도착한 점 Q는 점 P_{n+1}을 향하여 $\overline{P_nP_{n+1}}$을 따라 이동한다. 점 Q는 한 번에 $\sqrt{2}$ 만큼 이동한다. 예를 들어, 원점에서 출발하여 7번 이동한 점 Q의 좌표는 $(7, 1)$이다. 원점에서 출발하여 55번 이동한 점 Q의 y좌표는? [4점]

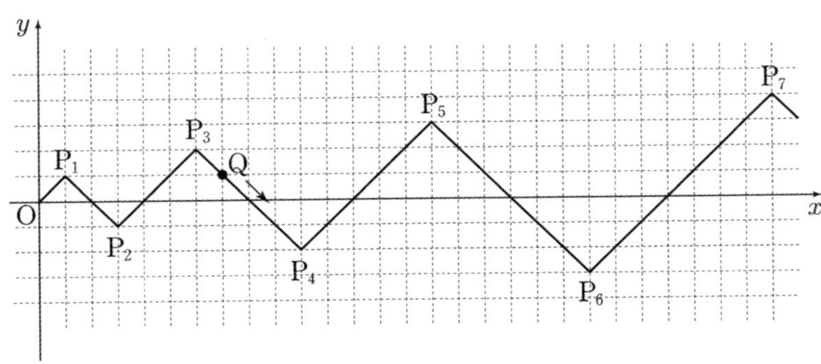

① -5 ② -6 ③ -7 ④ -8 ⑤ -9

1. (점 P_n의 x좌표)=(점 Q가 원점에서 출발하여 점 P_n까지 이동한 횟수)

점 P_1의 x좌표는 1

점 P_2의 x좌표는 $1+2$

점 P_3의 x좌표는 $1+2+3$

점 P_4의 x좌표는 $1+2+3+4$

$\vdots$

점 P_n의 x좌표$=\dfrac{n(n+1)}{2}$

점 Q가 원점에서 출발하여 55번 이동했을 때 $\dfrac{n(n+1)}{2}=55$이므로 $n=10$이다.

2. 원점에서 출발하여 55번 이동한 점 Q는 점 P_{10}에 도착한다. 점 P_{10}의 y좌표를 구하자.

(점 P_1의 y좌표)$=1$

(점 P_2의 y좌표)$=-1$

(점 P_3의 y좌표)$=2$

(점 P_4의 y좌표)$=-2$

$\vdots$

(점 P_9의 y좌표)$=5$

(점 P_{10}의 y좌표)$=-5$

따라서 답은 ①!!

점 P_{10}은 그렇게 크지 않으므로 **실전에서는 단순 나열을 통해 y좌표를 빠르게 구하면 된다.**
그러나 **점 P_n의 y좌표($=y_n$)의 일반항을 구할** 수도 있다.

$y_{n+1}=y_n+(-1)^n\times(n+1)\,(n\geq1)$에서 $y_n=a_n$이라 하면
수열 $\{a_n\}$은 $a_{n+1}=a_n+f(n)$ 꼴이다.
대입, 상쇄를 통해 y_n의 일반항을 구하자.

$y_2=y_1-2$

$y_3=y_2+3$

$\vdots$

$y_n=y_{n-1}+(-1)^{n-1}n$

위의 식들을 모두 변끼리 더하면 $y_n=y_1-2+3-4+5-\cdots+(-1)^{n-1}n$이다.

memo